DER NEUE KOSMOS-STERNATLAS

J O H N   S A N F O R D

DER NEUE KOSMOS-STERNATLAS

JOHN SANFORD

FRANCKH-KOSMOS

Danksagungen

Ich möchte mich bei meinen Koautoren Michael Marten von der Science Photo Library und Wil Tirion bedanken; der eine hat die ergänzenden Fotos gesucht und ausgewählt, der andere die Sternkarten für dieses Buch entworfen. Beim ersten eigenen Buch kann man, so denke ich, leicht den Mut verlieren, und so ist ein verständnisvoller, hilfsbereiter Lektor sehr wichtig. Robin Rees vom Mitchell Beazley-Verlag hat diese Aufgabe perfekt bewältigt und mich die ganze Zeit über hervorragend betreut. Auch meine Reisebegleiter nach Chile, von wo aus die meisten der südlichen Sternbilder fotografiert wurden, zeigten viel Verständnis und Hilfsbereitschaft während dieser kurzen, aber ertragreichen Reise: Charlie Oostdyk, Joel Harris und Verryl Fosnight. Noel Munford, ein engagierter Amateurastrofotograf, den wir 1986 auf einer Reise zur Beobachtung des Kometen Halley trafen, lieferte jene Sternbilder nach, die wir während unserer Reisen nicht fotografieren konnten, und Ed Krupp sowie Bob Webb vom Griffith-Planetarium in Los Angeles konnten schließlich auch noch das letzte fehlende Sternbildfoto beschaffen. Besonders herzlicher Dank gilt auch Liz Johansson, die mich immer wieder ermuntert und mir 10 Monate Zeit für die Arbeit an diesem Buch gelassen hat.

J. S.

Bildnachweis
Sternbilder

Alle Fotos der Sternbilder stammen von John Sanford, mit Ausnahme von Antlia/Pyxis, Carina/Volans, Centaurus, Dorado/Mensa, Eridanus, Hydrus/Tucana, Pictor, Reticulum/Horologium, Vela (Noel T. Munford) und Camelopardalis, Fornax/Sculptor/ Phoenix (Griffith Planetarium).

Andere Fotos

© Anglo-Australian Telescope Board: 46, 95, 173; © Chuck Edmonds/OCA/SPL: 96; European Southern Observatory: 166; European Space Agency/SPL: 145; Gordon Garradd/SPL: 51; © Kim Gordon/OCA/SPL: 10, 18, 103, 135; Hale Observatories/SPL: 58; © David A. Hardy/SPL: 26; Dr. R. F. Haynes et al, Molonglo Telescope, University of Sydney/SPL: 66; © Rick Hull/ SPL: 52, 130, 142; Dr William C. Keel/SPL; 1, 14, 30, 74; Francis Leroy/Biocosmos/SPL: 59; Dr. Jean Lorre/SPL: 106, 160, 165; © Jack Marling/SPL: 56; Robert H. McNaught/SPL: 48, 87; D. K. Milne, CSIRO/SPL: 168; NASA/SPL: 78, 138; National Optical Astronomy Observatories/SPL: 86; NRAO/AUI/ SPL: 55; John Bedke, Observatories of the Carnegie Institution of Washington: 45; Royal Greenwich Observatory/SPL: 110; Rev. Ronald Royer/SPL: 2–3, 38, 81, 99, 117, 133; John Sanford/SPL: 22, 34, 41, 148, 155; Dr Rudolph Schild/Smithsonian Astrophysical Observatory/ SPL: 13, 42, 122; UK Schmidt Telescope Unit, © Royal Observatory, Edinburgh: 64, 70, 92 (David Malin), 104, 118, 126, 151, 169 (David Malin); US Naval Observatory/SPL: 36; Dennis di Cicco/SPL: 109
Die SPL-Fotos können bei der Science Photo Library, 112 Westbourne Grove, London W2 5 RU erworben werden.

Impressum

Aus dem Englischen übersetzt von Hermann-Michael Hahn, Köln.
Titel der Originalausgabe:
"Observing the Constellations"
Erschienen 1989 bei
© Mitchell Beazley International Limited, London
unter der ISBN 0855337486.
66 Sternkarten, 116 Farbfotos, 7 s/w-Fotos, 1 Grafik, 84 Tabellen

Umschlaggestaltung: Theodor Bayer-Eynck, Berlin

CIP-Titelaufnahme der Deutschen Bibliothek

Sanford, John:
Der neue Kosmos-Sternatlas / John Sanford. [Aus d. Engl. übers. von Hermann-Michael Hahn]. – Stuttgart : Franckh-Kosmos, 1990
   Einheitssacht.: Observing the constellations <dt.>
   ISBN 3-440-06087-X
NE: HST

Für die deutschsprachige Ausgabe:
© 1990, Franckh-Kosmos Verlags-GmbH & Co., Stuttgart
Alle Rechte an der deutschsprachigen Ausgabe vorbehalten
ISBN 3-440-06087-X
Lektorat: Margret Sekler
Herstellung: Heiderose Stetter
Printed in Hong Kong / Imprimé en Hong Kong
Satz: G. Müller, Heilbronn
Druck und buchbinderische Verarbeitung: Mandarin Offset, International Limited, Hong Kong

Empfohlene Literatur

Beneke, Ernst-Joachim:
Was sehe ich am Himmel?
Franckh-Kosmos Verlag, Stuttgart 1986

Herrmann, Joachim:
Sterne.
Franckh-Kosmos Verlag, Stuttgart 1988

Karkoschka, Erich:
Atlas für Himmelsbeobachter.
Franckh-Kosmos Verlag, Stuttgart 1988

Keller, Hans-Ulrich:
Das Himmelsjahr.
Franckh-Kosmos Verlag, Stuttgart (Jahrbuch)

Ridpath, Jan/Tirion, Wil:
Der große Kosmos Himmelsführer.
Franckh-Kosmos Verlag, Stuttgart 1987

Schaifers, K./Traving, G.:
Meyers Handbuch Weltall.
BI, Mannheim 1984

Tirion, Wil:
Sky Atlas 2000.O.
Cambridge University Press, Cambridge 1981

Unsöld, A./Baschek B.:
Der neue Kosmos.
Springer-Verlag, Heidelberg 1988

Der neue Kosmos-Sternatlas

Einführung

Dieses Buch soll Anregungen zur Beobachtung der 88 Sternbilder des gesamten Himmels geben und eine Lücke füllen. Bislang war eine ausführliche Beschreibung der besonderen Objekte zumeist speziellen Handbüchern vorbehalten und so hoffe ich, daß dieser neue, farbige Atlas einen leichten Zugang zur Himmelsbeobachtung schafft.

Der Anfänger, vielleicht auch noch der bereits erfahrenere Fernglas- oder Teleskop-Beobachter, erhält genügend Informationen über Sterne, Galaxien, Sternhaufen und Nebel für viele interessante „Sternstunden". Die Abschnitte zur Mythologie beleuchten manche Hintergründe, die heute nicht mehr allgemein bekannt sind, und die Sternkarten ergeben zusammen einen kompletten Sternatlas. Ich habe versucht, aus diesen Elementen ein lesbares, unterhaltsames Kompendium zu schaffen, das auch bei einer intensiveren Beschäftigung mit der Astronomie ein zuverlässiger Begleiter bleibt.

Man kann so weit in die Astronomie eindringen, wie man möchte: Sich zum Beispiel damit begnügen, ein paar Sternbilder zu kennen, um sie seinen Kindern oder Freunden zu zeigen, oder aber zu einem engagierten Astrofotografen werden, der seine Kamera stundenlang auf ein besonderes Himmelsobjekt ausrichten möchte – die Astronomie bietet Platz für jeden Interessensgrad. Viele Leser mögen zur Kategorie der „Lehnstuhl-Astronomen" gehören, und den Bewohnern von Ballungszentren bleibt meist nur diese theoretische Beschäftigung mit der Astronomie. Wer jedoch noch nie mit eigenen Augen gesehen hat, wie ein winziger Mond hinter der Jupiterscheibe hervortritt, wer noch nie die Aufregung gespürt hat, im Fernrohr eine Nova zu entdecken oder einen Kometen zu verfolgen, der dem bloßen Auge unsichtbar bleibt, dem entgeht eine wichtige persönliche Erfahrung. Ich hoffe, daß man mit diesem Buch in der einen Hand (und einer roten Taschenlampe in der anderen) den Weg nach draußen findet, um selbst einen Blick auf die Wunder des Himmels zu werfen.

John Sanford

Anleitung zum Gebrauch des Buches

Wer sich einen ersten Überblick verschaffen möchte, sollte die Seiten 8 und 9 aufschlagen. Sie zeigen den nördlichen und südlichen Sternhimmel. Am Rand findet man die Monate des Jahres. Wenn man die Karte so lange dreht, bis auf der entsprechenden Himmelskarte der jeweilige Monat am unteren Rand steht, erkennt man darüber den Teil des Himmels, der in diesem Monat gegen 23 Uhr (24 Uhr während der Sommerzeit) zu beobachten ist – auf der Nordhalbkugel in Blickrichtung Süden, auf der Südhalbkugel in Blickrichtung Norden. Will man den Ausschnitt für einen früheren Zeitpunkt finden, so muß man die Karte für jede Stunde um 15° im Uhrzeigersinn weiterdrehen, für jede Stunde nach 23 Uhr entsprechend gegen den Uhrzeigersinn. Dann kann man sehen, welche Sternbilder zur gewünschten Zeit zu beobachten sind und in den Einzeldarstellungen die ausführlichen Beschreibungen nachlesen.

Die Sternbilder sind im Hauptteil nach ihren lateinischen Namen alphabetisch geordnet. Hier findet man jeweils eine farbige Sternkarte, die nahezu alle mit bloßem Auge sichtbaren Sterne sowie die im Text beschriebenen und in den Tabellen aufgelisteten besonderen Objekte enthält, und hier kann man die Positionen von Kometen oder Novae eintragen, die hin und wieder am Himmel auftauchen. Aus technischen Gründen wurden einige der englischen Abkürzungen in den Tabellen belassen. Die deutschen Begriffe befinden sich im Glossar auf Seite 174. Will man im Dunkeln während der Beobachtung einen Blick auf die Karten werfen, sollte man eine rotleuchtende Taschenlampe benutzen, um das an die Dunkelheit gewöhnte Auge nicht zu blenden.

Den Karten gegenübergestellt findet man jeweils ein Foto des Sternbildes, wie es tatsächlich am Himmel zu sehen ist (der Pfeil gibt die Nordrichtung an) sowie eine Tabelle mit Daten, die der Beobachter braucht, um Dopppelsterne, Galaxien, Nebel, Sternhaufen und andere besondere Objekte auffinden und studieren zu können.

Sternbezeichnungen

Die helleren Sterne eines jeden Sternbildes sind mit Buchstaben aus dem griechischen Alphabet belegt, von α (alpha) bis ω (omega); viele helle Sterne tragen darüber hinaus einen Eigennamen. Lichtschwächere Sterne hingegen sind meist durch arabische Zahlen oder lateinische Buchstaben gekennzeichnet. Bei Galaxien, Sternhaufen und Nebeln findet man entweder eine Messier-Nummer (M), die auf einen Katalog des französischen Astronomen Charles Messier aus dem 18. Jahrhundert zurückgeht, oder eine NGC-Nummer aus dem umfangreichen New General Catalogue nichtstellarer Objekte, der 1888 von J. L. Dreyer veröffentlicht wurde; später aufgenommene Objekte wurden mit IC-Nummern (Index Catalogue) versehen.

Identifizierung der Sterne

Das gebräuchlichste Koordinatensystem zur Lokalisierung der Himmelsobjekte umfaßt Rektaszension (RA) und Deklination (Dec). Die

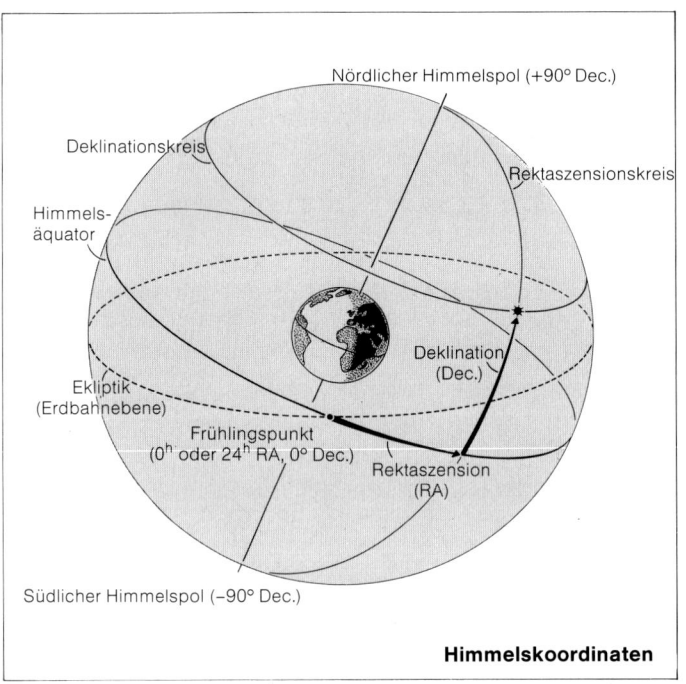

Himmelskoordinaten

Deklination eines Gestirns entspricht auf der Erde der geographischen Breite, die Rektaszension der geographischen Länge. Zur Verdeutlichung stelle man sich vor im Zentrum einer durchsichtigen Erdkugel zu sitzen, auf deren Oberfläche nur die Längen- und Breitengrade markiert sind. Für die Zählung der Rektaszension wird vom sogenannten Frühlings- oder auch Widderpunkt ausgegangen (er hat die gleiche Funktion wie der nullte Längengrad, der durch die Sternwarte von Greenwich verläuft); von ihm aus wird die Rektaszension von 0 bis 24 Stunden (^{h}) gezählt. Aufgrund der Präzession der Erdachse ist der Frühlingspunkt inzwischen vom Sternbild Widder in das Sternbild Fische gewandert.

Die Deklination wird vom Himmelsäquator (0°) nach Norden bis +90° oder Süden bis –90° gezählt.

Entsprechend hat zum Beispiel der Stern Wega eine Rektaszension von 18 Stunden 36,9 Minuten (RA = $18^h36{,}9^m$) und eine Deklination von +36° 47 Minuten (Dec. = +36°47'). Genau gilt dies allerdings nur für einen einzigen Augenblick: am 1. Januar 2000. Durch die Kreiselbewegung der Erdachse wandert das Koordinatennetz alle 25 700 Jahre einmal die ganze Ekliptik entlang, so daß auf einer Sternkarte stets der Zeitpunkt angegeben sein muß, an dem der Frühlingspunkt die zugrunde gelegte Position einnimmt. Diese sogenannte Epoche (Äquinoktium) wird meist in Schritten von 25 oder 50 Jahren verändert, und gegenwärtig benutzt man in der Regel die Koordinaten der Epoche 2000.0. Da sich der Frühlingspunkt pro Jahr nur um rund 50 Bogensekunden oder 1/70° verschiebt, machen sich die Koordinatenänderungen über wenige Jahre hinweg kaum bemerkbar.

Sternhelligkeiten

Die Helligkeitsangaben für Sterne und die übrigen Objekte in den Himmelskarten und Tabellen basieren auf Messungen von der Erde aus – sie nennen die scheinbaren Helligkeiten. Aufbauend auf einem System, das der griechische Astronom Hipparchos um das Jahr 130 v. Chr. entwickelt hat, wurden die schwächsten, mit bloßem Auge noch sichtbaren Sterne der 6. Größenklasse zugerechnet, die hellsten Sterne der 1. Größenklasse. Als man im vergangenen Jahrhundert diese Einteilung auf eine exakte Basis stellte, zeigte sich, daß ein Stern der 1. Größenklasse hundertmal heller leuchtet als ein Stern der 6. Größenklasse; ein Unterschied von einer Größenklasse entspricht daher einem Helligkeitsverhältnis von 1:2,512. Damit leuchtet der Stern Spica (Helligkeit +1^m), 2,512mal heller als der Polarstern (Helligkeit +2^m, leicht veränderlich). In diesem erweiterten System besitzen die hellsten Objekte negative Helligkeiten: die Venus –4^m, der Vollmond –12^m, die Sonne –26^m!

Je weiter ein Himmelskörper entfernt ist, desto schwächer erscheint sein Licht. Es gibt aber dennoch eine Möglichkeit, die wirklichen Helligkeiten der Sterne zu vergleichen: Man berechnet, welche Helligkeit sie in einer Standardentfernung von 10 parsec (Parallaxensekunden) oder 32,6 Lichtjahren besäßen, und nennt dies die absolute Helligkeit.

Die Angabe „pg" hinter einem Tabellenwert zeigt an, daß es sich um eine fotografisch bestimmte Helligkeit handelt.

Die Beobachtung mit Fernglas und Teleskop

Schon mit bloßem Auge kann man interessante Dinge am Himmel sehen: Planeten, Sterne, Meteore, die Milchstraße, Finsternisse, selbst Sternhaufen wie die Plejaden oder schwach leuchtende Nebel wie jener im Sternbild Andromeda, hinter dem sich eine Nachbargalaxie in 2,3 Millionen Lichtjahren Entfernung verbirgt, sind dem bloßen Auge zugänglich.

Die Erfindung des Fernrohrs zu Beginn des 17. Jahrhunderts veränderte die Situation der Himmelsbeobachtung beträchtlich. Teleskope bündeln mehr Licht in einem Punkt und lassen so auch lichtschwache Objekte sichtbar werden – dies ist viel wichtiger als eine starke Vergrößerung. Ein Fernrohr mit 50 cm Durchmesser ist dem 5-m-Spiegel selbst bei gleicher Vergrößerung unterlegen: Während man mit dem 50-cm-Teleskop typische Galaxien noch in einer Entfernung von rund 400 Millionen Lichtjahren sehen kann, reicht der 5-m-Spiegel rund 4 Milliarden Lichtjahre weit hinaus. Entscheidend für die Beobachtung lichtschwacher Objekte ist also die Öffnung des Teleskops. Im Dunkeln weitet sich die Pupille des Auges auf 6 bis 7 mm Durchmesser. Ein Fernglas mit 50 mm Öffnung sammelt demnach rund 50mal soviel Licht, während ein Fernrohr mit 20 cm Öffnung sogar rund 950mal „lichtstärker" ist.

Das Fernglas ist ein geeignetes Hilfsmittel, um den Himmel kennenzulernen, weil man besser feststellen kann, wohin man gerade blickt. Es gibt allerdings nur wenige Sternbilder, die ganz in das 3° bis 5° große Gesichtsfeld eines Weitwinkel-Glases mit geringer Vergrößerung passen (z. B. Leier, Kreuz des Südens und Pfeil). Normalerweise findet man immer nur einen Ausschnitt wie etwa die Deichsel des Großen Wagens oder den Gürtel des Orion. Die Zahlenkombination auf einem Fernglas gibt stets zuerst die Vergrößerung und dann den Objektivdurchmesser (in mm) an, zum Beispiel 6×30, 7×35, 8×40, 7×50 oder auch 11×80. Dividiert man die zweite durch die erste Zahl, so erhält man den Durchmesser der Austrittspupille als Maß für die mögliche Lichtausbeute; größer als 7 braucht dieser Wert nicht zu sein, weil die an die Dunkelheit gewöhnte Pupille des Auges keinen „dickeren" Lichtstrahl aufnehmen kann. Offensichtlich kommen die Werte 7×50 und 11×80 diesem maximalen Pupillendurchmesser am nächsten, sind also besonders für die Betrachtung lichtschwacher Objekte geeignet. Ein 20×80-Glas liefert zwar nur eine 4 mm große Austrittspupille, kann dafür aber Sternhaufen und engere Doppelsterne bequem „auflösen"; ein solches Fernglas reicht, wenn es stabil auf einem Dreibeinstativ montiert ist, um nahezu alle in diesem Buch beschriebenen Objekte zu finden. Ich empfehle „Einsteigern" immer, sich zunächst ein gutes Fernglas samt Stativ anzuschaffen; das ist billiger als die mindestens 1500 DM, die man für ein vernünftiges kleines Fernrohr bezahlen muß, und besser als ein „Spielzeugteleskop", das vielleicht ebensoviel kostet wie das Fernglas.

Das Fernrohr ist eine wunderbare Erfindung. Es holt die Objekte nicht nur näher heran, sondern verstärkt auch ihre Helligkeit. Aber wir dürfen nicht vergessen, daß ein wackeliges Billigteleskop von der Sorte, wie sie oft in Kaufhäusern angeboten werden, oft soviel Enttäuschung hervorruft, daß der Benutzer sich verärgert von der Himmelsbeobachtung abwendet. Ein alter Astronomenspruch lautet: „Mit einem stabil montierten Teleskop kann man auch bei nur mittelmäßiger Optikqualität mehr sehen als mit einem optisch noch so guten, dafür aber wacklig aufgestellten Fernrohr." Jede Anpreisung besonders starker Vergrößerungsmöglichkeiten sollte hellhörig machen. Es kommt nicht so sehr auf die Vergrößerung an, sondern darauf, wie klar das betrachtete Objekt gezeigt wird und wie ruhig das Bild „steht".

Das erste Fernrohr sollte einen Durchmesser von mindestens 75 mm Öffnung haben, ein stabiles Stativ besitzen und eine Vorrichtung, mit der man es möglichst ruckfrei der Bewegung der Gestirne am Himmel nachführen kann. Mit ein paar Tricks lassen sich einige Schwächen kleiner Teleskope ausbessern. So kann man ein Gewicht unter das Dreibein hängen und damit seine Masse vergrößern, was eventuelle Schwingungen reduziert, und die Verbindung zwischen Dreibein und Montierungsblock verstärken; ein entsprechender Adapter ermöglicht die Verwendung größerer, qualitativ besserer Okulare für schärfere Bilder.

Über den Gebrauch eines astronomischen Teleskops kann man ein eigenes Buch schreiben, und so will ich mich hier auf einige allgemeine Hinweise beschränken. Zunächst muß man das Sucherfernrohr so justieren, daß es die gleiche Himmelsgegend zeigt wie das Teleskop. Ist das gesuchte Objekt zu lichtschwach für den Sucher, sollte man anhand der Sternkarte einen benachbarten helleren Stern auswählen und ihn einstellen, ehe man von dort in Richtung des gesuchten Objekts geht. Dann werden die Befestigungsklemmen leicht angezogen, und los geht die Suche bei der schwächsten verfügbaren Vergrößerung. Wahrscheinlich muß man dabei das Fernrohr etwas in Rektaszension und Deklination bewegen – man sollte sich daher den Ausgangspunkt merken, damit man dorthin zurückkehren und mit einer neuen Suchaktion beginnen kann. Falls das Fernrohr richtig „eingenordet" ist, kann man das Objekt auch mit Hilfe der Teilkreise einstellen; allerdings sollte man dieses Verfahren zunächst einmal bei einigen helleren Sternen erproben, ehe man Galaxien oder andere lichtschwache Objekte aufsucht. Vor allem aber sollte man sich Zeit und Ruhe zur Beobachtung lassen. Manche Anfänger hasten von einem Objekt zum nächsten, ohne es wirklich zu betrachten. Dabei laufen die Galaxien doch nicht weg!

Ein stärker vergrößerndes Okular läßt den Himmel dunkler erscheinen und lichtschwache Sterne klarer hervortreten – bei lichtschwachen Nebeln dagegen hilft nur eine schwache Vergrößerung. Mitunter muß man die Hand zu Hilfe nehmen, um irdisches Störlicht abzublenden (natürlich, ohne das Fernrohr zu berühren!). Ich persönlich glaube, daß es am besten ist, bei der Beobachtung zu sitzen und vielleicht sogar den Kopf aufzustützen. An die Beobachtung mit nur einem Auge muß man sich erst gewöhnen, und so sehen erfahrene

Beobachter meist mehr als Anfänger. Aber das ist nur eine Frage der Gewöhnung: je öfter man beobachtet, desto größer die Übung. Hilfreich ist vielfach auch der Gedanken- und Erfahrungsaustausch mit anderen Sternfreunden, den man in vielen lokalen oder regionalen Zusammenschlüssen finden kann.

Himmelsfotografie

Die Astrofotografie gewinnt immer mehr Anhänger unter den Sternfreunden, und so sind in der letzten Zeit etliche ausführliche Bücher zu diesem Thema erschienen. Die wichtigsten Punkte möchte ich daher nur kurz umreißen:

Nördliche Himmelssphäre

Nördliche Hemisphäre

Wenn die Karte so gedreht wird, daß der jeweilige Monat am unteren Rand steht, zeigt sie etwa den Himmelsausschnitt, der in dem entsprechenden Monat gegen 23 Uhr MEZ zu sehen ist (für den nördlichen Himmel

in Blickrichtung Süden, für den südlichen Himmel in Blickrichtung Norden). Um den Anblick zu anderen Zeiten zu erhalten, muß man die Karte für jede Stunde vor 23 Uhr um 15° im Uhrzeigersinn, für jede Stunde nach 23 Uhr entgegen dem Uhrzeigersinn drehen.

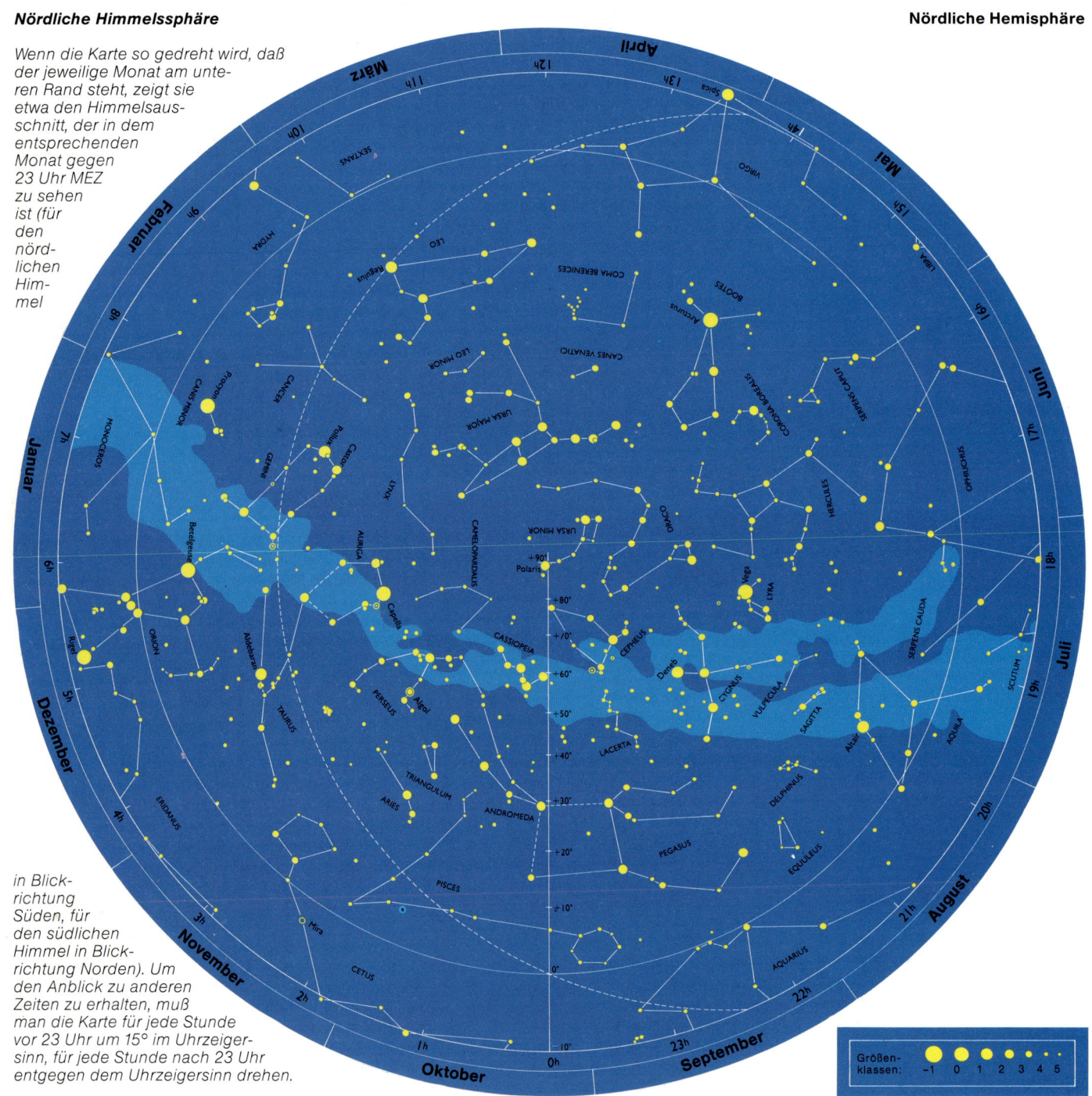

Größenklassen: -1 0 1 2 3 4 5

1. Mit einem lichtempfindlichen Film (400 ASA und mehr) und lichtstarker Optik (f/2) kann man innerhalb von 10 Sekunden all jene Sterne fotografieren, die mit bloßem Auge zu erkennen sind (die Kamera sollte auf einem Stativ befestigt sein).

2. Eine Kamera mit Objektiven zwischen 24 und 300 mm, die „huckepack" auf ein nachgeführtes Fernrohr montiert wird, liefert phantastische Aufnahmen des Sternhimmels und seiner besonderen Objekte.

3. Will man im Brennpunkt des Fernrohrs fotografieren, braucht man eine Nachführkontrollmöglichkeit, da die wenigsten kleinen Teleskope hinreichend genau der scheinbaren Himmelsdrehung folgen.

4. Mond und Planeten sowie helle Doppelsterne lassen sich im Brennpunkt oder mit Okularvergrößerung fotografieren, falls das Teleskop ruckfrei nachgeführt wird und das Fernrohr durch den Verschluß nicht in Vibration versetzt wird. Bei hellen Objekten sollte man feinkörniges, weniger empfindliches Filmmaterial benutzen.

Derzeit gelingen die besten Amateur-Schwarzweiß-Fotos auf hypersensibilisiertem Kodak 2415 Technical Pan Film. Für Farbaufnahmen haben sich Konica (Sakura) 400 (hypersensibilisiert) und 3200 oder Fujichrome 1600D und Fujichrome 100 (um eine oder zwei Blendenstufen gepuscht) bewährt. Neue Filme und die Weiterentwicklung in der Elektronik werden die Astrofotografie jedoch sicher in noch ungeahnter Weise revolutionieren.

Südliche Himmelssphäre

Die Sternbildnamen stehen so, daß „oben" nach Norden und „unten" nach Süden ausgerichtet ist; dabei überlappen sich die beiden Karten am Äquator um jeweils 10°. Die durchgezogene Linie markiert den Himmelsäquator, die gestrichelte Linie die Ekliptik.

Südliche Hemisphäre

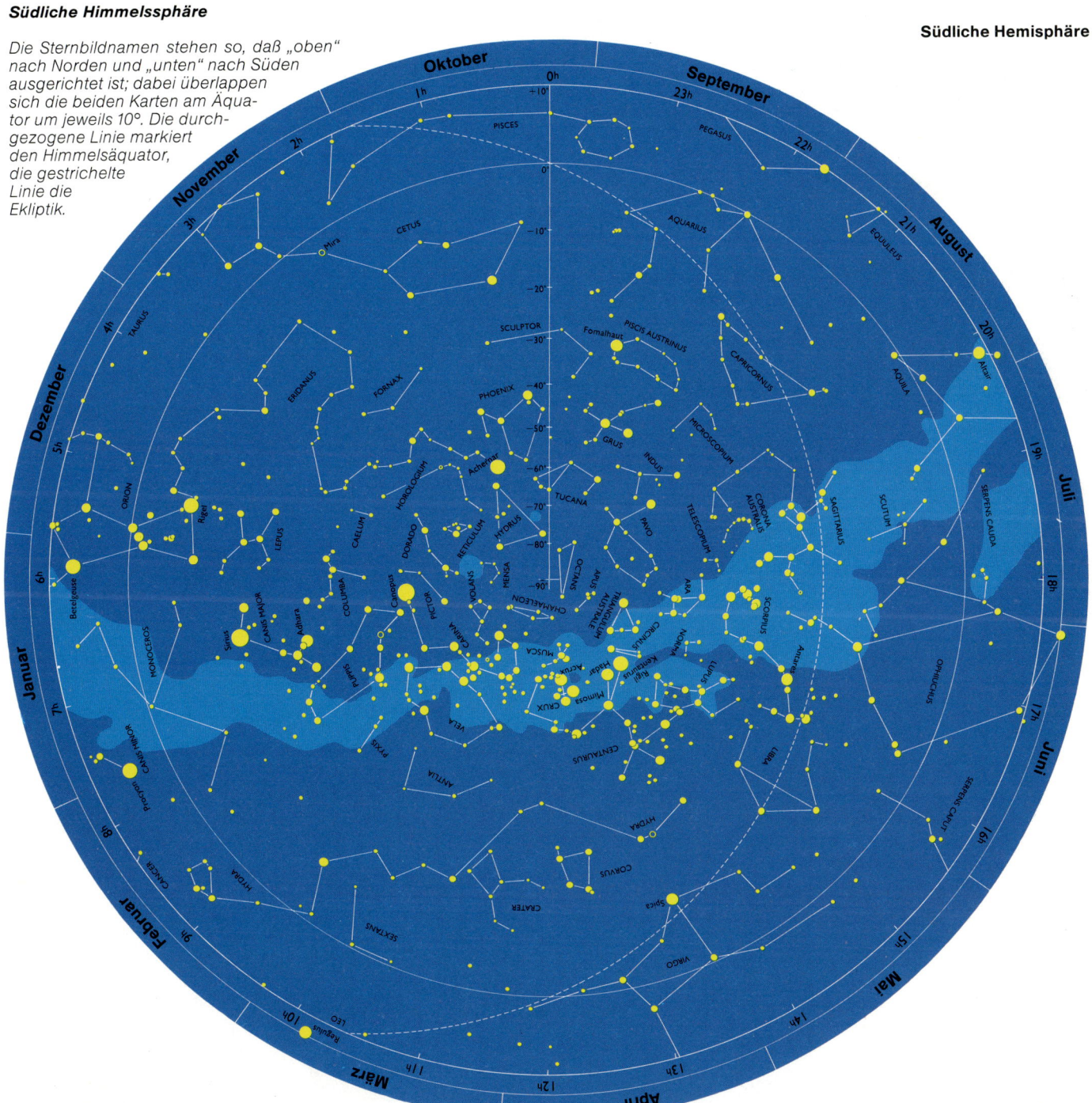

Andromeda

In der griechischen Mythologie ist Andromeda die Tochter von König Cepheus und Königin Cassiopeia. Andromedas Mutter hatte den Meeresgott Poseidon beleidigt, weil sie sich rühmte, gemeinsam mit ihrer Tochter schöner als jede Meeresnymphe zu sein. Cepheus, der die Rache des Poseidon abwenden wollte, kettete Andromeda an einen Felsen am Strand, um sie dem Meeresungeheuer Cetus (Walfisch) zu opfern, doch Perseus errettete sie buchstäblich in letzter Minute und heiratete sie später. Das Sternbild wurde im 2. Jahrhundert von Ptolemäus beschrieben.

Andromedagalaxie, M 31. In einer Entfernung von 2,3 Millionen Lichtjahren beherrscht die riesige Spiralgalaxie M31 (NGC 224) unsere Lokale Gruppe. In ihrer Nähe stehen zwei Begleiter: die elliptische Galaxie NGC 205 (rechts) und die elliptische Galaxie M32 (NGC 221), das verschwommen sternähnliche Objekt links unterhalb des Kerns von M31. Die Aufnahme wurde von dem kalifornischen Amateurastronomen Kim Gordon mit einem 14-cm-Wright-Newton-Teleskop 25 Minuten auf hypersensibilisiertem Konica 400-Negativfilm belichtet.

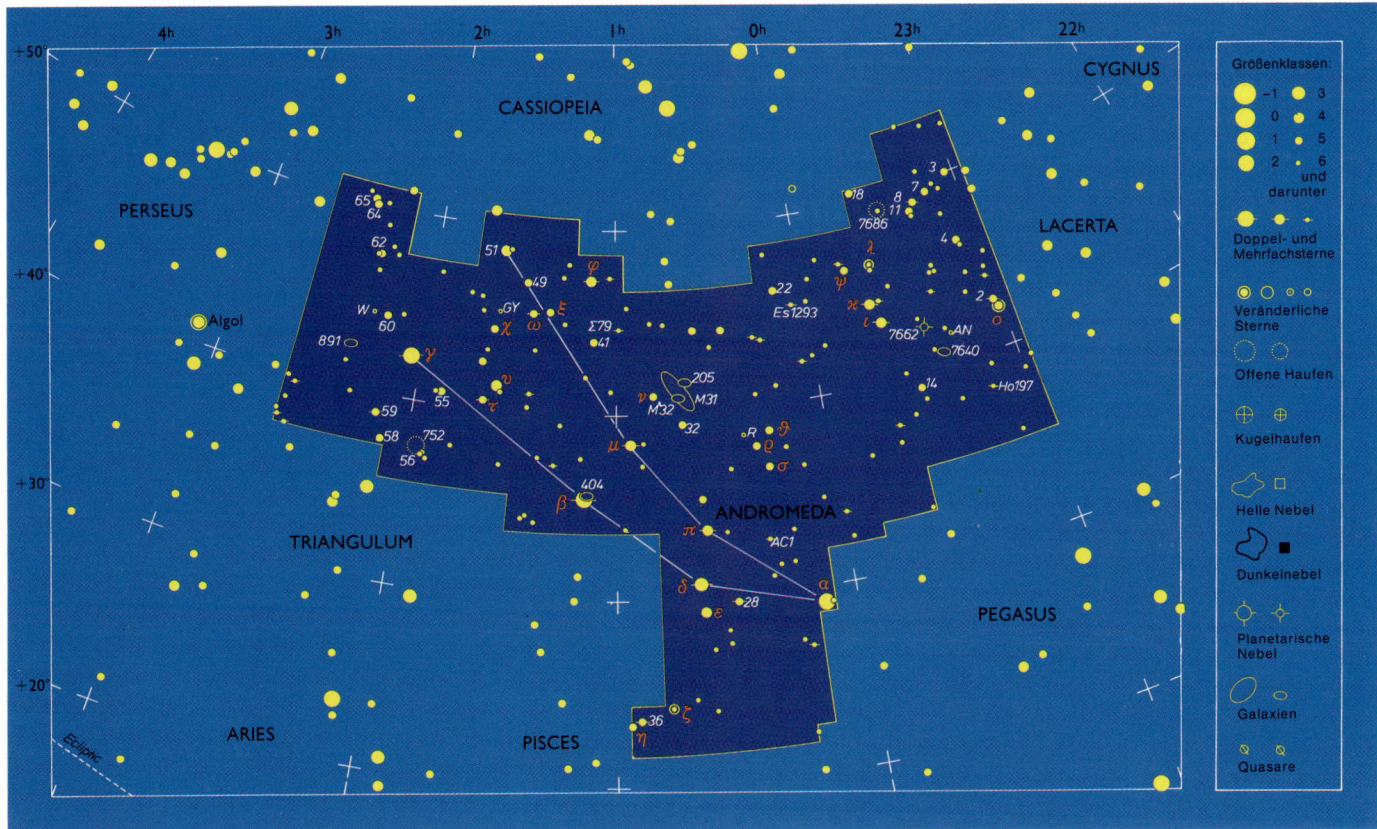

Die in Ketten gelegte Andromeda ist ein großes und wichtiges Herbststernbild; es ist zwischen der Cassiopeia und den Fischen (Pisces) zu finden. Sie liegt auf der Seite, den Kopf auf der oberen linken Ecke des Pegasusvierecks und die Füße beim Perseus, und hält ihre Arme hilfesuchend ausgestreckt. In Mitteleuropa steigt sie im Sommer spät am Abend über den Horizont und steht Anfang November gegen 22 Uhr fast im Zenit. Bei genügend dunkler Umgebung erkennt man im nördlichen Teil einen länglichen Nebelfleck, dessen Helligkeit mit der 4. Größenklasse angegeben wird: die große Andromedagalaxie (M 31), die nächste größere Spiralgalaxie in rund 2,3 Millionen Lichtjahren Entfernung; sie ist das fernste Objekt, das man noch mit bloßem Auge erkennen kann. Im Fernglas bietet M 31 einen prachtvollen Anblick, erkennt man auch noch zwei kleinere, lichtschwächere Begleiter.

Doppel- und Mehrfachsterne

Mit Ausnahme von gamma (γ) sind die Doppelsterne in der Andromeda ziemlich lichtschwach, doch lohnt es sich, nach den in der Tabelle aufgeführten Objekten zu suchen. Gamma Andromedae (Almach) ist einer der schönsten Doppelsterne am Himmel: Der Hauptstern gehört zum Spektraltyp K0 und erscheint hell orange, zu dem der Begleiter (selbst ein sehr enger Doppel- oder gar Dreifachstern) als bläulichweißer A0-Stern einen reizvollen Kontrast bietet; der Abstand zwischen ihnen beträgt derzeit rund 10 Bogensekunden. Der Begleiter erscheint mitunter als sehr enger Doppelstern oder als Einzelstern, weil die elliptische Bahn die beiden Mitglieder auf einen geringeren Abstand als für irdische Teleskope untrennbare 0,1 Bogensekunden zusammenführen kann (zuletzt 1952); selbst der größte Abstand (zuletzt 1982) beträgt nur 0,6 Bogensekunden. F. W. Struve hat diese Doppelnatur 1842 in Pulkowa entdeckt. Bei der für gamma angegebenen Entfernung von 260 Lichtjahren steht das Paar BC et-

wa 30 Astronomische Einheiten (AE; engl. AU) auseinander, während der Abstand zu A rund 800 AE beträgt (AE ist die mittlere Entfernung Erde – Sonne = 149 597 870 km). Mit einem guten 20-cm-Teleskop kann man bei starker Vergrößerung und ruhiger Luft das Paar BC als sich berührende, bläuliche Punkte erkennen; BC bietet also derzeit noch eine gute Testmöglichkeit für Optik und Luftruhe („Seeing"). Auch 36 And ist ein enges Doppelsternsystem, auf dessen Bahnebene wir unter ziemlich steilem Winkel (von „oben" oder „unten") blicken. Die Umlaufzeit beträgt rund 165 Jahre, und die größte Annäherung, das Periastron, wurde 1957 mit einer Distanz von 0,6 Bogensekunden beobachtet; bis zum Jahre 2040 wird sich der Abstand auf 1,4 Bogensekunden ausweiten. Die beiden gelben Sonnen der Helligkeit 6,0^m und 6,4^m können ebenfalls als Testobjekt für eine gute Optik und gutes Seeing genutzt werden. 36 And steht zwischen eta (η) und zeta (ζ) Andromedae.

Die Andromedagalaxie

Der Andromedanebel M 31 oder NGC (New General Catalogue) 224 ist die nächste bekannte Spiralgalaxie. Nur die beiden irregulären Begleiter der Galaxis, die beiden Magellanschen Wolken am Südhimmel, stehen uns noch näher. Wir sehen die Andromedagalaxie mit ihren beiden elliptischen Begleitern NGC 205 und NGC 221 (M 32) durch einen Vorhang galaktischer Sterne (allesamt näher als 5000 Lichtjahre) über eine intergalaktische Weite von mehr als 2 Millionen Lichtjahren. Unsere Galaxis sieht vermutlich ähnlich aus wie M 31, ist jedoch um die Hälfte kleiner. M 31 verfügt über zwei große Spiralarme, die sich jedoch angesichts ausgedehnter Staubwolken und des flachen Blickwinkels (weniger als 20°) nur schwer verfolgen lassen. In einem lichtstarken Fernglas erkennt man M 31 als länglichen Nebelfleck von etwa 1,5° Durchmesser.
Im Fernrohr kann man einzelne Strukturen ausmachen; je größer die

Andromeda

Teleskopöffnung, desto besser. Die Kernregion von M 31 zum Beispiel erscheint als nahezu sternähnlicher Punkt, der von einem „Lichtdunst" von vielen Millionen rötlichen Population-II-Sternen umgeben ist. Die kleine elliptische Galaxie M 32 steht südlich am sichtbaren Rand der Galaxie, während die lichtschwächere NGC 205 auf der anderen Seite rund ein Grad entfernt zu finden ist. Mit einem 20-cm-Spiegel erkennt man eine Sternwolke in einem der Spiralarme (NGC 206) als verwaschenen, länglichen Fleck ähnlich groß wie M 32, aber deutlich lichtschwächer. Teleskope von mehr als 40 cm Öffnung zeigen einzelne blaue Überriesen in dieser Wolke und anderswo in den Spiralarmen als winzige Punkte der 17. Größenklasse; darüber hinaus erkennt man etliche der kugelförmigen Sternhaufen in der Umgebung von M 31 als etwas ausgefranste Pünktchen. Viele Novae und eine Supernova (die 1885 die 7. Größenklasse erreichte) konnten bislang in M 31 beobachtet werden. Das Hubble-Weltraumteleskop und andere, weltraumgestützte Fernrohre werden eine genauere Beobachtung von planetarischen Nebeln und leuchtenden Gasnebeln, aber auch von sonnenähnlichen Sternen in M 31 ermöglichen. Stünde unsere Sonne in M 31, so erschiene sie uns als Stern der 29. Größenklasse! Zwei weitere Galaxien sollten hier erwähnt werden. NGC 404 ist ein rundlicher Fleck unweit von beta And (Mirach), eine elliptische Galaxie der 12. Größenklasse, die in manchen Sternatlanten nicht verzeichnet war und daher von Amateuren in den 60er und 70er Jahren mehrfach irrtümlich für einen Kometen gehalten wurde. Wenn man ein solches Objekt (lichtschwach und verwaschen) sieht, sollte man es über einen Zeitraum von wenigstens einer Stunde verfolgen, um zu sehen, ob es sich relativ zu den Sternen bewegt, ehe man seine „Kometenentdeckung" der nächstgelegenen

Sternwarte meldet. NGC 891 schließlich ist eine vergleichsweise nahe und große Spiralgalaxie, die wir von der Kante sehen. Mit einem 20-cm-Teleskop oder Instrumenten noch größerer Öffnung erkennt man einen 12 Bogenminuten langen Streifen mit einer dunklen Trennlinie, die vor allem in größeren Teleskopen deutlich hervortritt. Wegen der geringen Helligkeit (12. Größe) braucht man eine mondscheinlose Nacht und sehr dunklen Himmel.

Planetarische Nebel

Der einzige bekannte hellere planetarische Nebel im Sternbild Andromeda ist NGC 7662. Sein bläuliches Leuchten rührt von zweifach ionisierten Sauerstoffatomen her. In Teleskopen von mehr als 40 cm Öffnung erkennt man darüber hinaus eine rosafarbene Zentralregion. Der Zentralstern selbst ist sehr lichtschwach, während der Nebel mit einem Durchmesser von 30 Bogensekunden als Objekt der 9. Größenklasse mit Fernrohren ab 7,5 cm Öffnung zu finden ist.

R Andromedae

R Andromedae ist ein langperiodisch Veränderlicher vom Mira-Typ mit einer auffallend großen Amplitude – von 5,1 bis 14,8 Größenklassen. Im Maximum kann er mit bloßem Auge gesehen werden, im Minimum braucht man ein 25-cm-Teleskop. Die Periode beträgt 409 Tage, und im Spektrum erkennt man zur Zeit der Minimalhelligkeit (wenn der Stern groß und kühl ist) Linien von Titan und Zirkon, die wieder verschwinden, wenn der Stern kontrahiert und seine Oberfläche wieder heißer wird. Man findet R And in unmittelbarer Nachbarschaft zur Gruppe aus sigma (σ), rho (ρ) und theta (ϑ) Andromedae.

Beobachtungsobjekte in der Andromeda
Doppel- und Mehrfachsterne

Name	RA	Dec.	Distanz (Bogensek.)		Helligkeiten		Jahr
Ho 197	23h 11.5m	+38° 13′	AB	0.4	8.3	8.6	1958
			AC	42.6	8.3	8.7	
			AD	47.2	8.3	8.7	
Σ 3050	23h 59.5m	+33° 43′		1.3	6.0	6.0	1967
Es 1293	00h 05.2m	+45° 14′	AB	12.9	6.5	13.5	1925
			AC	21.6	6.5	9.5	1934
AC 1	00h 20.9m	+32° 59′		1.6	7.5	8.0	1959
36	00h 55.0m	+23° 38′		∼1	6.0	6.4	1959
Σ 79	01h 00.1m	+44° 43′		7.8	6.0	6.8	1967
φ (Phi)	01h 09.5m	+47° 15′		0.5	4.6	5.5	1960
τ (Tau)	01h 40.6m	+40° 35′		52.3	4.9	10.1	1925
γ (Gamma)	02h 03.9m	+42° 20′	AB	10.3	2.3	5.3	1967
			BC	0.5	5.5	6.3	1959
59	02h 10.9m	+39° 02′		16.6	6.1	6.8	1949

Nebel und Sternhaufen

Name	RA	Dec.	Typ	Größe	Helligkeit
NGC 7640	23h 22.1m	+40° 51′	Gal. Sb	10.7′ × 2.5′	10.9
NGC 7662	23h 25.9m	+42° 33′	Plan. Neb.	30″ × 20″	9.2
NGC 205	00h 40.4m	+41° 41′	Gal. E6	17′ × 10′	8
M 32 (NGC 221)	00h 42.7m	+40° 52′	Gal. E2	7.6′ × 5.8′	8
M 31 (NGC 224)	00h 42.7m	+41° 16′	Gal. Sb	178′ × 63′	3.4
NGC 404	01h 09.4m	+35° 43′	Gal. E0	4.4′ × 3.3′	10.4
NGC 752	01h 57.8m	+37° 41′	Open Cl.	50′	5
NGC 891	02h 22.6m	+42° 21′	Gal. Sb	13.5′ × 2.8′	12.0

Spiralgalaxie NGC 891. *Bei der 40 Millionen Lichtjahre entfernten Galaxie NGC 891 blicken wir auf die Kante und erkennen dunkle Staubwolken in der galaktischen Ebene; sie sind in größeren Amateurteleskopen zu sehen. 1986 leuchtete hier eine Supernova auf. Die Aufnahme im Bereich des sichtbaren Lichtes wurde mit einer CCD-Kamera am Fred Whipple Observatory in Arizona gemacht; ein CCD (charge-coupled device) ist ein lichtempfindlicher Halbleiterchip.*

Antlia/Pyxis

NGC 2997 ist eine prächtige Sc-Galaxie in rund 30 Millionen Lichtjahren Entfernung. Diese optische CCD-Aufnahme zeigt rosafarben die HII-Regionen in den Spiralarmen, wo vor nicht allzu langer Zeit massereiche Sterne entstanden sein müssen; die Farbe stammt von der starken H-Alpha-Linie, die bei der Vereinigung von Elektronen und Protonen zu neutralen Wasserstoffatomen abgestrahlt wird. Das Foto ist aus zwei CCD-Filteraufnahmen zusammengesetzt, die mit dem 1,5-m-Teleskop am Cerro Tololo Inter-American Observatory in Chile gemacht wurden.

Antlia (Luftpumpe) und Pyxis (Schiffskompaß) gehören zu den unscheinbarsten Sternbildern des Himmels und werden wegen ihrer Nachbarschaft gemeinsam vorgestellt. Antlia enthält keine Sterne heller als 4. Größenklasse, und auch die beiden Sterne der 4. Größenklasse im Pyxis sind wenig auffällig. Es handelt sich um Figuren des südlichen Himmels bei minus 30° Deklination, die bei uns knapp über den Horizont steigen und im März gegen 22 Uhr kulminieren. Der Schiffskompaß, der rund 15° westlich von Antlia liegt, gehörte früher zum Schiff Argo (siehe Kasten). Von südlicheren Beobachtungsorten aus findet man Pyxis unweit der helleren Sterne zeta Puppis und lambda Velorum – beide 2. Größenklasse (siehe Karte).

Antlia

Antlia enthält nur lichtschwache Sterne; alpha (α) Ant ist 4,25 Größenklassen hell. Es gibt einige wenige Doppelsterne innerhalb der Figur, von denen delta (δ) der hellste ist: hier stehen zwei Sterne der 5. und 9. Größenklasse elf Bogensekunden voneinander entfernt. U Antliae ist ein halbregelmäßig veränderlicher Stern mit einer Periode von etwa einem Jahr und einem Lichtwechsel zwischen 5,7 und 6,8 Größenklassen. Außerdem gibt es eine leicht zu findende Galaxie (NGC 2997) und zwei schwächere Galaxien, NGC 3271 und NGC 3347.

Pyxis

Das für Fernglas- und Fernrohrbeobachtung interessanteste Objekt im Schiffskompaß ist die Milchstraße, die durch den westlichen Teil verläuft; hier findet man einige kleinere Sternhaufen. Im östlichen Bereich des Sternbildes stößt man auf die Galaxie NGC 2613 und einige reizvolle Doppelsterne. Unter den Novae kennt man auch einige wiederkehrende wie zum Beispiel T Pyxidis. Es handelt sich um enge Doppelsterne, bei denen ein Partner ein alter Riesenstern ist, der andere ein Weißer Zwerg, der mit seinem starken Schwerefeld ständig

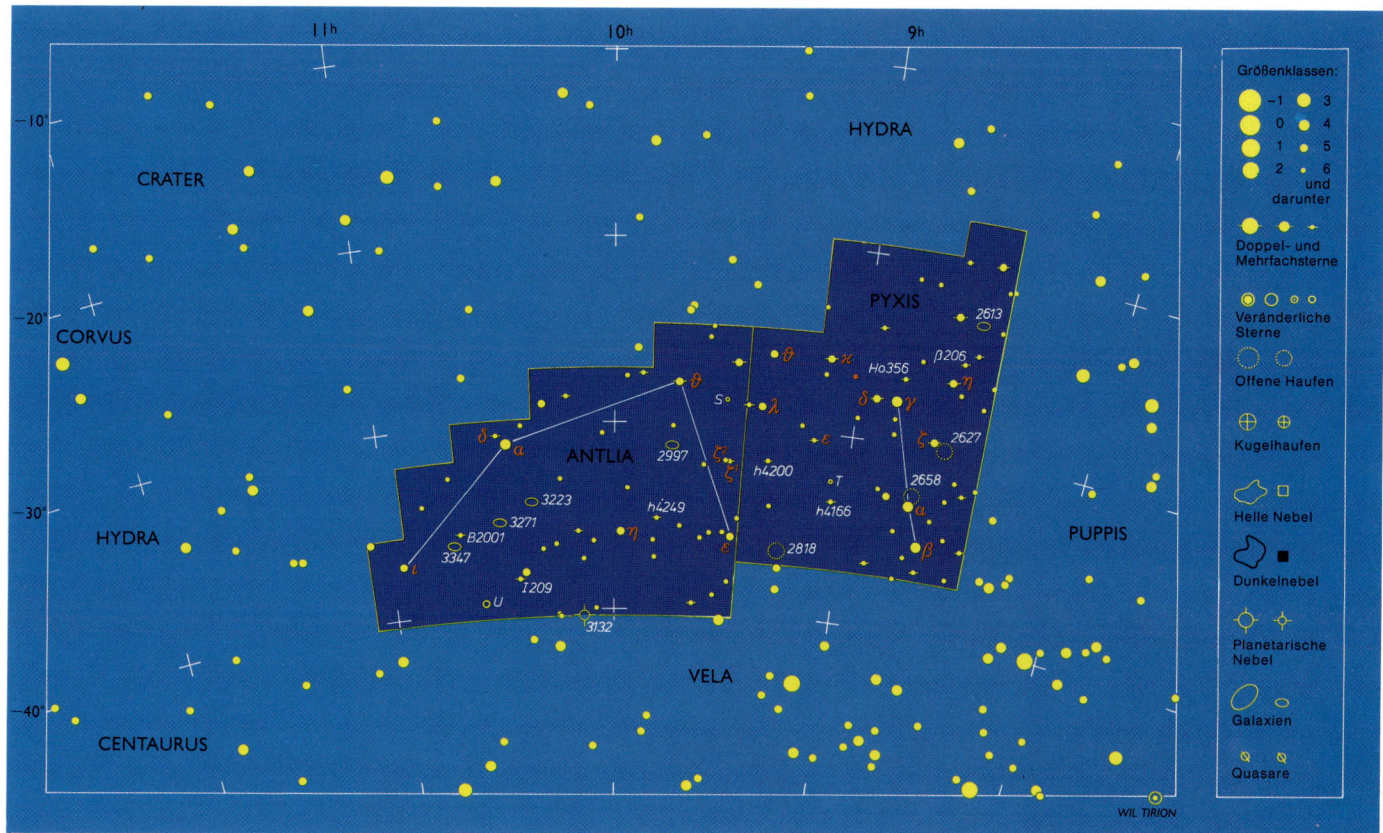

Materie von dem Riesenstern zu sich herüberzieht. Nach jeweils einigen Jahrzehnten ist genügend Materie aufgesammelt worden, um an der Oberfläche des Weißen Zwerges die Fusionsreaktionen zu zünden, die normalerweise nur im Innern der Sterne ablaufen, und dann nimmt die Helligkeit des Sterns kurzzeitig dramatisch zu. Als Faustregel gilt, je länger die Zeit zwischen den Ausbrüchen, desto heller die Nova. T Pyxidis steigerte seine Helligkeit zuletzt im Januar 1967 von der gewöhnlich 14. Größenklasse auf 6,3 Größenklassen; ähnliche Ausbrüche waren bereits 1944, 1920, 1902 und 1890 beobachtet worden. Angesichts der etwa 20jährigen Periode dürfte ein weiterer Ausbruch unmittelbar bevorstehen.

Schließlich gibt es noch einen Sternhaufen (NGC 2818) mit einem in gleicher Blickrichtung stehenden, aber weiter entfernten planetarischen Nebel. Der schwach leuchtende Nebel hat einen Durchmesser von rund 40 Bogensekunden und befindet sich am westlichen Rand des rund 30 lichtschwache Sterne umfassenden Haufens. Zur Beobachtung braucht man ein Teleskop von wenigstens 20 cm Öffnung.

Beobachtungsobjekte in der Luftpumpe (Fortsetzung)
Doppel- und Mehrfachsterne

Name	RA	Dec.	Distanz (Bogensek.)	Helligk.		Jahr
δ (Delta)	10h 29.6m	−30° 36'	11.0	5.6	9.6	1932
B2001	10h 40.9m	−35° 44'	0.7	6.4	8.9	1960

Nebel und Sternhaufen

Name	RA	Dec.	Typ	Größe	Helligk.
NGC 2997	09h 45.6m	−31° 11'	Gal. Sc	8.1' × 6.5'	10.6
NGC 3271	10h 30.5m	−35° 22'	Gal. Sb	2.3' × 1.1'	11.7
NGC 3347	10h 42.8m	−36° 22'	Gal. SBb	4.4' × 2.6'	12.5

Beobachtungsobjekte im Schiffskompaß
Doppel- und Mehrfachsterne

Name	RA	Dec.	Distanz (Bogensek.)	Helligk.		Jahr
ζ (Zeta)	08h 39.7m	−29° 34'	52.4	4.9	9.1	1905
206	08h 35.4m	−25° 07'	1.8	8.2	8.4	1954
Ho356	08h 49.3m	−26° 26'	1.6	8.0	8.5	1954
h4166	09h 03.3m	−33° 36'	A × BC 13.7	6.7		1952
			BC 0.8	8.6	11.8	1947
κ (Kappa)	09h 08.0m	−25° 52'	2.1	4.6	9.8	1911
h4200	09h 20.7m	−31° 46'	3.1	7.3	7.9	1954

Wiederkehrende Nova

Name	RA	Dec.	Typ	Helligk.		Periode
				max	min	
T	09h 04.7m	−32° 23'	Nr	6.3	14.0	7000 Tage

Nebel und Sternhaufen

Name	RA	Dec.	Typ	Größe	Helligk.
NGC 2613	08h 33.4m	−22° 58'	Gal. S	7.2' × 2.1'	10.4
NGC 2627	08h 37.3m	−29° 57'	Open Cl.	11'	8.4
NGC 2658	08h 43.4m	−32° 39'	Open Cl.	12'	9.2
NGC 2818	09h 16.0m	−36° 37'	Open Cl.	9'	8.2

Beobachtungsobjekte in der Luftpumpe
Doppel- und Mehrfachsterne

Name	RA	Dec.	Distanz (Bogensek.)	Helligk.		Jahr
ζ₁ (Zeta 1)	09h 30.8m	−31° 53'	8.0	6.2	7.1	1952
h4249	09h 48.8m	−35° 01'	4.3	8.0	8.1	1952
I 209	10h 24.4m	−38° 35'	1.2	8.4	8.6	1954

Apus/Triangulum Australe

Apus, der Paradiesvogel,
wurde von Johann Bayer
1603 in seine Uranometria,
dem ersten Sternatlas des
gesamten Himmels, einge-
führt. Der Name muß auf
Berichte der Seefahrer zu-
rückgehen, denn der Para-
diesvogel lebt nur noch
auf Papua-Neuguinea.
Bayers ursprüngliche Be-
zeichnung lautete Apis
Indica (Indischer Vogel),
doch kann er damit durch-
aus auch Neuguinea als
östlichste Insel von „Ost-
Indien" gemeint haben.
Bayer nahm auch das
Südliche Dreieck, das
bereits rund hundert Jahre
vorher erstmals beschrie-
ben wurde, in seinen
Himmelsatlas auf; mögli-
cherweise hat dieses
Sternbild den frühen See-
fahrern als Navigationshilfe
gedient.

Der Paradiesvogel (Apus) ist ein kleines Sternbild am Südhimmel unweit des Himmelssüdpoles; es ist daher nur auf der Südhalbkugel der Erde zu sehen. Am ehesten fällt Apus durch ein kleines, längliches Dreieck aus den Sternen beta (β), gamma (γ) und delta (δ) auf, das etwa auf halbem Wege zwischen alpha Trianguli und dem Himmelssüdpol liegt. Das Südliche Dreieck (Triangulum Australe) wird der Einfachheit halber gleich mit vorgestellt.

Apus

Das weite (103 Bogensekunden) optische Paar delta (δ_1 und δ_2) zweier orangefarbener Sterne 5. Größenklasse führt die Liste der Doppelsterne an. Der lichtschwache, aber sternreiche Kugelsternhaufen NGC 6101 (3 Bogenminuten Durchmesser) erscheint in Teleskopen ab 20 cm Öffnung bereits teilweise aufgelöst. Etwas größer, aber noch lichtschwächer, erscheint IC (Index Catalog) 4499 knapp nördlich von π_2 (π_2) Octantis.

Triangulum Australe

Dieses südliche Sternbild südöstlich von alpha (α) und beta (β) Centauri umfaßt drei Sterne mittlerer Helligkeit, die ein nahezu gleichseitiges Dreieck bilden. Durch seine Lage zwischen −60° und −70° Deklination ist es für weite Teile der Südhalbkugel zirkumpolar; es kulminiert Mitte Juni gegen 22 Uhr Ortszeit. Die Milchstraße ist in diesem Bereich wenig eindrucksvoll, doch bietet das Sternbild eine Reihe von Doppel- und Mehrfachsystemen.

Doppel- und Mehrfachsterne

Herschel 4809 ist ein Mehrfachsystem, dessen 6,5^m und 8,5^m helle Hauptkomponenten 1,2 Bogensekunden getrennt sind; zwei weitere Begleiter der 9. und 8. Größenklasse stehen rund 45 bzw. 48 Bogensekunden entfernt.

Iota (ι) ist ein optisches Paar aus einem 5,5^m hellen und einem Stern 10. Größenklasse, die nur zufällig in der gleichen Blickrichtung stehen. 1918 betrug der Abstand 19,6 Bogensekunden, er verringert sich aber aufgrund der ungleichen Eigenbewegung der beiden Sterne.

Nebel und Sternhaufen

NGC 6025 ist ein kleiner, offener Sternhaufen (Durchmesser 10 Bogenminuten) und enthält rund 30 Sterne der 7. Größenklasse und darunter. NGC 5979 ist ein kleiner, runder planetarischer Nebel, der fast sternförmig (Durchmesser 8 Bogensekunden) und mit 13. Größenklasse selbst im 20-cm-Teleskop ziemlich lichtschwach erscheint.

Cepheiden-Veränderliche

Die beiden hellsten veränderlichen Sterne im Südlichen Dreieck gehören zur Gruppe der Cepheiden-Veränderlichen, die mit einer Periode von mehreren Tagen pulsieren. Sterne dieses Typs werden, wenn sie in entfernten Galaxien gesichtet werden, als „Standardkerzen" verwendet, da ihre Periode in direktem Zusammenhang zur absoluten Helligkeit steht. R Triangulum Australis verändert seine Helligkeit während 3,389 Tagen von 6^m auf 6,8^m, während S TrA innerhalb von 6,323 Tagen seine Helligkeit von 6,1^m auf 6,7^m verändert; während der minimalen Ausdehnung zeigen sie das Spektrum eines weißen F-Sterns, während der maximalen Ausdehnung dagegen erscheinen sie als sonnenähnliche G-Sterne.

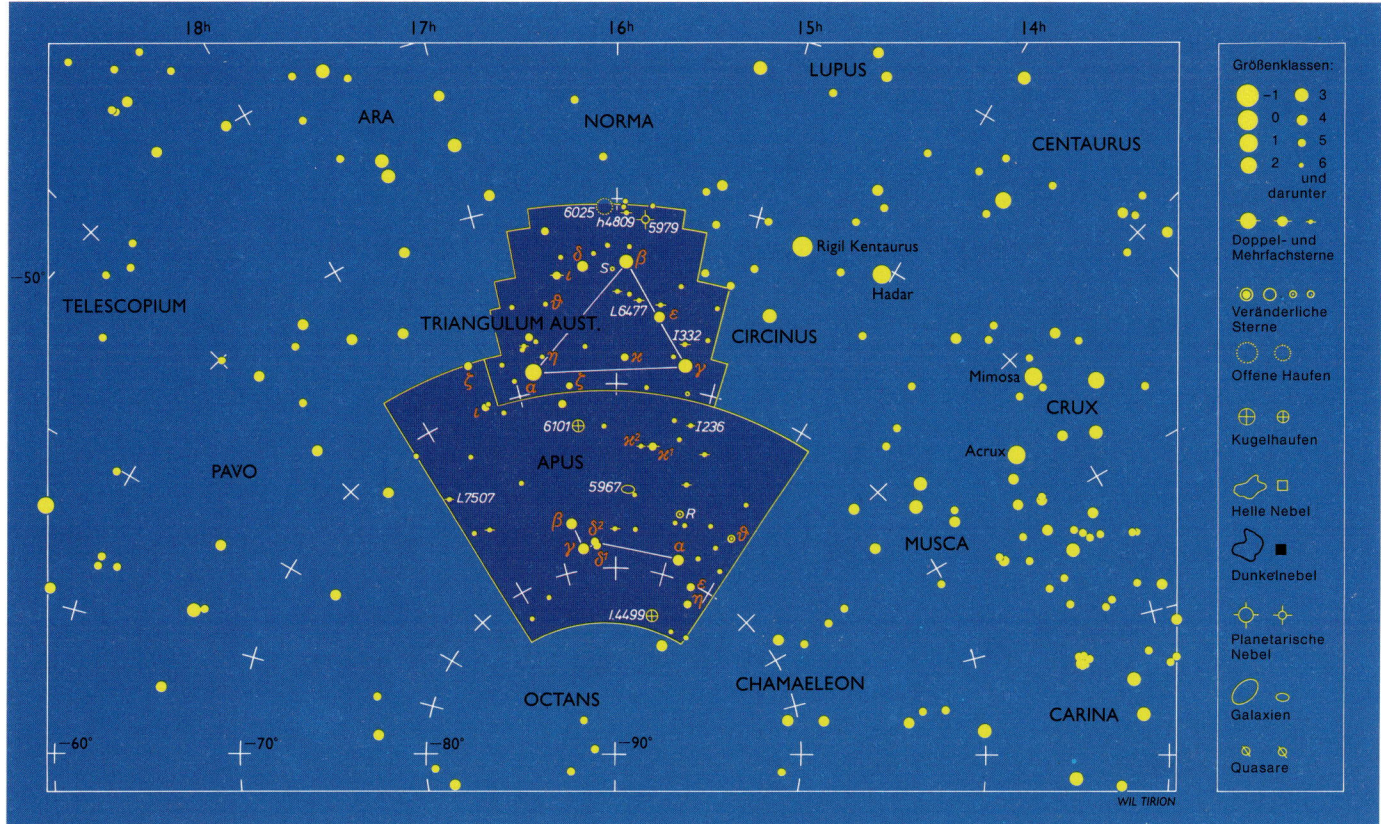

Johann Bayer

Die *Uranometria* von Johann Bayer (1572–1625) war der erste „moderne" Sternatlas, der später auch als Grundlage für viele weitere Atlanten dieser Art diente. Bayer lebte als Anwalt in Augsburg und betrieb die Astronomie als Steckenpferd. Er stützte sich auf den Sternkatalog des dänischen Astronomen Tycho Brahe, den jener auf der Insel Hven erstellt hatte. Brahe war der letzte große Astronom der vorteleskopischen Zeit; mit Hilfe seiner großen Mauerquadranten konnte er die Sternpositionen zum Teil mit einem Fehler von nur einer Bogenminute bestimmen – einer für damalige Verhältnisse unübertreffbaren Genauigkeit.

Bayer belegte die Sterne ihrer Helligkeit entsprechend mit kleinen Buchstaben des griechischen Alphabets: den hellsten Stern nannte er alpha, den zweithellsten beta, und so weiter. War das griechische Alphabet erschöpft, folgten lateinische Buchstaben. Später numerierte Flamsteed, der erste Direktor der Sternwarte Greenwich, die Sterne der einzelnen Sternbilder nach ihrer Rektaszension mit arabischen Zahlen, und so existiert heute eine Mischung aus Bayerschen Buchstaben und Flamsteed-Nummern zur Identifizierung der helleren Sterne.

Bayer definierte darüber hinaus etliche der mythologischen Sternbildfiguren klarer als auf vorangegangenen Karten und ordnete dabei den einzelnen Figuren auch eine Reihe von zuvor „übergangenen" Sternen zu.

Beobachtungsobjekte im Paradiesvogel
Doppelsterne

Name	RA	Dec.	Distanz (Bogensek.)	Helligk.		Jahr
I 236	14h 53.2m	−73° 11′	2.0	5.8	8.0	1947
δ (Delta)	16h 20.3m	−78° 42′	102.9	4.7	5.1	1918
L 7507	18h 12.6m	−73° 40′	2.5	6.0	9.0	1935

Nebel und Sternhaufen

Name	RA	Dec.	Typ	Größe	Helligk.
NGC 6101	16h 25.8m	−72° 12′	Glob. Cl.	3′	9.3
IC 4499	15h 00.3m	−82° 13′	Glob. Cl.	5′	11

Beobachtungsobjekte im südlichen Dreieck
Doppel- und Mehrfachsterne

Name	RA	Dec.	Distanz (Bogensek.)	Helligk.		Jahr
I 332	15h 20.7m	−67° 29′	1.1	6.5	8.5	1929
L 6477	15h 47.0m	−65° 27′	1.9	6.3	6.3	1947
h4809	15h 54.9m	−60° 45′	AB 1.2	6.5	8.8	1943
			AC 45.0	6.5	9.1	1917
			AD 48.1	6.5	8.7	1917
ι (Iota)	16h 28.0m	−64° 03′	19.6	5.3	10.3	1918
Gls 230	16h 51.5m	−67° 33′	7.0	8.5	8.5	1920

Nebel und Sternhaufen

Name	RA	Dec.	Typ	Größe	Helligk.
NGC 5979	15h 47.7m	−61° 13′	Plan. Neb.	8″	13.0
NGC 6025	16h 03.7m	−60° 30′	Open Cl.	12′	5.1

Aquarius

Aquarius, der Wasser-mann, ist heute das 12. Sternbild im Kreis der Ekliptik (ausgehend vom Frühlingspunkt im Sternbild Fische). Im Altertum wurde die ganze Himmelsgegend mit Wasser und Regen in Verbindung gebracht: Die Babylonier nannten das Gebiet das Meer und bevölkerten es mit Meereslebewesen wie dem Walfisch, den Fischen, dem Steinbock (der ursprünglich als Ziegenfisch bezeichnet wurde) und dem Delphin, die allesamt unter der Aufsicht des Wassermanns standen. Die ägyptische Hieroglyphe für Wasser ist identisch mit der für das Sternbild Wassermann. Bei den Römern galt der östliche Teil vom „Y" bis herunter zum Maul des Südlichen Fisches als eigenständige Figur, wobei das „Y" eine Urne oder Amphore darstellte.

Der Helix-Nebel (NGC 7293) ist eine Gas- und Staubwolke, die von einem Stern im Zentrum ausgeworfen wurde. Die Filamentstruktur des Doppelrings vermittelt den Eindruck rascher Bewegungen, der durch Dopplermessungen bestätigt wird: Die Expansionsgeschwindigkeit liegt bei 20 bis 40 Kilometer pro Sekunde. Auf langbelichteten Aufnahmen erscheint der Ring als Spirale aus zwei einander überlappenden Ringen. Kim Gordon fotografierte das Objekt 1 Stunde lang mit einem 50-cm-Ritchey-Chrétien-Reflektor (f/8) auf hypersensibilisiertem Konica 400-Film.

Der Wassermann (Aquarius) ist für Beobachter auf der Nordhalbkugel ein großes, wichtiges Herbststernbild. Es erscheint jedoch nicht so sehr als zusammenhängende Figur, sondern besteht eher aus mehreren kleinen Sterngruppen. Aquarius gehört zu den Ekliptiksternbildern; es grenzt im Westen an Capricornus und im Osten an Cetus, im Norden an Pegasus und im Süden an Piscis Austrinus mit dem hellen Stern Fomalhaut. Anfang Oktober überschreitet es den Meridian gegen 22 Uhr. Die auffälligste Sterngruppe mit den Umrissen eines Ypsilons stellt den Wasserkrug dar; sie umfaßt die Sterne zeta (ζ), pi (π), eta (η) und gamma (γ). Etwas westlich dieser Gruppe trifft man auf alpha (α) Aquarii (Sadalmelik); insgesamt umfaßt das Sternbild rund 100 Sterne bis zur 6. Größenklasse, darunter auch zahlreiche Doppelsterne. Besonders zu erwähnen ist zeta (ζ) im Zentrum des Ypsilons, dessen eng benachbarte Partner (1,9 Bogensekunden) sich zur Zeit voneinander entfernen.

Kugelförmige Sternhaufen

Charles Messier hat im Wassermann zwei helle kugelförmige Sternhaufen registriert, M 72 und M 2, der zu den reizvolleren Objekten dieser Art gehört. Die absolute Helligkeit von M 2 wird mit 6,0 Größenklassen angegeben, so daß man ihn vor ganz dunklem Himmel vielleicht eben noch erahnen könnte. Mit Fernrohren ab 25 cm Öffnung löst man den Haufen in eine gleichmäßig helle Kugel aus Sternen der 13. Größenklasse und darunter auf. M 73 ist eine kleine Sterngruppe, die Messier irrtümlich für einen Nebel hielt.

Planetarische Nebel

Zwei planetarische Nebel im Aquarius verdienen Erwähnung, der helle Saturnnebel (NGC 7009) und der Helixnebel (NGC 7293), der größte und vermutlich nächste planetarische Nebel. Der Saturnnebel erscheint in einem kleinen Fernrohr tatsächlich wie ein lichtschwa-

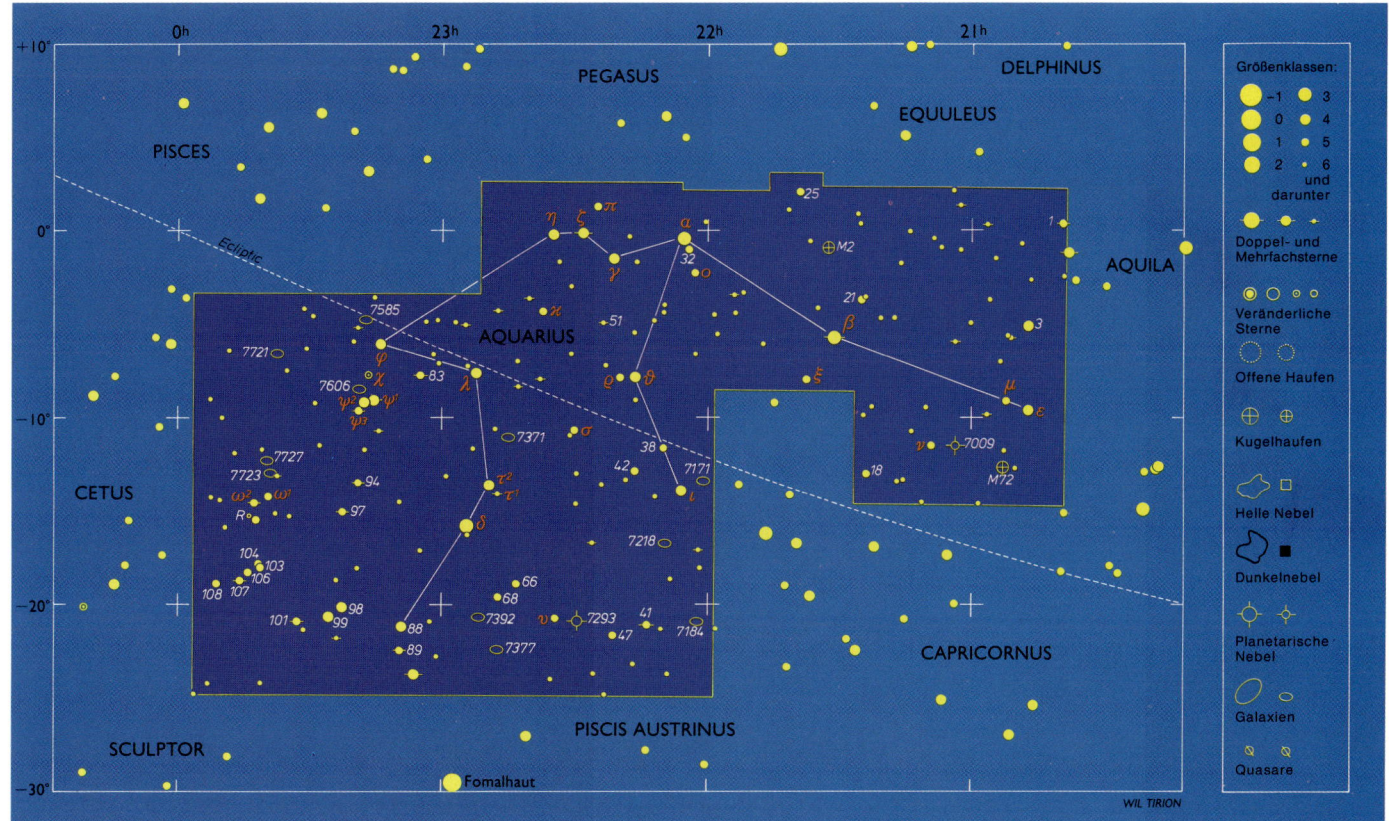

cher Ringplanet. Der große, aber lichtschwache Helixnebel (Durchmesser 15 Bogenminuten) ist im Südteil des Aquarius zu finden; in einem lichtstarken Fernglas erscheint er wie ein zarter Zigarrenrauch-Ring. Bei Beobachtung mit einem Fernrohr empfiehlt sich ein spezielles Nebelfilter zur Kontraststeigerung.

Schließlich gibt es noch eine Reihe von Galaxien, die aber alle zur 12. Größenklasse und darunter gehören. Die Tabelle enthält alle jene, die heller als 13. Größenklasse sind.

Planetarische Nebel

Planetarische Nebel sind expandierende Gashüllen; sie umgeben einen Stern, der die letzte Phase der Entwicklung von einem Roten Riesen zu einem Weißen Zwerg durchlebt und dabei die Gashülle abgestoßen hat. Die Bezeichnung wurde 1785 von Wilhelm Herschel geprägt, ist aber irreführend, da die Objekte weder Planeten noch Nebel im sonst üblichen Sinne sind. Während die bekanntesten der rund 1000 katalogisierten planetarischen Nebel annähernd kreis- oder ringförmig erscheinen, zeigt die überwiegende Mehrheit (70%) eine Doppelstruktur. Der bläulich leuchtende Zentralstern ist sehr heiß (30 000 bis 400 000 Kelvin) und regt daher die Gaswolke zum Leuchten an.

Beobachtungsobjekte im Wassermann
Doppel- und Mehrfachsterne

Name	RA	Dec.	Distanz (Bogensek.)	Hellig.		Jahr
41	22h 14.3m	−21° 04′	5.0	5.6	7.1	1959
51	22h 24.1m	−04° 50′	AB 0.5	6.5	6.5	1960
			AB × D 113.7	10.1		1917
			AC 54.4	10.2		1917
			AE 132.4	8.6		1917
ζ (Zeta)	22h 28.8m	−0° 01′	1.9	4.3	4.5	1975
89	23h 09.9m	−22° 27′	0.4	5.1	5.9	1959
101	23h 33.3m	−20° 55′	0.9	4.8	7.1	1958
107	23h 46.0m	−18° 41′	6.6	5.7	6.7	1971

Nebel und Sternhaufen

Name	RA	Dec.	Typ	Größe	Helligk.
M72 (NGC 6981)	20h 53.5m	−12° 32′	Glob. Cl.	6′	9.3
NGC 7009	21h 04.2m	−11° 22′	Plan. Neb.	25″ × 100″	8.3
M2 (NGC 7089)	21h 33.5m	−0° 49′	Glob. Cl.	13′	6.5
NGC 7171	22h 01.0m	−13° 16′	Gal. Sb	3′ × 2′	12
NGC 7184	22h 02.7m	−20° 49′	Gal. Sb	6′ × 2′	12
NGC 7218	22h 10.2m	−16° 40′	Gal. Sc	2′ × 1′	12
NGC 7293	22h 29.6m	−20° 48′	Plan. Neb.	>12′	13
NGC 7371	22h 46.1m	−11° 00′	Gal. Sb	2′ × 2′	12
NGC 7377	22h 47.8m	−22° 19′	Gal. El	2′ × 2′	12
NGC 7392	22h 51.8m	−20° 36′	Gal. Sb	2′ × 1′	12
NGC 7585	23h 18.0m	−04° 39′	Gal. S	2′ × 2′	10.7
NGC 7606	23h 19.1m	−8° 29′	Gal. S	6′ × 2′	10.7
NGC 7721	23h 38.8m	−06° 31′	Gal. Sc	3′ × 1′	12
NGC 7723	23h 38.9m	−12° 58′	Gal. Sb	3′ × 2′	11
NGC 7727	23h 39.9m	−12° 18′	Gal. S	4′ × 3′	11

Aquila

Der Adler (Aquila) ist eine auffällige Figur am Sommerhimmel; er steht Mitte August um 23 Uhr (Sommerzeit) im Süden. Atair, alpha (α) Aquilae, ist mit einer Helligkeit von $0,77^m$ der zwölfthellste Stern am irdischen Firmament (einschließlich der Sonne); er erreicht in Mitteleuropa eine Höhe von rund 45° über dem Horizont und ist an seinem weißlichen Licht sowie an den beiden lichtschwächeren Nachbarsternen (je einer rund 2° ober- und unterhalb) zu erkennen: gamma (γ) und beta (β).

Für Beobachter mit Ferngläsern und kleinen Fernrohren ist der Adler eine wahre Fundgrube. Oberhalb von gamma zeichnet sich eine markante Dunkelwolke gegen das Band der Milchstraße ab, mit bloßem Auge eben noch zu erkennen; im 7×50-Fernglas erkennt man ihre Umrisse ähnlich dem Buchstaben „C". Edward Emerson Barnard hat die Wolke als Nummer 143 in seinen 1919 veröffentlichten (und später ergänzten) Katalog von Dunkelnebeln aufgenommen. Atair, der Adlerstern, ist mit 16 Lichtjahren Distanz einer der näheren hellen Sterne. Sein Spektraltyp (A7) weist ihn als Sirius-ähnlich aus; die breiten Linien im Spektrum verraten darüber hinaus seine sehr rasche Rotation: Atair dreht sich in nur 6,5 Stunden (die Sonne braucht rund 25 Tage für eine Umdrehung).

Doppel- und Mehrfachsterne

Der Adler enthält eine Reihe interessanter Doppelsterne, Sternhaufen und planetarischer Nebel. Versuchen sollte man Σ 2404 aus zwei orangefarbenen Sternen der 7. und 8. Größenklasse, die 1957 eine Distanz von 3,6 Bogensekunden hatten. 23 Aquilae ist ein Dreifachstern, dessen hellere Komponenten ($5,3^m$ und $9,3^m$) 3,4 Bogensekunden auseinander stehen, während der dritte Partner ($13,7^m$) in rund 12 Bogensekunden Distanz nur mit einem größeren Fernrohr zu erkennen ist. Einen guten Test für ein 20-cm-Teleskop bietet chi (χ),

dessen $5,6^m$ und $6,8^m$ helle Partner 0,5 Bogensekunden getrennt sind. Etwas leichter ist pi (π) zu trennen: Die Sterne der Helligkeit $6,1^m$ und $6,9^m$ stehen 1,4 Bogensekunden auseinander. Σ 2587 schließlich ist ein leichtes Paar für Teleskope ab 7,5 cm Öffnung: Hier stehen die beiden Sterne ($6,7^m$ und $9,4^m$) 4,1 Bogensekunden auseinander.

Sternhaufen und Nebel

Nur ein offener Haufen ist im Adler erwähnenswert: NGC 6709, groß, aber ohne deutliche zentrale Verdichtung, ist er erst in Fernrohren ab 20 cm Öffnung reizvoll.

Der kleine kugelförmige Sternhaufen NGC 6760 (Durchmesser 2 Bogenminuten) steht knapp 2° westlich von 23 Aql; seine Helligkeit wird durch galaktische Staubwolken auf die 11. Größenklasse reduziert. Im südöstlichen Teil trifft man auf eine Galaxie: NGC 6814, eine kleine (2 Bogenminuten) Galaxie 12. Größenklasse, auf die wir senkrecht von oben blicken. Um die hellen Spiralarme zu erkennen, bedarf es allerdings eines Teleskops von mehr als 35 cm Öffnung und starker Vergrößerung zur Reduzierung der Himmelshelligkeit.

Planetarische Nebel

Mit Objekten dieser Art kann der Adler besonders aufwarten. Allein sechs sind bereits mit einem 20-cm-Fernrohr leicht zu erkennen, von großen, aber schwachleuchtenden Scheiben (NGC 6781) bis zu fast sternähnlichen Punkten (NGC 6803). Dazwischen liegen NGC 6751, der mit einem Durchmesser von 20 Bogensekunden in einem 25-cm-Teleskop zu sehen ist, und NGC 6778, der etwas kleiner ausfällt und zum Rand hin schwächer erscheint; unmittelbar nördlich schließt sich eine Dunkelwolke an (Barnard 139), die wie eine leere Stelle in der Milchstraße aussieht und so auch vor mehr als 200 Jah-

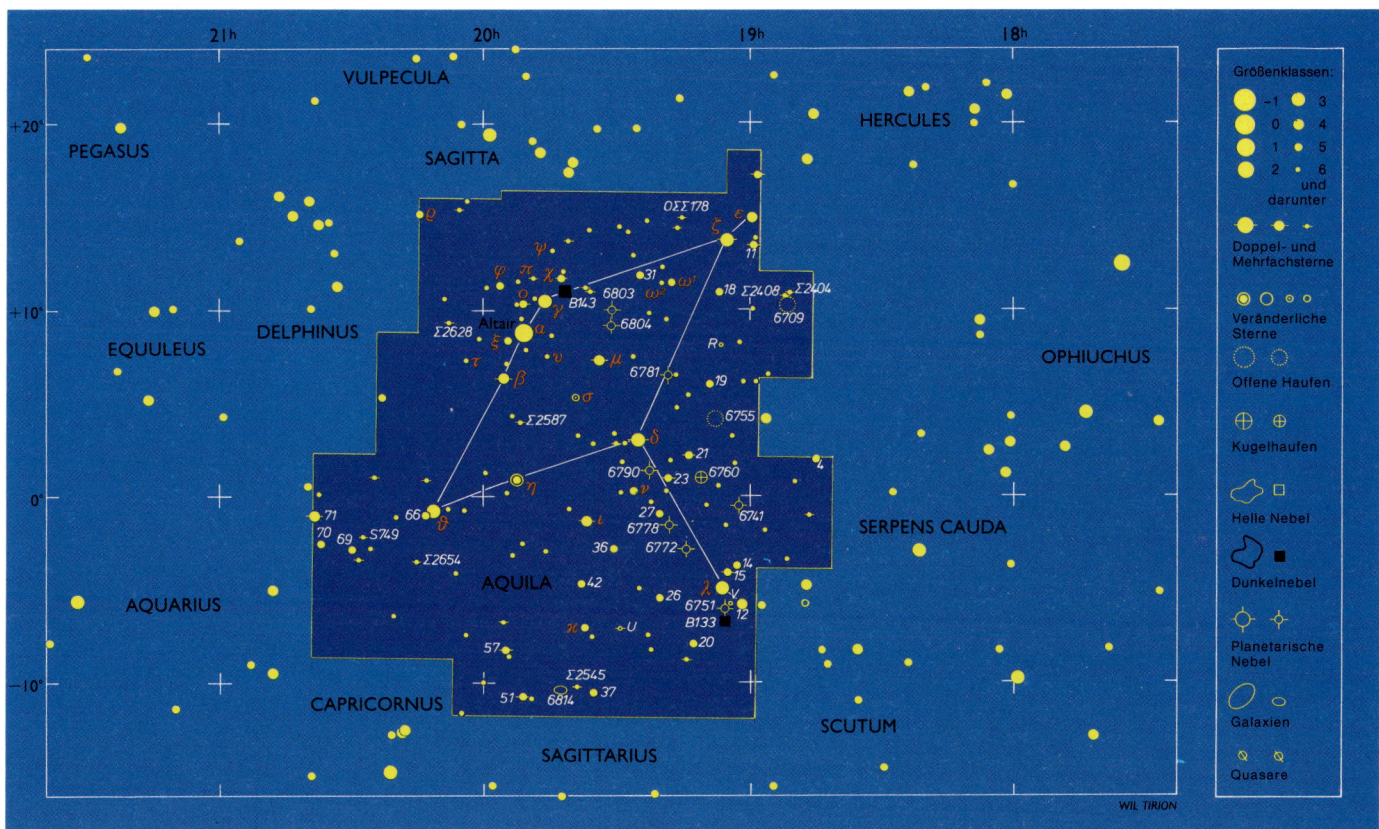

WIL TIRION

ren von Wilhelm Herschel beschrieben wurde. NGC 6804 erscheint oval, und an seinem nordöstlichen Rand erkennt man einen Stern der 12. Größenklasse.

Zur Beobachtung planetarischer Nebel

Besondere Filter lassen planetarische Nebel meist klarer hervortreten, weil sie selbst an vermeintlich dunklen Beobachtungsorten noch vorhandene irdische Störlichter unterdrücken können: Sie reduzieren auch das atmosphärische Leuchten, das aus der Rekombination der Atome in der Hochatmosphäre stammt; ein Sauerstoff-III-Filter hilft zumeist ebenfalls, da viele planetarische Nebel im Licht des ionisierten Sauerstoffs leuchten.

Erfahrene Beobachter benutzen oft ein Okularspektroskop, das das ankommende Licht punktförmiger Quellen zu einem kleinen Spektrum auffächert. Während das Licht der Sterne, das von einer dichten, leuchtenden Gaskugel stammt, ein kontinuierliches Spektrum liefert, leuchten die planetarischen Nebel nur in ein oder zwei Spektrallinien, so daß ihr Bild nicht verschmiert erscheint, sondern „punktförmig"; hier entsteht das Licht, weil dünnes Gas von der energiereichen Ultraviolettstrahlung des Zentralsterns zum Leuchten angeregt wird. Das Verfahren stellt eine einfache Anwendung der spaltlosen Spektroskopie dar.

Beobachtungsobjekte im Adler
Doppel- und Mehrfachsterne

Name	RA	Dec.	Distanz (Bogensek.)	Helligk.		Jahr
Σ 2404	18h 50.8m	+10° 59′	3.6	6.9	8.1	1957
Σ 2408	18h 52.0m	+10° 47′	2.1	7.5	8.5	1962
15	19h 05.0m	−04° 02′	38.4	5.5	7.2	1959
23	19h 18.5m	+01° 05′	3.1	5.3	9.3	1958
			11.3	13.5		1958
Σ 2545	19h 38.7m	−10° 09′	3.7	6.8	8.7	1959
			26.1	11.4		1959
χ (Chi)	19h 42.6m	+11° 50′	0.5	5.6	6.8	1958
π (Pi)	19h 48.7m	+11° 49′	1.4	6.1	6.9	1960
Σ 2587	19h 51.4m	+04° 05′	4.1	6.7	9.4	1939
57	19h 54.6m	−08° 14′	35.7	5.8	6.5	1955
Σ 2654	20h 15.2m	−03° 30′	14.2	6.9	9.3	1951

Nebel und Sternhaufen

Name	RA	Dec.	Typ	Größe	Helligk.
NGC 6709	18h 51.5m	+10° 21′	Open Cl.	13′	6.7
NGC 6751	19h 05.9m	−06° 00′	Plan. Neb.	20″	12.5
B 133	19h 06.1m	−06° 50′	Dust	10′ × 3′	dunkel
NGC 6760	19h 11.2m	+01° 02′	Glob. Cl.	6′	9
NGC 6772	19h 14.6m	−02° 42′	Plan. Neb.	1′	14pg
NGC 6778	19h 18.4m	−01° 36′	Plan. Neb.	16″	13
NGC 6781	19h 18.4m	+06° 33′	Plan. Neb.	109″	11.8 pg
NGC 6790	19h 23.2m	+01° 31′	Plan. Neb.	7″	10
NGC 6803	19h 31.3m	+10° 03′	Plan. Neb.	6″	11
NGC 6804	19h 31.6m	+09° 13′	Plan. Neb.	30″ × 60″	12.2 pg
B 143	19h 40.7m	+10° 57′	Dust	80′ × 50′	dunkel
NGC 6814	19h 42.7m	−10° 19′	Gal. S	3′ × 3′	11

Ara

Ara, der Altar, war in alten
Zeiten mit dem Centaur
verknüpft, dem großen
Sternbild westlich von Ara
und Norma: Gemeinsam
mit den Sternen des
Lineals markierte er den
Brandopferaltar, auf dem
Centaurus Lupus, den
Wolf, darbringen wollte.
Die Sterne eta, delta,
gamma und zeta umreißen
das Feuer des Altars.
Ptolemäus beschrieb die
Figur im zweiten Jahrhun-
dert als Rauchfaß.

Ara, der Altar, ist ein Milchstraßensternbild südlich des Skorpions; im
Nordteil deckt eine ziemlich dichte Wolke aus interstellarem Staub die
Sterne im Hintergrund ab. Die Aufnahme entstand in Quebrada Marque-
sa, Chile, mit einer Kleinbildkamera, die zur Nachführung auf die Montie-
rung eines größeren Teleskops geklemmt wurde; ich habe sie mit einer
Normaloptik (50 mm/1:2,8) 10 Minuten auf einen 100 ASA Farbdiafilm
belichtet.

Der Altar (Ara) gehört zu den Sternbildern des südlichen Himmels; es
liegt unterhalb des Skorpionschwanzes im Bereich der Milchstraße.
Seine Umrisse erinnern an eine kleine Laterne. Das Sternbild kulminiert Mitte Juli gegen 22 Uhr Ortszeit; die nördlichsten Ausläufer kann
man zwar bereits von Süditalien erkennen, doch steigt die Figur erst
südlich von 30° nördlicher Breite ganz über den Horizont. Das
Zentrum der Figur liegt bei −53° Deklination oder 5° südlicher als der
große Kugelsternhaufen omega Centauri.
Die Gegend enthält zahlreiche Fernrohrobjekte der Galaxis, darunter
eine Kombination aus Hell- und Dunkelwolke (NGC 6188). Hartung
erwähnt neun offene und drei kugelförmige Sternhaufen, einen
planetarischen Nebel und einige schwach leuchtende Galaxien
außerhalb der Milchstraßenebene, die den Blick nach draußen versperrt. Darüber hinaus darf man wie überall in der Galaxis mit zahlreichen Doppel- und Mehrfachsternen rechnen.

Doppel- und Mehrfachsterne

Hier nur einige der Doppel- und Mehrfachsterne, die man im Sternbild Altar findet: R Arae, ein Bedeckungsveränderlicher der 6. Größenklasse, hat einen Begleiter der 8. Größenklasse in 3,6 Bogensekunden Distanz; h4876, ein Vierfachsystem im Sternhaufen NGC
6193; h4901 mit zwei Sternen der 8. Größenklasse in 2,8 Bogensekunden Abstand; h4949, zwei Sterne der 6. und 7. Größenklasse
in 2,2 Bogensekunden Distanz, und Rmk 22, zwei Sterne der 7. und
8. Größenklasse in einem Abstand von 2,5 Bogensekunden.

Nebel und Sternhaufen

Ara enthält eine Reihe interessanter Objekte, darunter auch den
Komplex NGC 6188—93: NGC 6193 ist ein lockerer Sternhaufen, der
in einen Gasnebel eingebettet ist (besonders schön auf Langzeit-Aufnahmen zu erkennen). Unweit von h4876, einem Stern der 6. Größen-

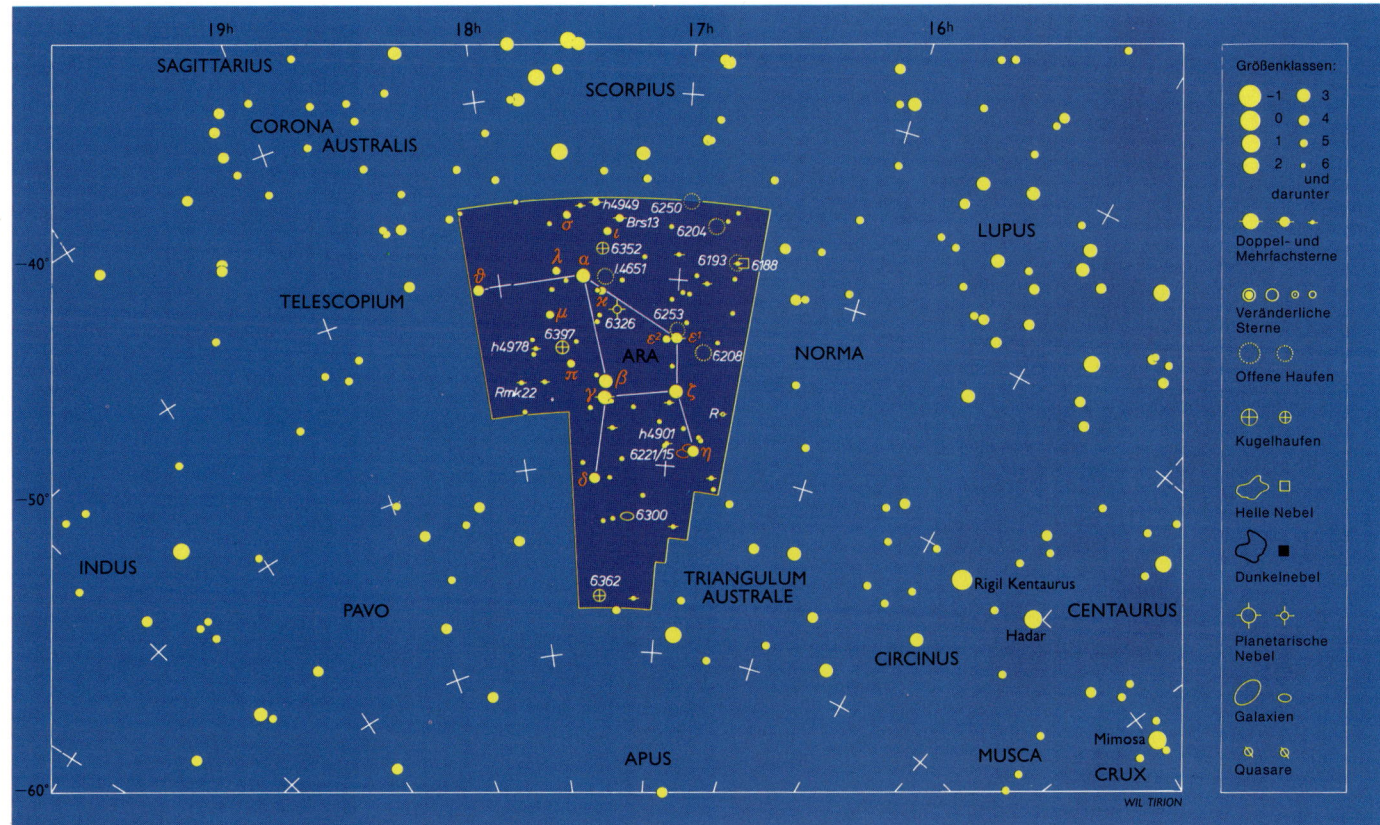

klasse, steht ein Gasnebel mit hellem Rand. Ein Nebelfilter, der das Licht des Sterns unterdrückt, läßt diese Wolke klarer hervortreten. NGC 6326 ist ein kleiner, runder planetarischer Nebel mit zwei benachbarten Sternen. IC 4651 schließlich enthält als offener Sternhaufen rund 80 Sterne heller als 9. Größenklasse und ist etwa 15 Bogenminuten groß; zu seiner Beobachtung empfiehlt sich eine geringe Vergrößerung.

NGC 6397

NGC 6397 ist ein sehr schöner kugelförmiger Sternhaufen, der mit einem Durchmesser von rund 20 Bogenminuten ziemlich groß erscheint und mit einem Fernrohr ab 7,5 cm Öffnung in Einzelsterne aufgelöst werden kann; er ist wahrscheinlich der nächste Kugelhaufen, nur etwa 8400 Lichtjahre entfernt. Er ähnelt vom Aussehen her Messier 4 im Skorpion, ohne auffällige Konzentration zur Mitte hin. Die Sterne in NGC 6397 sind sehr alt, weit entwickelte Rote Riesen mit einem noch geringen Gehalt an schweren Elementen (die erst später bei Supernova-Explosionen gebildet wurden); sie müssen daher entstanden sein, bevor die Elementsynthese im Zuge der galaktischen Evolution einsetzte. Bislang gibt es keine befriedigende Erklärung für die Stabilität der Kugelhaufen; intuitiv würde man vermuten, daß sie entweder kollabieren oder sich aber im Laufe der Milliarden von Jahren seit ihrer Entstehung auflösen sollten.

Beobachtungsobjekte im Altar

Doppel- und Mehrfachsterne

Name	RA	Dec.	Distanz (Bogensek.)	Helligk.		Jahr
R	16h 39.7m	−57° 00′	3.6	6.0	8.5	1933
h4876	16h 41.3m	−48° 46′	1.6	5.6	8.9	1938
			9.6		6.8	1938
			13.4		10.4	1938
			13.9		11.3	1938
h4901	17h 01.1m	−58° 51′	2.8	7.8	7.9	1952
Brs 13	17h 19.1m	−46° 38′	5.0	5.5	8.6	1959
h4949	17h 26.9m	−45° 51′	2.2	6.0	6.7	1953
			103.0		7.6	1913
h4978	17h 50.5m	−53° 37′	12.3	6.0	9.0	1933
Rmk 22	17h 57.2m	−55° 23′	2.5	7.0	8.0	1952

Nebel und Sternhaufen

Name	RA	Dec.	Typ	Größe	Helligk.
NGC 6188	16h 40.5m	−48° 47′	Neb.	20′ × 12′	11
NGC 6193	16h 41.3m	−48° 47′	Cl.	20′	6
NGC 6326	17h 20.8m	−51° 45′	Plan. Neb.	14″	12
IC 4651	17h 24.6m	−49° 56′	Open Cl.	12′	6.9
NGC 6352	17h 25.5m	−48° 25′	Glob. Cl.	7′	8
NGC 6362	17h 31.9m	−67° 03′	Glob. Cl.	11′	8
NGC 6397	17h 40.7m	−53° 40′	Glob. Cl.	26′	6

Aries

Der Widder (Aries) ist ein wichtiges Sternbild zwischen Andromeda im Norden, dem Walfisch im Süden, den Fischen im Westen und dem Stier im Osten. Es war während der Antike das erste Sternbild des Tierkreises, wo die Ekliptik den Himmelsäquator nach Norden kreuzte. Seither hat sich dieser Schnittpunkt (der Frühlingspunkt) aufgrund der Kreiselbewegung der Erdachse (Präzession) in den Westteil des Sternbildes Fische verschoben: Wenn die Sonne hier den Himmelsäquator überschreitet (um den 21. März), beginnt auf der Nordhalbkugel der Erde der Frühling. Der Widder kulminiert Ende November gegen 22 Uhr und gehört damit zu den Herbststernbildern. Er enthält zahlreiche Doppelsterne, darunter das bekannte Paar gamma (γ) Arietis, sowie einige Galaxien für Teleskope ab 30 cm Öffnung.

Vor einigen Jahren hatten einige Amateurastronomen in diesem Sternbild mehrfach kurzzeitige Lichtblitze (1–3 Sekunden) beobachtet, die an jeweils geringfügig anderen Punkten aufleuchteten und mit keinem bekannten astronomischen Objekt identifiziert werden konnten. Schließlich stellte sich heraus, daß es sich um Reflexionen an einem künstlichen Satelliten gehandelt haben mußte; manche Satelliten entfernen sich bis zu 1100 km von der Erde und bewegen sich dort draußen dann schon ziemlich langsam, so daß sie für einige Minuten nahezu ortsfest erscheinen.

Das bloße Auge erkennt den Widder hauptsächlich als kleines Dreieck aus den Sternen Alpha (α), beta (β) und gamma (γ). Das Dreieck ist etwa 4° hoch und 4° breit und markiert Kopf und Hals des nach „hinten" (Osten) blickenden Widders. Die übrigen Sterne der Figur sind lichtschwach und mehr oder minder zufällig über den Körper des Tiers verstreut. Eine Zeitlang wurde das Dreieck aus den Sternen 35, 39 und 41 Ari die nördliche Fliege genannt, die auf dem Rücken des Widders saß, doch ging diese Bezeichnung im 19. Jahrhundert verloren (heute gibt es nur noch am Südhimmel ein Sternbild Fliege). Die Ekliptik verläuft durch den Südteil des Widders.

Doppel- und Mehrfachsterne

Schon ein kleines Fernrohr zeigt viele schöne Doppelsterne, und mit einem Teleskop ab 20 cm Öffnung wird man alle Objekte der Tabelle trennen können. Gamma (γ) ist ein besonders schöner Doppelstern mit zwei bläulichweißen Komponenten der gleichen Helligkeit (4,8^m) in einem Abstand von 7,8 Bogensekunden. Früher konnte eine größere Distanz gemessen werden, die beiden Partner bewegen sich also langsam aufeinander zu. Die Doppelnatur von gamma (Mesarthim) wurde 1664 von Robert Hooke bemerkt, als er einen Kometen beobachtete. Die beiden Komponenten stehen genau in Nord-Südrichtung, ihr Positionswinkel (der von Nord über Ost und Süd nach West gezählt wird) beträgt 0°.

Es gibt auch einige Galaxien im Widder, zu deren erfolgreicher Beobachtung man allerdings ein Teleskop von mindestens 25 cm Öffnung benötigt. Die schönste ist NGC 772, eine Spiralgalaxie, deren Arme man in einem Teleskop von 30 cm Öffnung erahnen kann. Sie enthält drei hellere HII-Regionen, eine nahe dem Zentrum, zwei weitere am Ende eines der weit geöffneten Spiralarme. Westlich der Kernregion steht ein Vordergrundstern der 13. Größenklasse, der leicht mit einer Supernova verwechselt werden kann.

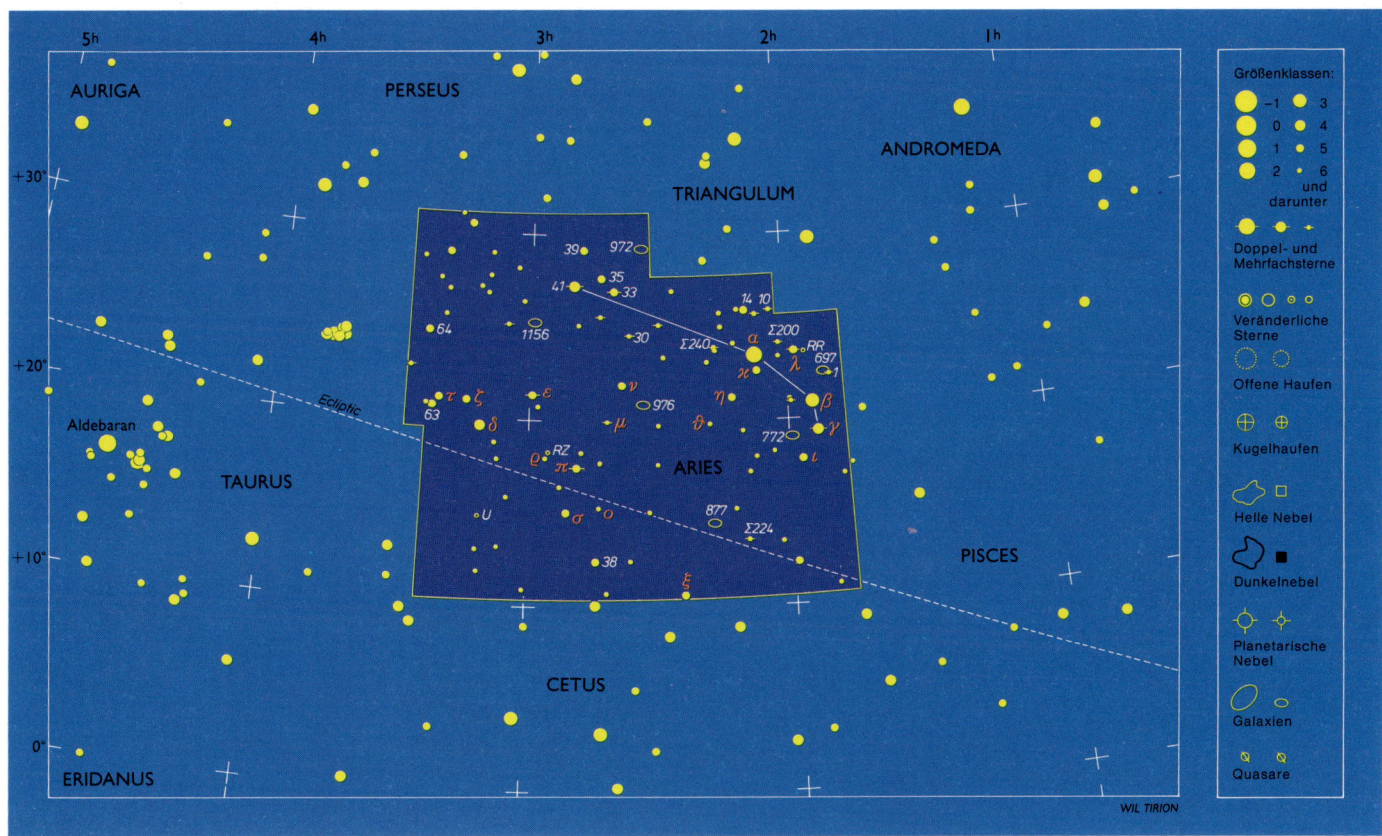

WIL TIRION

Doppelsternkataloge

A	Aitken, R. G., veröffentlicht 1900; Lick-Observatorium
Ar	Argelander, F. W. A., veröffentlicht 1850; Bonn
AC	Clark, Alvan, Amerikaner; veröffentlicht 1860
Bar	Barnard, E. E., veröffentlicht 1900
Brs	Brisbane, T., veröffentlicht 1840; Schottland/Australien
Burnham	S. W., 1829–1921; Doppelsternbeobachter
Cor	Cordoba-Sternwarte, Argentinien
Cp	Sternwarte Kapstadt, Südafrika
Es	Espin, T. E. H., Rev., Durham, GB; veröffentlicht 1890
H	Herschel, Wilhelm, erstellt 1780–1800; Slough, GB
h	Herschel, John, erstellt 1830–1860
He	Howe, H. A., Universität von Denver, veröffentlicht 1890
Hn	Holden, E. S., veröffentlicht 1895; Lick-Observatory
I	Innes, R. T. A., Johannesburg
Jc	Jacob, W. S.
L	Lacaille, N. L. de, französischer Astronom; veröffentlicht 1752
M	Messier, Charles, französischer Astronom; erstellt 1775
Mel	Melbourne-Observatorium
R	Russell, H. C.
Rmk	Rumker, C. L. C., deutscher Astronom (1788–1862)
S	South, James, englischer Amateur
Sa	Santiago-Observatorium, Chile
Slr	Sellors
Δ	Dunlop, J., Beobachter in Kapstadt
λ	Lowell-Observatorium; frühes 20. Jahrhundert
OΣ	Struve, Otto, russischer Astronom (1819–1905)
OΣΣ	Pulkowa-Katalog, Teil II
Σ	Struve, F. G. W., deutscher Astronom (1793–1864).

Beobachtungsobjekte im Widder
Doppel- und Mehrfachsterne

Name	RA	Dec.	Distanz (Bogensek.)	Helligk.		Jahr
I	01h 50.1m	+22° 17′	2.8	6.2	7.4	1967
γ (Gamma)	01h 53.5m	+19° 18′	7.8	4.8	4.8	1969
λ (Lambda)	01h 57.9m	+23° 36′	37.4	4.9	7.7	1933
Σ 200	02h 01.6m	+24° 06′	8.2	8.5	9.0	1919
10	02h 03.7m	+25° 56′	0.5	5.9	7.3	1961
Σ 224	02h 10.9m	+13° 41′	5.5	8.4	8.9	1942
30	02h 37.0m	+24° 39′	38.6	6.6	7.4	1937
π (Pi)	02h 49.3m	+17° 28′	3.2	5.2	8.7	1957
			25.2	10.5		1938
ε (Epsilon)	02h 59.2m	+21° 20′	1.4	5.2	5.5	1966

Nebel und Sternhaufen

Name	RA	Dec.	Typ	Größe	Helligk.
NGC 697	01h 51.3m	+22° 21′	Gal. SBb	2′ × 1′	12.5
NGC 772	01h 59.3m	+19° 01′	Gal. Sb	7′ × 5′	11.1
NGC 877	02h 18.0m	+14° 33′	Gal. Sc	2′ × 2′	11.8
NGC 972	02h 34.2m	+29° 19′	Gal. Sc	3′ × 2′	11.3
NGC 1156	02h 59.7m	+25° 14′	Gal. Irr.	3′ × 2′	12.2

Auriga

Auriga, der Fuhrmann, ist seit dem Altertum bekannt; er wurde ursprünglich gemeinsam mit seinem Wagen dargestellt. Der helle Stern Capella markiert heute die linke Schulter des Fuhrmanns, während er im Altertum als Ziege Amalthea galt, die ihre drei Jungen (angedeutet durch die Sterne zeta, eta und epsilon) säugte.

Zeta Aurigae ist ein Bedeckungsveränderlicher. Auf der von D. Hardy angefertigten Zeichnung erscheint uns der vergleichsweise kleine, heiße und bläuliche B-Stern als die hellere Komponente; sein Begleiter ist ein massereicher, orangefarbener K-Stern, der rund fünfzigmal größer ist als der andere Stern.

Der Fuhrmann (Auriga) ist eine alte Figur des Herbst- und Winterhimmels oberhalb des Stiers, wiewohl der nördliche Teil des Sternbildes für Mitteleuropa zirkumpolar ist. Die Milchstraße hält hier zahlreiche Sternhaufen sowie einige lichtschwache Nebel bereit. Der Hauptstern, Capella, steht auf Platz 6 in der Liste der hellsten Sterne. Mitte Januar steht der Fuhrmann gegen 22 Uhr fast im Zenit.

Die Ziege mit ihren Zicklein

Die Figur wird gewöhnlich als Fünfeck angesehen, wobei beta (β) Tauri, das obere Stierhorn, mitgerechnet wird (siehe Karte). Der Fuhrmann trägt auf seiner Schulter drei Zicklein, die Sterne epsilon (ε), eta (η) und zeta (ζ). Wir schauen hier in die zum Milchstraßenzentrum entgegengesetzte Richtung, so daß die Sternwolken hier nicht so auffällig sind. Capella, der Ziegenstern, steht 45 Lichtjahre entfernt und leuchtet rund 160mal so hell wie die Sonne; seine scheinbare Helligkeit beträgt 0,06 Größenklassen. Seine Bewegung ähnelt jener der Hyadensterne, so daß er vielleicht noch zu dieser Gruppe gerechnet werden muß. Spektroskopische Untersuchungen zeigen, daß Capella ein Doppelsternsystem ist, dessen 110 Millionen km voneinander entfernte Komponenten innerhalb von 104,022 Tagen um den gemeinsamen Schwerpunkt wandern.

Der Fuhrmann enthält eine Vielzahl besonderer Objekte für Fernglas und Fernrohr, darunter einige große offene Sternhaufen. Außerdem findet man zwei kleine parallele Sternketten von je ein Grad Länge, die zusammen mit M 36, M 38 und einem großen, blassen Nebel um AE Aur einen reizvollen Anblick im Fernglas bieten.

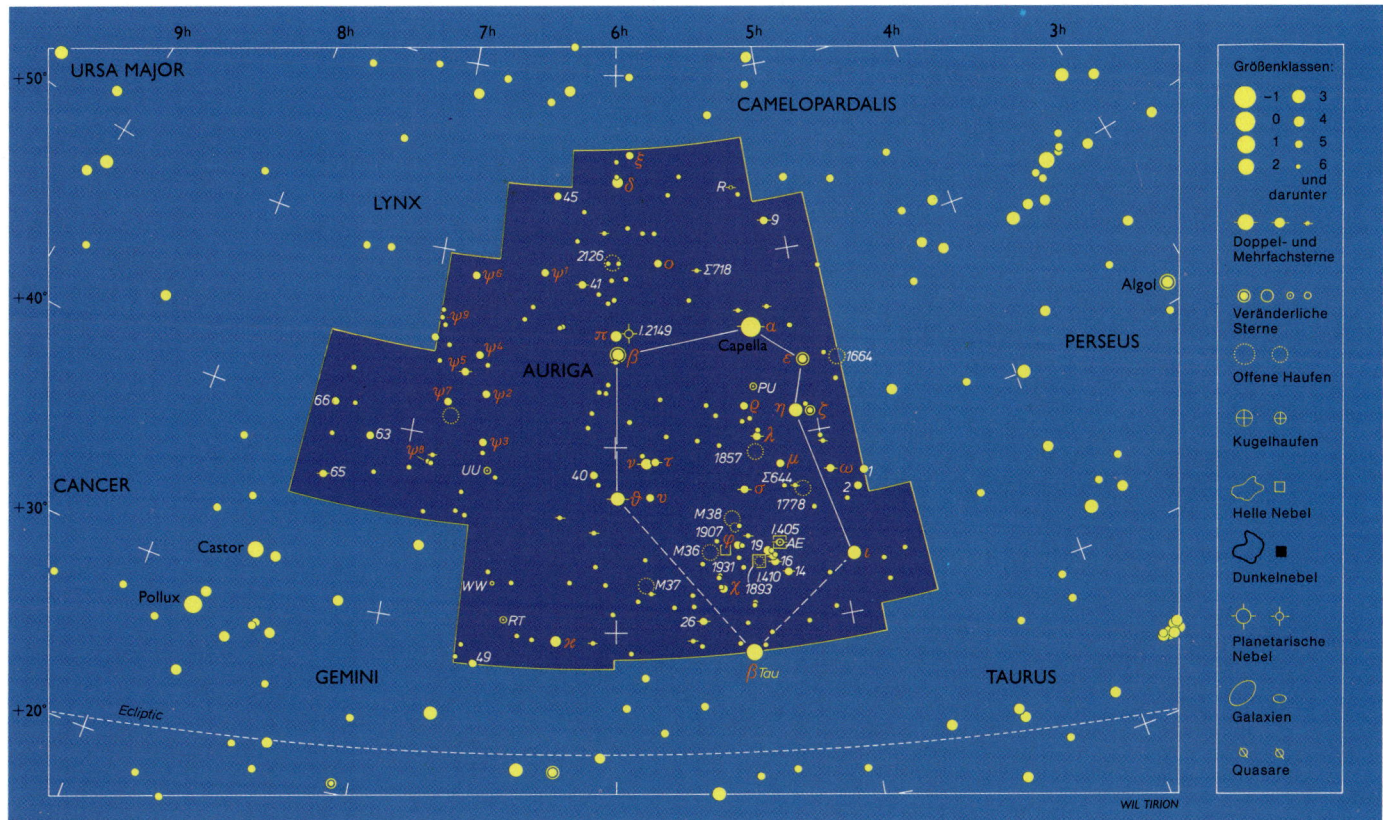

Sternhaufen

An der Spitze der Sternhaufen und Nebel stehen die offenen Haufen M 36, M 37 und M 38. M 36 ist eine dichte, unregelmäßig geformte Gruppe aus rund 60 Sternen, die besonders gut bei schwacher Vergrößerung zu erkennen ist; sie ähnelt M 6 im Skorpion und umfaßt nur weiße Sterne. M 37 gehört zu den schönsten offenen Haufen am Himmel, mit rund 150 Sternen bis zur 12. Größenklasse; er steht etwa 4600 Lichtjahre von der Sonne entfernt und hat einen Durchmesser von rund 25 Lichtjahren. Zum Unterschied von M 36 enthält dieser Haufen auch eine Reihe von gelblichen und rötlichen Riesensternen. Bei M 38 schließlich erkennt man Sternstraßen, die zu einem ziemlich dunklen Kernbereich führen. Unmittelbar südlich steht der kleinere Sternhaufen NGC 1907.

Gas- und Staubwolken

IC 410 ist ein großer Nebel, der allerdings nur auf Langzeitfotografien klar hervortritt; auf Fotos mit einer kleinen Schmidtkamera ähnelt er dem Rosettennebel im Einhorn: Er erscheint rötlich mit einem dunkleren Zentralbereich, in dem ein kleiner Sternhaufen steht. Nordwestlich der auffälligen Sternengruppe im unteren Teil des Fünfecks steht der AE Aurigae-Komplex aus Gas- und Staubwolken; AE Aur selbst ist ein leicht veränderlicher Stern, Licht- und Energiequelle für einen Reflexionsnebel sowie einen Emissionsnebel in der Nachbarschaft. Auf einer Farbaufnahme erkennt man den bläulichen Reflexionsnebel um den Stern, dem ein größerer, rötlich leuchtender Emissionsnebel überlagert ist. So entsteht ein magentafarbener Bereich, der nach außen allmählich in das rötliche Leuchten der Umgebung übergeht. AE Aur zählt zu den Schnelläufern, dessen Eigenbewegung ihn als ursprüngliches Mitglied der Gegend um den Oriongürtel ausweist.

Beobachtungsobjekte im Fuhrmann
Doppel- und Mehrfachsterne

Name	RA	Dec.	Distanz (Bogensek.)	Helligk.		Jahr
ω (Omega)	04h 59.3m	+37° 53'	5.4	5.0	8.0	1950
ε (Epsilon)	05h 02.0m	+43° 49'	21.2	3.0	14.0	1925
			AC 43.0	3.0	11.7	1925
			AD 46.2	3.0	12.0	1924
Σ 644	05h 10.3m	+37° 18'	1.6	6.7	7.0	1959
			AC 72.6	6.7	9.3	1903
Σ 698	05h 25.2m	+34° 51'	31.2	6.6	8.7	1951
Σ 718	05h 32.4m	+49° 24'	7.7	7.5	7.5	1955
			AC 119.4	7.5	9.2	1910
26	05h 38.6m	+30° 30'	0.2	6.0	6.3	1963
			AC 12.4	6.0	8.0	1967
			AD 33.1	6.0	11.5	1915
θ (Theta)	05h 59.7m	+37° 13'	3.6	2.6	7.1	1976
			AC 50.0	2.6	10.6	1939

Veränderliche Sterne

Name	RA	Dec.	Typ	Amplitude	Periode
ε (Epsilon)	05h 02.0m	+43° 49'	Ecl. Bin.	2.92–3.83	9892 Tage
ζ (Zeta)	05h 02.5m	+41° 05'	Ecl. Bin.	3.7–4.0	972 Tage
AE	05h 16.3m	+49° 33'	Irr.	5.78–6.08	Irr.

Nebel und Sternhaufen

Name	RA	Dec.	Typ	Größe	Helligk.	
IC 405	05h 16.2m	+34° 16'	Diff. Neb.	30' × 19'	~9	
IC 410	05h 22.6m	+33° 31'	Diff. Neb.	40' × 30'		
NGC 1907	05h 28.0m	+35° 19'	Gal. Cl.	7'	8.2	
M38 (NGC 1912)	05h 28.7m	+35° 50'	Gal. Cl.	21'	6.4	
NGC 1931	05h 31.4m	+34° 15'	Diff. Neb.	3' × 3'	~10	
M36 (NGC 1960)	05h 36.1m	+34° 08'	Gal. Cl.	12'	6.0	60
M37 (NGC 2099)	05h 52.4m	+32° 33'	Gal. Cl.	24'	5.6	150
IC 2149	05h 56.3m	+46° 07'	Plan. Neb.	8"	11.2pg	

Bootes

Der Rinderhirte Bootes ist eine große Figur des Frühjahrs- und Sommerhimmels, die zwischen dem Großen Bär im Norden und der Jungfrau im Süden, zwischen der Nördlichen Krone im Osten und den Jagdhunden im Westen liegt. Lohnenswerte Objekte sind der Hauptstern Arcturus (0. Größenklasse) und viele schöne Doppel- und Mehrfachsterne. Er kulminiert Ende Mai um 23 Uhr Sommerzeit.

Arcturus

Der Hauptstern des Bootes, Arcturus, ist der vierthellste Stern am irdischen Firmament und der hellste nördlich des Himmelsäquators; aufgrund seines orangefarbenen Lichtes kann man ihn in der an Sternen nicht sehr reichen Gegend kaum verfehlen. Bei den alten Griechen (und sicher auch in anderen Kulturen) galt er als Kalenderstern, da sein heliaklischer Aufgang (das erste Auftauchen am Morgenhimmel vor Sonnenaufgang) etwa mit dem Beginn der Traubenlese zusammenfällt. Dieses Juwel des Himmels ist rund 25 Lichtjahre entfernt und gehört zur Spektralklasse K2, was auf eine Oberflächentemperatur von 4200 Kelvin schließen läßt, rund 1200 °C kühler als bei der Sonne. Allerdings wird der Durchmesser von Arcturus auf mehr als 32 Millionen km oder rund 23 Sonnendurchmesser geschätzt. Entsprechend leuchtet er 115mal so hell wie die Sonne, obwohl er nur etwa vier Sonnenmassen in sich vereint. Arcturus hat aufgrund seiner geringen Entfernung seine Position am Firmament deutlich verschoben. Edmond Halley bemerkte schon 1718 seine große Eigenbewegung von rund 2,28 Bogensekunden pro Jahr, in südwestlicher Richtung auf das Sternbild Jungfrau zu. Vor 3000 Jahren stand Arcturus daher rund 2° nordöstlich seiner heutigen Position. Offenbar läuft Arcturus nahezu in der Ebene des Himmels, entgegengesetzt zur Bewegung der Sonne in Richtung des Sternbildes Herkules.

Arcturus steht in der Verlängerung der geschwungenen Deichsel des Großen Wagens. Aufgrund seiner Helligkeit kann man ihn mit einem Fernrohr auch am Taghimmel beobachten — vorausgesetzt, man hat die Position mit Hilfe von Teilkreisen eingestellt (zum ersten Mal gelang dies 1634): Der Anblick eines hellen, orangefarbenen Punktes vor blauem Himmel wird die Mühen des Beobachters entlohnen.

Doppel- und Mehrfachsterne

Kappa ($\varkappa$) Bootis ist ein heller Doppelstern, dessen Komponenten (4,6^m und 6,6^m) der Spektraltypen A7 und F2 immerhin 13,4 Bogensekunden entfernt stehen; der hellere Stern ist leicht veränderlich. Die beiden weißlichen, 4,9^m und 7,5^m hellen Komponenten von iota (ι) stehen 38,5 Bogensekunden auseinander. 5,6 Bogensekunden trennen die beiden Sterne der 5. und 6. Größenklasse bei pi (π) Bootis, die den Spektraltypen B9 und A5 angehören.

Zeta (ζ) Bootis ist ein Dreifachstern; zwei Komponenten stehen 0,9 Bogensekunden entfernt, die dritte etwa 99 Bogensekunden. Die Helligkeiten werden mit 4,5^m, 5,0^m und 10,5^m angegeben, wobei die beiden helleren Sterne zum Spektraltyp A2 gehören. Epsilon (ε), auch als Mirak oder Izar bekannt, zählt zu den schönsten farbigen Sternpaaren: 1829 von Friedrich Struve entdeckt, umfaßt er einen 2,5^m hellen K0-Stern und einen 4,9^m hellen A2-Stern, die 2,9 Bogensekunden auseinander stehen. Die Bahnbewegung der beiden ist sehr klein. Wegen des Helligkeitsunterschiedes ist der Begleiter bei unruhiger Luft mitunter kaum zu erkennen. Der Farbunterschied zwischen dem hellen orangefarbenen Stern und dem lichtschwächeren bläulichweißen Stern ist sehr deutlich.

Xi (ξ) Bootis ist schon für kleine Fernrohre ein leichtes Paar: Zwei Sterne der 4. und 7. Größenklasse stehen 6,9 Bogensekunden auseinander; mit einer Entfernung von 22 Lichtjahren gehören sie zu den nächsten Doppelsternsystemen. Wilhelm Herschel entdeckte das

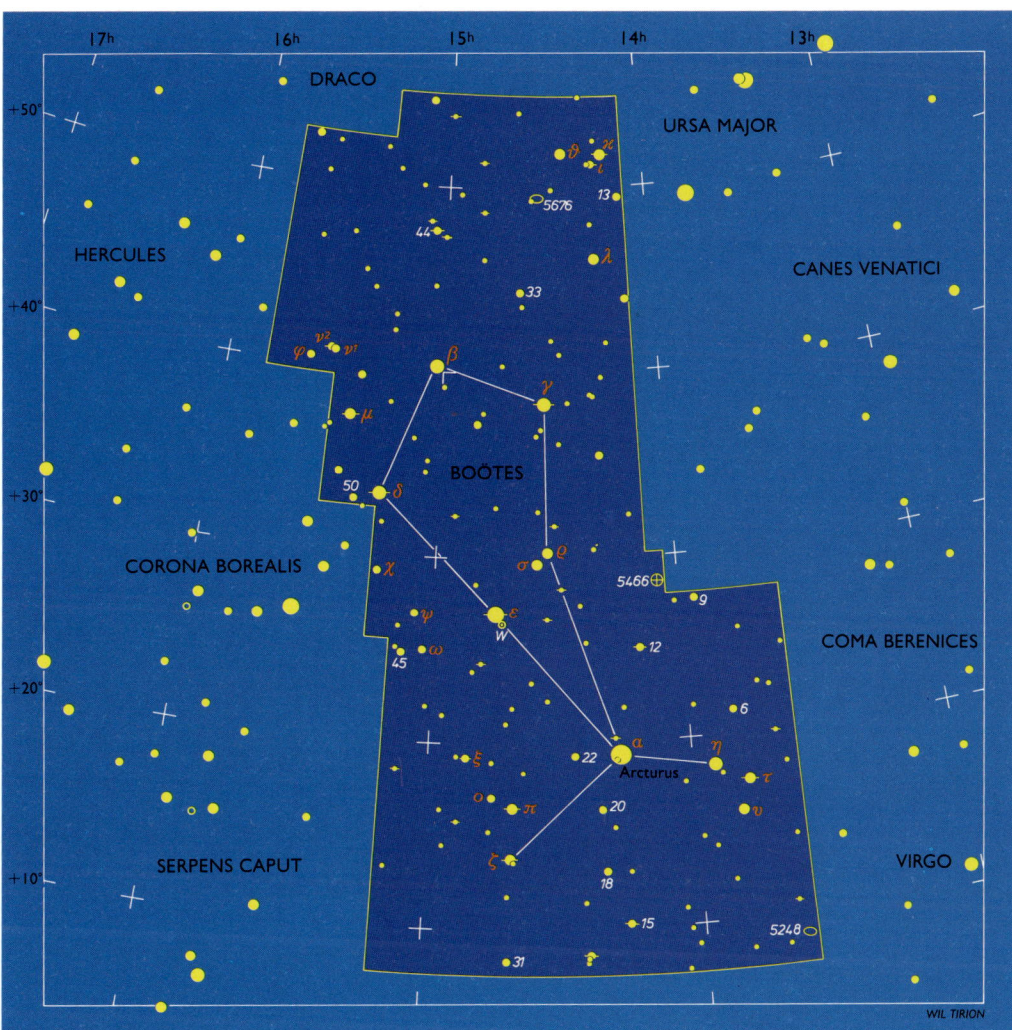

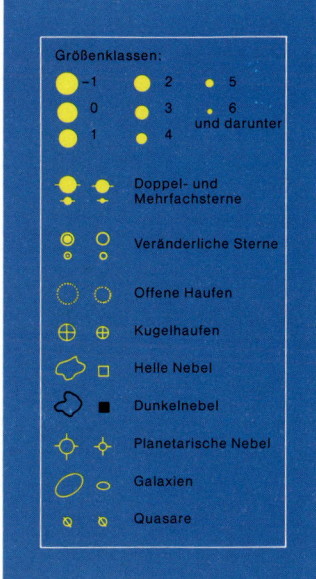

WIL TIRION

Paar 1780; der gegenseitige Abstand der beiden gelblich und tieforange leuchtenden Sterne war 1983 am größten und wird bis zum Jahre 2062 auf 1,8 Bogensekunden schrumpfen. 44 oder iota (ι) Bootis ist ein Doppelsternsystem, dessen Komponenten auf einer stark elliptischen Bahn zwischen weniger als 0,4 und 4,7 Bogensekunden laufen. Der Abstand war 1969 am geringsten und wird im Verlauf der nächsten Jahrzehnte wieder zunehmen. Der hellere von beiden ist ein sonnenähnlicher Stern, während der zweite selbst ein Bedeckungsveränderlicher ist, dessen Helligkeit mit einer Periode von 6,4 Stunden um eine halbe Größenklasse schwankt.

My 2 (μ₂) und my 1 (μ₁) bilden ein weites Paar (Abstand 105 Bogensekunden). Sie gehören den Spektralklassen F0 und G1 an und sind 4,3^m beziehungsweise 6,5^m hell; my 2 selbst ist ein enges Paar sonnenähnlicher Sterne (7,0^m/7,6^m).

Nebel und Sternhaufen

Der kugelförmige Sternhaufen NGC 5466 der 9. Größenklasse ist zum Zentrum hin weniger konzentriert als viele andere Kugelhaufen; zur Auflösung der Randbereiche braucht man ein Teleskop von 25 cm Öffnung. NGC 5248 ist eine Spiralgalaxie der 10. Größenklasse, bei der man mit einem Teleskop von 30 cm Öffnung einen blassen Nebel mit einem leicht aus dem Zentrum verrutschten Kern erkennen kann.

Beobachtungsobjekte im Bootes
Doppelsterne

Name	RA	Dec.	Distanz (Bogensek.)	Helligk.		Jahr
κ (Kappa)	14h 13.5m	+51° 47′	13.4	4.6	6.6	1968
ι (Iota)	14h 16.2m	+51° 22′	38.5	4.9	7.5	1942
π (Pi)	14h 40.7m	+16° 25′	5.6	4.9	5.8	1957
ζ (Zeta)	14h 41.1m	+13° 44′	AB 0.9	4.5	5.9	1960
			AC 9.9	4.5	10.5	
ε (Epsilon)	14h 45.0m	+27° 04′	2.8	2.5	4.9	1971
μ (Mu)	15h 24.5m	+37° 23′	2.0	7.0	7.6	1968

Nebel und Sternhaufen

Name	RA	Dec.	Typ	Größe	Helligk.
NGC 5248	13h 37.5m	+08° 53′	Gal. Sc	3′ × 1′	10
NGC 5466	14h 05.5m	+28° 32′	Glob. Cl.	11′	9
NGC 5676	14h 32.8m	+49° 28′	Gal. Sc	3′ × 1′	11.9

Caelum/Columba

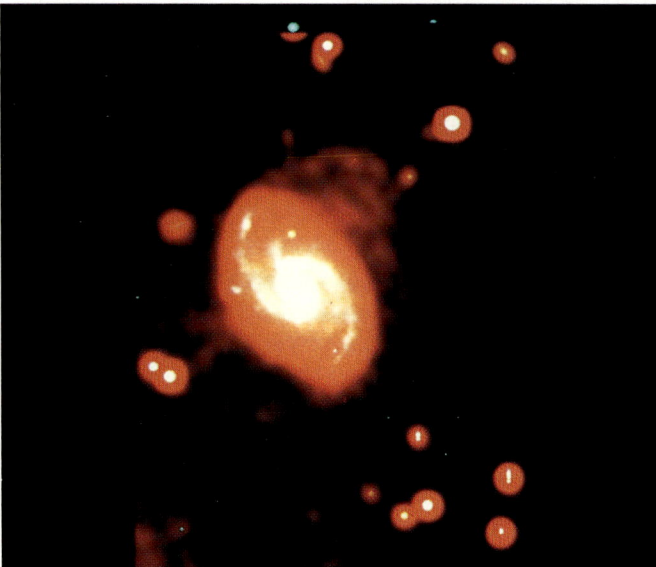

Spiralgalaxie NGC 1598. *Diese CCD-Aufnahme von NGC 1598, einer rund 200 Millionen Lichtjahre entfernten Galaxie, wurde vom Computer aufbereitet, um Strukturen innerhalb der Galaxie hervorzuheben. Die innere Spiralform ist weiß wiedergegeben, während der orangefarbene Halo verstärkt wurde, um die lichtschwachen Strukturen am Rande (vermutlich die Folge von Gezeitenkräften einer benachbarten Galaxie außerhalb des Bildfeldes) zu betonen; die orangen Ringe um die Vordergrundsterne sind durch diese Bildverarbeitung bedingt. Diese Aufnahme entstand mit dem 4-m-Teleskop des Cerro Tololo Inter-American Observatory in Chile.*

Der Grabstichel (Caelum) ist für Beobachter südlich der Alpen ein frühes Wintersternbild. Obwohl es rund 125 Quadratgrad überdeckt, enthält es keine auffälligen Sterne. Man findet es zwischen dem Viereck der Taube (Columba) und den Sternen ny 1 (ν_1) bis ny 4 (ν_4) im Eridanus. Die Mitte des Sternbilds liegt bei –38° Deklination, weit südlich von Orion und Lepus.

Caelum

Das Sternbild bietet nur drei Doppelsterne und eine Galaxie. h 3650 zeigt einen schönen Farbkontrast der 7,1^m und 8,3^m hellen Sterne, die 3 Bogensekunden entfernt stehen; zur Beobachtung reicht ein Teleskop mit 7,5 cm Öffnung. Alpha (α) Caeli (4. Größenklasse) wird von einem lichtschwachen Stern (12,7^m) in 6,6 Bogensekunden begleitet, während gamma (γ) zwei Sterne der 4. und 8. Größenklasse in 2,9 Bogensekunden enthält. NGC 1679 ist eine Galaxie der 13. Größenklasse, die jedoch heller erscheint; vor der unregelmäßig runden Galaxie heben sich drei oder vier Vordergrundsterne ab.

Columba

Die Taube gehört für Beobachter südlich der Alpen zu den Wintersternbildern; sie grenzt im Norden an den Hasen unterhalb des Orions. Am ehesten erkennt man noch die leicht zickzackförmige, rund 10° lange Sternenkette zwischen epsilon (ϵ) im Westen und delta (δ) im Osten. Das Sternbild enthält einige schöne Doppelsterne, Galaxien und einen Kugelsternhaufen (NGC 1851).
My (μ) Columbae gehört zu den drei Schnelläufern, die aus dem Bereich des Oriongürtels stammen (die beiden anderen sind AE Aurigae und 53 Arietis); er hat diesen Bereich vor rund 2,7 Millionen Jahren mit der hohen Geschwindigkeit von rund 115 km/s verlassen.

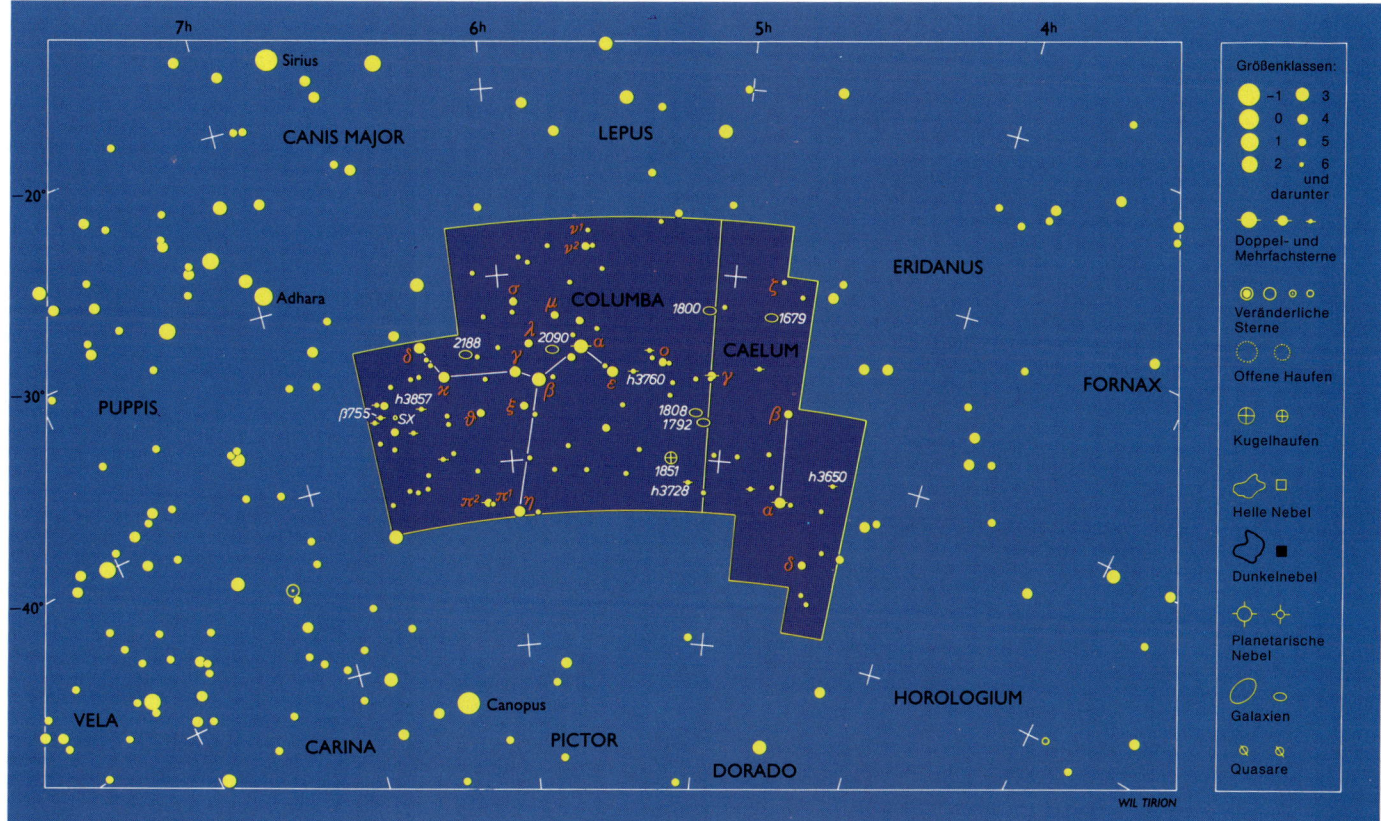

Möglicherweise sind alle drei Sterne bei der Supernova-Explosion in einem Mehrfachsystem „befreit" worden. Die jährliche Eigenbewegung von my Col beträgt allerdings nur 0,025 Bogensekunden, so daß der Stern seine Position erst über Jahrzehnte erkennbar verändert. Für Beobachter mit kleineren Instrumenten (15 cm Öffnung und weniger) ist der Doppelstern h3728 geeignet, dessen Komponenten der 6. und 9. Größenklasse 10 Bogensekunden entfernt stehen. Ein reizvolles Dreifachsystem mit zwei Sternen der 8. und einem der 10. Größenklasse in 26 Bogensekunden Abstand ist h3760. Auch h3857 ist dreifach mit Sternen der 5., 9. und 7. Größenklasse. Besitzer größerer Fernrohre können sich an Burnham 755 heranwagen, dessen Komponenten der 6. und 7. Größenklasse 1959 nur 1,3 Bogensekunden auseinander standen; ein dritter Stern der 11. Größenklasse ist 21,4 Bogensekunden entfernt.

Darüber hinaus enthält Columba fünf Galaxien heller als 13. Größenklasse. NGC 1792 ist mit 10^m eine ziemlich helle Galaxie mit elliptischen Umrissen, NGC 1800 erscheint kleiner und dunkler. NGC 1808 ist eine elliptische Galaxie mit einem helleren Kern, NGC 2090 zählt zu den Spiralgalaxien der 12. Größenklasse, und NGC 2188 sehen wir nahezu von der Kante. NGC 1851 schließlich ist ein großer kugelförmiger Sternhaufen (11 Bogenminuten Durchmesser), der in einem Fernrohr ab 25 cm Öffnung in Einzelsterne aufgelöst werden kann; seine Distanz wird mit 45 000 Lichtjahren angegeben.

Beobachtungsobjekte im Grabstichel
Mehrfachsterne

Name	RA	Dec.	Distanz (Bogensek.)	Helligk.		Jahr
h 3650	04h 26.6m	−40° 32′	3.0	7.1	8.3	1937
α (Alpha)	04h 40.6m	−41° 52′	6.6	4.5	12.5	1933
γ (Gamma)	05h 04.4m	−35° 29′	2.9	4.6	8.1	1942

Nebel und Sternhaufen

Name	RA	Dec.	Typ	Größe	Helligk.
NGC 1679	04h 50.0m	−31° 59′	Gal. Sc.	1.2′ × 0.8′	13.5

Beobachtungsobjekte in der Taube
Mehrfachsterne

Name	RA	Dec.	Distanz (Bogensek.)	Helligk.		Jahr
h 3728	05h 08.5m	−41° 14′	10	6.5	9.5	1951
h 3760	05h 25.9m	−35° 20′	AB 7.4	8.0	8.5	1935
			AC 2.6	8.0	10.0	
h 3857	06h 24.0m	−36° 42′	AB 12.9	5.7	10.8	1960
			AC 64.8	5.7	6.9	1960
Burnham 755	06h 35.4m	−36° 47′	AB 1.3	6.0	6.8	1959
			AC 21.4	6.0	11.5	1932

Nebel und Sternhaufen

Name	RA	Dec.	Typ	Größe	Helligk.
NGC 1792	05h 05.2m	−37° 59′	Gal. Sb	4.0′ × 2.1′	10.2
NGC 1800	05h 06.4m	−31° 57′	Gal. E6	1.6′ × 0.9′	12.6
NGC 1808	05h 07.7m	−37° 31′	Gal. SBa	7.2′ × 4.1′	9.9
NGC 1851	05h 14.1m	−40° 03′	Glob. Cl.	11′	7.3
NGC 2090	05h 47.0m	−34° 14′	Gal. Sc	4.5′ × 2.3′	11.8
NGC 2188	06h 10.1m	−34° 06′	Gal. SBm	3.7′ × 1.1′	11.8

Camelopardalis

Beobachtungsobjekte in der Giraffe
Doppel- und Mehrfachsterne

Name	RA	Dec.	Distanz (Bogensek.)		Helligk.		Jahr
Σ 362	03h 16.3m	+60° 02′	AB	7.1	8.5	8.8	1955
			AC	26.1	8.5	10.5	1915
			AD	30.9	8.5	11.1	1915
			AE	35.3	8.5	9.9	1915
OΣ 67	03h 57.1m	+61° 07′		1.9	5.3	8.5	1959
Σ 485	04h 07.9m	+62° 20′		17.9	7.0	7.1	1967
11–12	05h 06.1m	+58° 58′		180.5	5.4	6.5	1924
Σ 634	05h 22.6m	+79° 14′		10.4	5.1	9.1	1943
Σ 780	05h 51.0m	+65° 45′	AB	3.8	6.9	8.1	1954
			AC	10.9	6.9	10.0	1954
			AD	18.0	6.9	13.4	1954
Σ 1127	07h 47.0m	+64° 03′	AB	5.3	7.0	8.8	1956
			AC	11.3	9.9		1956
Σ 1694	12h 49.2m	+83° 25′		21.6	5.3	5.8	1958

Nebel und Sternhaufen

Name	RA	Dec.	Typ	Größe	Helligk.
IC 342	03h 46.8m	+68° 06′	Gal. SBc	17.8′ × 17.4′	9.1
NGC 1501	04h 07.0m	+60° 55′	Plan. Neb.	52″	12
NGC 2336	07h 27.1m	+80° 11′	Gal. Sb	6.9′ × 4.0′	10.5
NGC 2403	07h 36.9m	+65° 36′	Gal. Sc	17.8′ × 11.0′	8.4
NGC 2523	08h 05.0m	+73° 35′	Gal. SBb	3.0′ × 2.0′	12.6pg
NGC 2655	08h 55.6m	+78° 13′	Gal. SBa	5.1′ × 4.4′	10
NGC 2715	09h 08.1m	+78° 05′	Gal. Sc	5.0′ × 1.9′	11.4
IC 3568	12h 32.9m	+82° 33′	Plan. Neb.	>6″	11.6

Die Giraffe (Camelopardalis) wird von zahlreichen lichtschwachen Sternen gebildet, die sich halb um den Himmelsnordpol herum gruppieren. Das Sternbild ist in Mitteleuropa zirkumpolar und liegt im Bereich zwischen dem Großen Bär und der Cassiopeia; es kulminiert Anfang Januar gegen 22 Uhr noch nördlich des Zenits.

Doppel- und Mehrfachsterne

Hier können nur einige wenige der mehreren hundert Doppel- und Mehrfachsterne in der Giraffe erwähnt werden. Σ 362 ist ein Mehrfachsystem, dessen Sterne der 8., 9. und 10. Größenklasse 7, 26, 30 und 35 Bogensekunden auseinander stehen. Bei OΣ 67 stehen zwei Sterne der 5. und 8. Größenklasse rund 1,9 Bogensekunden auseinander. Σ 485 ist ein Mehrfachstern im Sternhaufen NGC 1502, dessen hellster Stern der Veränderliche SZ Camelopardalis ist. 11 und 12 Cam sind weite optische Paare aus Sternen der 5. und 6. Größenklasse, die im 7×50-Fernglas leicht zu trennen sind. Ebenfalls ein optisches Paar ist Σ 634, obwohl der Abstand innerhalb von 110 Jahren von 34 auf 10 Bogensekunden zurückgegangen ist. Σ 780 und Σ 1127 sind weitere Dreifachsterne, während Σ 1694, ein weiteres Paar (21,6 Bogensekunden) zweier Sterne der 5. Größenklasse, auch im kleinen Fernrohr zu erkennen ist.

Nebel und Sternhaufen

Zu den planetarischen Nebeln in Camelopardalis gehört NGC 1501, eine verhältnismäßig große Scheibe (1 Bogenminute) 12. Größenklasse mit einem Zentralstern (14,4^m); Amateurfernrohre zeigen allerdings keine Einzelheiten. IC 3568 ist kleiner (6 Bogensekunden) und heller (11,6^m) und erscheint als strukturlose Wolke mit einem Zentralstern der 12. Größenklasse. Die Region weit abseits der galaktischen Ebene gibt den Blick frei auf zahlreiche extragalaktische Objekte, darunter auch NGC 2403, eine der schönsten Galaxien für Teleskope

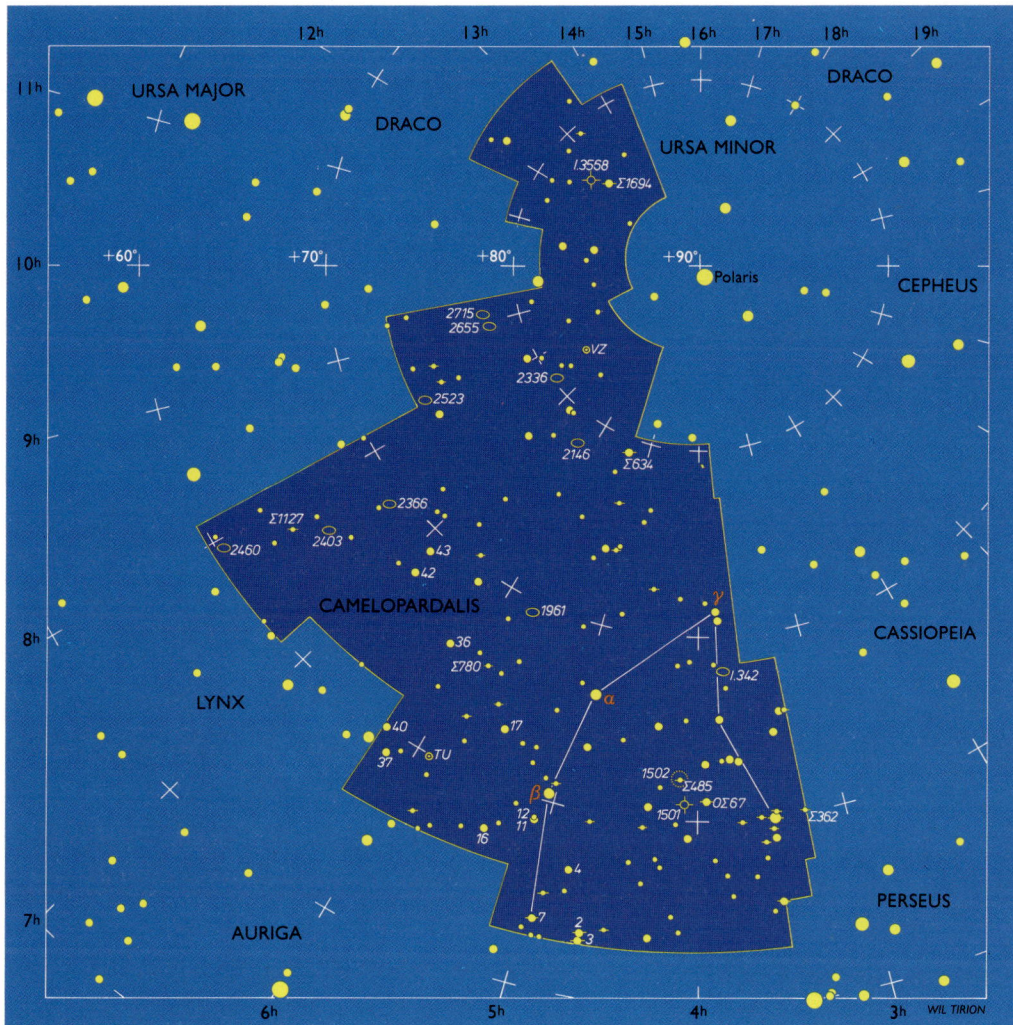

bis 30 cm Öffnung. Diese große Sc-Galaxie steht lediglich 8 Millionen Lichtjahre entfernt, ähnlich wie M 81 und M 82. Auf Fotografien erscheint sie ähnlich wie M 33 im Dreieck. Ein Fernrohr ab 40 cm Öffnung läßt sogar schon die weit geöffneten Spiralarme erkennen; zwei helle HII-Regionen flankieren den Kern.

IC 342 ist eine ziemlich große Nachbargalaxie geringer Flächenhelligkeit, auf die wir ebenfalls von oben blicken; es könnte die nach M 31 und M 33 nächste Galaxie sein. Auf Fotos erinnert sie an M 101. Am besten ist sie mit einem großen Fernglas (11×80 oder größer) zu erkennen, als schwacher Lichtfleck von halber Vollmondgröße. Erwähnenswert sind außerdem NGC 2336, eine Sb-Galaxie der 10. Größenklasse, NGC 2523, die selbst in kleinen Teleskopen leicht zu finden ist, und NGC 2655, eine weitere vergleichsweise nahe Galaxie der 10. Größenklasse. Auf NGC 2715 dagegen blicken wir nahezu von der Kante: In kleinen Fernrohren erscheint sie als strukturloses, zigarrenförmiges Wölkchen der 11. Größenklasse.

Hevelius

Johann Hevel lebte um die Mitte des 17. Jahrhunderts als erfolgreicher Brauer in der blühenden Hansestadt Danzig (heute Gdansk). Um seinem Interesse, der Astronomie, nachgehen zu können, hatte er sich eine Sternwarte an sein Haus bauen lassen. Sein erstes Projekt war ein Mondatlas, der die damals besten Karten enthielt (die meisten der von ihm eingeführten 250 Namen werden heute noch verwendet); diese *Selenographia* erschien 1547. Zu diesem Zeitpunkt bestanden Teleskope noch aus kleinen Einlinsen-Objektiven ohne jede Farbkorrektur, so daß man nicht viele Einzelheiten erkennen konnte. Hevel entschloß sich daher, immer längere Fernrohre zu bauen und so die brennweitenabhängigen Farbfehler zu verringern. Sein Rekord war ein Teleskop von 45 m Brennweite, das an einem 27,5 m hohen Mast hing! Natürlich war dies nicht gerade sehr benutzerfreundlich, weil schon der kleinste Luftzug das Instrument in heftige Schwingungen versetzte und unbrauchbar machte. Der große Brand von 1679 zerstörte die Aufhängung und beendet damit die Beobachtertätigkeit von Hevelius.

Cancer

Der Krippenhaufen, M 44 (NGC 2632), ist ein offener Haufen mit etwa 300 Sternen in rund 520 Lichtjahren Entfernung; er gehört zu den nächsten Vertretern dieser Objektklasse und kann mit bloßem Auge als verwaschener Fleck rund 13° südöstlich vom Zwillingsstern Pollux gesehen werden. Das Foto habe ich mit einer 500-mm-Spiegeloptik (f/5) 10 Minuten auf Fujichrome 100 belichtet und anschließend um eine Blendenstufe forciert entwickeln lassen.

Der Krebs (Cancer) ist ein kleines, aber wichtiges Ekliptiksternbild zwischen den Zwillingen im Westen und dem Löwen im Osten; ursprünglich war es die (vom Frühlingspunkt ausgehend) vierte Figur; sie steht heute wegen der Wanderung des Frühlingspunktes in das Sternbild Fische aber erst an fünfter Stelle. In Anbetracht der mythologischen Rolle des Krebses ist das Sternbild ein unzureichendes „Denkmal", für Amateurastronomen jedoch nicht uninteressant, enthält es doch den offenen Sternhaufen Praesepe (Futterkrippe). Der Krebs kulminiert Anfang März gegen 22 Uhr. Seine fünf helleren Sterne gruppieren sich zu einem auf dem Kopf stehenden Y, das man links der Verbindungslinie Kastor-Pollux findet. Der Sternhaufen unweit des Zentrums wurde schon von Hipparchos im antiken Griechenland erwähnt, und Messier nahm ihn als 44. Objekt in seinen Katalog auf. Außerdem findet man im Krebs zahlreiche Doppel- und Mehrfachsterne, deren interessantester zeta (ζ) Cancri ist.

Praesepe

M 44 (NGC 2632) enthält sehr viele Doppel- und Dreifachsterne, die man am besten in einem großen Fernglas mit gering vergrößerndem Weitwinkel-Okular erkennt. Galilei hat den Sternhaufen als erster in Einzelsterne aufgelöst; bei einem Durchmesser von mehr als einem Grad enthält er viele hundert Sterne (den Angaben aus Burnhams *Celestial Handbook,* der „Bibel" für Doppelstern-Beobachter, zufolge gehören allein mehr als 300 Sterne bis zur 17. Größenklasse dazu). Das hellste Haufenmitglied ist ein A0-Stern, dessen Metallgehalt höher als bei unserer Sonne ist. Die Astrophysiker nehmen an, daß Praesepe rund 650 Millionen Jahre alt ist und etwa 520 Lichtjahre entfernt steht.

Darüber hinaus gibt es im Krebs noch einen zweiten offenen Stern-

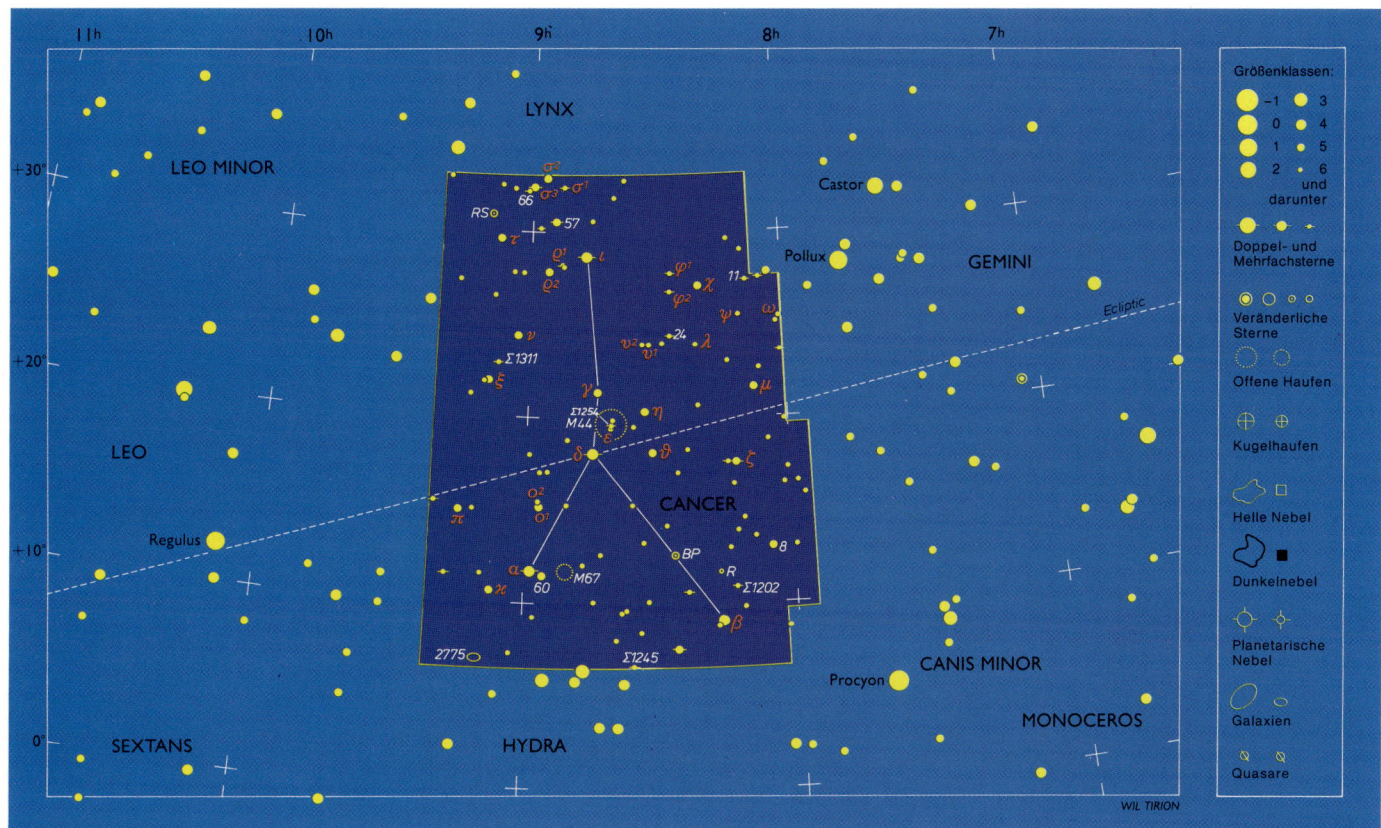

haufen, M 67 (NGC 2682); mit einer Gesamthelligkeit von 6,9 Größenklassen bleibt er knapp unterhalb der Sichtbarkeitsgrenze für das bloße Auge. Einzelsterne kann man zwar schon mit einem Fernglas erkennen, doch entfaltet der Haufen seine wahre Pracht erst in einem 15- oder 20-cm-Teleskop. Er erscheint in west-östlicher Richtung gedehnt und weist nahe dem östlichen Rand in der Mitte einen dunklen Fleck auf. M 67 gilt als einer der ältesten offenen Haufen, mit einem geschätzten Alter von mehr als 10 Milliarden Jahren. Seine Mitglieder werden zu den bereits sehr weit entwickelten Hauptreihensternen gezählt, von denen einige das Riesenstadium schon durchlebt haben. Die Galaxien sind allesamt nicht sehr hell; einzig NGC 2775 erscheint wegen seiner hohen Flächenhelligkeit in einem 20-cm-Teleskop als rundlicher Nebelfleck der 10. Größenklasse, der zur Mitte hin heller wird.

Doppel- und Mehrfachsterne

Zeta (ζ) Cancri, auch Tegmene genannt, ist ein zweifacher Doppelstern, dessen 5,6^m und 6,0^m hellen Komponenten ihrerseits noch einmal enge Paare darstellen. Einen farblichen Kontrast bietet iota (ι), dessen 4,2^m und 6,6^m hellen Komponenten weite 30,5 Bogensekunden auseinander stehen; mit einem goldgelben und blaßblauen Partner (Spektraltyp G8 und A3) erinnert er an Albireo im Schwan.
Im Krebs findet man auch eine Reihe interessanter veränderlicher Sterne. Die Helligkeit des Mira-Sterns R Cancri wechselt innerhalb von 362 Tagen zwischen 6,2^m und 11,8^m. RS Cancri ist ein halbregelmäßiger Veränderlicher, dessen Helligkeit alle 120 Tage zwischen 5,3^m und 6,4^m schwankt.

Beobachtungsobjekte im Krebs
Doppel- und Mehrfachsterne

Name	RA	Dec.	Distanz (Bogensek.)		Helligk.		Jahr
11	08h 08.8m	+27° 29′		3.2	6.9	10.2	1934
ζ (Zeta)	08h 12.2m	+17° 39′	AB	~1	5.6	6.0	1960
			AC	5.7	5.6	6.2	1969
24	08h 26.7m	+24° 32′		5.8	7.0	7.8	1957
Φ₂ (Phi 2)	08h 26.8m	+26° 56′		5.1	6.3	6.3	1958
Σ 1254	08h 40.4m	+19° 40′	AB	20.5	6.4	8.9	1956
			AC	63.2	6.4	8.6	1956
			AD	82.6	6.4	8.9	1956
ι (Iota)	08h 46.7m	+28° 46′		30.5	4.2	6.6	1968
57	08h 54.2m	+30° 35′	AB	1.4	6.0	6.5	1960
			AC	55.6	6.0	9.1	1953
64 (σ₃)	08h 59.5m	+32° 25′		89.6	5.6	9.4	1914
66	09h 01.4m	+32° 15′		4.6	5.9	8.0	1955
			AC	187.4	5.9	10.8	1908
Σ 1311	09h 07.4m	+22° 59′	AB	7.5	6.9	7.3	1956
			AC	27.8	6.9	12.6	1906

Nebel und Sternhaufen

Name	RA	Dec.	Typ	Größe	Helligk.
M 44 (NGC 2632)	08h 40.1m	+19° 40′	Gal. Cl.	95′	3.1
M 67 (NGC 2682)	08h 51.0m	+11° 49′	Gal. Cl.	30′	6.9
NGC 2775	09h 10.3m	+07° 02′	Gal. Sa	4.5′ × 3.5′	10.33pg

Canes Venatici

*Die Feuerrad-Galaxie M 51 ist eine der bekanntesten Spiralgalaxien. In
Wirklichkeit stehen hier zwei benachbarte Galaxien (NGC 5194 und NGC
5195, oben) seitlich versetzt hintereinander. M 51 ist rund 20 Millionen
Lichtjahre entfernt; sie zeichnet sich durch einen hellen Kern und Spiralarme aus, in denen junge, heiße und blaue Sterne vorherrschen. Die Aufnahme entstand mit dem 1-m-Teleskop des US Naval Observatory.*

Die Jagdhunde (Canes Venatici) gehören zu den Sternbildern
des nördlichen Himmels zwischen Bootes, dem Großen Bär und
dem Löwen; die unscheinbare Figur kulminiert Anfang Mai gegen
23 Uhr (Sommerzeit).

Die 23 Sterne der Figur gehörten ursprünglich zum Großen Bären:
20 von ihnen sind jedoch schwächer als 4. Größenklasse und
daher wenig auffällig; die drei übrigen bilden ein gleichschenkliges
Dreieck, dessen Spitze alpha (α) nach Südosten zeigt. Alpha, der übrigens von Edmond Halley zu Ehren seines Königs (Karl I.) Cor Caroli
(Herz des Karl) genannt wurde, ist einer der schönsten Doppelsterne
für Fernrohrbeobachter. Einen weiteren Glanzpunkt stellt der kugelförmige Sternhaufen M 3 (NGC 5272) dar. Man findet ihn an
der Grenze zum Bootes, wenn man das Fernrohr etwa auf die Mitte
zwischen Arcturus und Cor Caroli einstellt und von dort ein wenig
nach Arcturus hin verschiebt. Im Sucher erscheint er als verwaschenes „Sternchen" der 6. Größenklasse, mit einem 15-cm-Teleskop
erkennt man die Randbereiche aufgelöst, und oberhalb von 30 cm
Öffnung sieht man eine Kugel aus funkelnden Sternen.

Galaxien

Berühmt sind die Jagdhunde wegen ihrer zahlreichen Galaxien.
Viele von ihnen sind mit einem größeren Amateurfernrohr leicht
zu finden; sie stehen allesamt rund 25 bis 30 Millionen Lichtjahre
entfernt. Das ist nahe genug, um den Astronomen die Möglichkeit zu
geben, helle Sterne, Nebel und Staubwolken in allen Einzelheiten zu

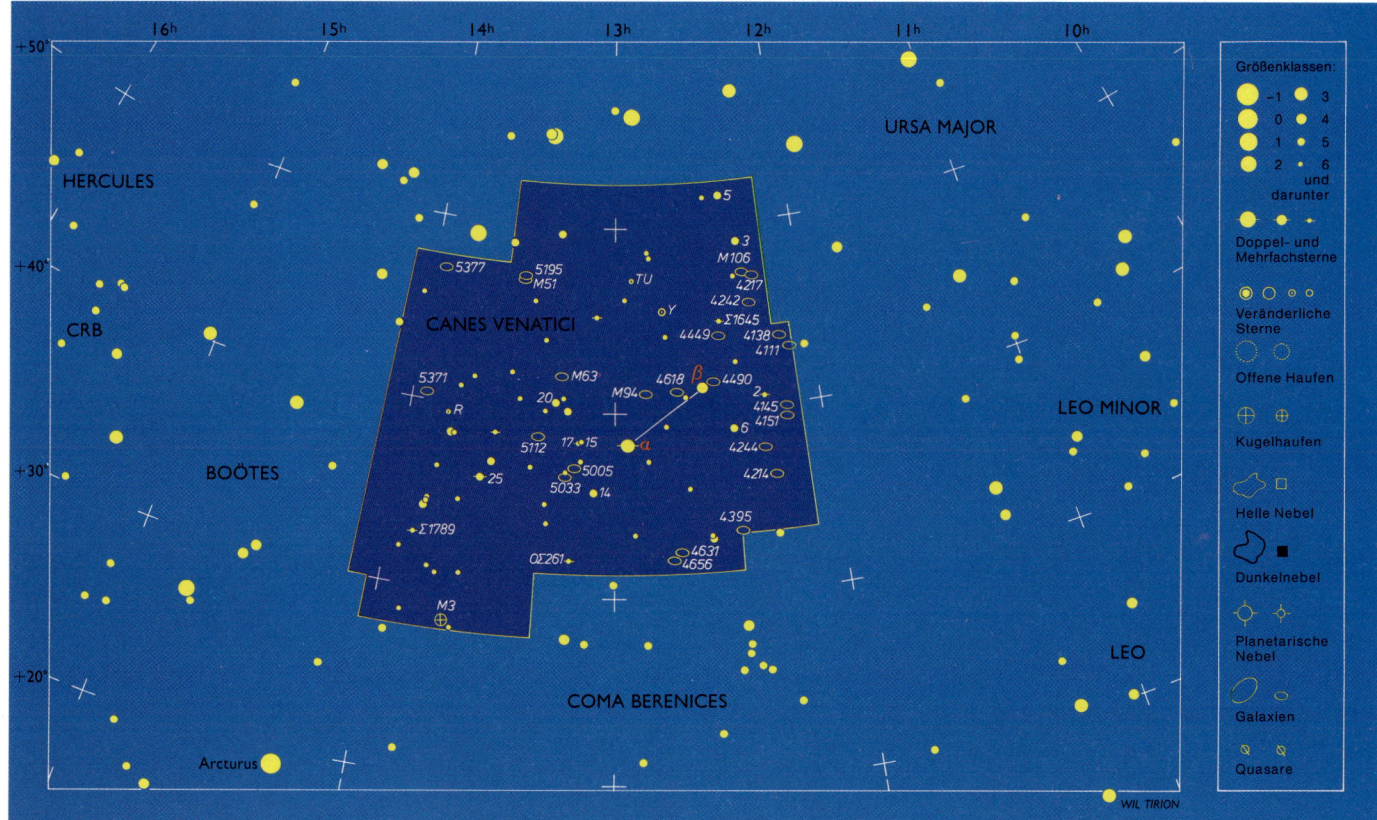

untersuchen. Die 20 besten Objekte sind in der Tabelle aufgelistet, doch zeigt ein Fernrohr ab 20 cm Öffnung bis zu 100 Galaxien.

M 51 umfaßt in Wirklichkeit zwei Systeme: eine schöne, frontal sichtbare Spiralgalaxie (NGC 5194), die über eine „Lichtbrücke" mit der irregulären Galaxie NGC 5195 verbunden erscheint. In großen Ferngläsern oder kleinen Teleskopen erkennt man M 51 als zwei verwaschene, benachbarte Nebelflecken. Ein 15-cm-Teleskop läßt dagegen schon Unterschiede sichtbar werden: eine unscharf umgrenzte Scheibe der eine, ein heller Fleck mit einem noch helleren Kern der andere. Oberhalb von 30 cm Öffnung kann man die Spiralarme erahnen, die der Galaxie das Aussehen eines Feuerrades verleihen. Die schwache Lichtbrücke zwischen NGC 5194 und NGC 5195 ist ein gutes Testobjekt für die Qualität der Fernrohroptik und der Luftruhe.

M 63 (NGC 5055) ist eine weitere Welteninsel in den Jagdhunden, ein großes, helles Oval um einen ausgeprägten Kern. Die vielen Spiralarme erscheinen selbst in einem 30-cm-Teleskop nur als verschwommenes Leuchten; erst mit einem Fernrohr von mehr als 40 cm Öffnung erkennt man einige der Verdichtungen, die von den Fotografien her bekannt sind.

Auf M 94 (NGC 4736) blicken wir ebenfalls nahezu frontal; die eng gewundenen Spiralarme zeigen nur wenige Kondensationen. Der Kern erscheint hell, und in einem Fernrohr ab 25 cm Öffnung kann man die Spiralarme andeutungsweise erahnen. Die große und helle Galaxie M 106 (NGC 4258) findet man im Sucher, wenn man das Fernrohr von beta (β) Canum Venaticorum zu gamma (γ) Ursae Majoris schwenkt, dem linken unteren Eckstern des Wagenkastens; sie besitzt einen ziemlich hellen Spiralarm, den man unter guten atmosphärischen Bedingungen mit einem Fernrohr ab 25 cm Öffnung erkennen kann. Reizvoll ist auch die längliche Galaxie NGC 4631, die als Objekt der 9. Größenklasse einfach zu finden ist.

Beobachtungsobjekte in den Jagdhunden
Mehrfachsterne

Name	RA	Dec.	Distanz (Bogensek.)	Helligk.	Jahr
2	12h 16.1m	+40° 40'	11.4	5.8 8.1	1958
Σ 1645	12h 28.1m	+44° 48'	9.9	7.4 8.0	1976
α (Alpha)	12h 56.2m	+38° 19'	19.4	2.9 5.5	1970
15 + 17	13h 10.1m	+38° 30'	284	6 6.2	1922
17	13h 10.1m	+38° 30'	1.2	6.2 11.2	1958
OΣ 261	13h 12.0m	+32° 05'	2.2	7.2 7.7	1959
25	13h 37.5m	+36° 18'	1.8	5.0 6.9	1959
Σ 1789	13h 54.1m	+32° 50'	6.5	8 8	1963

Nebel und Sternhaufen

Name	RA	Dec.	Typ	Größe	Helligk.
NGC 4111	12h 07.1m	+43° 04'	Gal. SO	4.8' × 1.1'	10.8
NGC 4151	12h 10.5m	+39° 24'	Gal. SB-p	5.9' × 4.4'	10.3
NGC 4214	12h 15.6m	+36° 20'	Gal. Irr.	7.9' × 6.3'	9.7
NGC 4217	12h 15.8m	+47° 06'	Gal. Sb	5.5' × 1.8'	11.9
NGC 4244	12h 17.5m	+37° 49'	Gal. Sb	16.2' × 2.5'	10.1
M106 (NGC 4258)	12h 19.0m	+47° 18'	Gal. Sb	18.2' × 7.9'	8.3
NGC 4395	12h 25.8m	+33° 32'	Gal. S	12.9' × 11.0'	11.0
NGC 4449	12h 28.2m	+44° 05'	Gal. Irr.	5.1' × 3.7'	9.4
NGC 4490	12h 30.7m	+41° 38'	Gal. Sc	5.9' × 3.1'	9.8
NGC 4618	12h 41.5m	+41° 09'	Gal. Sc	4.4' × 3.8'	10.8
NGC 4631	12h 42.1m	+32° 32'	Gal. Sc	15.1' × 3.3'	9.3
NGC 4656	12h 44.0m	+32° 10'	Gal. Irr.	13.8' × 3.3'	10.4
M94 (NGC 4736)	12h 50.9m	+41° 07'	Gal. Sb-p	11.0' × 9.1'	8.17
NGC 5005	13h 10.9m	+37° 03'	Gal. Sb	5.4' × 2.7'	9.8
NGC 5033	13h 13.5m	+36° 36'	Gal. Sb	10.5' × 5.6'	10
M63 (NGC 5055)	13h 15.8m	+42° 02'	Gal. Sb	12.3' × 7.6'	8.6
M51 (NGC 5194)	13h 29.9m	+47° 12'	Gal. Sc	11.0' × 7.8'	8.4
M51 (NGC 5195)	13h 30.0m	+47° 16'	Gal. Irr.	2.0' × 1.5'	9.6
M3 (NGC 5272)	13h 42.2m	+28° 23'	Glob. Cl.	16.2'	6.3
NGC 5371	13h 55.7m	+40° 28'	Gal. Sb+	4.4' × 3.6'	10.75

Canis Major/Lepus

Canis Major, der Große Hund, verkörpert einen der Jagdgefährten des benachbarten Himmelsjägers Orion. Das Sternbild enthält Sirius, den Hundsstern, den hellsten Fixstern am irdischen Firmament. In der Mythologie des Altertums kommt diesem Stern eine größere Bedeutung als dem Sternbild selbst zu, da er in einigen Kulturen als Zeitmarke für die Ernte und rituelle Feste benutzt wurde: Sein erstes Auftauchen vor Sonnenaufgang zeigte den alten Ägyptern den Beginn eines neuen Jahres und das Herannahen der alljährlichen Nilflut an.
Lepus, der Hase, ist ebenfalls eine alte Figur mit Bezug zum Himmelsjäger Orion, weil dieser nach der Mythologie besonders gern auf Hasenjagd ging.

Sirius, der Hundsstern, ist auf diesem Foto des kalifornischen Amateurastronomen Reverend Ronald Royer zusammen mit dem rötlichen Nebel NGC 2327 abgebildet. Sirius (links unten) ist nicht nur der hellste Fixstern am irdischen Firmament, sondern mit einer Entfernung von 8,6 Lichtjahren zugleich auch einer der nächsten Sterne. Der diffuse Nebel NGC 2327 steht auf der Grenze zum benachbarten Sternbild Einhorn.

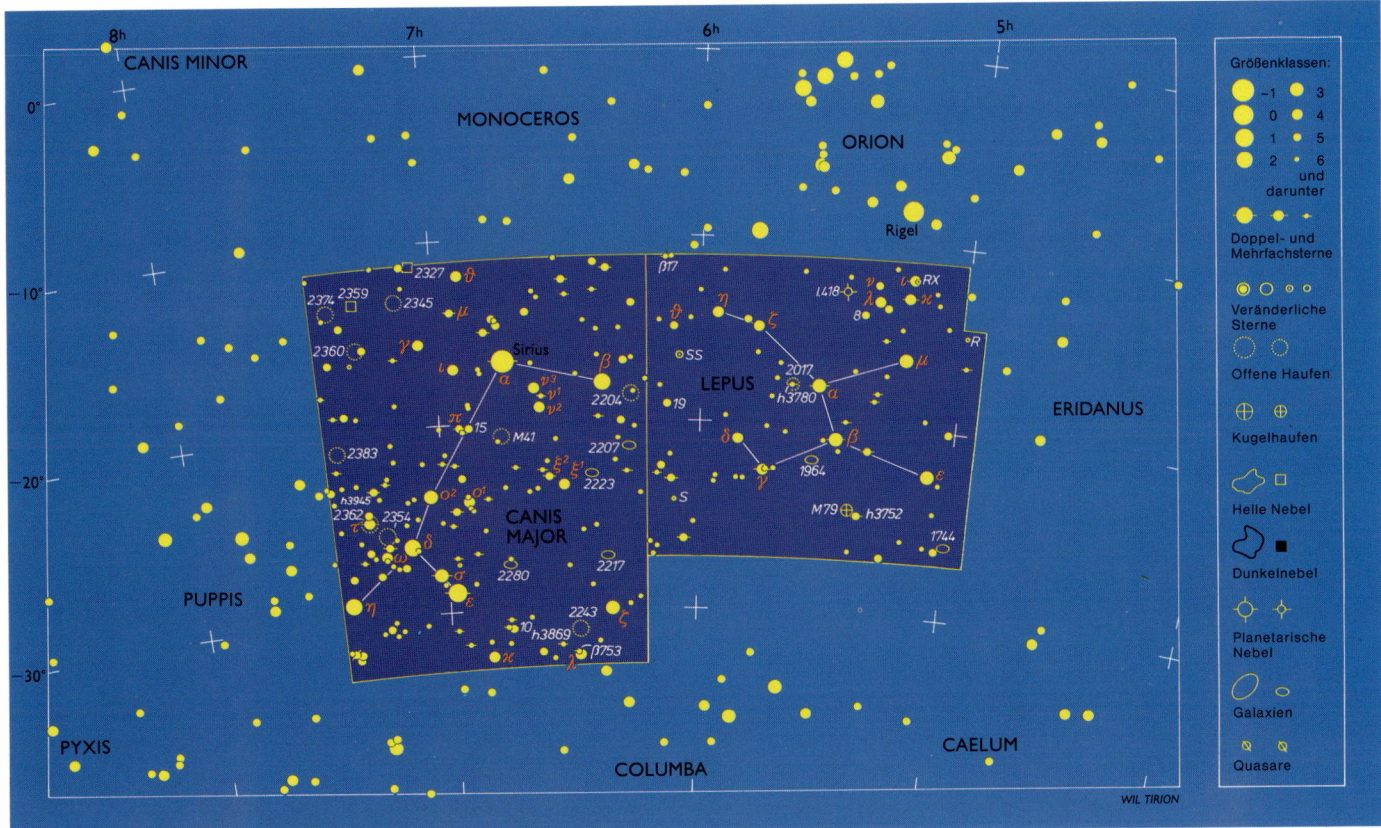

Nebel und Sternhaufen

Der Große Hund enthält viele Nebel und Sternhaufen, die weniger stark durch interstellare Staubwolken getrübt erscheinen als vergleichbare Objekte am Sommerhimmel. M 41 (NGC 2287) zum Beispiel kann man mit bloßem Auge etwa dort erkennen, wo man das Herz des Hundes vermuten würde; er enthält einige ziemlich helle Sterne und Sternmultis. Der Haufendurchmesser entspricht rund einem halben Grad, so daß man am besten eine geringe Vergrößerung zur Beobachtung verwendet. NGC 2362 ist ein schöner Haufen mit einigen Dutzend Sternen, die sich um tau (τ) CMa, einen prächtigen Dreifachstern der 4. Größenklasse, gruppieren. Trotz seiner geringen Kulminationshöhe ist er ein oft aufgesuchtes Objekt am Himmel.

NGC 2327 ist ein großer Nebel am südlichen Ende eines ausgedehnten Komplexes, der sich nach Norden bis über die Grenze zum Einhorn erstreckt. Die ganze Gegend ist – mit einem Weitwinkel-Okular betrachtet – sehr reizvoll, vor allem, wenn man ein Nebelfilter verwendet. NGC 2327 selbst ist ein Objekt für Himmelsfotografen; ein losgelöster Teil erinnert an ein Auge mit einem Stern als Pupille. Hartung beschreibt 78 Canis Majoris als einen rötlichen Stern, der in einen kleinen Nebel eingebettet erscheint. Er ist in keinem Sternatlas enthalten – einzig der namhafte *Atlas of the Heavens* des tschechoslowakischen Observatoriums von Skalnate Pleso zeigt ihn unmittelbar südöstlich von NGC 2362.

Lepus

Der Hase liegt unmittelbar zu Füßen des Orion und enthält einige Doppelsterne, lichtschwache Galaxien, einen planetarischen Nebel (IC 418) und einen bemerkenswerten kugelförmigen Sternhaufen (M 79). Die beiden heißen, weißen Sterne von kappa (ϰ) sind 4,5^m und

Der Große Hund (Canis Major) ist einer der Begleiter des Himmelsjägers Orion am Winterhimmel, der Hase (Lepus) eine mögliche Beute. Beide Figuren stehen unterhalb des Himmelsäquators und sind daher von südlicheren Breiten aus besser zu beobachten. Der Hase eilt am Himmel voran und kulminiert Mitte Januar gegen 22 Uhr. Seine sechs helleren Sterne bilden ungefähr ein Parallelogramm, dessen untere Seite etwas abgeknickt erscheint; die beiden mittleren Sterne, alpha (α) und beta (β), sind annähernd gleich hell (3. Größenklasse). Der Große Hund kann gar nicht verfehlt werden, enthält er doch den scheinbar hellsten Fixstern nach der Sonne: Sirius. Der bläulich-weiß funkelnde Stern (–1,5^m) ist jedoch nicht die einzige Attraktion: Durch den südöstlichen Teil der Figur erstreckt sich die Milchstraße mit Sternhaufen und einigen schwachen Nebeln. Der Große Hund kulminiert Anfang Februar gegen 22 Uhr.

Doppel- und Mehrfachsterne

Der Große Hund enthält etliche bemerkenswerte Doppelsterne. Die Liste wird von Sirius angeführt. Der berühmte Weiße Zwergstern, Sirius B, wurde 1862 von Alvan Clark entdeckt, als dieser ein Fernrohrobjektiv von 46 cm Öffnung testete. Friedrich Wilhelm Bessel hatte seine Existenz bereits 1844 vorausgesagt, den Stern selbst jedoch nicht nachweisen können. Anfangs war die extreme Dichte des Zwergsterns schwer zu verstehen, doch wissen wir heute, daß solche Zustände im Universum nicht ungewöhnlich sind. Der Siriusbegleiter ist wegen des benachbarten, sehr hellen Sirius ein schwieriges Beobachtungsobjekt; er umrundet ihn in knapp 50 Jahren und kann sich dabei bis auf 11,4 Bogensekunden entfernen (zuletzt 1974) oder bis auf 3,7 Bogensekunden nähern (1996). Wenn man Sirius B beobachten möchte, sollte man auf jeden Fall die Kulminationsstellung und eine möglichst ruhige Luft abwarten. Weitere Mehrfachsterne sind my (μ), epsilon (ε) und h 3945.

7,4^m hell und stehen 2,6 Bogensekunden auseinander. h 3752 ist ein Dreifachstern, dessen bläulichweiße Komponente einen klaren Farbkontrast zu dem Gelb und Orange der beiden anderen Sterne bildet. h 3780 ist ein Mehrfachsystem mit mindestens sechs Komponenten, die zusammen den „Sternhaufen" NGC 2017 bilden; durch die unterschiedlichen Spektraltypen ist der Anblick sehr reizvoll. Gamma (γ) Lepori schließlich ist ein vergleichsweise naher Doppelstern (26 Lichtjahre), dessen goldgelbe und weiße Komponenten der 3. und 6. Größenklasse bereits mit einem Fernglas zu erkennen sind. R Leporis ist einer der am stärksten rot erscheinenden veränderlichen Sterne; er kann mit jedem besseren Fernrohr leicht beobachtet werden. Seine Helligkeit schwankt mit einer Periode von 432 Tagen zwischen 5,5^m und 11,7^m. Der Stern wurde 1845 von J. R. Hind in Lon-

don entdeckt und wird seither mitunter auch „Hinds Karmesin-Stern" genannt. Die Oberflächentemperatur liegt bei 2600 Kelvin, und das Spektrum zeigt starke Kohlenstoff-Absorptionsbanden. Man findet R Lep in der Verlängerung der Verbindung zwischen alpha (α) über my (μ) hinaus in etwa gleich großem Abstand. Der nächste Lichtmaximum wird um den 17. September 1990 erreicht.
M 79, der kugelförmige Sternhaufen in rund 50 000 Lichtjahren Entfernung, bleibt in einem kleinen Teleskop verschwommen und zeigt erst ab Öffnungen von 20 cm einzelne Sterne in den Randbereichen. Beobachter mit Teleskopen ab 30 cm erkennen einen dichten Ball lichtschwacher Sterne. IC 418 ist ein kleiner, aber heller planetarischer Nebel, der als bläuliche Scheibe mit rund 12 Bogensekunden Durchmesser mit einem Zentralstern der 11. Größenklasse erscheint.

Beobachtungsobjekte im Großen Hund
Mehrfachsterne

Name	RA	Dec.	Distanz (Bogensek.)		Helligkeiten		Jahr
Burnham 753	06h 28.7m	−32° 22′		1.3	5.9	7.9	1942
h3869	06h 32.6m	−32° 02′		24.9	5.7	7.7	1930
ν₁ (Nu 1)	06h 36.4m	−18° 40′		17.5	5.8	8.5	1926
Sirius	06h 45.1m	−16° 43′		var	−1.5	8.5	1960
μ (Mu)	06h 56.1m	−14° 03′	AB	3.0	5.3	8.6	1944
			AC	88.4	5.3	10.5	1912
			AD	101.3	5.3	10.7	1912
ε (Epsilon)	06h 58.6m	−28° 58′		7.5	1.5	7.4	1951
h3945	07h 16.6m	−23° 19′		26.6	4.8	6.8	1959

Nebel und Sternhaufen

Name	RA	Dec.	Typ	Größe	Helligkeit
NGC 2217	06h 21.7m	−27° 14′	Gal. SBa	4.8′ × 4.4′	10.4
NGC 2243	06h 29.8m	−31° 17′	Open Cl.	5′	9.4
M 41 (NGC 2287)	06h 46.0m	−20° 44′	Open Cl.	38′	4.5
NGC 2327	07h 04.3m	−11° 18′	Diff. Neb.	20′	11?
NGC 2359	07h 18.6m	−13° 12′	Diff. Neb.	8′ × 6′	blaß
NGC 2360	07h 17.8m	−15° 37′	Open Cl.	13′	7.2
NGC 2362	07h 18.8m	−24° 57′	Open Cl.	8′	4.1

Beobachtungsobjekte im Hasen
Mehrfachsterne

Name	RA	Dec.	Distanz (Bogensek.)		Helligkeiten		Jahr
κ (Kappa)	05h 13.2m	−12° 56′		2.6	4.5	7.4	1959
h3752	05h 21.8m	−24° 46′	AB	3.2	5.4	6.6	1953
			AC	61.2	5.4	9.1	1898
h3780	05h 39.3m	−17° 51′	AB	0.8	6.4	7.9	1947
h3780c	05h 39.3m	−17° 51′	AC	89.2	6.4	8.5	1914
in NGC 2017			AE	76.1	6.4	8.4	1915
			AF	128.8	6.4	8.1	1915
			CD	1.5	8.5	9.2	1946
γ (Gamma)	05h 44.5m	−22° 27′	AB	96.3	3.7	6.3	1957
			BC	45.0	6.3	10.9	1832
Burnham 17	06h 08.4m	−11° 09′	AB	3.1	6.8	10.8	1935
			AC	9.0	6.8	11.8	1933

Veränderliche Sterne

Name	RA	Dec.	Typ	Größe	Periode
R	04h 59.6m	−14° 48′	Mira LP	5.5–11.7	432.13 Tage

Nebel und Sternhaufen

Name	RA	Dec.	Typ	Größe	Helligkeit
NGC 1744	05h 00m	−26° 01′	Gal. SBc	6.8′ × 4.1′	11
M 79 (NGC 1904)	05h 24.5m	−24° 33′	Glob. Clus.	8.7′	9.9
IC 418	05h 27.5m	−12° 42′	Plan. Neb.	12″	11pg

M 41 ist ein schöner offener Haufen in rund 1600 Lichtjahren Entfernung. Der Haufen, der mit bloßem Auge erkannt werden kann, enthält etwa 100 Mitglieder. Das Bild, das ich mit einem 26-cm-Schmidt-Cassegrain-Teleskop (f/10) in Silverado, Kalifornien, aufgenommen habe, zeigt die unterschiedlichen Farben der Sterne. Die Aufnahme wurde 10 Minuten auf Fuji RD 400 belichtet und um eine Blendenstufe forciert entwickelt.

Canis Minor/Monoceros

Canis Minor, der Kleine Hund, ist der zweite Jagdbegleiter Orions, der in der Mythologie stets gemeinsam mit dem Großen Hund und dem Himmelsjäger dargestellt wird. Das Sternbild umfaßte schon bei Ptolemäus nur zwei Sterne, Procyon (α) und beta (β). Procyon heißt wörtlich „vor dem Hund" und bezieht sich darauf, daß dieser Stern im Mittelmeerraum kurz vor Sirius aufgeht.

Monoceros, das Einhorn, hat nichts mit dem sagenumwobenen Einhorn der Mythologie zu tun; der Ursprung des Sternbilds liegt im dunkeln, bis es auf einem persischen Sternenglobus und schließlich auch 1624 auf einer Karte von Jakob Bartsch, dem Schwiegersohn Keplers, erschien.

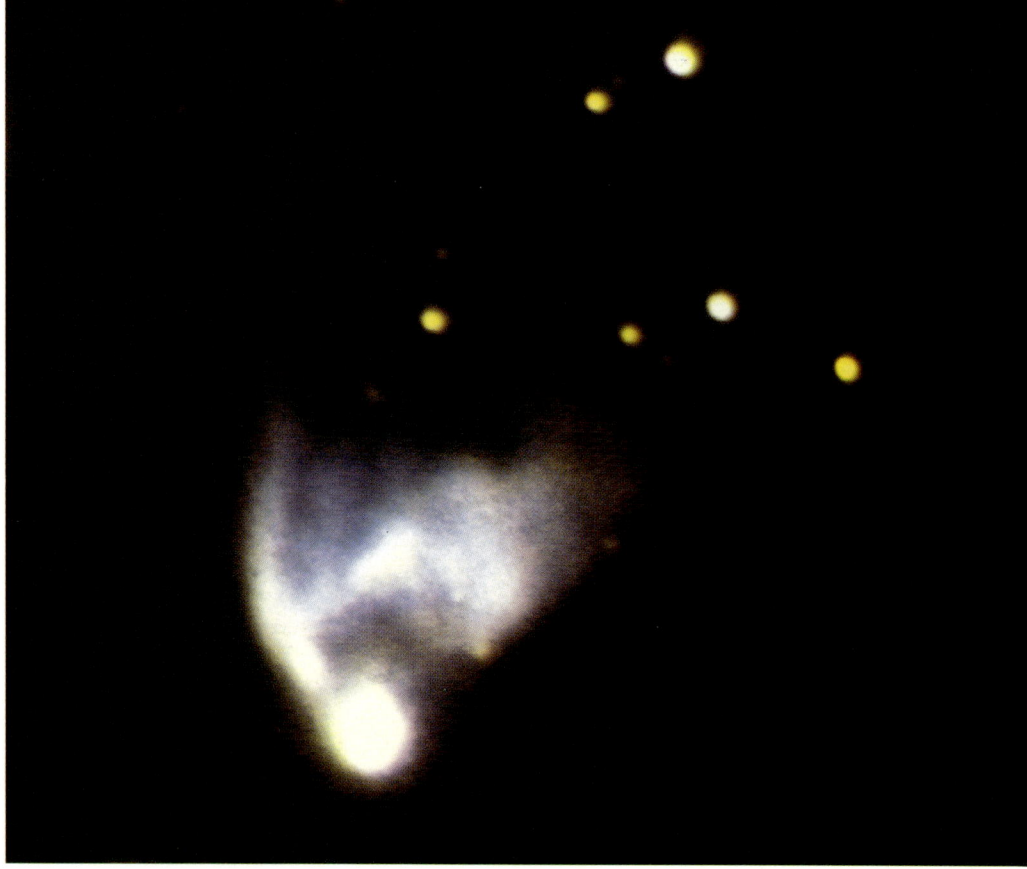

Hubbles Veränderlicher Nebel (NGC 2261) ist eine dreieckige Staubwolke, die von dem Stern R Monocerotis an seiner Spitze beleuchtet wird. Im Jahre 1916 entdeckte der große amerikanische Astronom Edwin Hubble, daß der Nebel ebenso wie schon vorher der Stern R Monocerotis seine Helligkeit verändert, allerdings zeitlich versetzt. NGC 2261 war das erste Objekt, das 1948 mit dem 5-m-Spiegel am Mount Palomar Observatory fotografiert wurde. Die nebenstehende Aufnahme gelang mit einer CCD-Kamera am Fred Whipple Observatory in Arizona.

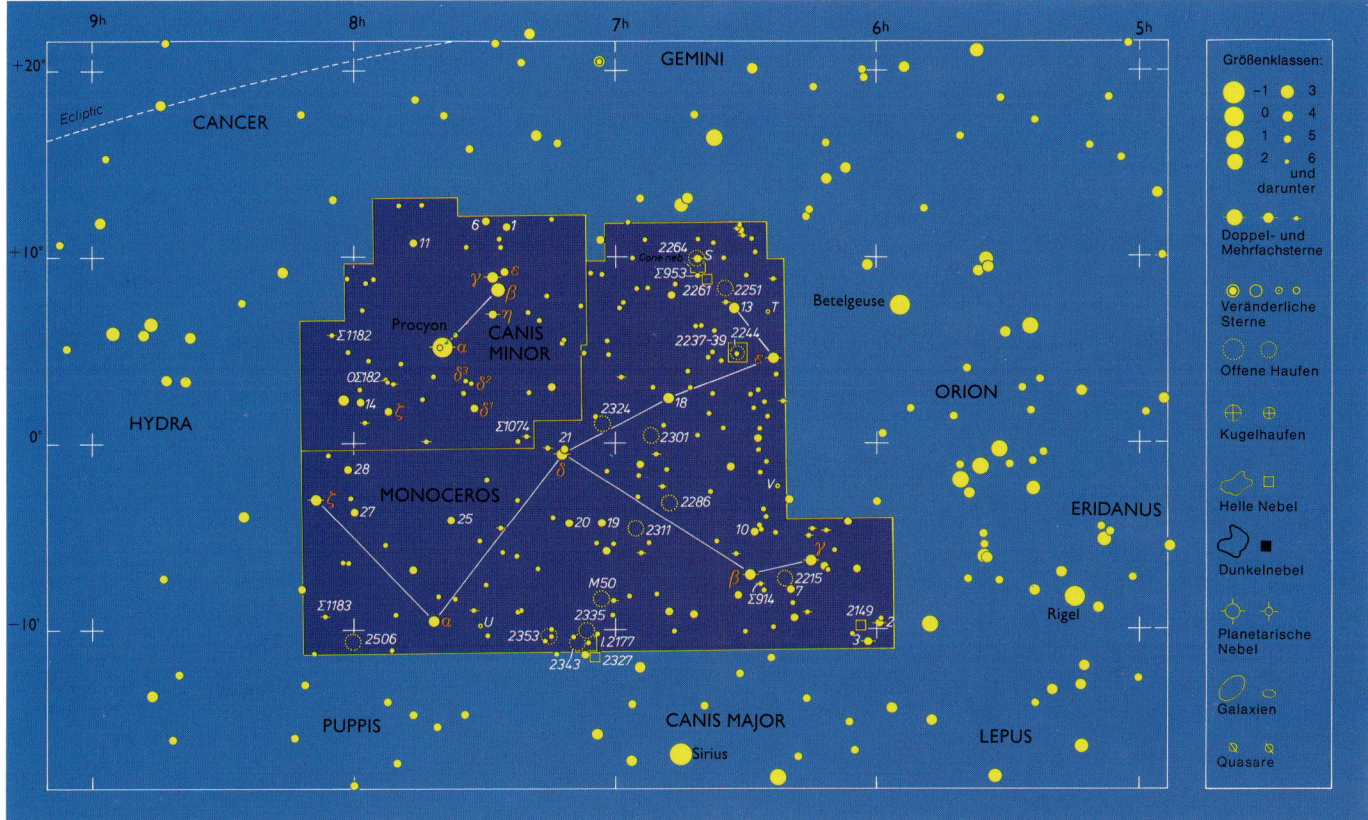

Canis Minor

Der Kleine Hund (Canis Minor) ist ein kleines Sternbild mit nur einem hellem Stern, Procyon; er steht wie Sirius ziemlich nahe (11 Lichtjahre) und kulminiert Mitte Februar gegen 22 Uhr. Dagegen ist das Einhorn (Monoceros) eine größere Figur des Winterhimmels, die sich im wesentlichen zwischen Beteigeuze (Betelgeuse) im Westen, Sirius im Süden und Procyon im Osten erstreckt.

Canis Minor

Der Kleine Hund weist einige wenige Doppelsterne auf, aber keine für Amateurteleskope erreichbaren Nebel oder Sternhaufen. Procyon wird wie Sirius von einem Weißen Zwerg begleitet, der allerdings dunkler ist (11. Größenklasse) und näher am Hauptstern steht (5 Bogensekunden) als Sirius B. Procyon B wurde erst 1896 von Schaeberle mit dem 90-cm-Refraktor der Lick-Sternwarte entdeckt.

Monoceros

Ein Teil der Wintermilchstraße erstreckt sich diagonal durch das Sternbild Einhorn. Wir blicken hier entlang des Orionarms nach außen, zum Rand der Galaxis. Das Sternbild besitzt keine einprägsamen Umrisse und bildet daher eher ein „leeres" Dreieck zwischen den obengenannten Sternen.

Dafür findet man hier viele Sternhaufen, einige Nebel und zahlreiche Mehrfachsterne, allen voran das bemerkenswerte Trio beta (β) Monocerotis: es besteht aus einem engen Paar (4,7^m/5,2^m, 2,8") und einem weiteren Stern der 5. Größenklasse in 7,3 Bogensekunden Abstand. S Mon (auch 15 Mon) ist ein geringfügig veränderlicher blauer Überriese, der in rund 3 Bogensekunden Abstand von einem Stern der Helligkeit 8,5^m begleitet wird; er steht an der nördlichen Spitze des sogenannten Christbaum-Haufens, einer vorwiegend aus jungen B-Sternen gebildeten Gruppe, die die umgebenden Gaswolken zum Leuchten bringt. Direkt unterhalb des zweithellsten Sterns steht der Konus-Nebel (Cone neb.), eine markante, hell umsäumte Dunkelwolke, die genau auf den Stern ausgerichtet erscheint. Seine Entfernung beträgt rund 2600 Lichtjahre, seine Ausdehnung mindestens 6 Lichtjahre. In diesem Gebiet entstehen auch heute noch Sterne, findet man Gas- und Staubhüllen um noch unfertige Protosterne. Allerdings sieht man von all dem in kleinen Amateurfernrohren nichts, erahnt höchstens einen blassen Schimmer um die Sterne herum (wiewohl einige Beobachter den Konus-Nebel mit einem 40-cm-Teleskop (f/5,5) und Nebelfilter gesehen haben wollen).

Der Rosettennebel

Der Sternhaufen NGC 2244 und die ihn umgebende Gaswolke, der Rosettennebel, sind ein weiteres ausgedehntes Gebiet der Sternentstehung. Auf lang belichteten Aufnahmen scheint diese große Wolke mit dem eingelagerten Sternhaufen in einer Art Höhle des im weiteren Umkreis vorhandenen Leuchtens eingebettet, und so gewinnt man den Eindruck, daß die leuchtende Gaswolke durch Kontraktion aus dem weiter draußen noch gleichmäßig verteilten Material entstanden ist (was durchaus der Wirklichkeit entsprechen könnte). Mit einem 20×80-Fernglas oder einem lichtstarken Teleskop kann man den Rosettennebel als schwaches Leuchten um das markante Parallelogramm des Sternhaufens erahnen; ein Nebelfilter läßt ihn etwas klarer hervortreten.

In dieser Gegend findet man auch sogenannte Bok-Globulen (nach dem Astronomen J. B. Bok benannt), kleine, zumeist kugelförmige Verdichtungen dunkler Materie. Vermutlich handelt es sich um Vorstufen der Sternentstehung, die durch die eigene Massenanziehung noch weiter verdichtet werden, bis die Temperatur- und Druckwerte im Innern ausreichen, um die Fusion von Wasserstoff zu Helium und damit das „Sternenfeuer" zu zünden.

Südlich von M 50 findet man eine interessante, große Nebelstruktur, die allerdings eher fotografisch als visuell zu beobachten ist; allenfalls die helleren Teile kann man mit einem 20-cm-Teleskop ausmachen. Es handelt sich um IC 2177 mit den eingelagerten Sternhaufen NGC 2335 und 2343 sowie Cr 465 und 466. Der Nebel umfaßt zwei Hauptstrukturen, einen 2° langen Vorhang in Nord-Süd-Richtung, der bis ins Sternbild Großer Hund hineinragt, und den kleineren, augenähnlichen Nebel vdB 93, der einen Stern umgibt; dieser kleinere Teil wird von einer schmalen Dunkelwolke durchzogen, die ihm das Aussehen eines Auges verleiht (mit dem Stern als Pupille). Hans Vehrenberg nennt den Nebel in seinem *Atlas der schönsten Himmelsobjekte* den Adler, während er im englischen Sprachbereich als Möwennebel bezeichnet wird. Um diese Details zu fotografieren, bedarf es einer Teleoptik von mindestens 300 mm Brennweite, obgleich das Objekt selbst bei Normaloptik (50 mm) bereits als schmaler Strich mit einigen knotenförmigen Verdichtungen erscheint. Auf Farbfotos erkennt man das typische rote Wasserstoffleuchten der H-alpha-Linie bei 656,3 nm.

Einen weiteren interessanten Nebel findet man im Monoceros, NGC 2261, besser bekannt als Hubbles Veränderlicher Nebel. Dieses kleine, aber ziemlich helle Objekt umgibt den veränderlichen Stern R Monocerotis und erscheint wie ein kleiner Komet, wobei der Stern dem Kometenkern entspräche. Stern und Nebel verändern ihre Helligkeit unregelmäßig zwischen der 10. und 13. Größenklasse. Vermutlich handelt es sich um einen jungen Stern, der noch von einer Gas- und Staubhülle umgeben ist; jedenfalls strahlt das Objekt im Infrarotbereich heller als im sichtbaren Licht. M 50 (NGC 2323) ist ein großer Sternhaufen im südlichen Teil des Sternbildes; seine Gesamthelligkeit wird mit 6,3^m angegeben. Er umfaßt etwa 50 Sterne auf einem Gebiet von rund 10 Bogenminuten Durchmesser. M 50 ist auch für kleine Teleskope ein dankbares Objekt.

Beobachtungsobjekte im Kleinen Hund
Mehrfachsterne

Name	RA	Dec.	Distanz (Bogensek.)		Helligkeiten		Jahr
Σ 1074	07h 20.5m	+0° 24′	AB	0.6	7.4	7.8	1958
			AC	12.8	7.4	12.5	1924
			AD	15.3	7.4	12.0	1922
			AE	53.7	7.4	9.9	1919
Procyon	07h 39.3m	+5° 14′	AC	119.0	0.4	11.6	1958
OΣ 182	07h 52.7m	+3° 23′		1.0	7.5	8.0	1958
Σ 1182	08h 05.4m	+5° 50′		4.5	8.0	10.0	1944

Beobachtungsobjekte im Einhorn
Doppel- und Mehrfachsterne

Name	RA	Dec.	Distanz (Bogensek.)		Helligkeiten		Jahr
8	06h 23.8m	+4° 36′	AB	13.4	4.5	6.5	1934
			AC	93.7	4.5	12.7	1911
Σ 914	06h 26.7m	−7° 31′		21.1	6.4	8.7	1938
β (Beta)	06h 28.8m	−7° 02′	AB	7.3	4.7	5.2	1955
			AC	10	4.7	6.1	1955
			AD	25.9	4.7	12.2	1932
			BC	2.8	5.2	~6	1973
in NGC 2264	06h 41.0m	+9° 54′	AB	3.0	4.7	8.5	1957
Σ 953	06h 41.2m	+8° 59′		7.1	7.2	7.7	1932
Σ 1183	08h 06.5m	−9° 15′	AB	30.9	6.0	8.7	1935
			BC	1.2	8.7	13.1	1936
			BD	14.0	8.7	14.9	1917
ζ (Zeta)	08h 08.6m	−2° 59′	AB	32	4.3	10.0	1936
			AC	66.5	4.3	7.8	1936

Nebel und Sternhaufen

Name	RA	Dec.	Typ	Größe	Helligkeit
NGC 2237 NGC 2238 NGC 2239	06h 32.3m	+5° 03′	Diff. Neb.	80′ × 60′	~6
NGC 2244	06h 33.4m	+4° 03′	Open Cl.	24′	4.8
NGC 2261	06h 39.2m	+8° 44′	Refl. + Em. Neb.	1′ × 2′	10
NGC 2301	06h 51.8m	+0° 28′	Open Cl.	12′	6.0
M 50 (NGC 2323)	07h 03.2m	−8° 20′	Open Cl.	16′	5.9
IC 2177	07h 05.1m	−10° 42′	Diff. Neb.	120′ × 40′	≈10
NGC 2506	08h 00.2m	−10° 37′	Open Cl.	7′	7.6

Der Rosettennebel ist eine Gashülle um den Sternhaufen NGC 2244. Die beiden hellsten Sterne in diesem Haufen heizen das Gas auf und ionisieren die Atome, die dann bei der anschließenden „Wiedervereinigung" von Protonen und Elektronen das unverkennbare Licht des angeregten Wasserstoffs aussenden. Die Sterne des Haufens gelten als sehr jung, vielleicht jünger als 500 000 Jahre. Sternhaufen und Nebel stehen in einer Entfernung von etwa 4500 Lichtjahren. Das Farbbild entstand aus der Überlagerung von drei Schwarzweiß-Filteraufnahmen mit dem 2,50-m-DuPont-Teleskop am Las Campanas Observatory in Chile.

Capricornus

↑

Capricornus, der Steinbock, gehört zu den weniger auffälligen Figuren unter den Ekliptiksternbildern; seine ursprüngliche Bezeichnung lautete „Ziegenfisch", und die Ziege wurde gelegentlich mit Pan in Verbindung gebracht, der bei den Römern als Fruchtbarkeitssymbol vielfach in Gestalt einer Ziege erschien. Andere Zivilisationen ordneten diese Himmelsgegend dem Wasser zu: Die Chinesen, Babylonier und Ägypter stellten eine Verbindung zur Regenzeit her, während die Azteken das Sternbild als gehörnten Wal ansahen. Der Steinbock ist Teil der „Wasserregion" am herbstlichen Himmel, zusammen mit dem Wassermann, den Fischen, dem Walfisch und dem Südlichen Fisch.

Der kugelförmige Sternhaufen M 30 ist eines der wenigen auffälligen Fernrohrobjekte im Steinbock; er besitzt einen dichten Kern und schüttere Randbezirke. Das Foto wurde am Anglo-Australian Observatory in Siding Spring, Neusüdwales, aufgenommen.

Der Steinbock ist ein Sternbild mittlerer Größe, das am spätsommerlichen Himmel dem Schützen folgt und Anfang September gegen 23 Uhr (Sommerzeit) kulminiert. Die groben Umrisse ähneln einem auf der Spitze stehenden Dreieck, das zwischen Aquarius im Norden und Piscis Austrinus im Süden steht. Der Steinbock enthält fünf Sterne heller als 4. Größenklasse. Alpha (α), der hellste, erscheint schon dem bloßem Auge doppelt; die anderen sind delta (δ) mit 2,87 Größenklassen, beta (β) mit $3,08^m$, gamma (γ) oder Nashira mit $3,68^m$ und zeta (ζ) mit $3,74^m$.

Doppel- und Mehrfachsterne

Alpha (α) Capricorni, dessen Doppelnatur bereits mit bloßem Auge zu erkennen ist, erweist sich als ziemlich komplex. Die beiden Komponenten, α_1 und α_2, stehen 376 Bogensekunden (mehr als 6 Bogenminuten) auseinander, gehören räumlich aber gar nicht zusammen: α_1 ist 490 Lichtjahre entfernt, bis α_2 dagegen sind es nur 36 Lichtjahre; ihre Helligkeiten werden mit $4,2^m$ und $3,6^m$ angegeben. Beide Komponenten sind jeweils doppelt, der lichtschwächere Partner von α_2 noch einmal.

Beta (β) Cap, auch Dabih genannt, ist ebenfalls ein weites Paar, dessen Komponenten allerdings eine gemeinsame Eigenbewegung zeigen, sich am Firmament also in der gleichen Richtung bewegen und sich daher vermutlich gegenseitig gravitativ beeinflussen. Die beiden Sterne der 3. und 6. Größenklasse stehen 205 Bogensekunden auseinander, wobei der hellere weißlich und der dunklere Partner bläulich erscheint. Auch dieses System ist in Wirklichkeit wesentlich komplexer, weil der hellere Stern sich als spektroskopisches Trio erweist und noch ein lichtschwaches Doppelsternsystem zwischen den beiden hellen Sternen steht.

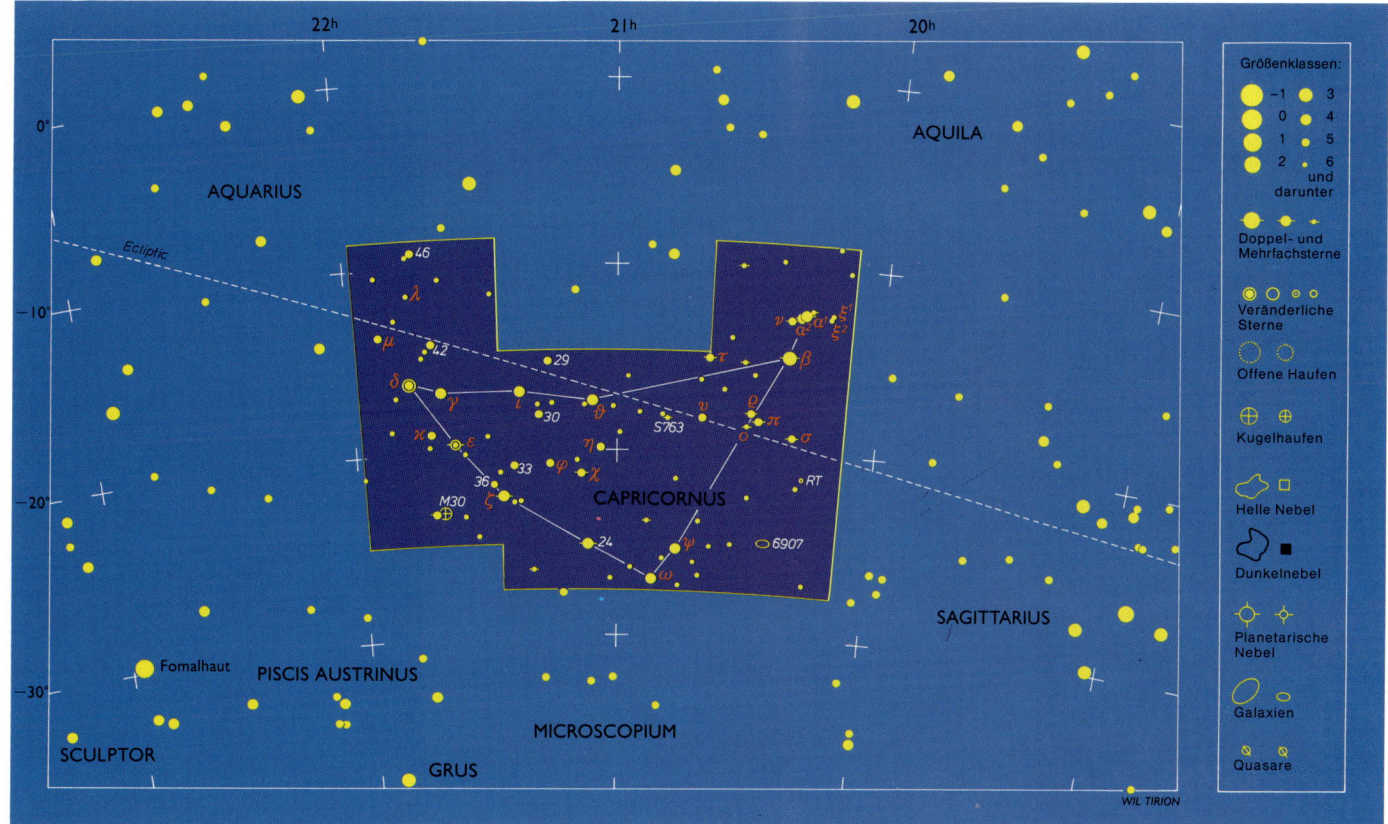

Zu den übrigen Doppelsternen gehören omicron (o) Cap, ein Paar weißlicher Sterne (6,1^m/6,6^m, 22 Bogensekunden), tau (τ), ein enges System (5,8^m/6,3^m,0,3 Bogensekunden) mit einer Umlaufperiode von 200 Jahren, und pi (π), dessen Partner (5,3^m/8,9^m) 3,2 Bogensekunden auseinander stehen.

Erwähnenswert ist schließlich der halbregelmäßige Veränderliche RT Capricorni, dessen Helligkeit mit einer Periode von 395 Tagen zwischen 6,5^m und 8,9^m schwankt; daneben gibt es noch zwei weitere nennenswerte Veränderliche, RR Cap (7,8^m–15,5^m) und RS Cap (7,0^m–9,0^m).

Nebel und Sternhaufen

Das Sternbild enthält erstaunlicherweise kaum Nebel und Sternhaufen und nur eine kleine Galaxie sowie einen mittelmäßigen Kugelsternhaufen, die einem kleineren Amateurteleskop zugänglich sind. Auf die Balkenspirale NGC 6907 blicken wir fast frontal; in einem 25-cm-Fernrohr erscheint sie als runder Nebelfleck mit einem helleren Kernbereich. Der kugelförmige Sternhaufen wurde im August 1764 von Charles Messier beobachtet und als 30. Objekt seinem Katalog angefügt. Sein kleiner Gregory-Reflektor mit einer Öffnung von rund 5 cm konnte den Nebel nicht in Einzelsterne auflösen – dies blieb Wilhelm Herschel vorbehalten, der 19 Jahre später mit seinem wesentlich leistungsstärkeren Teleskop richtige Sternketten in der Gruppe erkannte. Visuell wurde der Durchmesser zu 4 Bogenminuten bestimmt, auf langbelichteten Fotos wächst er bis auf 9 Bogenminuten heran, und ein modernes 10-cm-Fernrohr löst die Randbereiche bereits in Einzelsterne auf. Zusammen mit den Sternen 34 und 36 Capricorni bildet der Haufen ein langes, gleichschenkliges Dreieck.

Beobachtungsobjekte im Steinbock

Mehrfachsterne

Name	RA	Dec.	Distanz (Bogensek.)	Helligk.		Jahr
α (α₁, α₂)			377.7	4.2	3.6	1924
α₁ (Alpha 1)	20h 17.6m	−12° 30′	AB 44.3	4.2	13.7	1960
			AC 45.4	4.2	9.2	1932
			DC 29.3	9.2	13.9	1905
α₂ (Alpha 2)	20h 18.1m	−12° 33′	AB 6.6	3.6	11.0	1959
			AD 54.6	3.6	9.3	1909
			BC 1.2	9.3	11.3	1959
β (Beta)	20h 21.0m	−14° 47′	AB205.3	3.4	6.2	
			BC <1″	6.2	10.0	
π (Pi)	20h 27.3m	−18° 13′	3.2	5.3	8.9	1955
o (Omicron)	20h 29.9m	−18° 35′	21.9	6.1	6.6	1955
τ (Tau)	20h 39.3m	−14° 57′	0.4?	5.8	6.3	1959
S 763	20h 48.4m	−18° 12′	AB 15.8	6.7	8.6	1950
			CD 9.4	10.3	10.5	1903

Nebel und Sternhaufen

Name	RA	Dec.	Typ	Größe	Helligk.
NGC 6907	20h 25.1m	−24° 49′	Gal. SBb	3.4′ × 3.0′	11.30v
M30 (NGC 7099)	21h 40.4m	−23° 11′	Glob. Cl.	11.0′	7.5

Carina/Volans

↑

Carina, der Schiffskiel, gehörte ursprünglich zu dem alten Sternbild Argo Navis (Schiff Argo), das von Ptolemäus im 2. nachchristlichen Jahrhundert beschrieben wurde und 45 hellere Sterne enthielt. Diese große zusammenhängende Figur wurde im 18. Jahrhundert von Nicolas Louis de Lacaille in die Sternbilder Carina, Vela (Segel), Puppis (Achterdeck) und Pyxis (Kompaß) zerlegt. Die Identifizierung dieser Gegend mit einem Schiff war für die Griechen des Altertums naheliegend, da die Figur nur teilweise über den Südhorizont stieg und von Ost nach West über das Mittelmeer zu segeln schien.
Volans, der Fliegende Fisch, wurde 1603 von Bayer dem Schiff als Begleiter zugeordnet.

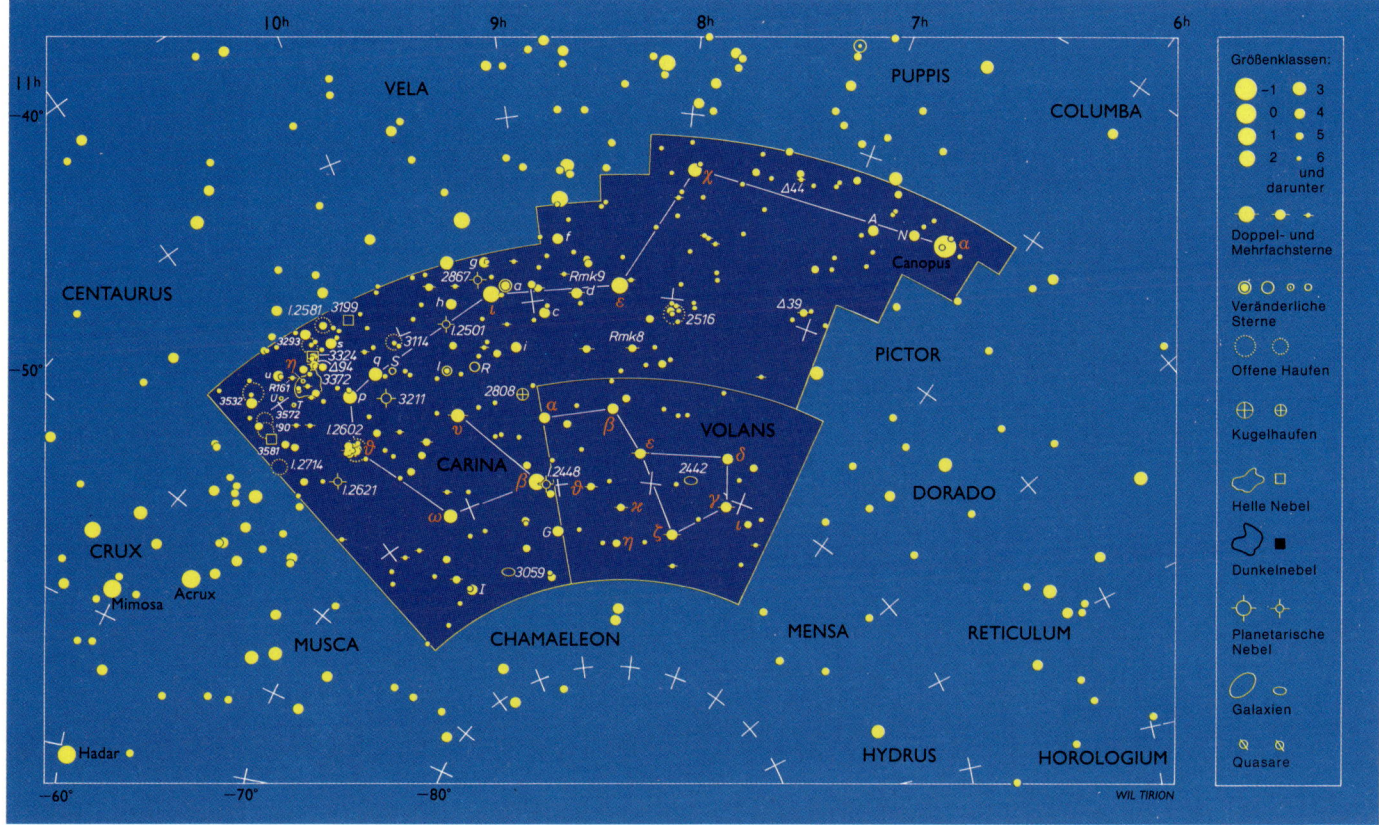

Der Schiffskiel (Carina) ist ein wichtiges Sternbild am Südhimmel, das ähnlich weit vom Himmelssüdpol entfernt ist wie Cassiopeia vom Himmelsnordpol und daher für Beobachter jenseits von 30° südlicher Breite in jeder Nacht zumindest eine Zeitlang über dem Horizont steht. Ihren Höchststand erreicht die Figur Anfang März gegen 22 Uhr. Die lange Sternenkette folgt recht gut dem Verlauf der südlichen Milchstraße, und so enthält das Sternbild viele lohnenswerte Objekte für Ferngläser oder kleinere Teleskope. Der Fliegende Fisch (Volans) füllt die südwestliche Ecke des Schiffskiels aus.

Eine umfassende Beschreibung der Himmelswunder im Schiffskiel würde den Rahmen dieses Buches sprengen, so daß ich mich auf „das Feinste vom Feinsten" beschränken muß. Man findet dort zahlreiche helle Sternhaufen und einen Gasnebel, der nur noch vom Orionnebel übertroffen wird. Canopus, alpha (α) Carinae, ist der zweithellste Stern (–0,72^m); er steht ziemlich genau südlich von Sirius, dem hellsten Fixstern, ist aber aufgrund seiner südlichen Deklination von Mitteleuropa aus nicht zu beobachten. Er bildet gewissermaßen die Spitze der langen Sternenkette, die im südlichen Spätsommer am Abendhimmel emporsteigt.

Canopus klingt zwar ägyptisch, doch der Name wurde uns von den Griechen überliefert; es handelt sich um einen ziemlich großen,

Canopus (Alpha Carinae) ist der helle Stern etwas oberhalb der Bildmitte. Links im Bild, als zartblauer Fleck, ist die Große Magellansche Wolke (LMC), unsere Nachbargalaxie im Sternbild Dorado zu erkennen. Auf dem Foto sieht man die Supernova SN 1987A (der große helle Stern unterhalb des Tarantelnebels). Die Aufnahme gelang am 1.4.1987 Robert McNaught. Er belichtete das Foto 63 Minuten auf Ektachrome 400-Film und benutzte dazu eine 6 x 7-cm-Pentax mit einem 55-mm-Objektiv (f/4).

bläulichweißen Stern des Spektraltyps A9, der in einer Entfernung von 74 Lichtjahren rund 1200mal so hell wie die Sonne leuchtet.

Nebel und Sternhaufen

Die Sternhaufen und Nebel im Schiffskiel können gar nicht verfehlt werden. Schon mit bloßem Auge erkennt man die hellsten Haufen und den Nebel in der Gegend um eta (η) Carinae, während astronomische Ferngläser (mit 70 mm und mehr Öffnung) viele reizvolle Objekte zeigen. NGC 2516 zum Beispiel ist ein großer Haufen, der wegen seines Durchmessers (fast 1°) nur im Fernglas oder bei schwacher Vergrößerung vollständig ins Gesichtsfeld paßt. Im Zentrum erkennt man einen rötlichen Stern, bei stärkerer Vergrößerung auch etliche Doppel- und Mehrfachsysteme. Den kugelförmigen Sternhaufen NGC 2808 kann man unter guten Beobachtungsbedingungen mit bloßem Auge sehen; ein Teleskop von 15 cm Öffnung löst die Randbezirke bereits auf, und ab 25 cm Öffnung erkennt man einen sternreichen, glitzernden Ball. Der offene Sternhaufen NGC 3114 enthält rund 100 Mitglieder und ist ebenfalls ein Objekt für Ferngläser oder schwache Vergrößerungen. Der Haufen IC 2602 um den Stern theta (ϑ) Carinae erinnert in Form und Größe an M 7 im Skorpion.

Der helle Nebel NGC 3199 wurde von John Herschel entdeckt, als dieser in der Nähe von Kapstadt den Südhimmel erforschte. Die ihn umgebende Dunkelwolke ragt im Nordosten in den Nebel hinein und bildet so eine Art Bucht. NGC 3324 schließlich ist eine leuchtende Gaswolke in einem an Sternen reichen Gebiet, die ihre größte Helligkeit unmittelbar neben einem O-Stern der 8. Größenklasse erreicht.

Eta Carinae

Die Region um eta Carinae gilt als der absolute „Leckerbissen" dieses Sternbilds. Eta (η) ist ein veränderlicher Riesenstern, der von einer hellen, orangefarbenen Wolke umgeben wird; er hat eine bewegte Vergangenheit hinter sich, in deren Verlauf er 1843 eine Helligkeit von −0,8 Größenklassen erreichte, um 25 Jahre später für das bloße Auge unsichtbar zu werden. Seine Helligkeit wird offenbar durch Materie beeinträchtigt, die von diesem Stern an die Umgebung abgegeben wird. Der Nebel wird von vorgelagerten Dunkelwolken in mehrere Bereiche unterteilt. Im Fernrohr erkennt man die Region um eta als den hellsten Teil, der von den Dunkelwolken sehr klar begrenzt wird. Der auffällige „Schlüsselloch-Nebel" (NGC 3372) ist die bekannteste Dunkelwolke in dieser Gegend; sie tritt visuell noch klarer hervor als auf Fotografien. Die ganze Region ist für die visuelle Beobachtung ein besonderes Vergnügen, und jede Steigerung der Teleskopöffnung fördert neue, faszinierende Details zu Tage. Ein anderer großer Haufen im Schiffskiel ist NGC 3532, der ebenfalls mit bloßem Auge zu erkennen ist: eine große, längliche Sternengruppe mit dem orangefarbenen Stern X Carinae (6. Größenklasse) am östlichen Rand. NGC 3581 ist das auffälligste Mitglied in einer Gruppe von Nebeln und Sternhaufen (wie NGC 3572), die in der Umgebung von NGC 3532 zu finden sind.

Auch einige planetarische Nebel liegen in der Reichweite von Amateurfernrohren: IC 2448 ist ein Objekt der 12. Größenklasse mit 8 Bogensekunden Durchmesser, NGC 2867 präsentiert sich als bläuliche Scheibe der 10. Größenklasse mit 11 Bogensekunden Durchmesser, während NGC 3211 mit einer Scheibe von 12 Bogensekunden etwas dunkler erscheint (12^m).

Volans

Der Fliegende Fisch enthält fast gar keine nennenswerten Nebel und Sternhaufen für Amateurfernrohre; einzig drei hellere Doppelsterne lohnen die Beobachtung (siehe Tabelle) und vielleicht noch die Balkenspirale NGC 2442 geringer Flächenhelligkeit, deren Spiralarme man mit Fernrohren von mehr als 30 cm Öffnung erahnen kann.

Beobachtungsobjekte im Schiffskiel
Mehrfachsterne

Name	RA	Dec.	Distanz (Bogensek.)		Helligkeiten		Jahr
Δ 39	07h 03.3m	−59° 11′		1.7	6.0	7.1	1952
Δ 44	07h 20.4m	−52° 19′		9.5	6.0	6.6	1955
Rmk 8	08h 15.3m	−62° 55′		3.9	5.3	8.0	1943
Rmk 9	08h 45.1m	−58° 44′	AB	4.1	6.9	7.0	1951
			AC	50.9	6.9	11.0	1913
			AD	61.4	6.9	10.8	1913
υ (Upsilon)	09h 47.1m	−65° 04′		5.0	3.1	6.1	1943
Δ 94	10h 38.8m	−59° 11′		14.5	4.7	8.1	1932
R 161	10h 49.4m	−59° 19′		1.0	6.2	7.4	1960

Veränderlicher Stern

Name	RA	Dec.	Typ	Amplitude	Periode
η (Eta)	10h 45.1m	−59° 41′	Irr. S Dor.	−0.8–7.9	Irr.

Nebel und Sternhaufen

Name	RA	Dec.	Typ	Größe	Helligkeit
NGC 2516	07h 58.3m	−60° 52′	Open Cl.	30′	3.8
NGC 2808	09h 12.0m	−64° 52′	Glob. Cl.	13.8′	6.3
NGC 3114	10h 02.7m	−60° 07′	Open Cl.	35′	4.2
NGC 3199	10h 17.1m	−57° 55′	Diff. Neb.	22′ × 22′	~8?
NGC 3211	10h 17.8m	−62° 40′	Plan. Neb.	12″	12pg
IC 2581	10h 27.4m	−57° 38′	Open Cl.	8′	4.3
NGC 3293	10h 35.8m	−58° 14′	Open Cl.	6′	4.7
NGC 3324	10h 37.7m	−58° 14′	Diff. Neb.	16′ × 14′	~11?
IC 2602	10h 43.2m	−64° 24′	Open Cl.	50′	1.9
NGC 3372 η (Eta) Car. Neb.	10h 43.8m	−59° 52′	Diff. Neb.	120′ × 120′	6
NGC 3532	11h 06.4m	−58° 40′	Open Cl.	55′	3.0
NGC 3581	11h 12.1m	−61° 18′	Diff. Neb.	?	12?

Beobachtungsobjekte im Fliegenden Fisch
Doppelsterne

Name	RA	Dec.	Distanz (Bogensek.)	Helligkeiten		Jahr
γ (Gamma)	07h 08.8m	−70° 30′	13.6	4.0	5.9	1941
ε (Epsilon)	08h 07.9m	−68° 37′	6.1	4.4	8.0	1922
θ (Theta)	08h 39.1m	−70° 23′	45.0	5.3	10.3	1917

Nebel und Sternhaufen

Name	RA	Dec.	Typ	Größe	Helligkeit
NGC 2442	07h 36.4m	−69° 32′	Gal. SBb	6.0′ × 5.5′	11.22

Der riesige eta-Carinae-Nebel (NGC 3372) hat einen Durchmesser von rund 300 Lichtjahren und ist damit rund zwanzigmal so groß wie der Orionnebel; trotz seiner Entfernung von 9000 Lichtjahren erscheint er unter einem Winkel von 2° (vier Vollmonddurchmesser). Die Gaswolke wird von einer Reihe von sehr massereichen, heißen Sternen zum Leuchten angeregt, die fünfmillionenmal heller als die Sonne strahlen und mehr als hundertfache Sonnenmasse besitzen. Noch vor 2 Millionen Jahren war der eta-Carinae-Nebel eine ausgedehnte dunkle, kalte Molekülwolke; die Staubfahnen, die wir heute sehen, sind die Überreste jener Wolke. Die großen, mit bloßem Auge sichtbaren Haufen in dem Bild sind NGC 3532 (links oben) und IC 2602, eine sehr helle Gruppe, zu der auch theta (ϑ) Carinae gehört. Das Foto stammt von dem australischen Amateurastronomen Gordon Garradd.

Cassiopeia

Das Sternbild Cassiopeia gehört zu den einprägsamsten Figuren am Himmel; in der griechischen Mythologie hatte Cassiopeia ihrem Gemahl, dem König Cepheus, eine Tochter geboren (Andromeda). Nachdem sie sich öffentlich gerühmt hatte, gemeinsam mit ihrer Tochter schöner als die Töchter des Poseidon zu sein, entsandte dieser das Meeresungeheuer Cetus, um Andromeda zu töten; diese jedoch wurde von Perseus gerettet und später geheiratet. Alle fünf Figuren sind am Himmel in enger Nachbarschaft zu finden; die Königin Cassiopeia wird meist sitzend auf einem Thron dargestellt, der von den sechs hellsten Sternen der Figur gebildet wird.

NGC 281 ist ein großer, ziemlich heller Nebel, der an den berühmten Nordamerikanebel im Schwan erinnert (allerdings fehlt hier die Halbinsel Florida). Auf Farbaufnahmen erscheint der Nebel rötlich, da der Wasserstoff in dieser Gaswolke von heißen O- und B-Sternen zum Leuchten angeregt wird. Das Foto stammt von dem kalifornischen Amateurastronomen Rick Hull, der die Aufnahme mit einem 32-cm-Teleskop (f/4) 40 Minuten auf einem hypersensibilisierten Konica 400-Film belichtete.

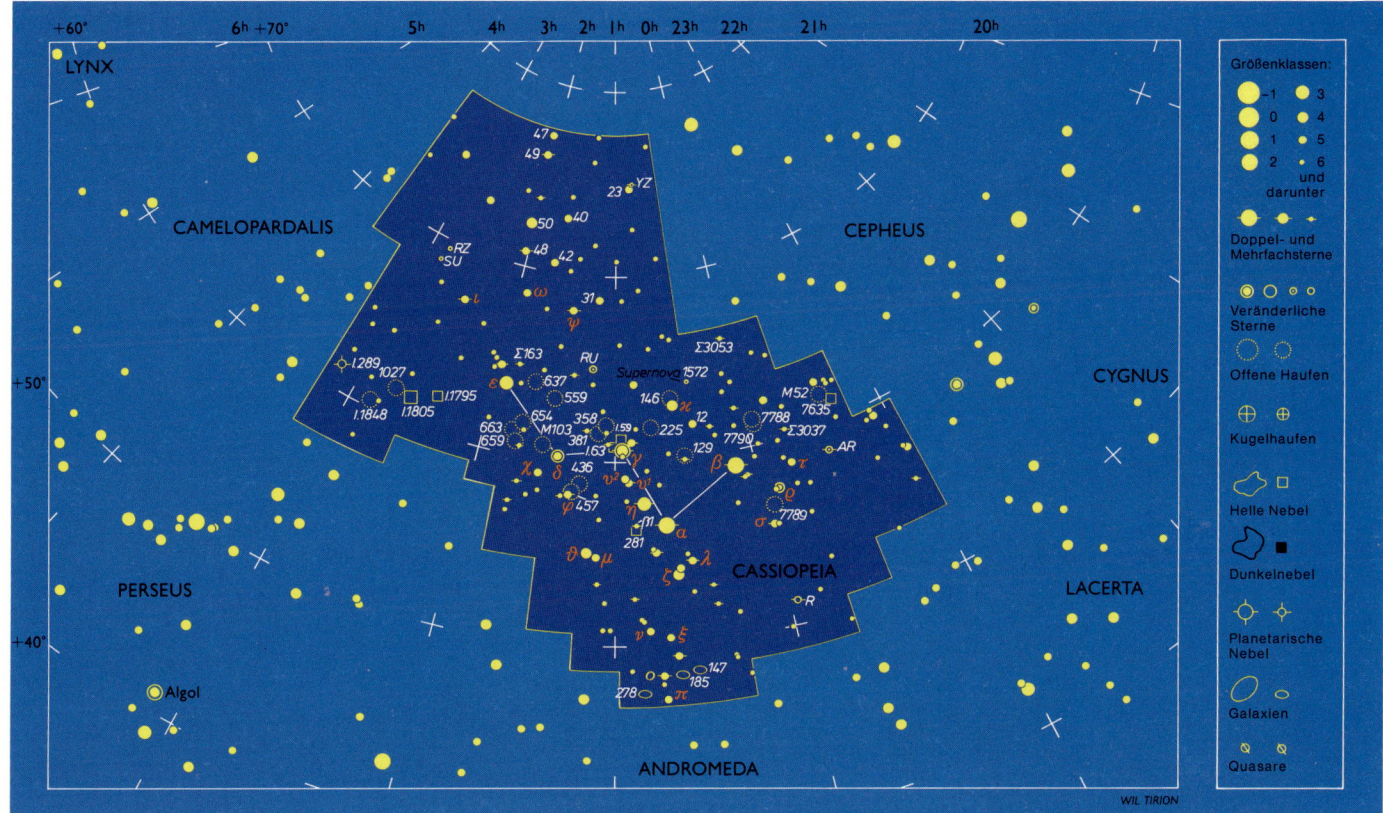

Die Cassiopeia (Kassiopeia) ist ein großes Herbststernbild, das sich zwischen Andromeda und Perseus im Süden bis in die Nähe des Himmelsnordpols erstreckt. Dank der nördlichen Position ist es für Beobachter in ganz Europa zirkumpolar; seinen Höchststand erreicht es Mitte November gegen 22 Uhr. Die Milchstraße verläuft durch diese Figur und sorgt so für zahlreiche besondere Objekte. Die fünf hellsten Sterne gruppieren sich zu einem „W" oder „M" und machen die Cassiopeia damit zu einer sehr einprägsamen Figur.

Nebel und Sternhaufen

Die Cassiopeia enthält zahlreiche schöne Doppel- und Mehrfachsterne (siehe Tabelle), doch die Hauptattraktion offenbart sich in der Fülle von offenen Sternhaufen: 49 Haufen wurden katalogisiert, ein paar kleine planetarische Nebel, aber kein einziger Kugelsternhaufen; daneben gibt es etliche Galaxien, von denen zwei sich in der Nähe der südlichen Grenze zur Andromeda befinden – sie sind entferntere Begleiter der Andromedagalaxie M 31.

NGC 147 und 185 liegen nur 1° auseinander, knapp innerhalb der Umgrenzung der Cassiopeia. Sie gehören beide zur 12. Größenklasse und erscheinen als verwaschene Flecken mit unscharfen Rändern; NGC 185 ist etwas dichter und zeigt auf Fotografien mit großen Teleskopen ein dunkles Staubband. Die beiden Zwerggalaxien besitzen einige Millionen Sonnenmassen und sind rund 250 000 Lichtjahre von M 31 entfernt; sie enthalten vorwiegend alte Sterne, aber kaum noch interstellaren Wasserstoff zur Bildung neuer Sterne. Die Cassiopeia enthält einige Nebelregionen, die jedoch auf Fotografien weit besser hervortreten als bei der visuellen Beobachtung, für die ein Fernrohr von mindestens 30 cm Öffnung erforderlich ist.

Unter den vielen offenen Sternhaufen ist NGC 457 ohne Zweifel der schönste: Dreyer beschreibt ihn in seinem Katalog als „hell, groß und sternreich"; bei einem Durchmesser von 13 Bogenminuten ent-

hält er rund 100 Sterne der 8. Größenklasse und darunter; der benachbarte Stern phi (φ) der 5. Größenklasse gehört nicht zum Haufen. M 103 (NGC 581) umfaßt rund 40 Sterne auf 6 Bogenminuten; er steht auf der Verbindungslinie zwischen delta (δ) und epsilon (ε), näher an delta. In der Nachbarschaft findet man NGC 663, einen ziemlich sternreichen Haufen mit einigen von Struve erfaßten Doppelsternen. M 52 (NGC 7654) ist ein großer, schütterer Haufen (13 Bogenminuten) vom Plejaden-Typ; rund ein halbes Grad südwestlich steht der Blasennebel, NGC 7635, der auf Langzeitaufnahmen mit Großteleskopen wie eine perfekte Gaskugel aussieht, selbst mit einem 55-cm-Spiegel (f/8) jedoch lediglich als diffuser Fleck neben einem hellen Stern erscheint. Der Leser mag selbst beurteilen, was er von diesem Objekt erkennen kann! NGC 7789 wurde Ende des 18. Jahrhunderts von Caroline Herschel entdeckt, der Schwester und Assistentin von Wilhelm Herschel; es ist ein sehr sternreicher offener Haufen zwischen sigma (σ) und rho (ρ) Cassiopeiae mit rund 1000 Mitgliedern, der in einem 25-cm-Teleskop bei 70facher Vergrößerung einen phantastischen Anblick bietet; zwei weitere Doppelsterne zu beiden Seiten des Haufens verstärken diesen Eindruck noch.

NGC 281 ist eine große, dreieckige Nebelwolke mit einem dunklen Einschluß auf der linken Seite. In einem 20-cm-Teleskop erscheint das Objekt bei schwacher Vergrößerung ziemlich hell, und mit einem Nebelfilter treten die Grenzen klarer hervor. Auf Farbfotografien erscheint sie als deutlich rötlicher Fleck.

IC 59 und IC 63 sind schwachleuchtende Nebelwolken in der Umgebung des mittleren W-Sterns gamma (γ). Auch sie lassen sich vergleichsweise leicht fotografieren, neben dem hellen Stern (der Abstand ist kleiner als 0,5°) aber nur schwer beobachten. Ein lichtstarkes, kurzbrennweitiges Fernrohr ab 25 cm Öffnung sollte sie allerdings zeigen; man muß aber darauf achten, daß man den hellen Stern außerhalb des Gesichtsfeldes hält. IC 63 ist wahrscheinlich das leichtere Objekt, da es etwas kompakter erscheint und wie der Kopf eines Kometen aussieht. Die Nebel werden vermutlich von dem hellen Stern zum Leuchten angeregt.

Ein Bedeckungsveränderlicher

RZ Cassiopeia ist ein Bedeckungsveränderlicher, dessen Lichtwechsel man im Verlauf eines Abends verfolgen kann. Ausgehend von der „Normalhelligkeit" von 6,4^m geht die Helligkeit innerhalb von zwei Stunden auf 7,8^m zurück und steigt dann im gleichen Zeitraum wieder auf den Ausgangswert an; solche Minima wiederholen sich alle 28 Stunden und 41 Minuten.

Supernova-Überreste

Einige Jahre nach der katastrophalen Explosion eines Sterns im Zuge einer Supernova hat sich die fortgeschleuderte Gaswolke soweit ausgedehnt und ausgedünnt, daß sie durchsichtig wird. Dennoch bleibt die Materiewolke sichtbar, weil sie weiterhin mit interstellarem Gas zusammenstößt, dabei aufgeheizt wird und Strahlung aussenden muß, im sichtbaren Licht ebenso wie im Bereich der Röntgen- und Radiowellen. Die Abbildung gegenüber zeigt Cassiopeia A, den vielleicht eindrucksvollsten der 135 bekannten Supernova-Überreste.

Beobachtungsobjekte in der Kassiopeia
Mehrfachsterne

Name	RA	Dec.	Distanz (Bogensek.)		Helligkeiten		Jahr
Σ 3053	00h 02.6m	+66° 06′	AB	15.2	5.9	7.3	1958
			AC	98.5	5.9	10.8	1912
λ (Lambda)	00h 31.8m	+54° 31′		0.5	5.3	5.6	1959
η (Eta)	00h 49.1m	+57° 49′	AB	11	3.4	7.5	1959
			AC	158.9	3.4	11.3	1922
			AD	159.6	3.4	11.5	1921
			AE	190.6	3.4	8.9	1921
			AF	281.7	3.4	...	1913
			AG	339.2	3.4	8.8	1915
Burnham 1	00h 52.8m	+56° 38′	AB	1.4	7.8	9.8	1936
			AC	3.8	7.8	8.8	1936
			AD	8.9	7.8	9.3	1936
			AE	15.7	7.8	12.0	1914
			CD	7.6	8.8	?	1936
Σ 163	01h 51.3m	+64° 51′	AB	34.8	6.8	8.8	1936
			AC	114.8	6.8	10.1	1908
ι (Iota)	02h 29.1m	+67° 24′	AB	2.2	4.6	6.9	1971
			AC	7.2	4.6	8.4	1968
			BC	9.4	6.9	8.4	1937
			CD	207.2	8.4	...	1956
AR	23h 30.0m	+58° 33′	AB	1.1	4.9	9.3	1947
			AC	75.7	4.9	7.1	1922
			AE	43.4	4.9	8.9	1918
			AF	67.3	4.9	8.9	1905
			AG	67.0	4.9	9.1	1918
			CD	1.4	7.1	8.9	1956
			CH	26.9	7.1	12.9	1880
Σ 3037	23h 46.1m	+60° 28′		2.7	7.1	8.6	1956
σ (Sigma)	23h 59.0m	+55° 45′	AB	3.0	5.0	7.1	1958
			AC	109.9	5.0	...	1909

Nebel und Sternhaufen

Name	RA	Dec.	Typ	Größe	Helligkeit
NGC 185	00h 39.0m	+48° 20′	Gal. E0	11.5′ × 9.8′	9
NGC 278	00h 52.1m	+47° 33′	Gal. E0p	2.2′ × 2.1′	11
NGC 281	00h 52.8m	+56° 36′	Diff. Neb.	35′ × 30′	~8
NGC 457	01h 19.1m	+58° 20′	Open Cl.	13′	6.4
M103 (NGC 581)	01h 33.2m	+60° 42′	Open Cl.	6′	7.4
NGC 654	01h 44.1m	+61° 53′	Open Cl.	5′	6.5
NGC 663	01h 46.0m	+61° 15′	Open Cl.	16′	7.1
IC 289	03h 10.3m	+61° 19′	Plan. Neb.	>34″	12pg
NGC 7635	23h 20.7m	+61° 12′	Refl. Neb.	15′ × 8′	12+
M52 (NGC 7654)	23h 24.2m	+61° 35′	Open Cl.	13′	6.9
NGC 7789	23h 57.0m	+56° 34′	Open Cl.	16′	6.7

Supernova-Überrest Cassiopeia A. Das vielleicht wichtigste Objekt in der Cassiopeia, der Supernova-Überrest Cas-A, ist im Bereich des sichtbaren Lichtes kaum zu erkennen, während es als hellste Radioquelle am Himmel erscheint. Dieses von einem Computer aufbereitete Falschfarben-Bild wurde am Very Large Array (VLA) Radioteleskop bei Socorro, New Mexico, bei einer Wellenlänge von 6 cm aufgenommen. Es zeigt Cas-A als eine kugelförmige, expandierende Gaswolke, die vor rund 300 Jahren bei der gigantischen Explosion eines massereichen Sterns entstanden ist.

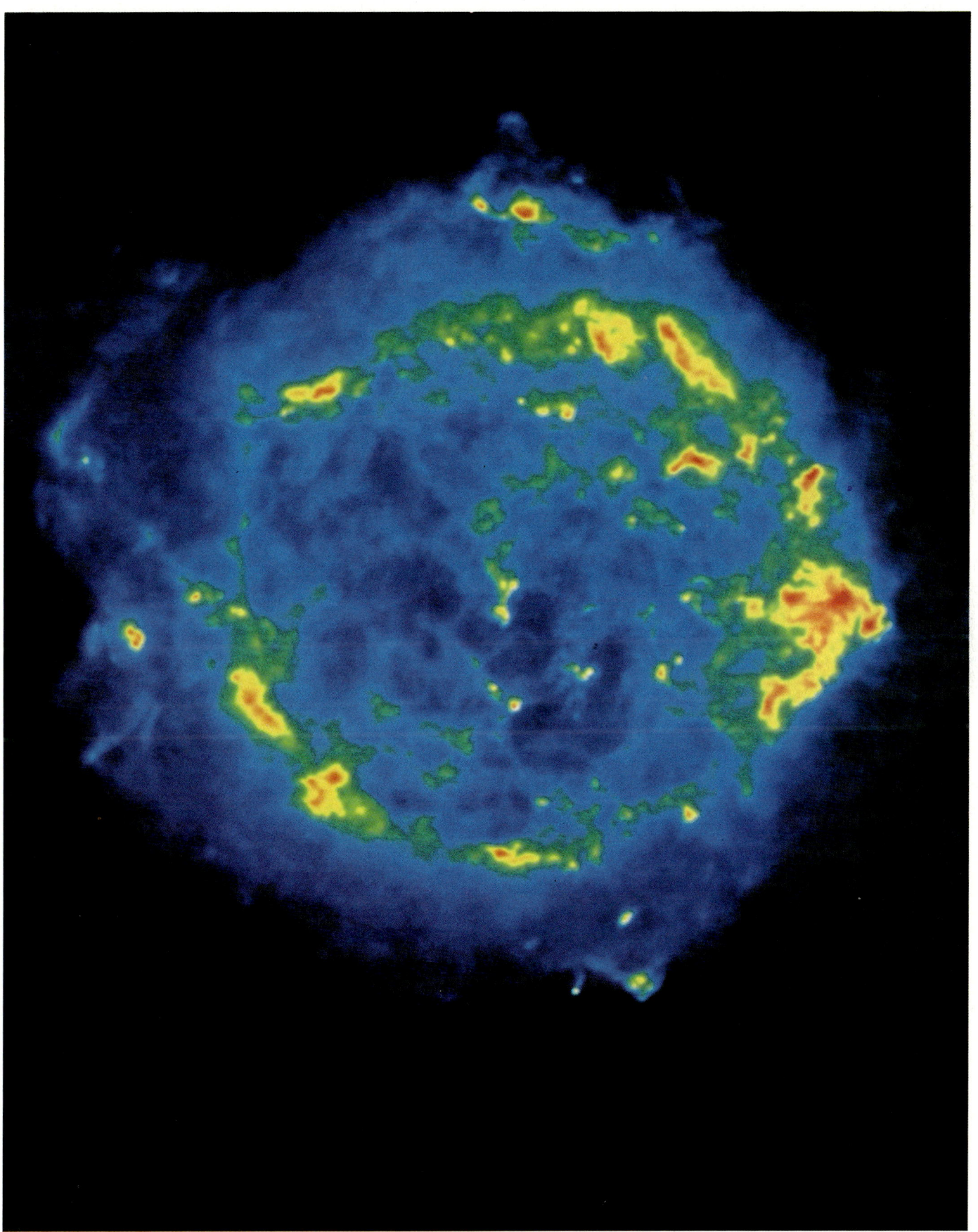

Centaurus

Obwohl Centaurus, der Centaur, eine der hellsten Figuren des südlichen Himmels ist, gibt es offenbar keinen mythologischen Bezug zu diesem Sternbild. Die Vorstellung von einem Doppelwesen halb Mensch, halb Pferd, stammt aus der frühgriechischen Kultur; anders als der Bogenschütze Sagittarius wurde der Centaur jedoch nicht in kriegerischer Pose dargestellt, sondern als gebildetes Wesen, das gerne als Lehrer in Anspruch genommen wurde.

Omega Centauri ist der größte und sternreichste kugelförmige Sternhaufen am irdischen Firmament. Dem bloßen Auge erscheint er als verwaschenes Sternchen der 4. Größenklasse, und bereits mit einem 10-cm-Teleskop kann man zahllose Einzelsterne erkennen. Die Aufnahme wurde von Jack Marling mit dem 60-cm-Cassegrain-Teleskop (f/9) auf dem Mauna Kea Observatory der Universität Hawaii gemacht; sie wurde 10 Minuten auf hypersensibilisiertem Fujichrome 400 belichtet und dann zur Kontrastverstärkung auf Negativfilm umkopiert.

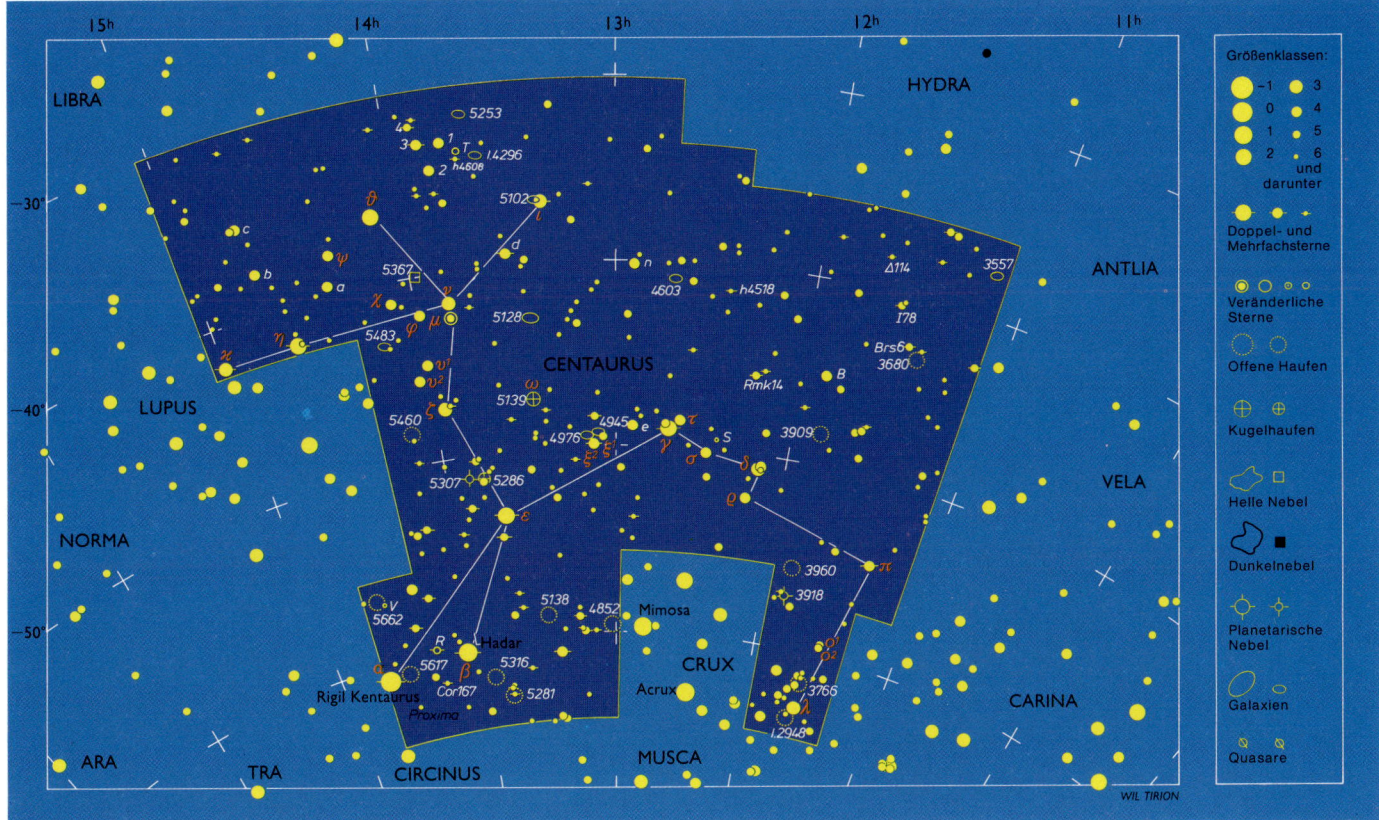

Der Centaur gehört zu den Sternbildern, durch die das Band der Milchstraße verläuft. Die nördliche Grenze dieser Figur liegt bei −30° Deklination, so daß Teile des Sternbildes selbst in Mitteleuropa über den Horizont steigen; allerdings erstreckt es sich bis zu einer Deklination von −65° und ist daher nur südlich von 20° nördlicher Breite vollständig zu beobachten. Seine West-Ost-Ausdehnung ist mit vier Stunden beachtlich. Für Beobachter auf der Nordhalbkugel zählt Centaurus zu den Frühlingssternbildern (er kulminiert Anfang Mai gegen 23 Uhr Sommerzeit), auf der Südhalbkugel dagegen kündigt er den Herbst an. Ein Teil des Sternbildes ist vor einigen Jahrhunderten als Kreuz des Südens „herausgeschnitten" worden.

Centaurus ist ein Sternbild der Superlativen. Es enthält den dritthellsten Stern am Firmament (alpha Centauri), den schönsten kugelförmigen Sternhaufen (omega Centauri), den nächsten Stern (Proxima Centauri) und eine Vielzahl von interessanten Fernrohr-Objekten; die Galaxie NGC 5128 schließlich ist eine der hellsten Radioquellen.

Doppel- und Mehrfachsterne

Alpha (α) Centauri ist ein bekannter Doppelstern mit gelblichen Komponenten ($0{,}0^m/1{,}2^m$) deren Abstand innerhalb von 80 Jahren zwischen 2 und 22 Bogensekunden schwankt; die letzte Annäherung war 1955, und 1990 ist etwa der größte Abstand erreicht. Nach Hartung können die beiden Sterne mit nahezu jedem Fernrohr am Taghimmel klar erkannt werden. Proxima ist ein extrem lichtschwacher, roter Zwergstern der 11. Größenklasse (1/13000 Sonnenleuchtkraft), der sich auf einer weiten Bahn um alpha bewegt und dabei vorübergehend näher an die Sonne heranrückt als jener; er zählt zu den Flare-Sternen, die in unregelmäßigen Abständen von einigen Jahren Helligkeitsausbrüche von 0,5 bis 1,0 Größenklassen erfahren. Die Entfernung zu diesem Dreiersystem beträgt 4,3 Lichtjahre. Weitere Doppel- und Mehrfachsterne sind in der Tabelle aufgelistet.

Sternhaufen

Im Centaurus findet man 20 offene Sternhaufen, deren schönste in der Tabelle zusammengestellt sind. NGC 3766 enthält unter den 60 Sternen auf einem Durchmesser von 12 Bogenminuten etliche intensiv-farbige Mitglieder; ein kleines Fernrohr reicht zur Beobachtung aus. 80 Bogenminuten westlich von alpha liegt der kleine, aber ziemlich dichte Haufen NGC 5617 mit rund 50 Sternen der 8. Größenklasse und darunter. Omega (ω) Centauri (NGC 5139) ist der hellste Kugelhaufen am gesamten Himmel: Die große „Sternkugel" bedeckt etwa die gleiche Fläche wie der Vollmond und läßt sich bereits mit einem 10-cm-Teleskop in Einzelsterne auflösen. Obwohl schon im Almagest von Ptolemäus verzeichnet, wurde seine Haufennatur erst 1677 von Edmond Halley auf Sankt Helena erkannt. Für Beobachter auf der Nordhalbkugel steigt omega Centauri nicht hoch genug über den Horizont, um ihn ungestört beobachten zu können – wirklich überwältigend ist der Anblick nur von einem Ort in Äquatornähe oder weiter südlich.

Ein weiterer reizvoller Kugelhaufen ist NGC 5286, der in einem Fernrohr ab 15 cm Öffnung aufgelöst erscheint und in einem 25- oder 30-cm-Spiegel prachtvoll wirkt. Der gelbliche Stern M Centauri steht an seinem nordwestlichen Rand, ein spektroskopischer Doppelstern. Im Bereich östlich vom Kreuz des Südens ragt der Kohlensack in den Centaurus hinein, auf der anderen Seite stehen einige leuchtende Nebel, von denen nur NGC 5367 erwähnenswert ist, ein kleines Wölkchen der 10. Größenklasse, das möglicherweise zu den bipolaren Nebeln gehört. Nicht unerwähnt bleiben sollte auch NGC 3918, ein kleiner planetarischer Nebel (10 Bogensekunden) der 8. Größenklasse, den Hartung als von blaßblauer Farbe beschreibt. Dort, wo der Blick nach draußen nicht durch Sternwolken und Dunkelnebel unserer Galaxis versperrt ist, findet man im Centaurus einige bemerkenswerte Galaxien, die teilweise zu den südlichen

Ausläufern des Coma-Virgo-Haufens gehören. Besonders interessant für Amateurastronomen sind NGC 4945, bei der wir auf die Kante blicken (ein Fernrohr ab 25 cm Öffnung zeigt das dunkle Staubband in dem ansonsten hellen Strich), und NGC 5128, eine der seltsamsten Galaxien am Himmel (den Radioastronomen als Centaurus A bekannt). Das Objekt hat die Wissenschaftler beschäftigt, seit John Herschel es im 19. Jahrhundert zum ersten Mal gezeichnet hat. Im Fernrohr erscheint sie als ein ziemlich heller, rundlicher Fleck, der in der Mitte von einem breiten Staubband unterteilt wird; dies ist ebenso ungewöhnlich wie die ausgedehnten Radiostrahlungsgebiete, die außerhalb der sichtbaren Galaxie senkrecht ober- und unterhalb der Staubebene gefunden wurden. Auf den besten Fotografien kann man im Bereich des Staubgürtels die hellsten Überriesen als Einzelsterne erkennen, doch im Bereich der eigentlichen Galaxie wird vermutlich erst das Hubble-Weltraumteleskop Einzelsterne ausmachen können. 1986 tauchte eine helle Supernova (12. Größenklasse) im Staubband auf. Zwei helle Supernovae (der 7. Größenklasse) wurden in den letzten 100 Jahren (1895 und 1972) in der elliptischen Galaxie NGC 5253 beobachtet: Sie leuchteten 10mal heller als die gesamte Galaxie und erreichten eine absolute Helligkeit von –20 Größenklassen oder 13 Milliarden Sonnenleuchtkräften.

Supernova in der Galaxie NGC 5253. Diese kurzbelichtete Aufnahme zeigt nur den Zentralteil der Galaxie NGC 5253 sowie die helle Supernova, die 1972 in dieser Galaxie aufblitzte und als SN 1972E katalogisiert wurde: einen hellen Lichtpunkt direkt unterhalb des Zentrums der Galaxie.

Beobachtungsobjekte im Centaur
Mehrfachsterne

Name	RA	Dec.	Distanz (Bogensek.)	Helligkeiten		Jahr
Brs 6	11h 28.6m	−42° 40′	13.1	5.2	7.9	1947
178	11h 33.6m	−40° 35′	1.0	6.2	6.2	1959
Δ 1114	11h 40.0m	−38° 07′	17.0	6.7	9.5	1934
Rmk 14	12h 14.0m	−45° 43′	2.9	5.6	6.8	1954
h4518	12h 24.7m	−41° 23′	10.0	6.3	9.6	1959
ξ₂ (Xi 2)	13h 06.9m	−49° 54′	25.1	4.3	9.4	1933
Q	13h 41.7m	−54° 34′	5.3	5.3	6.7	1956
h4608	13h 42.3m	−33° 59′	4.2	7.4	7.5	1952
N	13h 52.0m	−52° 49′	18.0	5.4	7.6	1954
3	13h 51.8m	−33° 00′	7.9	4.5	6.0	1954
Cor 167	14h 15.0m	−61° 42′	2.8	6.6	8.4	1956
α (Alpha)	14h 39.6m	−60° 50′	var.	0.0	1.2	
κ (Kappa)	14h 59.2m	−42° 06′	3.9	3.1	11.2	1960

Nebel und Sternhaufen

Name	RA	Dec.	Typ	Größe	Helligkeit
NGC 3766	11h 36.4m	−61° 37′	Open Cl.	12′	5.3
NGC 3909	11h 49.6m	−48° 15′	Open Cl.	...	~10?
NGC 3918	11h 50.3m	−57° 11′	Plan. Neb.	12″	8.4 pg
NGC 4945	13h 05.4m	−49° 29′	Gal. SBc	20′ × 4.4′	9.4
NGC 5128	13h 25.5m	−43° 01′	Gal. S0p	18.2′ × 14.5′	7
NGC 5139	13h 26.8m	−47° 29′	Glob. Cl.	36.3′	3.65
NGC 5253	13h 39.9m	−31° 39′	Gal. E5	4.1′ × 1.7′	10.5
NGC 5286	13h 46.4m	−51° 22′	Glob. Cl.	9.1′	7.6
NGC 5316	13h 53.9m	−61° 52′	Open Cl.	14′	6.0
NGC 5367	13h 57.7m	−39° 59′	Dipol. Neb.	4′ × 3′	10
NGC 5617	14h 29.8m	−60° 43′	Open Cl.	10′	6.3

Centaurus A (NGC 5128) ist nach neueren Beobachtungen etwa acht bis 10 Millionen Lichtjahre entfernt und damit die nächste aktive Galaxie. Diese Farbzeichnung macht deutlich, daß sie wie eine riesige elliptische Galaxie mit einem breiten, „äquatorparallelen" Staubband erscheint. Manche Astronomen klassifizieren sie jedoch als Spiralgalaxie in Kantenstellung und sehen das Staubband als Scheibe an, aus der noch Sterne entstehen müssen. Als dritthellste Radioquelle am Himmel, deren riesige Strahlungsbereiche die Ausdehnung der optischen Galaxie weit übertreffen, wartet das geheimnisvolle Objekt Centaurus A noch auf eine schlüssige Erklärung.

Cepheus

*Der äthiopische König
Cepheus war der Gemahl
der Cassiopeia und Vater
der Andromeda. Er gehör-
te zu den Argonauten, die
Jason auf seiner Suche
nach dem Goldenen Vlies
begleiteten. Nach seinem
Tode wurde Cepheus an
den Himmel versetzt in die
gleiche Gegend, in der
auch die übrigen Familien-
mitglieder „verewigt"
wurden.*

Beobachtungsobjekte im Kepheus
Mehrfachsterne

Name	RA	Dec.	Distanz (Bogensek.)	Helligk.		Jahr
Σ 13	00h 16.2m	+76° 57'	0.8	7.0	7.3	1961
Σ 320	03h 06.1m	+79° 25'	4.6	5.6	8.8	1934
Σ 460	04h 10.0m	+80° 42'	0.9	5.5	6.3	1966
OΣ 457	21h 55.5m	+65° 19'	1.4	5.9	8.1	1954
Σ 2873	21h 58.2m	+82° 52'	AB 13.7	7.0	7.3	1975
			AC 145.1	7.0	....	1921
ξ (Xi)	22h 03.8m	+64° 38'	AB 7.7	4.4	6.5	1974
			AC 96.8	4.4	12.6	1925
Σ 2893	22h 12.9m	+73° 18'	28.9	6.2	8.3	1967
Kruger 60	22h 28.1m	+57° 42'	2.4	9.8	11.3	1961
δ (Delta)	22h 29.2m	+58° 25'	AB 20.4	var.	13.0	1934
			AC 41.0	var.	7.5	1972
OΣ 482	22h 47.5m	+83° 09'	3.5	4.7	9.4	1940
Σ 2950	22h 51.4m	+61° 42'	AB 1.7	6.1	7.4	1960
			AC 39.3	6.1	10.7	1959
OΣ 486	23h 03.4m	+60° 27'	33.9	6.7	9.3	1920
o (Omicron)	23h 18.6m	+68° 07'	3.2	4.9	7.1	1961

Veränderliche Sterne

Name	RA	Dec.	Amplitude		Periode	Typ
δ (Delta)	21h 29.2m	+58° 25'	3.48	4.37	5.366 days	Cepheid
μ (Mu)	22h 43.5m	+58° 47'	3.43	5.1	730 days	SRc

Nebel und Sternhaufen

Name	RA	Dec.	Typ	Größe	Helligk.
NGC 7822	00h 03.6m	+68° 37'	Diff. Neb.	60'	12?
NGC 40	00h 13.0m	+72° 32'	Plan. Neb.	~40"	10
NGC 188	00h 44.4m	+85° 20'	Open Cl.	14'	8.1
NGC 6939	20h 31.4m	+60° 38'	Open Cl.	8'	7.8
NGC 6946	20h 34.8m	+60° 09'	Gal. Sc	11.0' x 9.8'	8.8
NGC 7023	21h 01.8m	+68° 12'	Diff. Neb.	18' x 18'	10
IC 1396	21h 39.1m	+57° 30'	Diff. Neb.	170' x 140'	12+
NGC 7139	21h 45.9m	+63° 39'	Plan. Neb.	78"	13
NGC 7354	22h 40.4m	+61° 17'	Plan. Neb.	20"	12.9
NGC 7538	23h 13.5m	+61° 31'	Diff. Neb.	5' x 10'	11?

Der Cepheus erstreckt sich nordöstlich vom Schwan zwischen Drache und Cassiopeia fast bis zum Himmelsnordpol. Durch den südlichen Teil verläuft die Milchstraße, aus der ein galaktischer „Sporn" in Richtung zum galaktischen Nordpol abzweigt; einige hellere Sterne verleihen der Figur einen klar erkennbaren Umriß. Im Milchstraßenbereich findet man einige Objekte für schwache Vergrö-ßerungen, und eifrige Doppelsternbeobachter kommen ebenfalls auf ihre Kosten. Daneben findet man einige offene Haufen, planetarische Nebel und Nebelwolken sowie Galaxien dort, wo der Blick nicht durch die Ausläufer der Milchstraße versperrt wird. Die zentrale Figur kulminiert Anfang Oktober gegen 22 Uhr.

Doppel- und Mehrfachsterne

Die beiden Komponenten (5,7^m/8,8^m) von Struve 320 (Σ 320) stehen 4,6 Bogensekunden auseinander und zeigen einen schönen Farb-kontrast (gelb/blau). Σ 460 ist ein Test für Teleskope von 15 cm Öff-nung: die 5,5^m und 6,3^m hellen Sterne stehen 0,9 Bogensekunden auseinander. Kappa (κ) umfaßt zwei bläulichweiße B9-Sterne (4,4^m und 8,0^m) in 7,4 Bogensekunden Abstand, während Σ 2790 einen blauen und einen orangefarbenen Partner (5,8^m/10,0^m) in 5 Bogen-sekunden Distanz enthält. Bei beta (β) schließlich stehen zwei weiß-liche Sterne (3,3^m/7,9^m) rund 13 Bogensekunden getrennt. Krüger 60 ist wegen seiner geringen Entfernung (12,9 Lichtjahre) interessant; außerdem gehört der dunklere Partner zu den Flare-Sternen, dessen Helligkeit (normal 11,3^m) mitunter um 2 bis 3 Größenklassen ansteigt. Bei omicron (o) stehen zwei helle Sterne (4,9^m/7,1^m) in 3,2 Bogen-sekunden Distanz.

Im Cepheus findet man zwei ungewöhnliche Sterne: My (μ) Cep ist ein roter Mira-Veränderlicher, dessen Helligkeit mit einer Periode von 730 Tagen zwischen 3,4 und 5,1 Größenklassen schwankt; wegen seiner intensivroten Farbe wird er vielfach auch als (Herschels) Gra-

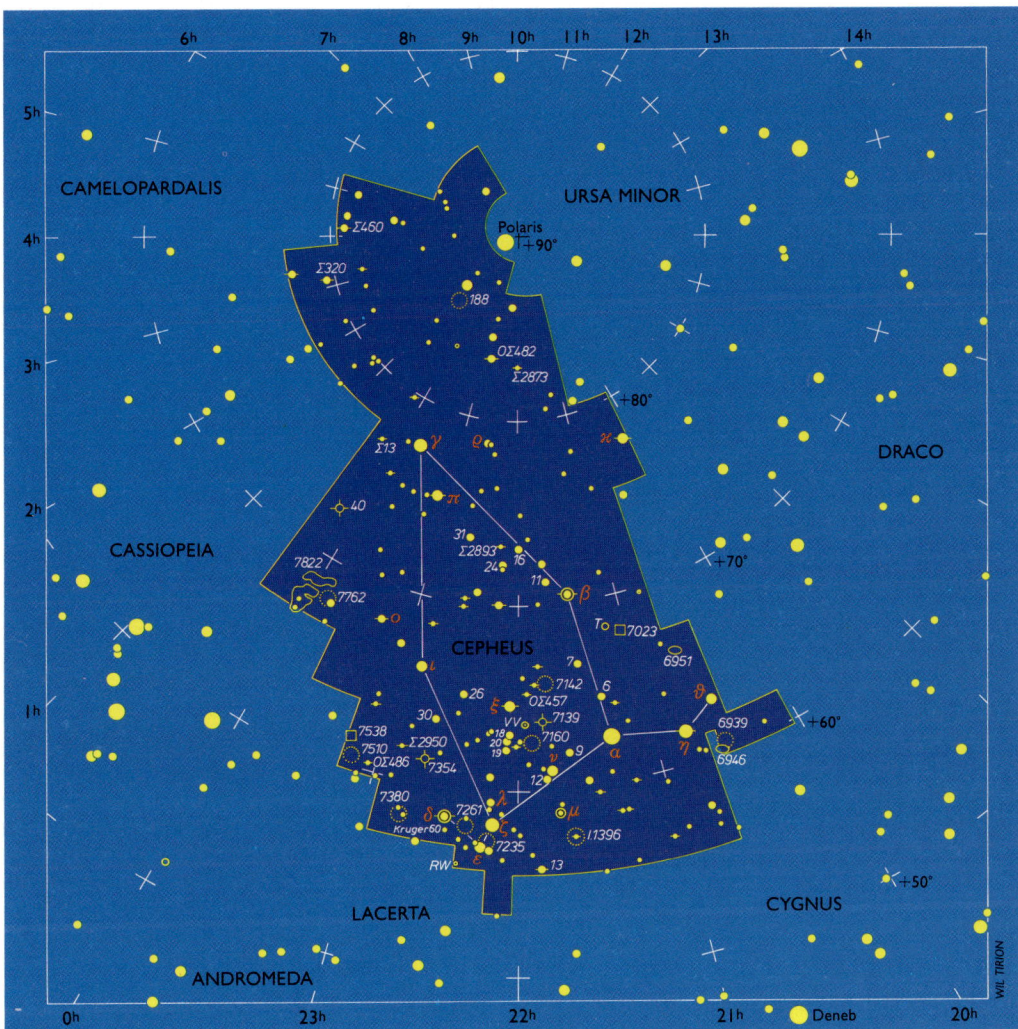

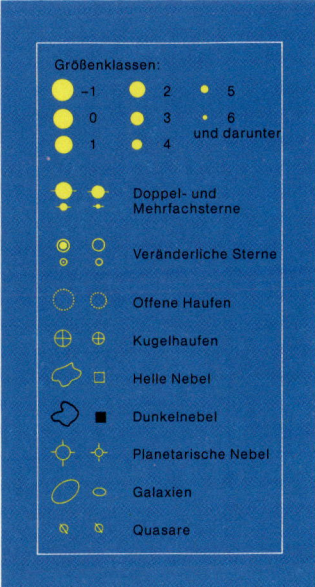

natstern bezeichnet. Delta (δ) Cephei dagegen ist der Prototyp einer ganzen Klasse veränderlicher Sterne, der sogenannten Cepheiden; sein Lichtwechsel wurde 1784 von dem taubstummen Amateurastronomen John Goodricke bemerkt. Zu Beginn unseres Jahrhunderts erkannten Astronomen der Harvard Universität, daß es einen Zusammenhang zwischen der Periode und der Leuchtkraft dieser Sterne gab, so daß man aus dem zeitlichen Abstand zweier Lichtwechsel auf die Leuchtkraft des Sterns schließen und über den Vergleich mit der gemessenen (scheinbaren) Helligkeit die Entfernung ableiten konnte. Mit diesem „Zollstock" konnten Humason und Hubble in den 20er Jahren zeigen, daß M 31 wirklich eine Welteninsel außerhalb unserer Milchstraße ist.

Nebel und Sternhaufen

Innerhalb der Grenzen des Cepheus findet man eine Fülle verschiedenartiger Fernrohrobjekte. NGC 188 ist ein zwar schwacher, aber dennoch interessanter offener Haufen: Zum einen steht er nur 4° vom Himmelsnordpol entfernt (und ist damit der nördlichste Haufen), zum anderen muß er sehr, sehr alt sein, da er etliche gelbe Riesensterne enthält, die mindestens 10 bis 12 Milliarden Jahre alt sind, älter als die Sterne mancher Kugelsternhaufen. Der dichte, aber lichtschwache

Haufen NGC 6939 steht am Rande der galaktischen Absorptionszone, und 38 Bogenminuten südöstlich befindet sich NGC 6946, eine nahe Sc-Galaxie geringer Flächenhelligkeit. Im Fernrohr erscheint sie als neblig leuchtender, runder Fleck mit einem etwas helleren Kern; Andeutungen der Spiralarme sind erst mit Teleskopen ab 40 cm Öffnung zu erkennen. Innerhalb von rund 50 Jahren wurden dort vier Supernovae entdeckt, die aber angesichts der zahlreichen galaktischen Vordergrundsterne nicht leicht zu erkennen waren. NGC 7023 ist das typische Beispiel eines Staub-Kokon-Nebels: Ein neu entstandener Stern bringt die ihn umgebende Gas- und Staubwolke zum Leuchten. NGC 40 ist ein heller, großer planetarischer Nebel (10. Größenklasse, 40×60 Bogensekunden) mit einem markanten Zentralstern (11,6^m). Nur halb so groß ist NGC 7354, der allerdings heller erscheint als die Katalogangabe der 13. Größenklasse, NGC 7822 ist ein „fotografischer" Nebel in der Umgebung des offenen Haufens NGC 7762, und auch IC 1396 läßt sich leichter fotografieren als visuell beobachten. Die Staubbänder traten erst in einem Fernrohr von 40 cm Öffnung (f/5) plus Nebelfilter hervor, doch genügt zum Fotografieren bereits ein Teleobjektiv von 135 mm Brennweite, eine Belichtungszeit von 10 Minuten bei Blende 3,5 und ein lichtempfindlicher Film wie etwa Konica 3200, Fuji 1600 oder Kodak Ektar 1000.

Cetus

Der Walfisch (Cetus) ist ein äquatornahes Herbststernbild; mit einer Fläche von 1231 Quadratgrad steht es auf Platz vier der größten Figuren, fällt aber mit einer sternarmen Region unterhalb der Fische und östlich des Wassermanns zusammen. Mit Hilfe der gegenüberliegenden Sternkarte läßt sich die Figur an einem dunklen Himmel relativ leicht erkennen. Der Zentralbereich kulminiert Mitte November gegen 22 Uhr. Fernrohrbeobachter finden auch hier Doppel- und Mehrfachsterne, einen planetarischen Nebel sowie eine Reihe von Galaxien; außerdem steht der Prototyp einer Gruppe veränderlicher Sterne im Walfisch: Mira.

Mira, die „Wunderbare"

Die Veränderlichkeit von Mira ist bekannt, seit der ostfriesische Astronom David Fabricius 1596 an dieser Stelle das vermeintliche Aufleuchten einer Nova vermeldete. Sie verblaßte, tauchte später aber wieder auf, und seit 1638 wurde jedes Helligkeitsmaximum registriert. Die mittlere Lichtwechselperiode beträgt 331 Tage, innerhalb derer die Helligkeit normalerweise zwischen 2,5^m und 9,3^m schwankt. Im gleichen Zeitraum verändert der Stern seine Größe und seine Farbe (und damit die Temperatur): Er pulsiert. Im Lichtmaximum dürfte er knapp 650 Millionen km groß sein (rund 460mal so groß wie die Sonne). Mira steht etwa 220 Lichtjahre entfernt und besitzt wahrscheinlich einen sehr engen Begleiter (Abstand geringer als 1 Bogensekunde), einen blauen Zwergstern mit zweifacher Miramasse; allerdings ist dieser Stern nur in großen Teleskopen zu sehen, wenn Mira selbst gerade im Lichtminimum ist.

Doppel- und Mehrfachsterne

Unter den vielen Doppelsternen im Walfisch ist gamma (γ) an erster Stelle zu nennen, dessen 3,5^m und 7,3^m helle Komponenten 2,7 Bogensekunden auseinander stehen. Die Farbe des helleren Partners

wird mitunter als bläulich beschrieben, was jedoch auf das gelbe Licht des dunkleren Sterns zurückzuführen sein dürfte: Vom Spektraltyp (A2) sollte der hellere Stern rein weiß leuchten. Zur Beobachtung reicht im Prinzip jedes Fernrohr, wenn man eine genügend starke Vergrößerung benutzt. Σ 91 ist ein weiterer, schöner Doppelstern, dessen 7,4^m und 8,2^m helle Partner 4,2 Bogensekunden getrennt sind. 42 Ceti erweist sich als farblich kontrastierendes Paar (G8/A7) der 6. und 7. Größenklasse, dessen gegenseitiger Abstand 1961 nur 1,5 Bogensekunden betrug; der dunklere Stern seinerseits ist ein sehr enger Doppelstern gleichheller Komponenten. 37 Ceti präsentiert sich als weites Paar (49,7 Bogensekunden) mit einem goldgelben und einem bläulichen Stern der 5. und 8. Größenklasse, während Σ147 zwei weiße Sterne enthält (6,1^m und 7,4^m), die 1959 noch 2,1 Bogensekunden entfernt standen. Burnham verweist darauf, daß der Abstand abnehme, so daß das Objekt am Ende vielleicht gar nicht mehr zu trennen ist.

Neben omicron (o), dem berühmten Mirastern, erkennt man in weitem Abstand (fast 2 Bogenminuten) einen optischen Begleiter der 9. Größenklasse.

Nebel und Sternhaufen

Der Walfisch enthält eine Reihe von Galaxien, darunter die vergleichsweise großen, aber nicht sehr hellen Systeme NGC 45, NGC 247 und IC 1613; man erkennt sie am besten in einem großen astronomischen Fernglas oder einem sehr lichtstarken Teleskop (Öffnungsverhältnis 1:5 oder besser, Vergr. = 4fache Öffnung in Zentimeter). NGC 247 erscheint in einem solchen Instrument als großer, blasser Fleck, dessen südlicher Bereich heller wirkt; er gehört zu der nahen Galaxiengruppe um den galaktischen Südpol, der auch noch die Galaxien NGC 300, 253, 55, 45 und 7793 im Bildhauer (Sculptor) angehören. Diese lockere Gruppe gilt als nächste Galaxienansamm-

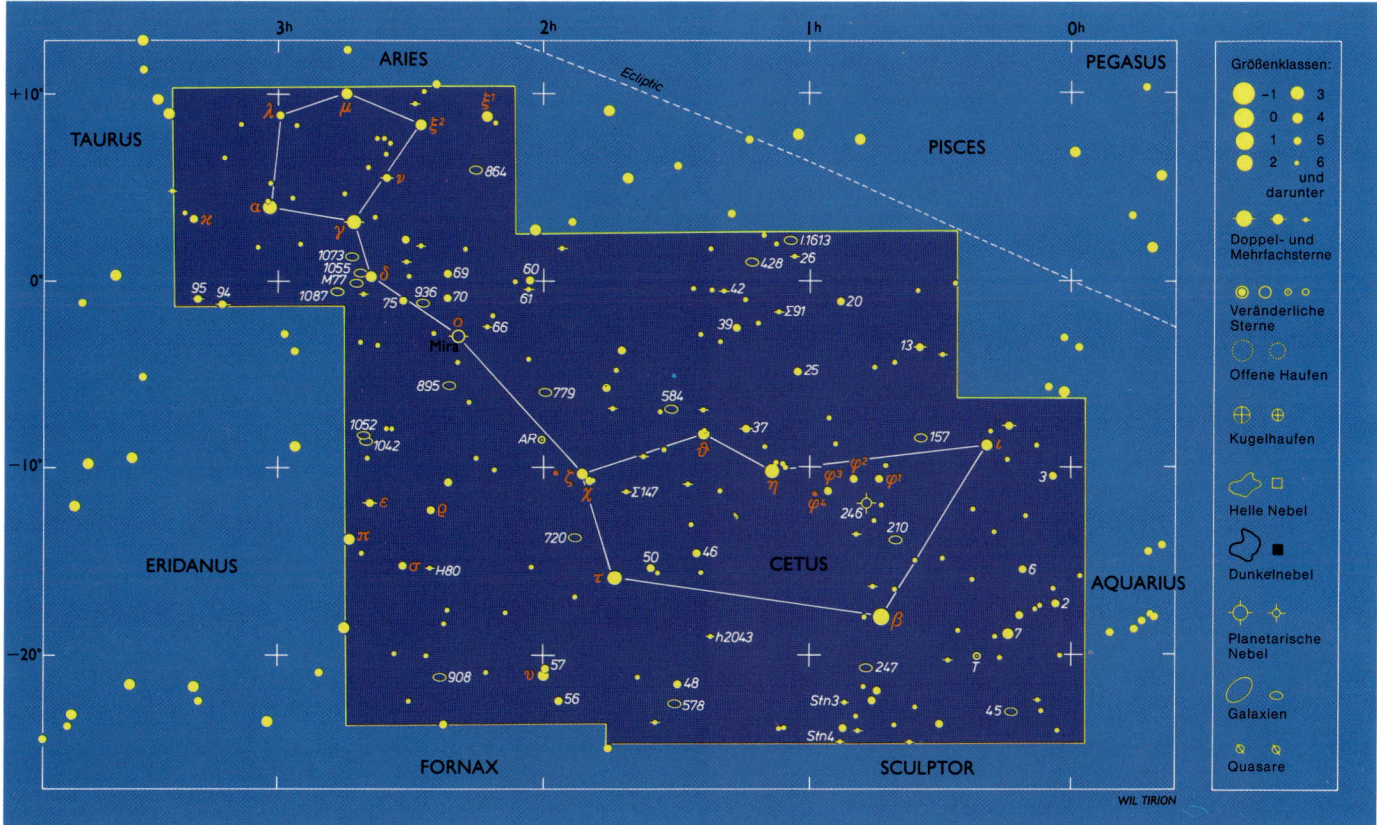

lung außerhalb der Lokalen Gruppe, zu der auch die Milchstraße zählt. Wir blicken unter steilem Winkel auf NGC 247, die auf Fotografien im nördlichen Bereich auffallend dunkel erscheint: Hier dunkeln entweder Staubwolken in der Galaxie das Licht der Sterne ab, oder es handelt sich um eine an Sternen ärmere Region. Mit großen Amateurfernrohren kann man einige HII-Gebiete erkennen: am Nordrand, am Westrand (etwa zwei Drittel des Weges zum Kern hin) und eine Dreiergruppe am Westrand unmittelbar südlich der Kernregion. Am Südende steht ein vergleichsweise heller Stern (11. Größenklasse), der jedoch zu unserer Galaxis gehört. Es bedarf schon eines dunklen Himmels, um NGC 247 zu finden, doch die Mühe lohnt sich! IC 1613 ist eine irreguläre Zwerggalaxie, die zur Lokalen Gruppe gehört. Mit einem Fernrohr ab 30 cm Öffnung erkennt man bei genauerem Hinsehen zwei Verdichtungen. Viel einfacher zu finden ist die Spiralgalaxie M 77, auf die wir nahezu frontal blicken: Sie steht rund 1° südöstlich von delta (δ) Ceti. M 77 gehört zu den Seyfert-Galaxien, die einen ungewöhnlich hellen, weil aktiven Kern besitzen. Eine Theorie zum Verständnis solcher aktiver Galaxien geht von einem gewaltigen Schwarzen Loch im Zentrum aus, das ständig Materie aus der Umgebung in sich aufsaugt und dabei vorher in der Akkretionsscheibe so stark aufheizt, daß Radio- und Röntgenstrahlung freigesetzt werden muß. Man erkennt M 77 als Objekt der 9. Größenklasse; sie hat neben den Spiralarmen, die in einem 25-cm-Spiegel erkennbar werden, noch eine weitere Spiralarmstruktur.

Eines meiner Lieblingsobjekte ist NGC 246, ein mittelgroßer planetarischer Nebel (knapp 4 Bogenminuten), der drei annähernd gleichhelle Sterne umgibt; im Zentralbereich erkennt man mit einem genügend großen Fernrohr einen dunklen Fleck, und ein Sauerstoff- oder Nebelfilter läßt die blasse Scheibe gegen den Himmelshintergrund klarer hervortreten.

Beobachtungsobjekte im Walfisch
Mehrfachsterne

Name	RA	Dec.	Distanz (Bogensek.)	Helligk.	Jahr
Stn 3	00h 52.2m	−22° 37′	AB 1.8	7.6 8.3	1959
			AC 32.6	7.6 11.9	1908
Stn 4	00h 53.2m	−24° 47′	5.4	6.5 8.5	1952
26	01h 03.8m	+01° 22′	AB 16.0	6.2 8.6	1926
			AC 107.2	6.2 12.7	1909
Σ 91	01h 07.2m	−01° 44′	4.2	7.4 8.2	1972
37	01h 14.4m	−07° 55′	49.7	5.2 8.7	1931
42	01h 19.8m	−00° 31′	1.5	6.5 7.0	1961
h2043	01h 22.5m	−19° 05′	5.0	6.5 8.8	1952
Σ 147	01h 41.7m	−11° 19′	2.1	6.1 7.4	1959
61	02h 03.8m	−00° 20′	AB 43.0	5.9 10.4	1975
			AC 83.0	5.9 11.8	1909
66	02h 12.8m	−02° 24′	AB 16.5	5.7 7.5	1975
			AC 172.7	5.7 11.4	1908
Mira	02h 19.3m	−02° 59′	AB 73.1	var 12.0	1911
			AC 118.7	var 9.3	1925
H 80	02h 26.0m	−15° 20′	AB 12.2	5.9 8.9	1923
			AC 105.8	5.9 10.8	1922
γ (Gamma)	02h 43.2m	+03° 14′	2.7	3.5 7.3	1955

Veränderlicher Stern

Name	RA	Dec.	Typ	Amplitude	Periode
Mira (ο)	2h 19.3m	−02° 58′	Mira LP	2.0 10.1	332 days

Nebel und Sternhaufen

Name	RA	Dec.	Typ	Größe	Helligk.
NGC 45	00h 14.1m	−23° 11′	Gal. S	5.8′ × 8.1′	10.4
NGC 157	00h 34.8m	−08° 24′	Gal. Sc	4.3′ × 2.9′	10.4
NGC 246	00h 47.0m	−11° 53′	Plan. Neb.	225″	8.0pg
NGC 247	00h 47.1m	−20° 46′	Gal. S−	20.0′ × 7.4′	9.3
IC 1613	01h 04.8m	+02° 07′	Gal. Irr.	12.0′ × 11.2′	9.3v
NGC 428	01h 12.9m	+00° 59′	Gal. Scp	4.1′ × 3.2′	11.3
NGC 578	01h 30.5m	−22° 40′	Gal. Sc	4.8′ × 3.2′	10.9
M77 (NGC1068)	02h 42.7m	−00° 01′	Gal. Sbp	6.9′ × 5.9′	8.8
NGC 1087	02h 46.4m	−00° 30′	Gal. Sc	3.5′ × 2.3′	11

Chamaeleon/Octans

Das Chamäleon und der Oktant sind zwei benachbarte Sternbilder in der Umgebung des Himmelssüdpols. Sie sind aufgrund ihrer polnahen Lage für Beobachter jenseits von 15° südlicher Breite zirkumpolar, enthalten aber nur wenige interessante Objekte für Fernrohrbeobachter. Der lichtschwache Stern sigma (σ) Octantis steht unweit des Pols, ist aber kein adäquates Gegenstück zum Polarstern des Nordhimmels.

Chamaeleon

Die wenigen helleren Sterne dieser Figur erreichen gerade die 4. Größenklasse: Ausnahmsweise ist gamma (γ) mit 4,11^m der hellste Stern. Alpha (α) und theta (ϑ) bilden ein weites, optisches Paar, das aufgrund des Farbkontrastes (weiß/orange) auch mit bloßem Auge reizvoll erscheint.

Das Chamäleon enthält zwei helle, aber enge Doppelsterne: Delta (δ) besteht aus zwei gelblichen Komponenten der 6. Größenklasse, die allerdings nur 0,6 Bogensekunden auseinander stehen, und bei epsilon (ε) nimmt der Abstand der beiden bläulichweißen Sterne (5,4^m/ 6,0^m), der 1941 zu 0,9 Bogensekunden gemessen wurde, weiter ab.

Erwähnenswert sind noch zwei veränderliche Sterne. R Chamaeleontis gehört zu den Mira-Veränderlichen; seine Helligkeit schwankt innerhalb von 335 Tagen zwischen 7,5^m und 14,2^m. RS Cha ist ein Bedeckungsveränderlicher vom Algol-Typ, dessen Helligkeit alle

Chamaeleon. *Diese Aufnahme von ausgedehnten Nebelwolken im Chamaeleon wurde mit dem 1,20-m-UK-Schmidt-Teleskop des Siding Spring Observatory im australischen Neusüdwales gemacht.*

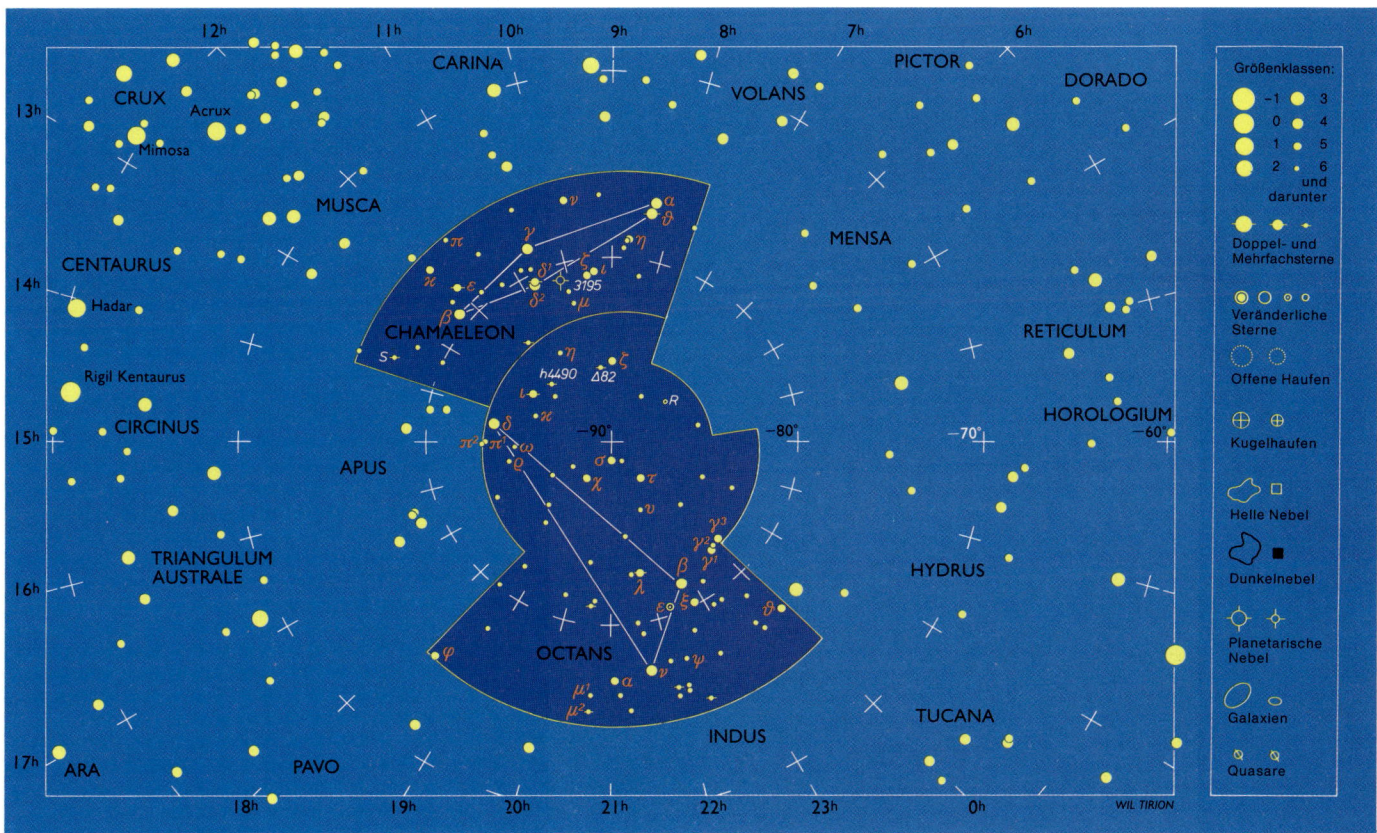

1,67 Tage von 6,0^m auf 6,7^m zurückgeht. Das einzig nennenswerte Fernrohrobjekt ist der planetarische Nebel NGC 3195 mit einem Durchmesser von 38 Bogensekunden, der allerdings aufgrund seiner geringen Helligkeit (12. Größenklasse) ein Fernrohr von mindestens 10 cm Öffnung erfordert.

umfaßt zwei Sterne der 7. Größenklasse in 17,4 Bogensekunden Abstand, während das farblich kontrastierende Paar (5,4^m/7,7^m) von lambda (λ) 3,1 Bogensekunden auseinandersteht.

Octans

Auch die wenigen lichtschwachen Sterne des Oktanten sind nicht entsprechend ihrer Helligkeit benannt. Angeführt wird die Liste von ny (ν), dem einzigen Stern der 3. Größenklasse (3,2^m). Etwa 1° vom Himmelssüdpol steht der Stern sigma (σ) Octantis, ein F0-Stern der 5. Größenklasse, dessen Entfernung etwa 120 Lichtjahre betragen dürfte; aufgrund der Präzession nimmt sein Abstand zum Himmelspol allmählich zu.

Während meiner „Fotosafari" zur Südhalbkugel habe ich das fast rechtwinklige Dreieck aus tau (τ), chi (χ) und sigma (σ) zur Poljustierung benutzt: Der Himmelssüdpol liegt etwas vor dem Eckpunkt bei sigma. Zwei hellere Sterne der 3. Größenklasse bieten eine etwas gröbere Visierhilfe: Der Himmelssüdpol liegt rund 2° südlich der Mitte der Verbindungslinie zwischen beta (β) Hydri und gamma (γ) Chamaeleontis.

Im Oktanten findet man eine Reihe veränderlicher Sterne, von denen drei (R, U und S Octantis) zur Klasse der Mira-Veränderlichen gehören: R Oct wechselt seine Helligkeit innerhalb von 406 Tagen zwischen 6,4^m und 13,2^m, U Oct pulsiert innerhalb von 303 Tagen zwischen 7,1^m und 14,1^m, und S Oct alle 259 Tage zwischen 7,3^m und 14,0^m; wie bei allen Mira-Sternen sind aber weder die Periodendauer noch der Schwankungsbereich bei jedem Lichtwechsel absolut identisch.

Schließlich gibt es noch einige Doppelsterne und eine kleine Galaxie (NGC 2573), die allerdings nur sehr schwer zu finden ist. My (μ) Oct

Beobachtungsobjekte im Chamäleon
Mehrfachsterne

Name	RA	Dec.	Distanz (Bogensek.)	Helligk.		Jahr
δ (Delta)	10h 45.3m	−80° 28′	0.6	6.1	6.4	1946
ε (Epsilon)	11h 59.6m	−78° 13′	0.9	5.4	6.0	1941
S (h4590)	13h 33.3m	−77° 34′	22.4	6.0	9.5	1931

Nebel und Sternhaufen

Name	RA	Dec.	Typ	Größe	Helligk.
NGC 3195	10h 09.5m	−80° 52′	Plan. Neb.	38″	12

Beobachtungsobjekte im Oktant
Doppelsterne

Name	RA	Dec.	Distanz (Bogensek.)	Helligk.		Jahr
Δ 82	09h 33.1m	−86° 01′	15.7	7.4	8.0	1940
h4490	12h 02.3m	−85° 38′	25	6.1	10.4	1940
μ₁ (Mu 1)	20h 41.7m	−75° 21′	17.4	7.1	7.6	1940
λ (Lambda)	21h 50.9m	−82° 43′	3.1	5.4	7.7	1946

Circinus

Circinus, der Zirkel, wurde 1752 von Nicolas Louis de Lacaille eingeführt; er wollte damit einer der wichtigsten Gerätschaften für die Navigation, die den Vorstoß auf die Südhalbkugel der Erde erst ermöglichten, ein himmlisches Denkmal setzen. Alte Sternkarten zeigen zumeist zwei Zirkel, obwohl die Sterne allenfalls einen zusammengeklappten Zirkel erkennen lassen.

Der Zirkel ist eine kleine, unscheinbare Figur, die sich an die südliche Ecke des Centaur anschmiegt; man findet ihn leicht, wenn man der Verbindungslinie zwischen beta (β) und alpha (α) Centauri weiter nach Osten folgt. Das Sternbild bedeckt nur 93 Quadratgrad und kreuzt die Milchstraße annähernd in Nord-Süd-Richtung. Der Hauptstern, alpha (α), steht genau südlich von alpha Centauri und ist mit $3,2^m$ der einzige Stern heller als 4. Größenklasse. Neben einigen schönen Doppelsternen enthält der Zirkel einen kleinen, aber hellen planetarischen Nebel. Für Beobachter auf der Südhalbkugel gehört er zu den Sternbildern des Spätherbstes: Er kulminiert Anfang Juni gegen 22 Uhr Ortszeit.

Doppel- und Mehrfachsterne

Alpha (α) Circini ist ein interessanter Doppelstern, dessen Komponenten ($3,2^m/8,6^m$) rund 15,7 Bogensekunden auseinander stehen. Während der Abstand über lange Zeit ziemlich konstant geblieben ist, hat sich der Positionswinkel, der am helleren Stern von Nord über Ost nach Süd und West gemessen wird, verändert; wir blicken offenbar nahezu senkrecht auf die Bahnebene des Systems. Die Komponenten von Dunlop (Δ) 169 ($6,2^m/7,6^m$, 68" Distanz) zeigen einen schönen Farbkontrast (Spektraltypen B2/K0). Gamma (γ) Cir wird im-

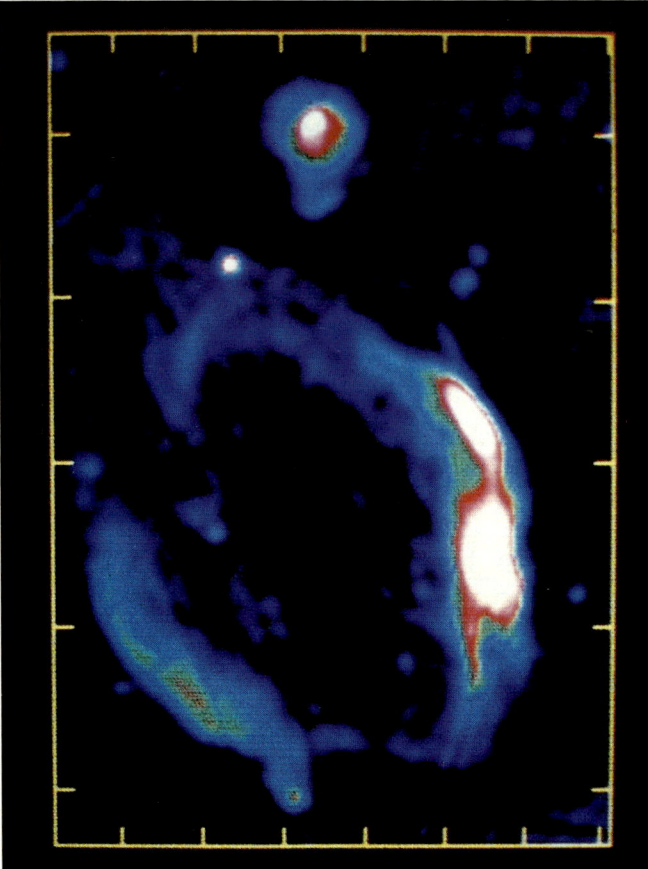

Circinus X-1, der helle Fleck am oberen Rand dieser vom Computer erstellten Falschfarben-Radiokarte, wird als enges Doppelsternsystem mit einer kompakten Komponente (Neutronenstern oder Schwarzes Loch) angesehen; die Quelle sendet eine veränderliche Röntgenstrahlung aus. Bei der elliptischen Radioquelle darunter könnte es sich um eine Blase aus Plasma und energiereichen Teilchen handeln, die von Circinus X-1 während einer aktiven Phase ausgestoßen wurde. Sie wurde 1986 zum ersten Mal von R.F. Haynes und Kollegen am Radiosyntheseteleskop des australischen Molonglo Observatory bei einer Wellenlänge von 36 cm beobachtet.

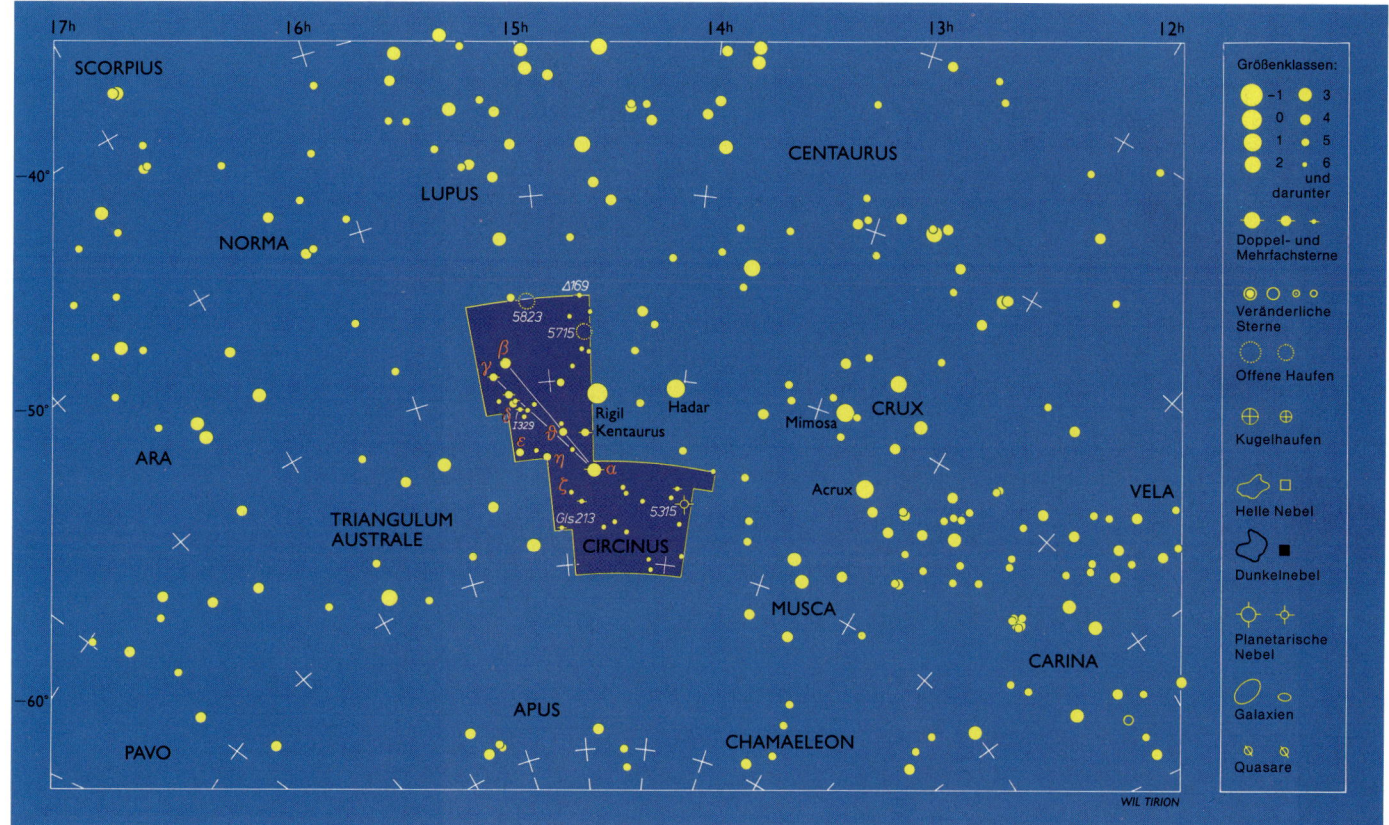

mer schwieriger zu trennen: 1949 betrug der Abstand der 5,1^m und 5,5^m hellen Komponenten noch 0,9 Bogensekunden (mit abnehmender Tendenz); die Umlaufzeit beträgt etwa 180 Jahre.

Zwei Veränderliche sollen noch erwähnt werden: AX Circini ist ein Cepheiden-Stern, dessen Helligkeit innerhalb von 5,3 Tagen zwischen 5,6^m und 6,1^m schwankt; die Helligkeit von theta (ϑ) Cir schwankt unregelmäßig zwischen 5,0^m und 5,4^m.

Nebel und Sternhaufen

NGC 5315 erscheint als kleines Scheibchen, das sich bei schwacher Vergrößerung nur aufgrund seiner bläulichgrünen Farbe von den Sternen unterscheidet. Mit starker Vergrößerung erkennt man einen strukturlosen Nebel mit einem 11,4^m hellen Zentralstern. Der offene Haufen NGC 5823 umfaßt rund 80 Sterne.

Beobachtungsobjekte im Zirkel
Mehrfachsterne

Name	RA	Dec.	Distanz (Bogensek.)	Helligk.		Jahr
α (Alpha)	14h 42.5m	−64° 59′	15.7	3.2	8.6	1951
Δ 169	14h 45.2m	−55° 36′	68	6.2	7.6	1938
Gls213	15h 01.3m	−67° 59′	5.2	7.1	9.2	1943
γ (Gamma)	15h 23.4m	−59° 19′	0.9	5.1	5.5	1949

Nebel und Sternhaufen

Name	RA	Dec.	Typ	Größe	Helligk.
NGC 5315	13h 53.9m	−66° 31′	Plan. Neb.	5″	13pg
NGC 5823	15h 05.7m	−55° 36′	Open Cl.	10′	7.9

Die Namen der Sternbilder

Als die europäischen Seefahrer im 15. und 16. Jahrhundert über den Äquator zur Südhalbkugel der Erde vordrangen, sahen sie auch neue Figuren am Sternhimmel. Da sich die bis dahin bekannten 48 Sternbilder, die Ptolemäus in seinem *Almagest* zusammengestellt hatte, auf den nördlichen Himmel und die äquatornahen Bereiche beschränkten, war es nur natürlich, daß man auch am Südhimmel solche Sternbilder „erfand". Johann Bayer führte 1603 mit seiner *Uranometria* 11 neue Figuren ein, Nicolas Lacaille fügte 1752 weitere 14 hinzu. Im 18. Jahrhundert fühlten sich etliche Astronomen berufen, auch weniger helle Sterne zu Figuren mit immer absonderlicheren Namen zu gruppieren, und das nicht nur am Südhimmel. So entstanden Sternbilder wie Poniatowskis Bulle, das Zepter Brandenburgs oder auch die Druckerpresse. Umständlichere Namen, wie Lacaille sie vorgeschlagen hatte, wurden einfach verkürzt: Aus Mons Mensae (Tafelberg) wurde Mensa, aus Pyxis Nautica (Schiffskompaß) Pyxis.

1933 beschloß die Internationale Astronomische Union (ein Zusammenschluß der Himmelsforscher) eine Neufestsetzung der Sternbildgrenzen, wobei man sich auf insgesamt 88 Figuren einigte; sie bilden die Grundlage für dieses Buch.

Coma Berenices

Coma Berenices, das Haar der Berenike, wurde als Sternbild zwar erst von dem großen dänischen Astronomen Tycho Brahe vorgeschlagen, besitzt aber dennoch einen mythologischen Ursprung. Berenike war die Gemahlin des Ägypterkönigs Ptolemäus Euergetes (nicht zu verwechseln mit dem in Alexandria lebenden Astronomen); sie hatte versprochen, ihr Haar zu opfern, falls ihr Gemahl den Krieg mit den Assyrern erfolgreich bestehen würde. Bei seiner Rückkehr lieferte Berenike ihre Haartracht im Tempel der Aphrodite ab, doch Zeus verewigte das Haar und entrückte es an den Himmel.

Das Haar der Berenike ist eine kleine Gruppe von Sternen zwischen den Sternbildern Bootes, Großer Bär und Löwe; die unauffällige Figur kulminiert Anfang Mai gegen 23 Uhr Sommerzeit – für Beobachter in Mitteleuropa unweit des Zenits. Ähnlich den Jagdhunden ist das Sternbild Coma eine Schatzkiste für Galaxienbeobachter. Von einem dunklen Platz aus kann man mit einem stabil montierten, lichtstarken Fernglas etliche verwaschene Fleckchen erkennen; mit einem Fernrohr ab 20 cm Öffnung treten bereits individuelle Unterschiede der einzelnen Galaxien hervor, die in den Randbezirken des ausgedehnten Coma-Virgo-Galaxienhaufens angesiedelt sind. Lohnenswert für Teleskope ab 25 cm Öffnung ist auch der kugelförmige Sternhaufen M 53 (NGC 504) rund ein Grad nordöstlich von alpha (α) Comae: ein kompakter, sternreicher Haufen.

Unter den Doppel- und Mehrfachsternen muß man drei besonders hervorheben. 24 Comae enthält einen goldgelben und einen blauen Stern (Spektraltypen K2/A7), 32 und 33 Comae bilden im Fernglas ein ebenfalls farblich kontrastierendes Paar aus Sternen der 6. Größenklasse, während 35 Comae sich als Dreifachsystem erweist, dessen 1 Bogensekunde getrennte Hauptkomponenten (5. und 7. Größenklasse) in 28,7 Bogensekunden von einem Stern der 9. Größenklasse begleitet werden.

Die sechs schönsten Galaxien

Von den rund 30 Galaxien, die mit einem 20-cm-Teleskop bequem gesehen werden können, sollen sechs der hellsten Objekte näher beschrieben werden. M 98 (NGC 4192) ist eine große Spiralgalaxie ein halbes Grad westlich von 6 Comae, auf die wir nahezu von der Kante blicken; sie erscheint daher als 3 × 9 Bogenminuten großes Objekt der 10. Größenklasse. M 100 (NGC 4321) gilt als die hellste Galaxie des Virgo-Haufens, ein großer Nebelfleck von 6,9 × 6,2 Bogen-

minuten Ausdehnung mit einem hellen Kern. In Fernrohren ab 35 cm Öffnung erkennt man zwei Spiralarme, die sich um den Kern wickeln; Zwischen 1901 und 1984 wurden bereits vier Supernovae in M 100 beobachtet; solche Sternexplosionen erreichen in dieser Entfernung im Schnitt die 12. Größenklasse und sind daher bereits in einem 20-cm-Teleskop zu erkennen.

Auf M 99 (NGC 4254) blicken wir nahezu senkrecht; ihre weit geöffneten Spiralarme treten in Fernrohren ab 40 cm Öffnung hervor. M 88 (NGC 4501) erscheint ähnlich kompakt wie M 31; die strukturlose, gräuliche Ellipse offenbart Details erst in sehr großen Fernrohren. Unmittelbar südlich erkennt man ein weites Doppelsternpaar, vor dem Hintergrund des südlichen Teils ein engeres Paar galaktischer Vordergrundsterne, die uns mindestens 4000mal näher stehen als die Galaxie.

Die berühmte Galaxie NGC 4565 wird wegen ihrer Kantenstellung mitunter auch als „Nadelgalaxie" bezeichnet. Um sie zu finden, muß man das Fernrohr vom Doppelstern 17 Comae rund 1,5° nach Osten drehen; das dünne, längliche Objekt (3 × 16 Bogenminuten) ist unverkennbar. Allerdings treten die Dunkelwolken der galaktischen Scheibe nur im Bereich des zentralen Wulstes hervor; unmittelbar oberhalb dieser Gegend steht ein Vordergrundstern der 13. Größenklasse.

M 64 (NGC 4826) hat im englischen Sprachbereich den Beinamen „Black Eye"; der dunkle Fleck im Nordostteil der Sb-Galaxie, eine riesige Dunkelwolke, die das Licht der dahinterliegenden Regionen verschluckt, ist bereits mit einem 15-cm-Teleskop zu erkennen, doch zeigt ein größeres Fernrohr natürlich mehr Einzelheiten.

Der Coma-Haufen

Weit jenseits der bislang beschriebenen helleren Galaxien liegt der Coma-Haufen, eine Ansammlung aus über 1000 Galaxien in rund

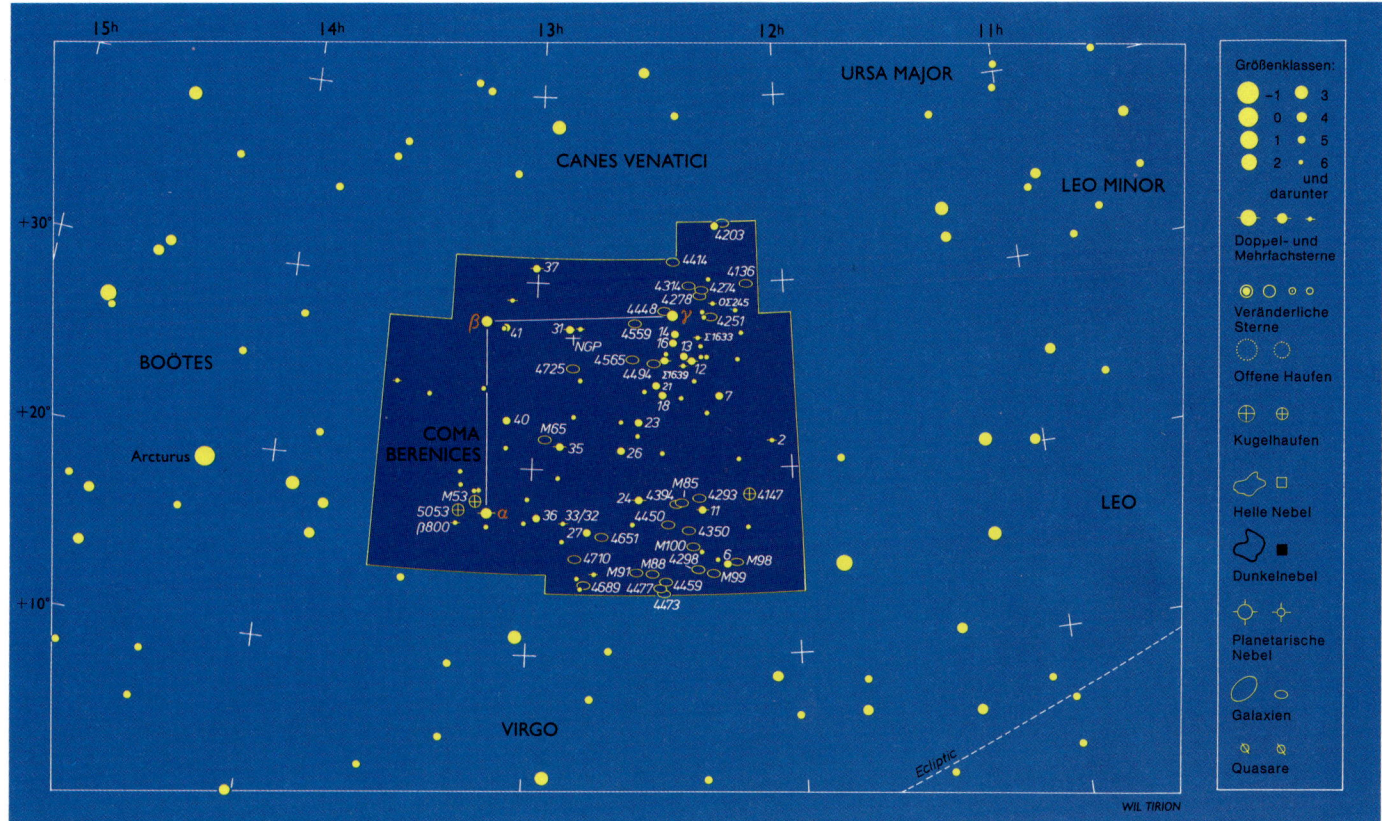

400 Millionen Lichtjahren Entfernung. Das hellste Mitglied, NGC 4889, ist eine elliptische Riesengalaxie, die rund 2,3° westlich von beta (β) Comae als Objekt der 13. Größenklasse erscheint. Fernrohre ab 35 cm Öffnung zeigen etliche dieser entfernteren Galaxien als winzige, blasse Nebelflecken an der Sichtbarkeitsgrenze.

Beobachtungsobjekte im Haar der Berenike
Mehrfachsterne

Name	RA	Dec.	Distanz (Bogensek.)	Helligk.		Jahr
2	12h 04.3m	+21° 28'	15.8	5.9	7.4	1917
Σ 1633	12h 20.7m	+27° 03'	9.0	7.0	7.1	1958
12	12h 22.5m	+25° 51'	AB 35.0	4.8	11.8	1935
			AC 65.2	4.8	8.3	1972
Σ 1639	12h 24.4m	+25° 35'	4.6	7.0	12.8	1960
17	12h 28.9m	+25° 55'	145.	5.3	6.6	1928
24	12h 35.1m	+18° 23'	20.3	5.2	6.7	1958
32 + 33	12h 52.2m	+17° 04'	95.2	6.3	6.7	1922
35	12h 53.3m	+21° 14'	AB ~1.0	5.1	7.2	1959
			AC 28.7	5.1	9.1	1958

Beobachtungsobjekte im Haar der Berenike (Fortsetzung)
Nebel und Sternhaufen

Name	RA	Dec.	Typ	Größe	Helligk.
NGC 4147	12h 10.1m	+18° 33'	Gl. Clus.	4.0'	10.2
M98 (NGC 4192)	12h 13.8m	+14° 54'	Gal. Sb	9.5' × 3.2'	10
NGC 4203	12h 15.1m	+33° 12'	Gal. Ep	3.6' × 3.3'	10.6
NGC 4251	12h 18.1m	+28° 10'	Gal. E7	4.2' × 1.9'	11.6
M99 (NGC 4254)	12h 18.8m	+14° 25'	Gal. Sc	5.4' × 4.8'	9.8
NGC 4274	12h 19.8m	+29° 37'	Gal. Sb	6.9' × 2.8'	10.4
NGC 4278	12h 20.1m	+29° 17'	Gal. E1	3.6' × 3.5'	10.2
NGC 4293	12h 21.2m	+18° 23'	Gal. Sap	6.0' × 3.0'	11.1
NGC 4298	12h 21.5m	+14° 36'	Gal. Sc	3.2' × 1.9'	11.3
NGC 4314	12h 22.6m	+29° 53'	Gal. SBa	4.8' × 4.3'	10.5
M100 (NGC 4321)	12h 22.9m	+15° 49'	Gal. Sc	6.9' × 6.2'	9.4
NGC 4350	12h 24.0m	+16° 42'	Gal. E7	3.2' × 1.1'	11.1
M85 (NGC 4382)	12h 25.4m	+18° 11'	Gal. Ep	7.1' × 5.2'	9.2
NGC 4414	12h 26.4m	+31° 13'	Gal. Sc	3.6' × 2.2'	10.2
NGC 4448	12h 28.2m	+28° 37'	Gal. Sb	4.0' × 1.6'	11.1
NGC 4450	12h 28.5m	+17° 05'	Gal. Sb	4.8' × 3.5'	10.1
NGC 4459	12h 29.0m	+13° 59'	Gal. E2	3.8' × 2.8'	10.4
NGC 4477	12h 30.0m	+13° 38'	Gal. SBa	4.0' × 3.5'	10.4
NGC 4494	12h 31.4m	+25° 47'	Gal. E1	4.8' × 3.8'	9.8
M88 (NGC 4501)	12h 32.0m	+14° 25'	Gal. Sb	6.9' × 3.0'	9.5
NGC 4548	12h 35.4m	+14° 30'	Gal. SBb	5.4' × 4.4'	10.2
NGC 4559	12h 36.0m	+27° 58'	Gal. Sc	10.5' × 4.9'	9.8
NGC 4565	12h 36.3m	+25° 59'	Gal. Sb	16.2' × 2.8'	9.5
NGC 4651	12h 43.7m	+16° 24'	Gal. Scp	3.8' × 2.7'	10.7
NGC 4689	12h 47.8m	+13° 46'	Gal. Sb	4.0' × 3.5'	11
NGC 4725	12h 50.4m	+25° 30'	Gal. SBb	11.0' × 7.9'	9.2
M64 (NGC 4826)	12h 56.7m	+21° 41'	Gal. Sb	9.3' × 5.4'	8.5
M53 (NGC 5024)	13h 12.9m	+18° 10'	Glob. Cl.	12.6'	7.7
NGC 5053	13h 16.4m	+17° 42'	Glob. Cl.	10.5'	9.8

Corona Australis

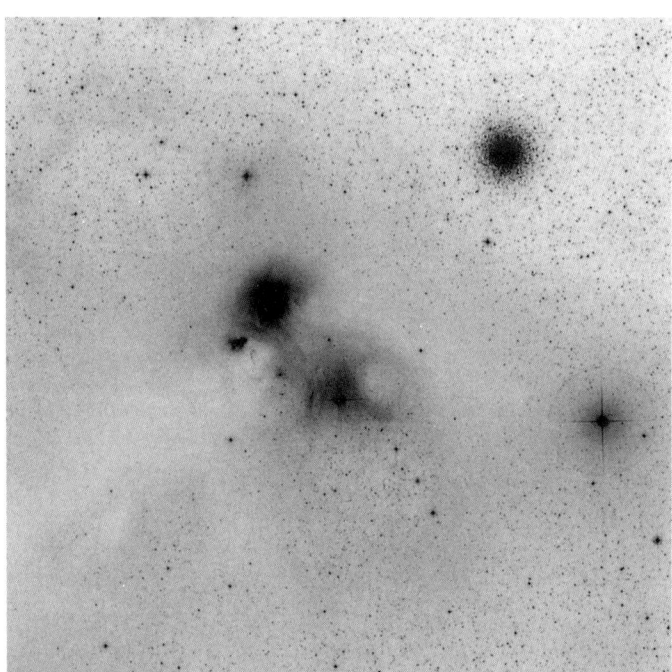

NGC 6726/6727 und NGC 6729 *bilden ein komplexes Gemisch aus hellem und dunklem Nebel im Zentrum dieses Negativabzuges. Der kugelförmige Sternhaufen NGC 6723 rechts oben steht unmittelbar jenseits der Grenze zum Schützen. Der obere dunkle Fleck nahe der Bildmitte ist NGC 6726/NGC 6727, während NGC 6729 (unten) an das diffuse Aussehen eines Kometen erinnert. Das Bild wurde auf einer blauempfindlichen Platte mit dem 1,20-m-UK-Schmidt-Teleskop aufgenommen.*

Die Südliche Krone ist ein kleines Sternbild, das unterhalb des Schützen an den Skorpionschwanz grenzt. Es erscheint dem bloßen Auge als Ellipse, deren Hauptachse von Nordost nach Südwest orientiert ist; der Westteil wird von der Milchstraße gestreift. Das Sternbild kulminiert Anfang August gegen 22 Uhr Ortszeit und enthält eine Reihe von schönen Doppelsternen und kugelförmigen Sternhaufen sowie einen Dunkelnebel, NGC 6729, ähnlich Hubbles Veränderlichem Nebel im Sternbild Einhorn.

Doppel- und Mehrfachsterne

h5014 ist ein interessantes Doppelsternsystem, das John Herschel während seiner intensiven Durchmusterung des südlichen Himmels zwischen 1834 und 1838 beschrieb und als 5014. Objekt in seinen 1847 erschienenen Katalog aufnahm. Die beiden gleich hellen Sterne (5,7^m/5,7^m) umlaufen sich gegenseitig in 190 Jahren. Seit 1943, als die Sterne noch 1,8 Bogensekunden entfernt standen, hat sich der Abstand weiter verringert, doch reichte auch 1962 noch ein 10-cm-Fernrohr zur Trennung. Im gleichen Gesichtsfeld steht der nahe, wenngleich etwas abgedunkelt erscheinende kugelförmige Sternhaufen NGC 6541. Kappa (x) ist ein leichter, heller Doppelstern, dessen Komponenten (5,9^m/6,6^m) 21,4 Bogensekunden auseinander stehen; 27 Bogensekunden trennen die 4,8^m und 5,1^m hellen Partner von gamma (γ), die sich innerhalb von 120 Jahren umlaufen.

Nebel und Sternhaufen

Das komplexe System heller und dunkler Wolken im Umfeld von NGC 6726, 6727 und 6729 führt die Liste interessanter Objekte in der Südlichen Krone an. Die an eine „8" erinnernde Form des „Doppelnebels" (NGC 6726 und 6727) umgibt zwei Sterne, von denen einer veränderlich ist: TY Coronae Australis zeigt einen unregelmäßigen Helligkeitswechsel zwischen 8,8^m und etwa 12,5^m, der sich auch auf

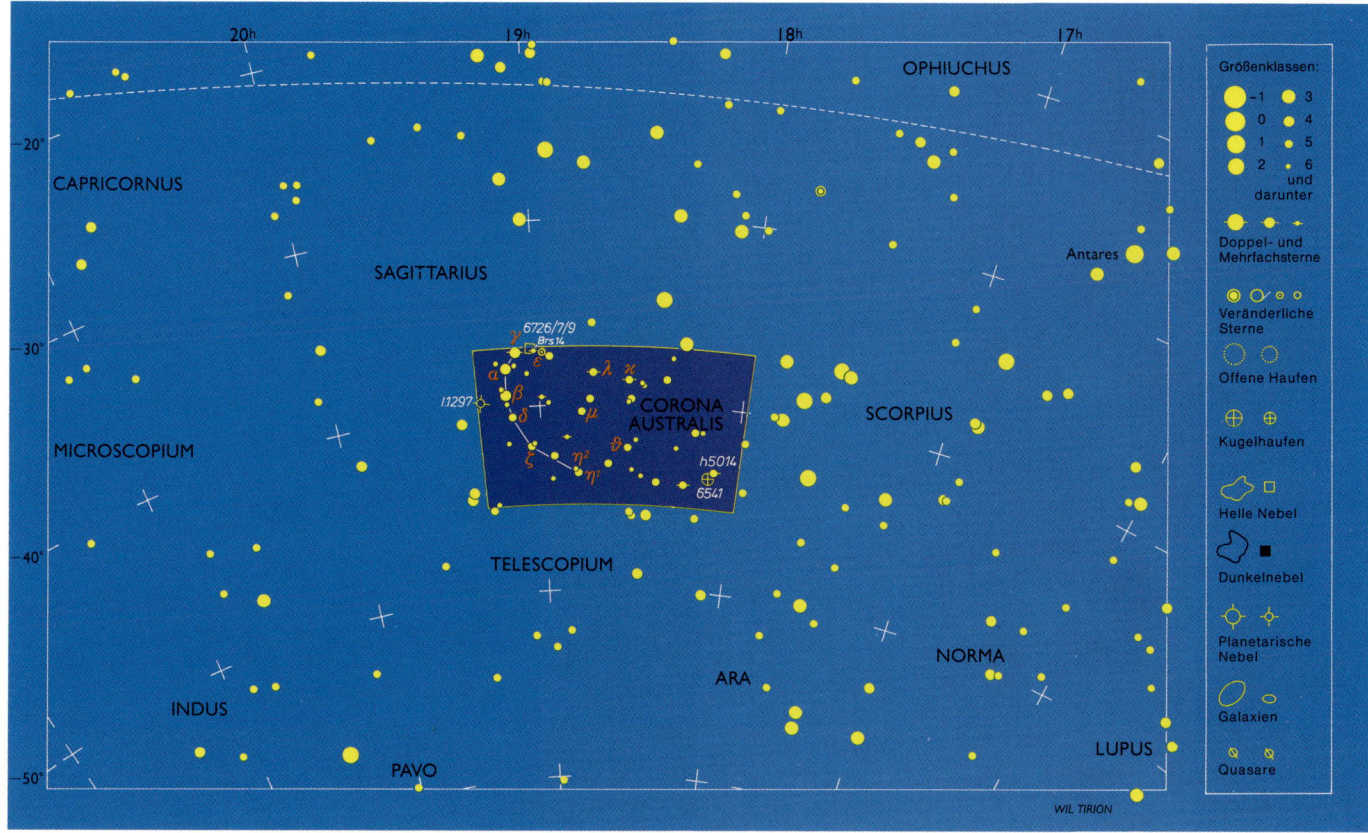

die Helligkeit des Nebels überträgt; daneben steht der kometenähnliche Nebel NGC 6729 um den ebenfalls veränderlichen Stern R CrA. Es könnte sich um junge „Nebelveränderliche" handeln, die vermutlich noch Materie aus ihrer Umgebung aufsammeln (siehe Kasten). Andere Astronomen sind der Ansicht, daß es sich um ziemlich gealterte Sterne handelt, die in der Endphase ihrer Entwicklung Teile ihrer Materie abblasen. Ungeachtet dieser Diskussion bieten die dunklen, staubreichen Wolken einen lohnenswerten Anblick. Es gibt viele Beispiele neuer Sterne, die bereits so viel Masse angesammelt haben, daß in ihrem Innern die Kernreaktionen zünden konnten und ein Teil der Materie wieder fortgeschleudert wurde. Viele dieser Sterne scheinen sich sehr rasch um ihre Achse zu drehen, und man erkennt in den davontreibenden Nebelwolken helle Streifen, die meist parallel zum Äquator des Sterns verlaufen. Das bekannteste Beispiel dafür ist der Nebel um Merope, ein Mitglied des Plejadenhaufens; vermutlich ist dieser Stern bereits älter als die Sterne in der Südlichen Krone. Mit den Methoden der Infrarot- und Millimeterwellenastronomie, die sich in den letzten Jahren zu bedeutenden Zweigen der beobachtenden Astronomie entwickelt haben, können die Astronomen die Staubwolken durchdringen und daher die Zustände der Sterne wesentlich besser erkunden als bisher, so daß eine Entscheidung zwischen den beiden Deutungsmöglichkeiten getroffen werden kann.

Außerdem enthält die Südliche Krone einen kleinen, bläulichen „Punkt", den nur 2 Bogensekunden großen planetarischen Nebel NGC 1297.

Nebel-Veränderliche

Nebel-Veränderliche sind sehr junge Objekte, deren Entstehungsprozeß noch nicht abgeschlossen ist: Da die Kernreaktionen im Innern noch nicht gezündet haben, beziehen sie ihre Energie noch aus der Kontraktion; damit stellen sie das letzte Stadium eines Protosterns unmittelbar vor dem Erreichen der Hauptreihe dar. Die meisten Nebel-Veränderlichen sind Riesensterne der Spektraltypen F, G oder K, die von ausgedehnten Gas- und Staubwolken umgeben sind, und sie zeigen unregelmäßige Helligkeitsschwankungen. Bekannt sind Nebel-Veränderliche vor allem aus dem Bereich um den Orionnebel. Wenn ihre Kernreaktionen zünden, werden sie eine Phase mit starkem Sternwind erleben, bei dem ein beachtlicher Teil der Materie verlorengeht. Sie rotieren sehr rasch und stoßen die Materie mit Geschwindigkeiten von bis zu 300 Kilometer pro Sekunde ab.

Beobachtungsobjekte in der Südlichen Krone
Mehrfachsterne

Name	RA	Dec.	Distanz (Bogensek.)	Helligk.		Jahr
h5014	18h 06.8m	−43° 25′	1.8	5.7	5.7	1943
κ (Kappa)	18h 33.4m	−38° 44′	21.4	5.9	6.6	1936
Brs 14	19h 01.1m	−37° 04′	12.7	6.6	6.8	1951
γ (Gamma)	19h 06.4m	−37° 04′	AC 2.7	4.8	5.1	1943

Nebel und Sternhaufen

Name	RA	Dec.	Typ	Größe	Helligk.
NGC 6541	18h 08.0m	−43° 42′	Glob. Cl.	13′	6.6
NGC 6726	19h 01.7m	−36° 53′			
NGC 6727			Diff. Refl. Neb. um TY und R Cor. Aus.		
NGC 6729					
IC 1297	19h 17.4m	−39° 37′	Plan. Neb.	2″	11.5

Corona Borealis/Serpens Caput

Beobachtungsobjekte in der Nördlichen Krone
Mehrfachsterne

Name	RA	Dec.	Distanz (Bogensek.)	Helligk.		Jahr
Σ 1932	15h 18.3m	+26° 50′	1	7.3	7.4	1961
η (eta)	15h 23.0m	+30° 17′	0.6	5.6	5.9	1960
ζ (Zeta)	15h 39.4m	+36° 38′	6.3	5.1	6.0	1973
Σ 2011	16h 07.6m	+29° 00′	2.4	7.8	10.4	1941
Σ 2022	16h 12.8m	+26° 40′	2.5	6.4	10.0	1958
σ (Sigma)	16h 14.7m	+33° 52′	AB 6.2	5.6	6.6	1962
			AC 8.7	5.6	13.1	1935
			AD 71.0	5.6	10.6	1933

Veränderliche Sterne

Name	RA	Dec.	Typ	Amplitude	Periode
R	15h 48.6m	+28° 09′	RCB	5.71 14.8	Irr.
T	15h 59.5m	+25° 55′	Nova Rec.	2.0 10.8	Irr.

Das Zentrum des Galaxienhaufens Abell 2065 liegt bei 15h, 22.5 m, +29° 40′.

Beobachtungsobjekte im Kopf der Schlange
Mehrfachsterne

Name	RA	Dec.	Distanz (Bogensek.)	Helligk.		Jahr
5	15h 19.3m	+1° 46′	AB 11.2	5.1	10.1	1958
			AC 127.2	5.1	9.1	1924
Σ 1950	15h 30.0m	+25° 30′	3.2	8.1	9.6	1954
δ (Delta)	15h 34.8m	+10° 32′	3.9	4.2	5.2	1962

Nebel und Sternhaufen

Name	RA	Dec.	Typ	Größe	Helligk.
M5 (NGC 5904)	15h 18.6m	+2° 05′	Glob. Cl.	17.4′	5.75
NGC 6027	15h 59.2m	+20° 45′	Gals.	2.2′ × 1.2′	13–15

Die Nördliche Krone (Corona Borealis) ist ein altes Sternbild zwischen Bootes im Westen und Herkules im Osten. Nach Süden grenzt es an den Kopf der Schlange (Serpens Caput), den Vorderteil jenes Tieres, das der Schlangenträger festhält. Beide Figuren stehen Mitte Juni gegen 23 Uhr Sommerzeit im Meridian.

Corona Borealis

Die Nördliche Krone enthält einige schöne Doppelsterne, zwei interessante Veränderliche und – allerdings nur für Besitzer wirklich großer Fernrohre erreichbar – einen der dichtesten Galaxienhaufen überhaupt (Abell 2065). Eta (η) ist ein helles, enges Paar mit einer Umlaufzeit von 41,6 Jahren; in den 90er Jahren wird der gegenseitige Abstand ziemlich genau 1 Bogensekunde betragen. Die beiden Komponenten (5,6^m/5,9^m) verschmelzen für das bloße Auge zu einem Stern der Helligkeit 5,0^m.

Den veränderlichen Stern C Coronae Borealis kann man mit einem Fernglas überwachen. Während des Lichtmaximums verweilt er lange Zeit bei etwa 6. Größenklasse, um dann plötzlich und ohne Vorwarnung auf die 12. Größenklasse abzusinken; manchmal geht die Helligkeit sogar bis zur 14. Größenklasse zurück. Der Wiederanstieg kann entweder unmittelbar beginnen oder auch Jahre auf sich warten lassen. Erklärt wird der Lichtwechsel mit dem Auswurf gewaltiger Kohlenstoffwolken (Ruß), die das Sternlicht absorbieren, bis sich die Materie hinreichend verdünnt hat oder vom Stern wieder verschluckt wurde. T CrB ist das bekannteste Beispiel einer anderen, seltenen Klasse veränderlicher Sterne, der sogenannten wiederkehrenden Novae. Normalerweise verharrt der Stern bei einer Helligkeit der 10. Größenklasse, doch zweimal während der vergangenen 150 Jahre (1866 und 1946) stieg die Helligkeit rapide (innerhalb von Stunden) bis fast zur 2. Größenklasse an! Kaum 20 Tage später war der Spuk vorbei, hatte der Stern wieder seine ursprüngliche Helligkeit der

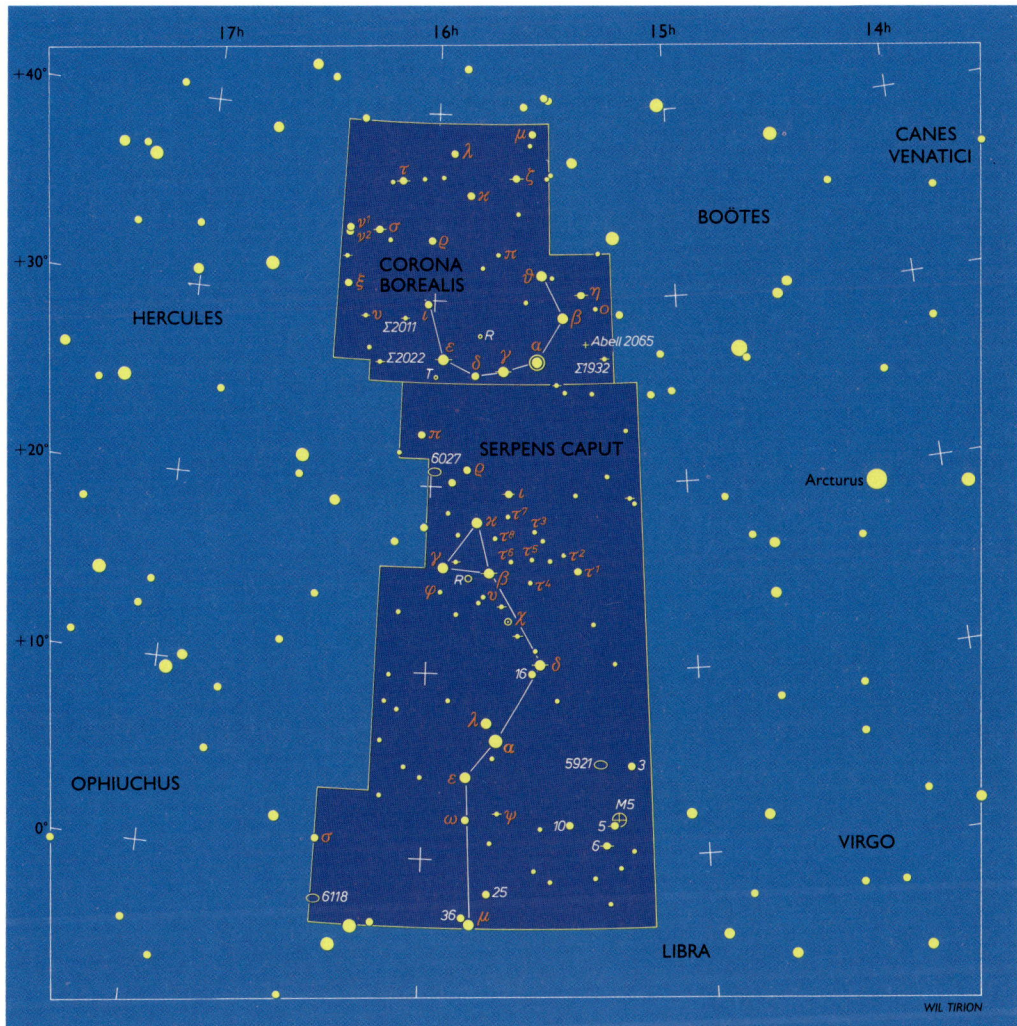

10. Größenklasse erreicht. Vermutlich ist ein enger Doppelsternpartner aus dem Gleichgewicht geraten und verliert Materie an seinen Begleiter, die dort plötzlich zur Fusion kommen kann, ehe der Prozeß erneut beginnt.

Abell 2065 ist ein sehr reicher Galaxienhaufen, dessen hellste Mitglieder ungefähr 16. Größenklasse erreichen – man braucht also wirklich ein großes Teleskop, um Dutzende von blassen Nebelflekken wenigstens zu erahnen. Etwa 400 Haufenmitglieder sind bekannt, die sich auf einer Fläche von der Größe des Vollmonds konzentrieren. Die Entfernungsangaben schwanken je nach verwendetem „Maßstab", doch sind Werte um 1 Milliarde Lichtjahre durchaus realistisch.

Serpens Caput

Im Kopf der Schlange (Serpens Caput) findet man einige wenige Doppelsterne von Interesse, doch das bekannteste Objekt ist zweifellos der kugelförmige Sternhaufen M 5 (NGC 5904), der als einer der schönsten Vertreter dieser Klasse gilt; er steht nur 22 Bogenminuten neben dem Stern 5 Serpentis. Beginnend bei Arktur im Bootes wandert der Blick zunächst nach Südosten bis zum Stern xi (ξ) Bootis; 10° weiter südlich findet man 109 und etwas weiter östlich 110 Virginis. In der Verlängerung dieser Linie trifft man dann auf M 5. Im Sucher oder in einem Fernglas erscheint er als verwaschener heller Fleck unmit-

telbar über 5 Serpentis. Unter einem wirklich dunklen Himmel mit ruhiger Luft verschmelzen Stern und Kugelhaufen dem bloßen Auge zu einem gemeinsamen Lichtfleck. Ein 7,5-cm-Teleskop genügt, um die Randbereiche aufzulösen, und in einem 20-cm-Fernrohr bietet er einen prachtvollen Anblick.

5 Serpentis ist übrigens ein Doppelstern: neben dem helleren Partner der 5. Größenklasse steht in 11 Bogensekunden Abstand ein fahles Sternchen der 10. Größenklasse. Ein reizvolles Paar für kleine Fernrohre ist delta (δ), dessen 4,2^m und 5,2^m helle Komponenten 1962 noch 3,9 Bogensekunden auseinander standen und sich seither weiter voneinander entfernt haben. Eine Herausforderung für Benutzer größerer Teleskope (von mehr als 30 cm Öffnung) ist die Galaxiengruppe um NGC 6027, die mitunter auch als Stephans Sextett bezeichnet wird; es sind eigentlich nur fünf Galaxien, von denen eine jedoch durch Gezeitenkräfte beträchtlich verformt erscheint. Um die nur eine Bogenminute breite und 2 Bogenminuten hohe Gruppe auflösen zu können, bedarf es eines dunklen Himmels und hoher Vergrößerung; ich habe mit einem 40-cm-Newton (f/5) immerhin fünf Komponenten gesehen, wobei die südlichste allerdings sehr schwach erschien. Das sechste Objekt, das auf einer in *Burnhams Celestial Handbook* reproduzierten Aufnahme des 5-m-Spiegels nur als schwacher Schimmer erscheint, blieb dagegen unsichtbar. Die Helligkeiten der rund 200 Millionen Lichtjahre entfernten Galaxien liegen im Bereich 14. bis 16. Größenklasse.

Corvus/Crater

Corvus, der Rabe, und Crater, der Becher, *sind beides alte Sternbilder, die bereits von Ptolemäus in seinem Almagest beschrieben wurden. In der griechischen Mythologie sandte Apollo einen weißen Raben aus, um seine Geliebte Coronis zu beobachten; da er jedoch nicht verhindern konnte, daß Coronis untreu wurde, bestrafte Apollo den Vogel und verwandelte ihn in einen schwarzen Raben. Der* ***Crater*** *wurde ursprünglich mit der Wasserschlange und dem Raben in Verbindung gebracht, manchmal aber auch mit dem Becher, aus dem Dionysos große Mengen Wein trank.*

Der Rabe (Corvus) ist ein kleines Sternbild, das für die Bewohner der Nordhalbkugel im Frühjahr erscheint; es liegt unter dem Westteil der Jungfrau und läßt sich an den vier etwa trapezförmig angeordneten Sternen der 3. Größenklasse erkennen. Im Westen grenzt der Rabe an den Becher (Crater), dessen Sterne der 4. Größenklasse ebenfalls eine Art Trapez bilden. Die Grenze zwischen beiden Sternbildern erreicht um den 20. April gegen 23 Uhr Sommerzeit den Meridian.

Corvus

Das Sternbild enthält einige Doppelsterne und – wegen der Nähe zum Coma-Virgo-Haufen – auch etliche Galaxien, die aber allesamt kleiner und weniger hell als im Sternbild Jungfrau sind. Σ 1604 ist ein schöner Dreifachstern, bei dem zwei Sterne der 9. Größenklasse in 10 beziehungsweise 19 Bogensekunden Abstand zu einem Stern der 6. Größenklasse stehen; der weitere Partner ist allerdings nur ein optischer Begleiter. Bei delta (δ) zeigen die bequem zu trennenden Komponenten einen leichten Farbkontrast. Σ 1669 umfaßt zwei Sterne der 6. Größenklasse in 5,4 Bogensekunden Abstand sowie einen dritten Stern (10,3^m) in knapp 1 Bogenminute Distanz.

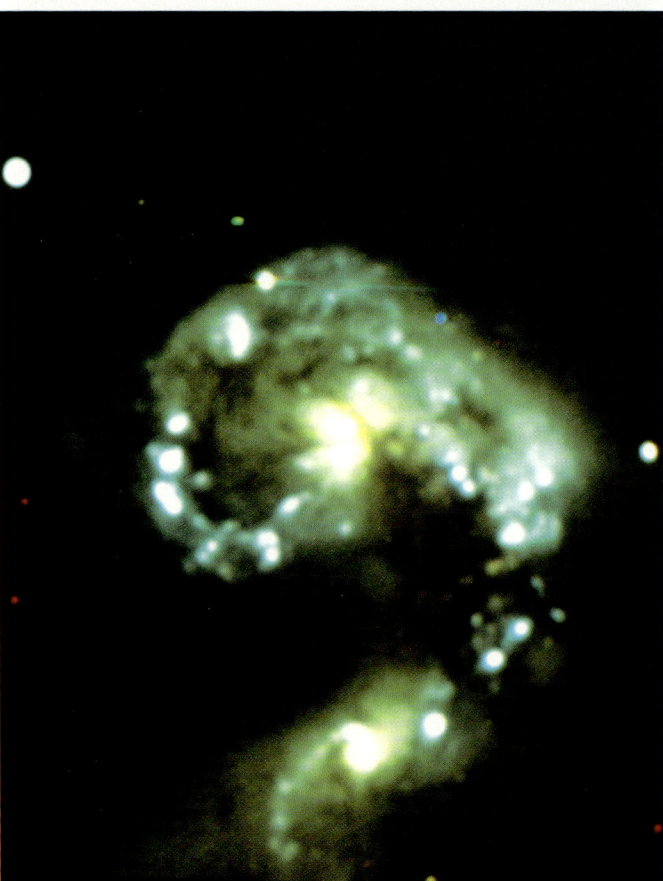

__Die Antennen__ sind ein eindrucksvolles Beispiel für zwei miteinander wechselwirkende Galaxien (NGC 4038/NGC 4039); ihre Form läßt sich aus Computermodellen zweier beinahe kollidierender Galaxien recht gut rekonstruieren. Jede der beiden Galaxien besitzt einen Schweif aus Sternen und Gas, der durch Gezeitenkräfte herausgerissen wurde und sich weit über den Rand des Bildes erstreckt. Die hellen, bläulichen Verdichtungen sind Gebiete, in denen – angeregt durch die enge Begegnung – neue Sterne entstehen. Das Bild wurde aus drei CCD-Filteraufnahmen mit dem 2,10-m-Teleskop am Kitt Peak National Observatory in Arizona zusammengesetzt.

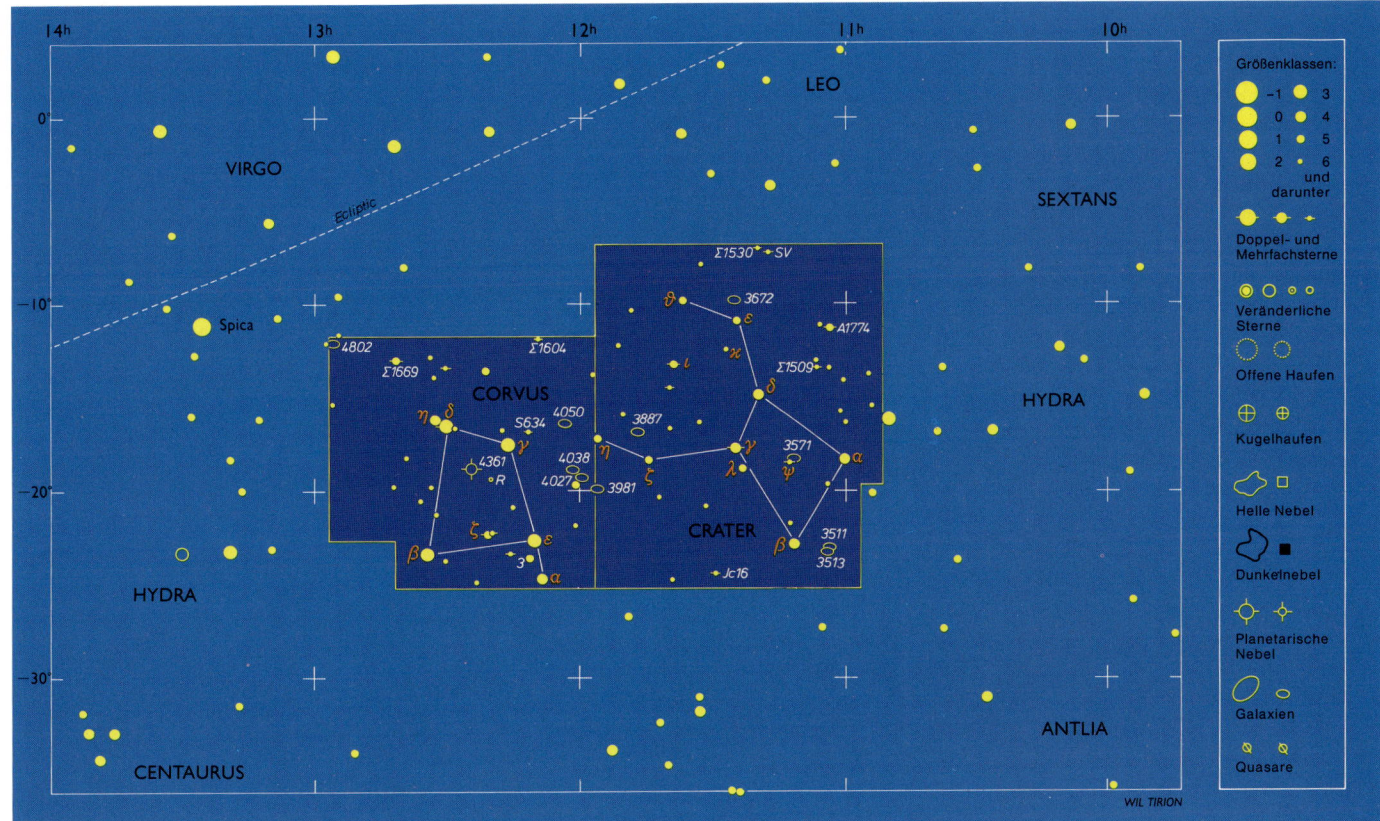

Die Antennen-Galaxien

Das kollidierende Galaxienpaar NGC 4038/NGC 4039 ist eines der bizarrsten Objekte am Himmel. Lang belichtete Aufnahmen zeigen zwei langgezogene, dünne Materieschweife, die von dem offenbar sehr turbulenten Zentralbereich ausgehen. Im Fernrohr erscheint das Gebilde wie ein Stück Baumkuchen, aus dem ein Teil herausgebissen wurde. Aufgrund seiner verhältnismäßig großen Flächenhelligkeit ist es ein interessantes Objekt für Fernrohre ab 15 cm Öffnung. NGC 4361 ist einer der hellsten großen planetarischen Nebel am Himmel; er steht über dem Mittelpunkt des Trapezes und erscheint als grauer, nahezu strukturloser Fleck (Durchmesser 80 Bogensekunden) mit einem Zentralstern der 13. Größenklasse.

Zu den Galaxien im Raben gehört auch das Paar NGC 4782/83, das von einer gemeinsamen Hülle schwachleuchtender Sterne umgeben ist; das System der 12. Größenklasse bildet mit den beiden Galaxien NGC 4792 und NGC 4794 (beide 14. Größenklasse) ein Dreieck.

Crater

Der Becher enthält nur wenige interessante Doppelsterne (siehe Tabelle). NGC 3887 ist eine Spiralgalaxie der 11. Größenklasse, die im *Revised New General Catalogue* als „Spiralgalaxie, leicht elliptisch, mit hellerem Zentrum, vielen Knoten und großer Flächenhelligkeit" beschrieben wird. NGC 3672 ist nach der Hubbleschen Klassifikation eine Sb-Galaxie mit vielen eng gewundenen Spiralarmen, während wir auf die Galaxie NGC 3511 fast von der Kante blicken.

Beobachtungsobjekte im Raben
Doppel- und Mehrfachsterne

Name	RA	Dec.	Distanz (Bogensek.)	Hellig.		Jahr
Σ 1604	12h 09.5m	−11° 51′	AB 9.9	6.8	9.3	1970
			AC 19.1	6.8	9.2	1959
S634	12h 11.4m	−16° 47′	5.5	7.2	8.4	1960
δ (Delta)	12h 29.9m	−16° 31′	24.2	3.0	9.2	1958
Σ 1669	12h 41.3m	−13° 01′	AB 5.4	6.0	6.1	1973
			AC 59.0	6.0	10.3	1930

Nebel und Sternhaufen

Name	RA	Dec.	Typ	Größe	Helligk.
NGC 4027	11h 59.5m	−19° 16′	Gal. Scp	3.0′ × 2.3′	11.1
NGC 4038	12h 01.9m	−18° 52′	Gal. Scp	2.6′ × 1.8′	10.7
NGC 4050	12h 02.9m	−16° 22′	Gal. SBb	3.1′ × 2.2′	12
NGC 4361	12h 24.5m	−18° 46′	Plan. Neb.	80″	10.3pg

Beobachtungsobjekte im Becher
Doppelsterne

Name	RA	Dec.	Distanz (Bogensek.)	Hellig.		Jahr
A1774	11h 03.2m	−11° 18′	3.7	5.6	10.6	1951
Σ 1509	11h 06.5m	−13° 24′	32.9	7	9	1925
Σ 1530	11h 19.7m	−06° 54′	7.7	7.5	8	1955
γ (Gamma)	11h 24.9m	−17° 41′	5.2	4.1	9.6	1955
Jc 16	11h 29.8m	−24° 29′	8.2	5.8	8.8	1954

Nebel und Sternhaufen

Name	RA	Dec.	Typ	Größe	Helligk.
NGC 3511	11h 03.2m	−23° 05′	Gal. Sc	5.4′ × 2.2′	11.6
NGC 3672	11h 25.0m	−09° 48′	Gal. Sb	4.1′ × 2.1′	11.5
NGC 3887	11h 47.1m	−16° 52′	Gal. Sc	3.3′ × 2.7′	11.0

Crux/Musca

Das Kreuz des Südens (Crux) ist das kleinste Sternbild, doch obwohl es nur 68 Quadratgrad bedeckt, ist es eine wahre Fundgrube für Fernrohrbeobachter. Für die Sternfreunde der nördlichen Breiten, denen der Blick auf das Kreuz des Südens vorenthalten bleibt, ist es der Inbegriff des exotischen, tropischen Südhimmels. Der erste Anblick nach einem langen Flug oder selbst aus dem Kabinenfenster ist unvergeßlich. Ich habe das Kreuz des Südens 1962 zum ersten Mal von den Philippinen aus gesehen – über einem tropischen Gewitter am Horizont. Damals war ich schon 15 Jahre lang Amateurastronom, und so ist mir die Erregung, die ich damals verspürte, lebhaft in Erinnerung geblieben. Für die Bewohner der Südhalbkugel gehört es zu den Herbststernbildern; es kulminiert Anfang Mai gegen 22 Uhr Ortszeit. Die südliche Milchstraße ist in dieser Gegend sehr auffällig, und so findet man eine Reihe von offenen Haufen, zahlreiche Doppel- und Mehrfachsterne und eine ausgedehnte Dunkelwolke, den „Kohlensack" (coal sack), die sich gegen die brillant leuchtende Milchstraße im Kreuz des Südens abhebt.

Die Fliege (Musca) ist eine etwas größere Figur, die sich nach Süden an das Kreuz anschließt. Da die Milchstraße in den nördlichen Teil hineinragt, findet man auch hier einige interessante Sterne, Sternhaufen und das Objekt NGC 5189, einen seltsamen Gas- und Staubnebel.

Crux

Alpha (α) Crucis, auch Acrux genannt, ist ein heller Doppelstern in 370 Lichtjahren Entfernung, dessen 1,4^m und 1,9^m helle Komponenten nur 4,4 Bogensekunden getrennt stehen. Ein dritter Stern der 4. Größenklasse ist in 90 Bogensekunden Abstand zu den weiß und bläulichweiß leuchtenden Hauptkomponenten zu finden.
Beta (β) Cru ist ebenfalls ein Mehrfachstern: Hier steht ein Stern der 11. Größenklasse in 44 Bogensekunden Abstand zur bläulichweißen Hauptkomponente der 1. Größenklasse, und ein roter Stern der 7. Größenklasse (EsB 365) in mehr als 6 Bogenminuten Abstand gehört auch noch dazu. Gamma (γ) ist lediglich ein optisches Paar mit einem orangefarbenen Hauptstern und einem weißen Begleiter der 6. Größenklasse in 111 Bogensekunden Abstand. Ein leichter Doppelstern selbst für kleine Fernrohre ist schließlich my (μ) Crucis, dessen Komponenten (4,3^m/5,3^m) knapp 35 Bogensekunden auseinander stehen.

Der offene Sternhaufen NGC 4103 steht in einem prächtigen Bereich der Milchstraße und wird von einigen hellen Sternen umgeben. Der Haufen selbst enthält rund 25 Sterne mittlerer Helligkeit. NGC 4349 mit etlichen farbigen Sternen erscheint etwas größer (16 Bogenminuten) und steht etwa auf halbem Weg zwischen Acrux und epsilon (ε) Crucis.

Das Schmuckkästchen

Das Paradeobjekt im Kreuz des Südens ist ohne Zweifel der offene Sternhaufen um kappa (κ) Crucis, NGC 4755, das seit John Herschel als „Schmuckkästchen" bekannt ist: ein dichter Haufen heller Sterne, der in jedem Beobachtungsinstrument einen prachtvollen Anblick bietet. Bei den hellen Sternen handelt es sich um Blaue und Rote Riesen, die mit ihren leuchtenden Farben den Eindruck einer Juwelensammlung vermitteln. Sie verbrauchen ihren Kernbrennstoff wesentlich schneller als die Sonne und strahlen daher viel heller (die beiden hellsten Mitglieder haben rund 80 000fache Sonnenleuchtkraft). Die Entfernung zu dem Sternhaufen wird auf etwa 7500 Lichtjahre geschätzt. Der Sternhaufen ist am Nordrand des Kohlensacks (coal sack) angesiedelt, einer ausgedehnten Dunkelwolke, die sich bis in das Sternbild Fliege erstreckt. Schon mit dem bloßen Auge gewinnt man hier den Eindruck einer gewissen räumlichen Tiefe, der durch ein Fernglas noch verstärkt wird, gerade so, als schaute man in eine

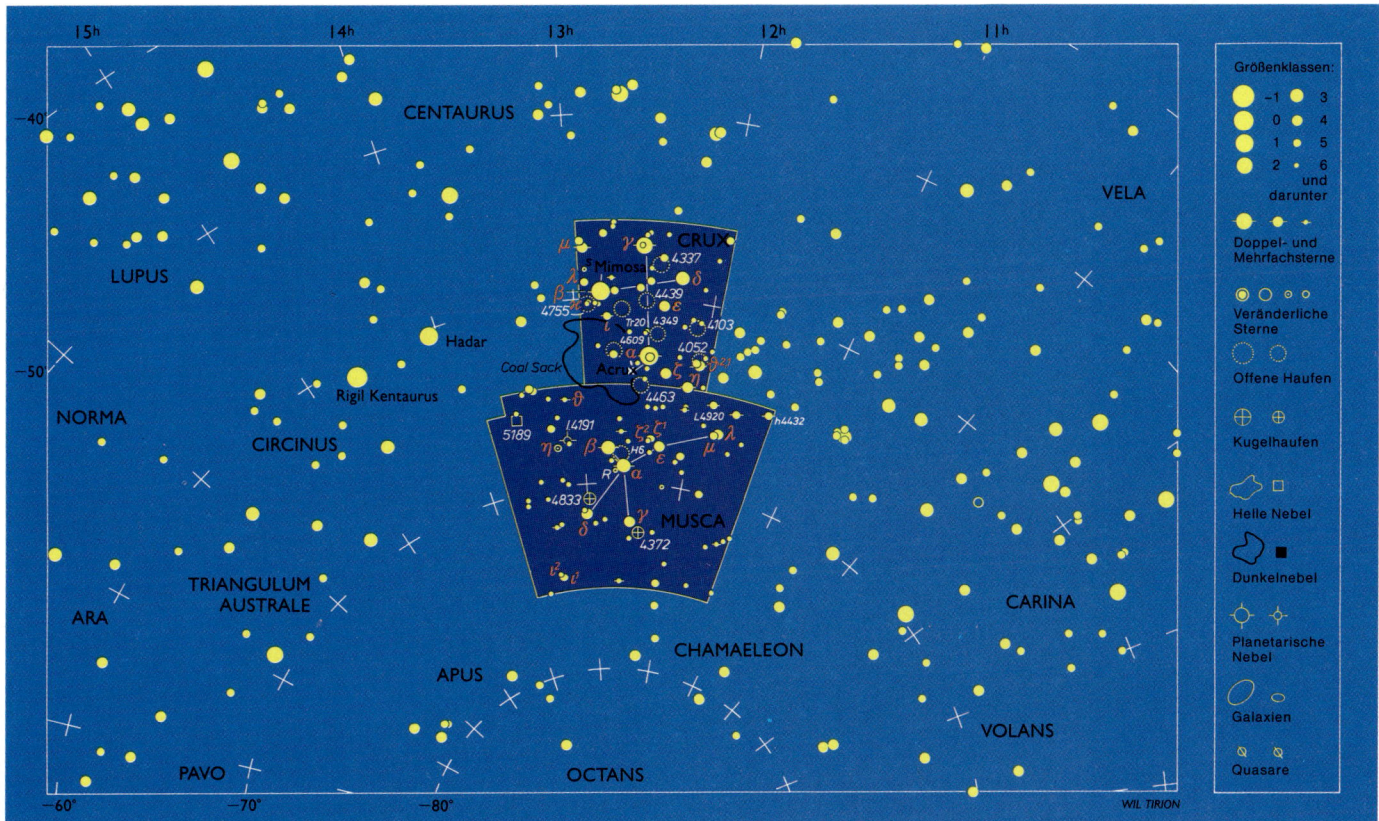

dunkle Höhle, die tief in die Milchstraße eindringt. In Wirklichkeit ist der Kohlensack eine vergleichsweise nahe Dunkelwolke in etwa 500 Lichtjahren Entfernung.

Musca

Auch im Sternbild Fliege (Musca) hält die Milchstraße einige interessante Fernrohrobjekte bereit. Herschel 4432 ist ein Paar gelblichweißer Sonnen (5,4^m/6,6^m) in 2,3 Bogensekunden Abstand, während die Komponenten von L4920 (5,2^m/7,4^m) etwa 1,8 Bogensekunden auseinander stehen. Beta (β) Muscae ist ein weißes Paar (3,7^m/4,0^m), bei dem 1955 ein gegenseitiger Abstand von 1,4 Bogensekunden (mit zunehmender Tendenz) gemessen wurde. Die Komponenten von theta (ϑ) Mus (5,7^m/7,3^m) sind farblich verschieden und stehen 5,3 Bogensekunden auseinander: Der Begleiter wird als WC6-Stern klassifiziert, als kühler Stern mit starken Kohlenstoffbanden im Spektrum; neben seinem Rot wirkt das Weiß des B0-Hauptsterns fast bläulich.

Die beiden hellen kugelförmigen Sternhaufen in der Fliege erschienen noch heller, würde ihr Licht nicht durch den reichlich vorhandenen Staub um mehrere Größenklassen abgeschwächt. NGC 4372 ist der größere von beiden (18 Bogenminuten); seine Entfernung wird auf etwa 15 000 Lichtjahre geschätzt. H6 ist ein offener Sternhaufen mit rund 70 Sternen auf einer Fläche von 5 Bogenminuten Durchmesser. NGC 5189 ist ein seltsamer Nebel, dessen Zuordnung umstritten ist: Er zeigt eine innere Struktur, an der mehrere Sterne beteiligt zu sein scheinen. Während Hartung ihn aufgrund des Spektrums den planetarischen Nebeln zuschlägt, halten andere ihn für einen Reflexionsnebel.

Beobachtungsobjekte im Kreuz des Südens
Doppel- und Mehrfachsterne

Name	RA	Dec.	Distanz (Bogensek.)		Helligk.		Jahr
α (Acrux)	12h 26.6m	−63° 06′	AB	4.4	1.4	1.9	1955
			AC	90.1	1.4	4.9	
γ (Gamma)	12h 31.2m	−57° 07′	AB	110.6	1.6	6.7	1919
			AC	155.2	1.6	9.5	1879
β (Beta)	12h 47.7m	−59° 41′	AB	44.3	1.3	11.2	1901
			AC	369.9	1.3	7.3	1853
μ (Mu)	12h 54.6m	−57° 11′		34.9	4.3	5.3	1952

Nebel und Sternhaufen

Name	RA	Dec.	Typ	Größe	Helligk.
NGC 4052	12h 01.9m	−63° 12′	Open Cl.	8′	8.8pg
NGC 4103	12h 06.7m	−61° 15′	Open Cl.	7′	7.4pg
NGC 4349	12h 24.5m	−61° 54′	Open Cl.	16′	7.4
Tr 20 (H7)	12h 39.7m	−60° 36′	Open Cl.	8′	10.1pg
NGC 4755	12h 53.6m	−60° 20′	Open Cl.	10′	4.2

Beobachtungsobjekte in der Fliege
Doppel- und Mehrfachsterne

Name	RA	Dec.	Distanz (Bogensek.)	Helligk.		Jahr
h4432	11h 23.4m	−64° 57′	2.3	5.4	6.6	1947
L4920	11h 51.9m	−65° 12′	1.8	5.2	7.4	1940
β (Beta)	12h 46.3m	−68° 06′	1.4	3.7	4.0	1955
θ (Theta)	13h 08.1m	−65° 18′	5.3	5.7	7.3	1952

Nebel und Sternhaufen

Name	RA	Dec.	Typ	Größe	Helligk.
NGC 4372	12h 25.8m	−72° 40′	Glob. Cl.	18.6′	7.8
H6	12h 37.9m	−68° 28′	Open Cl.	5′	10.7pg
NGC 4833	12h 59.6m	−70° 53′	Glob. Cl.	13.5′	7.3
NGC 5189	13h 33.5m	−65° 59′	Plan.Neb.(?)	153″	10.3

Cygnus

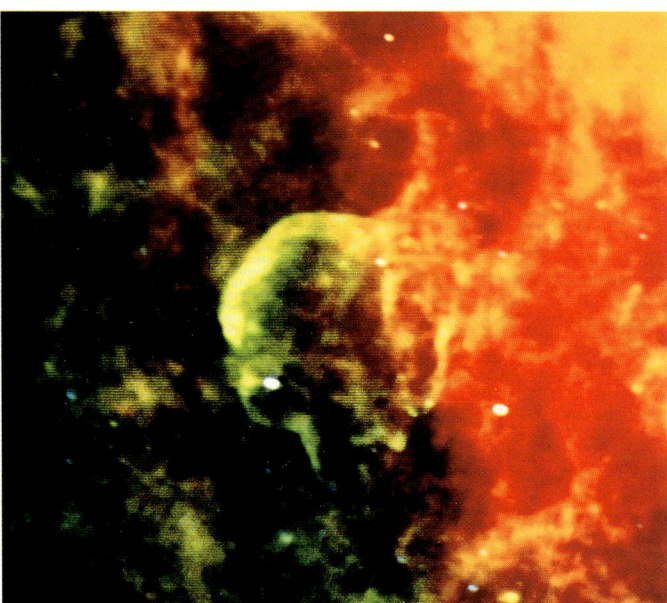

Der Cygnusbogen ist eine riesige Schale aus Gas und Staub mit einem Durchmesser von mehr als 3°; er gilt als Überrest einer rund 20 000 Jahre zurückliegenden Supernova-Explosion. Das Bild, das aus Daten des Infrarot-Satelliten IRAS erstellt wurde, zeigt blau die Infrarotstrahlung bei 20 Mikrometer an, grün die Strahlung bei 60 Mikrometer und rot bei 100 Mikrometer. Die Staubschale, die von der Schockfront der Supernova aufgeheizt wird, tritt bei 60 Mikrometer am deutlichsten hervor und erscheint daher gelblich grün. Der hellste Teil des Cygnusbogens ist als Cirrus-Nebel im lichtstarken, astronomischen Fernglas zu erkennen.

Der Schwan ist ein großes Sommersternbild des nördlichen Himmels, in dem die Milchstraße als diffuse Sternwolke hervortritt; sein Hauptstern alpha (α) Cygni, Deneb, ist nördlich der Alpen zirkumpolar. Die helleren Sterne bilden ein großes Kreuz, das mitunter auch als das Kreuz des Nordens bezeichnet wird: Man erkennt in ihnen die Umrisse des Schwans, der mit ausgebreiteten Schwingen (δ und ε Cygni) die Milchstraße entlang nach Süden gleitet. Deneb markiert den Schwanz, der prachtvolle Doppelstern Albireo (β Cyg) den Kopf des Schwans.

Das Sternbild wirkt schon mit bloßem Auge sehr eindrucksvoll; bei seinen Beobachtungen im 19. Jahrhundert zählte Friedrich Wilhelm Argelander in Bonn immerhin 146 Sterne, die ohne Teleskop zu erkennen waren. Die diffuse „Sternwolke" ist ein heller Teil der Milchstraße, und in einer klaren, mondscheinlosen Nacht kann man unmittelbar östlich des Schwanenhalses eine langgestreckte Dunkelwolke erkennen (im englischen Sprachbereich als „Great Rift", Großer Graben, bezeichnet); eine weitere Dunkelwolke, der „nördliche Kohlensack", befindet sich nördlich von Deneb. In der gesamten Gegend stehen zahlreiche farbige Sterne; in einem lichtstarken Fernglas oder Teleskop sind sie am besten zu erkennen.

Man hat ausgerechnet, daß mit einem Fernrohr von 10,5 cm Öffnung, 50 cm Brennweite und 18facher Vergrößerung die meisten Sterne in dieser Region zu beobachten seien — eine solche Kombination ist wohl das lichtstärkste optische Instrument.

Doppel- und Mehrfachsterne

Der Schwan enthält so viele Doppel- und Mehrfachsterne, Nebel und Sternhaufen, daß eine detaillierte Beschreibung den begrenzten Rahmen dieses Buches sprengen würde; wir müssen uns daher auf die schönsten Objekte beschränken. Einer der bekanntesten Doppelsterne am Himmel ist Albireo, beta (β) Cygni; seine goldgelbe und

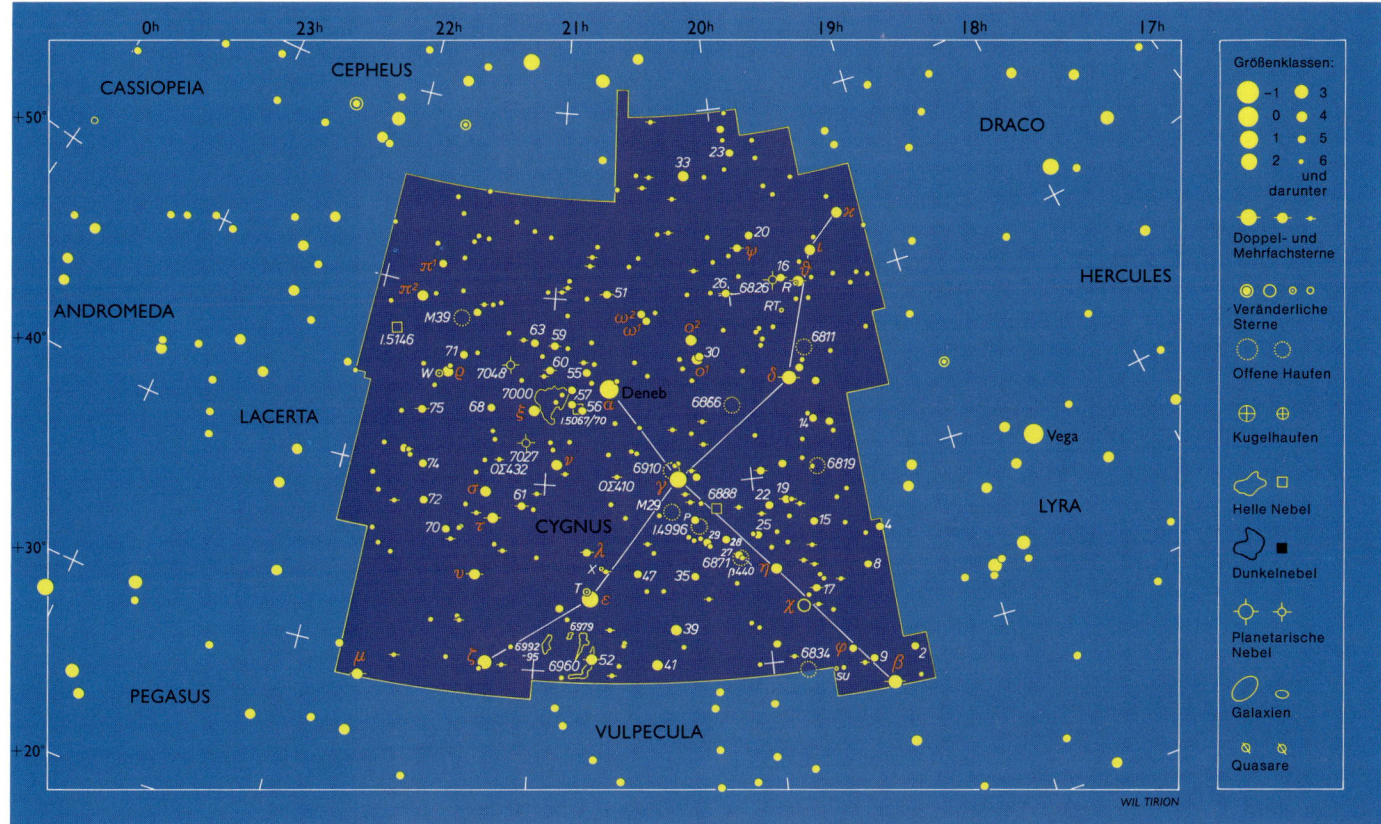

blaue Komponente (3,1^m und 5,1^m) in einer gegenseitigen Distanz von 34,4 Bogensekunden sind selbst mit einem Fernglas zu trennen; in großen Teleskopen geht der Farbkontrast eher verloren, vielleicht, weil die Sterne dann bereits zu hell erscheinen. Das Paar steht 380 Lichtjahre entfernt, und das bedeutet, daß jeder der beiden Sterne um ein Vielfaches heller leuchtet als die Sonne, die in diesem Abstand als Sternchen der 10. Größenklasse erschiene! Delta (δ) ist ein schöner, aber nicht ganz leichter Doppelstern, dessen bläulichweiße Komponenten (2,9^m/6,3^m) derzeit mit knapp 2 Bogensekunden ihren größten Abstand erreicht haben. Etwas besser sind die beiden gelben Komponenten (4,8^m/6,0^m) von my (μ) zu trennen, die derzeit ebenfalls rund 2 Bogensekunden auseinander stehen; ihre scheinbar kleinste Distanz erreichten sie 1926 mit 0,9 Bogensekunden, die räumlich kleinste Entfernung (Periastron) ihres rund 500 Jahre währenden Umlaufs passierten sie 1962. OΣ 390 umfaßt drei Sterne (6,6^m/8,9^m/10,6^m) in 9,7 beziehungsweise 16,4 Bogensekunden Abstand.

61 Cygni

Der Stern 61 Cygni ist ebenfalls ein berühmter Doppelstern. Bei ihm konnte Friedrich Wilhelm Bessel 1838 die erste Fixsternparallaxe messen. Darunter versteht man die scheinbare Verschiebung der Sternposition als Folge der Erdbewegung um die Sonne. Je näher der Stern, desto größer fällt seine Parallaxe aus. Der verschwindend kleine Winkel von nur 0,294 Bogensekunden rückt den Stern 61 Cygni in eine Entfernung von 11,1 Lichtjahren und weist ihn damit als einen der 20 nächsten Sterne aus. Sorgfältige Beobachtungen der Bewegung von 61A haben ergeben, daß noch eine dritte Komponente in diesem System existiert, die jedoch zu lichtschwach ist und zu nahe an der Hauptkomponente steht, um direkt beobachtet werden zu können; die Masse dieses Objekts (61C) liegt bei etwa 8 Jupitermassen, so daß es sich entweder um einen sehr großen Planeten

oder einen zu klein geratenen, allenfalls rotglühenden Stern handeln kann. Die Komponenten A und B, beides rote Zwergsterne (5,2^m/6,0^m), stehen derzeit 28,4 Bogensekunden auseinander.

Nebel und Sternhaufen

Insgesamt stehen 28 offene Haufen und 11 planetarische Nebel im Schwan, doch kugelförmige Sternhaufen und ferne Galaxien sucht man wegen der Abschirmung durch die Milchstraße vergeblich. NGC 6819 ist ein dichter Haufen mit rund 150 Sternen der 11. Größenklasse und darunter. Er steht ziemlich genau 5° südlich von delta (δ) und erscheint am schönsten in Teleskopen ab 20 cm Öffnung. Einen weiteren dichten Haufen aus rund 50 Sternen der 10. Größenklasse und darunter (NGC 6866) findet man nördlich der Mitte zwischen gamma (γ) und delta (δ) Cygni. Dagegen erscheinen die beiden Messierobjekte M 29 (NGC 6913) unweit von gamma und M 39 (NGC 7092) nordwestlich von Deneb als ziemlich kleine Gruppen aus Sternen mittlerer Helligkeit, die allerdings schon in einem lichtstarken Fernglas zu erkennen sind. Die besten planetarischen Nebel sind NGC 6826, eine ziemlich helle Scheibe (8,8^m) mittlerer Ausdehnung (25 Bogensekunden) mit einem Zentralstern der 11. Größenklasse, und NGC 7027, ein bläulichgrünes Ellipsoid der 10. Größenklasse.

Der Nordamerika-Nebel

Über die planetarischen Nebel hinaus enthält der Schwan noch eine Reihe weiterer Nebel der unterschiedlichsten Art. Nebelstrukturen kann man zum Beispiel in der Umgebung von gamma (γ) erahnen und fotografieren, aber auch unweit des Schwanzsterns Deneb: Dort steht der Nordamerika-Nebel (NGC 7000), der gegen Ende des 19. Jahrhunderts von dem Heidelberger Astronomen Max Wolf auf der ersten „modernen", langbelichteten Himmelsaufnahme entdeckt wurde. Auch er ist leichter zu fotografieren als zu sehen, aber mit einem lichtstarken Fernglas oder Teleskop sollte man die Umrisse dieses „Kontinents" recht gut erkennen. In einer wirklich klaren, dunklen Nacht reicht ein 7×50 Fernglas, und selbst dem an die Dunkelheit angepaßten bloßen Auge erscheint die Stelle am Himmel heller als die Umgebung. Mit einem Fernrohr ab 25 cm Öffnung („verstärkt" mit einem Nebelfilter) tritt der ganze „Kontinent" einschließlich des Sternhaufens NGC 6997 hervor.

Ein anderes interessantes Objekt, das in einem Teleskop dieser Größe erkennbar wird, ist die ovale Nebelwolke NGC 6888, die vermutlich auf einen Materieauswurf des Wolf-Rayet-Sterns in ihrer Mitte zurückgeht. Auch hier hilft ein Nebelfilter, um das helle Licht der Nachbarsterne zu unterdrücken.

Der Cygnus-Bogen

Das vielleicht eindrucksvollste Objekt im Schwan ist — zumindest auf Fotografien — ein Supernova-Überrest, der gleich zwei NGC-

Nummern trägt (6960 und 6992) und unter mehreren Namen bekannt ist: Die Gesamtstruktur wird heute als Cygnus-Bogen bezeichnet, während der hellere Teil (NGC 6992) in Europa Cirrus-Nebel heißt, im englischsprachigen Bereich dagegen Schleier-Nebel genannt wird. Die Suche lohnt sich schon mit Ferngläsern ab 50 mm Öffnung, aber eindrucksvoll wird das Objekt erst mit einem 11×80- oder einem 20×100-Glas. In größeren Teleskopen lassen sich unter Zuhilfenahme eines Nebelfilters die Nebelfetzen ähnlich gut verfolgen wie auf den Fotografien. In einem 55-cm-Cassegrain (f/8) mit Daystar 300-Filter und 32-mm-Okular erschien er ebenso prägnant wie auf einem Foto. Am deutlichsten trat er oberhalb von 52 Cygni hervor, wo sich der Nebel verengt und wie eine Röhre aussieht, und im östlichen Bereich, wo ich den Bogen etwa ein Grad weit verfolgen konnte. Möglichst kurze Brennweiten und ein guter Filter sind erforderlich, wenn man diesen Anblick mit einem Fernrohr mittleren Ausmaßes nachvollziehen möchte.

Beobachtungsobjekte im Schwan
Doppel- und Mehrfachsterne

Name	RA	Dec.		Distanz (Bogensek.)	Helligkeiten		Jahr
β (Beta) (Albireo)	19h 30.7m	+27° 58'		34.4	3.1	5.1	1967
16	19h 41.8m	+50° 32'		39.3	6.0	6.1	1976
δ (Delta)	19h 44.9m	+45° 07'		1.8(?)	2.9	6.3	1960
ψ (Psi)	19h 55.6m	+52° 26'	AB	3.2	4.9	7.4	1958
			AC	21.2	4.9	13.6	1958
			AD	165.4	4.9	10.2	1908
OΣ 390	19h 55.1m	+30° 12'	AB	9.7	6.6	8.9	1849
			AC	16.4	6.6	10.6	1849
OΣ 410	20h 39.6m	+40° 35'	AB	0.8	6.8	7.1	1959
			AB x C	69.0	6.8	8.9	1939
Burnham 440	20h 06.4m	+35° 47'	AB	6.9	6.8	11.8	1943
λ (Lambda)	20h 47.4m	+36° 29'		0.7 (1961)	4.8	6.1	1961
59	20h 59.8m	+47° 31'	AB	20.2	4.7	9.6	1951
			AC	26.7	4.7	11.5	1921
			AD	38.3	4.7	11.0	1913
61	21h 06.3m	+38° 45'		28.4	5.2	6.0	1968
OΣ 432	21h 14.3m	+41° 09'		1.4	7.8	8.2	1957
υ (Upsilon)	21h 17.9m	+34° 54'	AB	15.1	4.4	10.0	1958
			AC	21.5	4.4	10.0	1958
μ (Mu)	21h 44.1m	+28° 45'	AB	1.7 (1967)	4.8	6.1	1967
			AC	48.6	4.8	11.5	1924

Nebel und Sternhaufen

Name	RA	Dec.	Typ	Größe	Helligkeit
NGC 6819	19h 41.3m	+40° 13'	Open Cl.	6'	7.3
NGC 6826	19h 44.9m	+50° 31'	Plan. Neb.	25"	8.8
NGC 6866	20h 03.7m	+44° 00'	Open Cl.	8'	7.6
NGC 6888	20h 12.0m	+38° 21'	Diff. Neb.	20' × 10'	11
M29 (NGC 6913)	20h 23.9m	+38° 32'	Open Cl.	7'	6.6
NGC 6960	20h 45.7m	+30° 43'	SNR	70' × 6'	11
NGC 6992/5	20h 56.4m	+31° 42'	SNR		
IC 5067-70	20h 48.6m	+44° 22'	Diff. Neb.	80' × 70'	11+
NGC 7000	20h 58.7m	+44° 20'	Diff. Neb.	120' × 100'	9
NGC 7027	21h 07.1m	+42° 14'	Plan. Neb.	18" × 11"	10.4pg
M39 (NGC 7092)	21h 32.2m	+48° 26'	Open Cl.	32'	4.6

Der Nordamerikanebel (NGC 7000) zeigt eine unübersehbare Ähnlichkeit mit dem nordamerikanischen Kontinent. Rechts daneben – gewissermaßen im Atlantik – steht der Pelikan-Nebel (IC 5067–5070). Der helle Stern rechts oben ist Deneb, alpha (α) Cygni, ein weit entfernter, leuchtkräftiger weißer Überriese. Die Dreifarbenaufnahme stammt von dem kalifornischen Amateur Reverend Ronald Royer.

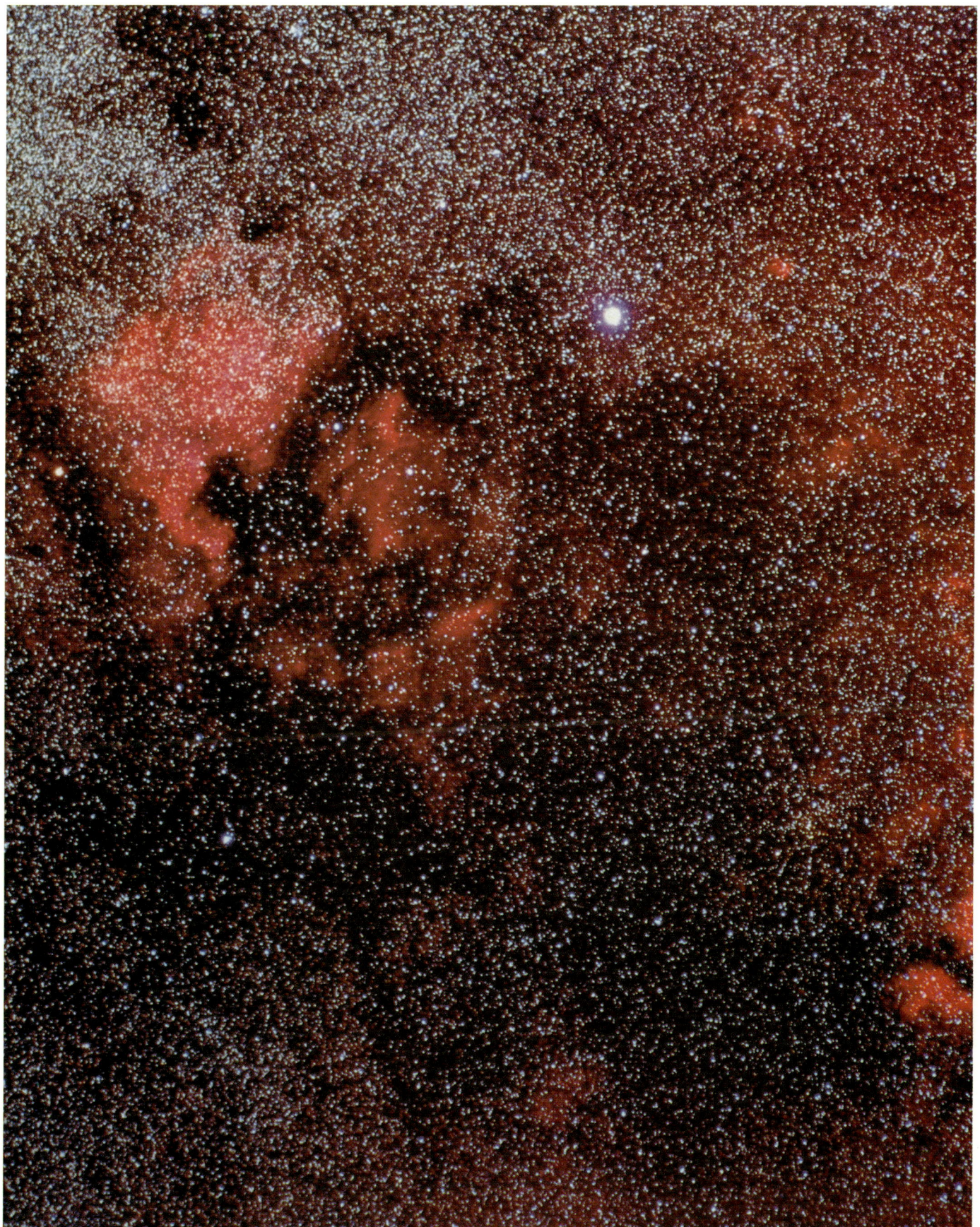

Delphinus/Equuleus

Sowohl Delphinus, der Delphin, als auch Equuleus, das Füllen, werden bereits von Ptolemäus in seinem Almagest beschrieben. Der Meeresgott Poseidon versetzte den Delphin an den Himmel, weil dieser ihm geholfen hatte, die Meerjungfrau Amphitrite für sich zu gewinnen. Der Stern alpha (α) Delphini trägt übrigens den Beinamen Sualocin, und der Stern beta (β) wird auch Rotanev genannt – hier hat sich der Assistent des italienischen Astronomen Guiseppe Piazzi, Nicolaus Venator, ein „himmlisches Denkmal" gesetzt.
Equuleus gehört zur Sage um Merkur und Castor.

Die benachbarten Sternbilder Delphin (Delphinus) und Füllen (Equuleus) stehen zwischen dem Adler im Westen und dem Wassermann im Südosten. Sie überschreiten den Meridian Anfang September gegen 23 Uhr Sommerzeit und gehören damit zu den spätsommerlichen Sternbildern. Die Umrisse des Delphins sind besonders markant, erinnern sie doch an einen kleinen Papierdrachen mit einigen schwächeren Sternen als Schwanz. Die wenigen helleren Sterne des Füllens bilden ein längliches, unregelmäßiges Viereck links unterhalb des Delphins. Während der Delphin noch einige Nebel und Sternhaufen zu bieten hat, findet man im Füllen nur ein paar Doppelsterne.

Delphinus

Zwei kleine planetarische Nebel stehen im Delphin: NGC 6891, ein bläulicher, länglich runder Nebel (7×15 Bogensekunden) der 10. Größenklasse, sowie NGC 6905, ein größeres Objekt der 12. Größenklasse mit diffusen Rändern. Außerdem findet man zwei kugelförmige Sternhaufen, von denen NGC 7006 in einem Abstand von rund 150 000 Lichtjahren zu den entferntesten Haufen unserer Galaxis gehört — weit draußen im intergalaktischen Raum. Er erscheint als schwacher Lichtfleck mit aufgehelltem Zentrum. Über diese Entfernung reichen normale Amateurfernrohre nicht, um den Haufen in Einzelsterne auflösen zu können. Um ihn zu finden, kann man das Fernrohr auf gamma (γ) Delphini einstellen und dann 15 Minuten warten (bei abgestelltem Nachführmotor) — durch die Erdrotation rückt der auf gleicher Deklination stehende Kugelhaufen nach einer Viertelstunde ins Gesichtsfeld (man kann natürlich von gamma (γ) Del aus das Fernrohr auch 15 Minuten in Rektaszension nach Osten drehen). Der andere Kugelhaufen steht uns viel näher: NGC 6934 läßt sich mit einem 25-cm-Teleskop zumindest in den Randbereichen in Einzelsterne auflösen. Ein hellerer Vordergrundstern bildet einen reizvollen Kontrast zu dem verwaschen erscheinenden Haufen.

Die Nähe zur Milchstraße garantiert etliche gute Doppelsterne. Zu den reizvolleren Objekten gehört gamma (γ) Del, der wie viele andere Gammas (Gamma Aquarii, Andromedae, Arietis, Virginis) schon in einem kleinen Fernrohr großartig aussieht: die beiden 4,5^m und 5,5^m hellen Komponenten stehen rund 10 Bogensekunden auseinander. Der dunklere Stern wurde in der Vergangenheit mitunter als grünlich beschrieben; auf jeden Fall sorgen die unterschiedlichen Spektraltypen (K2 und F8) für einen deutlichen Farbkontrast. Auch beta (β) Delphini ist ein Doppelstern, dessen Komponenten allerdings sehr eng benachbart sind: Während der Umlaufperiode von nur 26,65 Jahren schrumpft der Abstand zweimal auf untrennbare, bloße 0,2 Bogensekunden (zuletzt 1985), aber selbst bei maximalem Abstand ist das Paar mit 0,65 Bogensekunden kein leichtes Objekt.

Equuleus

Nebel und Sternhaufen sucht man mit Amateurfernrohren im Füllen vergeblich, findet dafür aber einige Doppelsterne. Epsilon (ε) oder 1 Equulei ist ein echter „Sternmulti": Das Paar AB (6,0^m/6,3^m) umrundet sich mit einer Periode von 101 Jahren, in deren Verlauf der Abstand auf 0,1 Bogensekunden schrumpft (zuletzt um 1920) und bis auf 1,1 Bogensekunden anwachsen kann (zuletzt 1970); in 10,7 Bogensekunden Abstand steht der Stern C (7. Größenklasse), während Stern D (12. Größenklasse) in knapp 75 Bogensekunden Distanz zu finden ist. Bei 2 Equulei stehen zwei Sterne der 7. Größenklasse 2,8 Bogensekunden auseinander. Delta (δ) Equ schließlich ist ein kurzperiodischer Doppelstern, dessen Komponenten sich in nur 5,70 Jahren umrunden. Der gegenseitige Abstand bleibt unterhalb von 0,35 Bogensekunden, man braucht daher ein großes Teleskop zur Trennung.

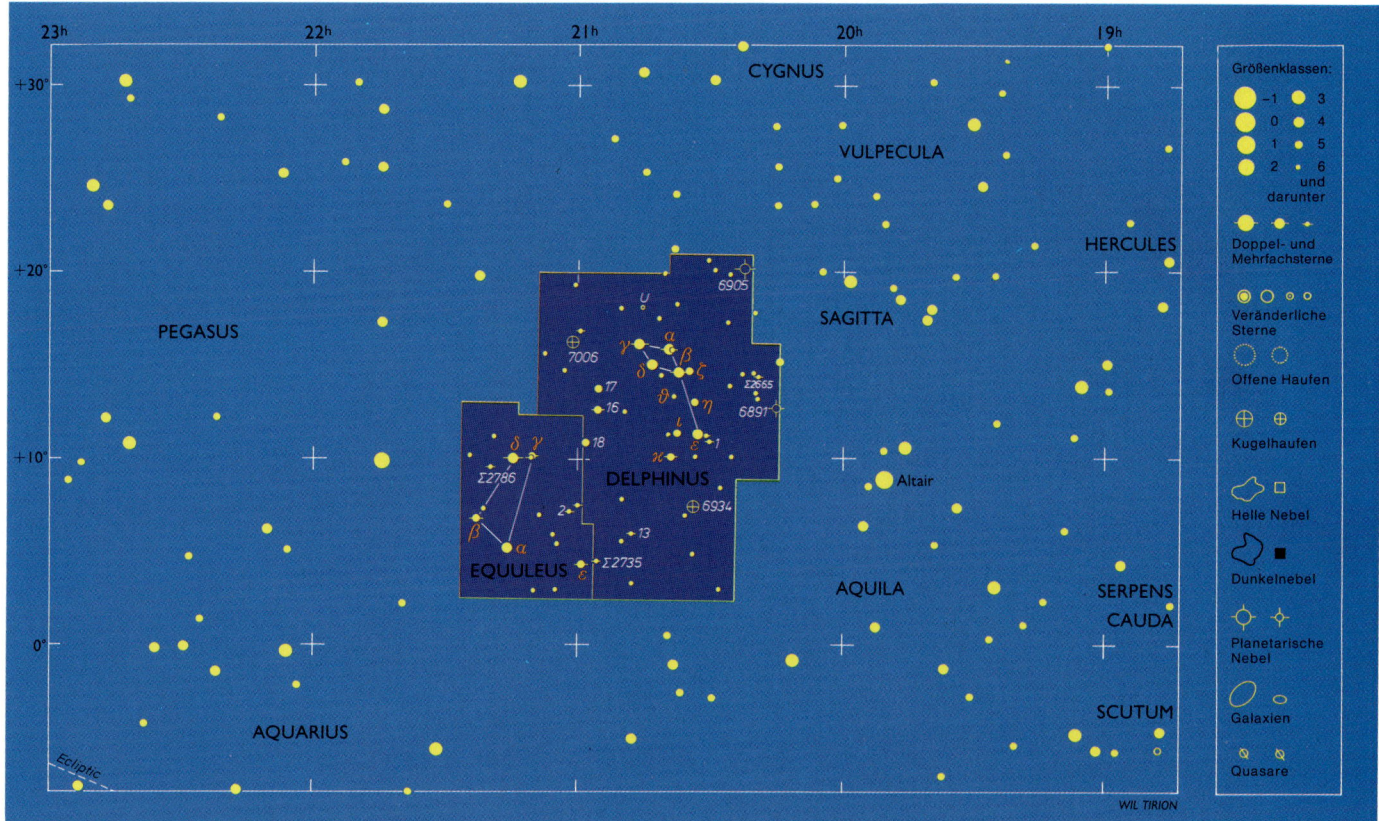

Ptolemäus

Claudius Ptolemäus war der letzte große Astronom der Antike. Er lebte in der ersten Hälfte des 2. Jahrhunderts als Bürger des römischen Reiches in der ägyptischen Stadt Alexandria. Dort befand sich eine an griechischen Vorbildern orientierte Universität und die berühmte Bibliothek.

Auf ihn gehen manche Verbesserungen des damaligen astronomischen Weltbildes zurück. So entwickelte er – gestützt auf griechische Quellen – ein System geometrischer Konstruktionen, mit denen er die Bewegungen von Sonne, Mond und Planeten beschrieb. Das System konnte zwar nicht vollständig mit der Wirklichkeit in Übereinstimmung gebracht werden, weil es von einer zentralen Stellung der Erde ausging und annahm, daß Sonne, Mond und Planeten auf kreisförmigen Bahnen und Hilfskreisen (Epizykeln) die Erde umrundeten, doch hielt es sich über rund 1400 Jahre bis zur „Kopernikanischen Wende".

Ptolemäus faßte das damalige astronomische Wissen in einem Buch zusammen, das wir heute als *Almagest* kennen – nach dem Titel der arabischen Übersetzung (Al Magisti) aus dem 12. Jahrhundert. Es enthält unter anderem den Sternkatalog des Hipparchos aus dem Jahre 140 v. Chr.; Ptolemäus hat diese Sterne zu 48 Figuren gruppiert, den wichtigsten Sternbildern, die von 30° nördlicher Breite aus zu beobachten waren. Dabei ließ er etliche Sterne unberücksichtigt, da sie „amorph" (ohne zusammenhängende Gestalt) waren; sie wurden erst später, ebenso wie die Sterne des südlichen Himmels, zu Sternbildern zusammengefaßt, vornehmlich von Bayer und Lacaille.

Beobachtungsobjekte im Delphin
Doppel- und Mehrfachsterne

Name	RA	Dec.	Distanz (Bogensek.)		Helligk.		Jahr
Σ 2665	20h 19.4m	+14° 22'		3.3	6.8	9.0	1943
I	20h 30.3m	+10° 54'		0.9	6.1	8.1	1958
β (Beta)	20h 37.5m	+14° 36'	AB	0.7	4.0	4.9	1924
			AC	22.8	4.0	12.9	1924
			AB×D	39.1		10.8	1931
γ (Gamma)	20h 46.7m	+16° 07'		9.6	4.5	5.5	1976
13	20h 47.8m	+06° 00'		1.6	5.6	9.2	1958
Σ 2735	20h 55.7m	+04° 32'		2.1	6.1	7.6	1958

Nebel und Sternhaufen

Name	RA	Dec.	Typ	Größe	Helligk.
NGC 6891	20h 15.2m	+12° 42'	Plan. Neb.	7" × 15"	10
NGC 6905	20h 22.4m	+20° 07'	Plan. Neb.	44" × 38"	12
NGC 6934	20h 34.2m	+7° 24'	Glob. Cl.	5.9'	8.8
NGC 7006	21h 01.5m	+16° 11'	Glob. Cl.	2.8'	10.6

Beobachtungsobjekte im Füllen
Doppel- und Mehrfachsterne

Name	RA	Dec.	Distanz (Bogensek.)		Helligk.		Jahr
ε (Epsilon)	20h 59.1m	+04° 18'	AB	0.9	6.0	6.3	1961
			AB×C	10.7	6.0	7.1	1967
			AD	74.8	6.0	12.4	1924
2	21h 02.2m	+07° 11'		2.8	7.4	7.4	1955
δ (Delta)	21h 14.5m	+10° 00'	AB	0.3	5.2	5.3	1961
			AC	47.7	5.2	9.4	1925
Σ 2786	21h 19.7m	+09° 32'		2.5	7.2	8.3	1955

Dorado / Mensa

***Dorado, der Schwert-
fisch,*** *wurde 1603 von
Johann Bayer in dessen
Uranometria eingeführt.*
Mensa, der Tafelberg,
*kam hingegen erst rund
150 Jahre später hinzu, als
Nicolas Louis de Lacaille
die Himmelsgegend nach
dem berühmten Tafelberg
bei Kapstadt benannte. Als
solchermaßen „moderne"
Figuren haben beide kei-
nen Bezug zur Mythologie
des Altertums.*

Der Schwertfisch (Dorado) ist ein unbedeutendes Sternbild des Südhimmels, das sich zwischen –50° und –70° Deklination erstreckt,
hervorgehoben nur durch die Große Magellansche Wolke (LMC,
Large Magellanic Cloud), deren größerer Teil innerhalb seiner Grenzen liegt. Mit einer Entfernung von rund 170 000 Lichtjahren ist dieses
Sternsystem die nächste Nachbargalaxie der Milchstraße, begleitet
von der geringfügig weiter entfernten Kleinen Magellanschen Wolke
(SMC, Small Magellanic Cloud). Der Schwertfisch erreicht den Meridian Anfang Januar gegen 22 Uhr Ortszeit und zählt damit für die
Bewohner der Südhalbkugel zu den Sommersternbildern. Die Sternenkette beginnt bei gamma (γ) Doradus, gefolgt von alpha (α), und
setzt sich dann über zeta (ζ) bis zu einem kleinen Dreieck aus beta (β),
delta (δ) und einem Stern der 4. Größenklasse fort.
Der Tafelberg (Mensa), der sich nach Süden anschließt, enthält nur
einige schwächere Sterne und bietet neben dem südlichen Drittel der
Großen Magellanschen Wolke keine besonderen Objekte.

Doppelsterne

Rmk 4 ist ein Doppelstern, dessen Komponenten der 7. Größenklasse 6 Bogensekunden auseinander stehen. Auch h3683 enthält zwei
Sterne der 7. Größenklasse in 3 Bogensekunden Distanz, die sich in
550 Jahren umlaufen. Die beiden Komponenten von I 276 ($6,7^m$/
$6,9^m$) standen dagegen 1959 nur 1,2 Bogensekunden getrennt.
Beta (β) Doradus gehört zu den Cepheiden-Veränderlichen: er
pulsiert innerhalb von 9,8 Tagen zwischen $3,8^m$ und $4,7^m$.

Die Magellanschen Wolken

Die Große Magellansche Wolke ist als nächste Nachbargalaxie ein
wichtiges Studienobjekt der Astronomen. Während die Milchstraße
zu den Spiralgalaxien gehört, wird die Große Magellansche Wolke
gewöhnlich als irregulär eingestuft. Auf lang belichteten Aufnahmen
erkennt man eine Art Balken, der auf die Gezeitenkräfte unserer Galaxis und der Kleinen Magellanschen Wolke zurückgeführt werden
könnte; er erinnert etwas an die Struktur der Doppelgalaxie NGC
4038/9 im Raben, den sogenannten Antennen-Galaxien. Die Große
Magellansche Wolke besitzt eine Ausdehnung von rund 50 000 Lichtjahren und enthält etwa 25 Milliarden Sonnenmassen oder rund 10
Prozent der Masse unserer Galaxis. Sie muß noch ziemlich jung sein,
weil sie noch ausgedehnte HII-Regionen enthält, Gebiete leuchtenden Wasserstoffs, die als Geburtsstätten neuer Sterne gelten; darüber hinaus gibt es einige blaue Überriesen, die heller leuchten als
alle Sterne, die wir aus unserer Galaxis kennen, und die daher den
Wasserstoff in geradezu unvorstellbaren Mengen „verbrennen"
müssen. Diese Gruppen von Überriesen sowie die ausgedehnten
Wasserstoffwolken in ihrer Umgebung gehören zu den auffälligsten
Objekten innerhalb der Großen Magellanschen Wolke. Der Tarantelnebel (NGC 2070) ist das größte und hellste Gebiet dieser Art, größer
womöglich als alle anderen bekannten Ansammlungen leuchtenden
Wasserstoffs und extrem heller, junger Sterne. Im Vergleich dazu
erscheint der Orionnebel geradezu zwergenhaft; unter günstigen Be-
dingungen kann man diesen Nebel sogar mit bloßem Auge sehen.
Im Fernrohr erkennt man zahlreiche, vom Kernbereich ausgehende
Bögen und ausladende Nebelfetzen. Der superhelle blaue Überriese
30 Doradus und seine Nachbarn sind als Objekte der 9. Größenklasse und darunter leicht auszumachen. In den Randbezirken dieses
Komplexes leuchtete am 23. Februar 1987 eine Supernova auf, die
Mitte Mai eine Gipfelhelligkeit von 2,8 Größenklassen erreichte. Die
Explosion hatte einen blauen Überriesen mit der Katalogbezeich-
nung Sanduleak – 69.202 ereilt, der am Ende seiner rund 11 Millionen
Jahre während Entwicklung den Kernbrennstoff völlig aufgebraucht hatte und unter seiner eigenen Massenanziehung in sich zu-
sammengestürzt war.

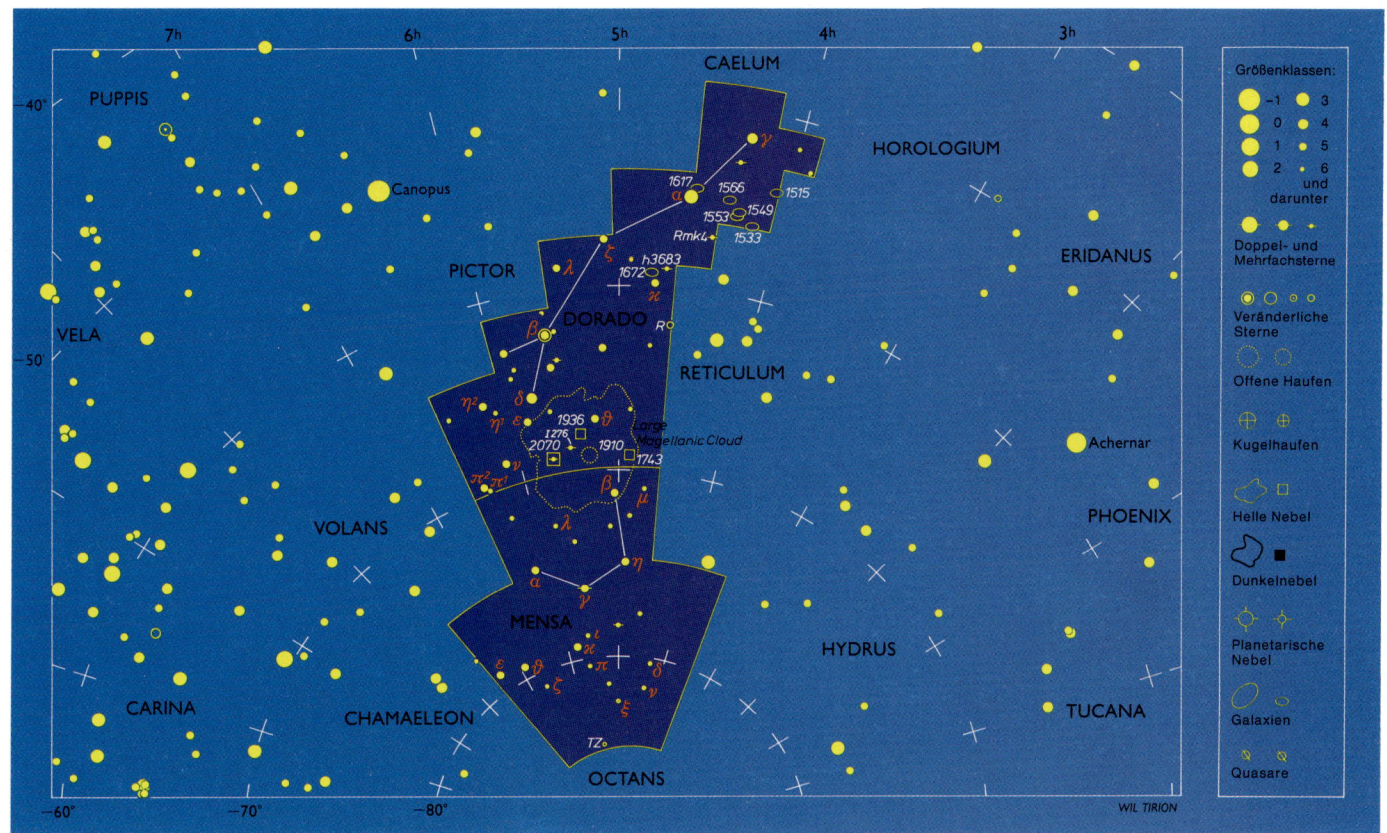

Supernova – der Tod eines Sterns

Eine Supernova ist ein Stern, der plötzlich neu am Himmel auf-
taucht; das letzte Ereignis dieser Art im überschaubaren Teil
unserer Galaxis liegt etwa 300 Jahre zurück. In anderen Galaxien können wir etliche Supernovae beobachten (insgesamt
rund 25 pro Jahr werden entdeckt), doch werden sie aufgrund
der großen Entfernungen nicht so hell, daß sie mit bloßem Auge zu sehen wären. In Wirklichkeit können sie allerdings eine
ganze Galaxie überstrahlen, senden also alleine soviel Energie ab wie etliche Milliarden Sonnen. Lediglich der plötzliche
Tod eines massereichen Sterns ist in der Lage, solch gewalti-
ge Energiemengen freizusetzen.

Nur sehr massereiche Sterne sterben so spektakulär, Sterne
mit zehn bis 50 Sonnenmassen. Wenn sie ihren Wasserstoff
im Kern zu Helium „verbrannt" haben, verschmelzen sie das
Helium zu noch schwereren Atomkernen, bis schließlich auch
Eisenatome entstehen. Danach kann der Stern keine weitere
Energie mehr produzieren, kann er dem Druck der eigenen
Schwerkraft nichts mehr entgegenstemmen und muß daher
wie ein Kartenhaus in sich zusammenfallen. Im Verlauf dieses
Kollapses wird noch einmal soviel Energie freigesetzt, daß der
größte Teil des Sterns abgesprengt wird und auch Elemente
jenseits des Eisens entstehen können.

Beobachtungsobjekte im Schwertfisch
Doppel- und Mehrfachsterne

Name	RA	Dec.	Distanz (Bogensek.)	Hellig.		Jahr
Rmk 4	04h 24.2m	−57° 04′	5.9	6.9	7.3	1955
h3683	04h 40.3m	−58° 57′	3.3	7.2	7.3	1990
I 276	05h 27.0m	−68° 37′	1.2	6.7	6.9	1959

Nebel und Sternhaufen

Name	RA	Dec.	Typ	Größe	Hellig.
NGC 1549	04h 15.7m	−55° 36′	Gal. E0	3.7′ × 3.2′	10
NGC 1553	04h 16.2m	−55° 47′	Gal. S0	4.1′ × 2.8′	9.5
NGC 1556	04h 20.0m	−54° 56′	Gal. SBb	7.6′ × 6.2″	9.4
NGC 1672	04h 45.7m	−59° 15′	Gal. SBb	4.8′ × 3.9′	11.0b
NGC 1743	04h 54.0m	−69° 12′	Neb. (LMC)	15″	13
NGC 1910	05h 18.1m	−69° 13′	Gal. Cl (LMC)	54″	10
NGC 1936	05h 22.0m	−67° 58′	Neb. + Stars	20″ × 15″	9?
NGC 2070	05h 38.7m	−69° 06′	Diff. Neb	40′ × 25′	5

Der Tarantelnebel (NGC 2070), auch 30 Doradus genannt, beherrscht das Aussehen unserer Nachbargalaxie, der Großen Magellanschen Wolke. Es ist einer der größten und leuchtstärksten Emissionsnebel, dessen fernste Randbezirke etwa 5000 Lichtjahre auseinander liegen. Diese kurzbelichtete Aufnahme mit dem 90-cm-Teleskop auf dem Cerro Tololo Inter-American Observatory in Chile zeigt den jungen Haufen aus massereichen Sternen in seinem Zentrum.

Die Große Magellansche Wolke und SN 1987A. Am 23. Februar 1987 entwickelte sich der zuvor wenig beachtete blaue Überriese mit der Katalogbezeichnung Sanduleak −69.202 zur hellsten Supernova seit fast 400 Jahren, die vorübergehend mit dem benachbarten Tarantelnebel konkurrieren konnte, wie diese Aufnahme zeigt: Der Tarantelnebel ist das diffuse, pinkfarbene Objekt oberhalb der Bildmitte, die Supernova 1987A der große, helle Stern unmittelbar links darunter. Die Aufnahme entstand fünf Wochen nach der Explosion, am 29. März 1987. Der australische Astronom Robert McNaught, einer der Entdecker der Supernova, belichtete das Foto 72,5 Minuten auf Fuji 400-Film und benutzte dazu eine 6 x 7-cm-Pentax mit einem 200-mm-Objektiv (f/4).

Draco/Ursa Minor

Präzession

Die Sternbilder Drache und Kleiner Bär haben eine gemeinsame historische Bedeutung, die mit der Lage des Himmelsnordpols zusammenhängt. Sie führt uns die Wanderung des Pols vor Augen, die durch die Schwerkrafteinflüsse von Sonne und Mond auf den Äquatorwulst der Erde ausgelöst wird. Im Prinzip verhält sich die Erde wie ein rotierender, schiefstehender Kinderkreisel, dessen Achse sich langsam im Raum dreht; allerdings dauert eine solche Drehung knapp 26 000 Jahre. Als Folge davon verschieben sich die Schnittpunkte zwischen Ekliptik und Himmelsäquator pro Jahr um rund 50,3 Bogensekunden nach Westen. Erkannt wurde diese Präzession bereits um das Jahr 150 v. Chr. von dem griechischen Astronomen Hipparchos.

Aufgrund der Präzession fällt der heutige Polarstern nur vorübergehend recht genau mit dem Himmelsnordpol zusammen. Zur Zeit der ägyptischen Hochkultur spielte Thuban, alpha (α) Draconis, die Rolle des Polarsterns, später war es Kochab, beta (β) Ursae Minoris, und um das Jahr 4000 wird der Himmelsnordpol in die Nähe von Alrai, gamma (γ) Cephei, gerückt sein.

Natürlich wird Thuban bei den Priestern und Pharaonen der Ägypter eine wichtige Rolle gespielt haben und möglicherweise besonders verehrt worden sein. Es stimmt allerdings nicht, daß die große Cheops-Pyramide auf Thuban ausgerichtet wurde, wie manchmal behauptet wird: Genaue Messungen haben ergeben, daß die Orientierung um einige Grad von dieser Richtung abweicht.

Der Drache (Draco) ist ein sehr großes Sternbild des nördlichen Himmels, das für die Bewohner Mitteleuropas zum größten Teil zirkumpolar ist. Es erstreckt sich nördlich der Sternbilder Bootes, Herkules, Leier und Schwan und reicht bis in die Gegend des Himmelsnordpols. Während der Sommermonate steht er den größten Teil der Nacht hoch am Himmel. Der Drachenkopf, rund 10° nordwestlich der hellen Wega, wird von vier Sternen markiert, die ein unregelmäßiges Viereck bilden. Der Drachenschwanz umschlingt den Kleinen Bär, dessen Hauptstern gegenwärtig annähernd mit dem Himmelsnordpol zusammenfällt. Der Kleine Bär wird oft auch Kleiner Wagen genannt, doch bedarf es schon einer dunklen Nacht, um Teile der Wagendeichsel und des Wagenkastens zu sehen. Der Polarstern bildet die Deichselspitze, und beta (β) und gamma (γ) markieren die Rückfront des Wagens.

Draco

Der Drache, der nach der Zählung Argelanders im 19. Jahrhundert 130 mit bloßem Auge sichtbare Sterne enthält, birgt etliche Doppel- und Mehrfachsterne und einen der schönsten planetarischen Nebel (NGC 6543). Unter den zahlreichen Galaxien sind nur wenige hell genug für kleinere Fernrohre. Einige der helleren Doppelsterne seien eigens erwähnt. Eta (η) enthält zwei Sterne der 3. und 8. Größenklasse in 4,7 Bogensekunden Abstand; 16 und 17 Draconis bilden ein „Fernglas-Paar", dessen Komponenten der 5. Größenklasse 1,5 Bogenminuten auseinanderstehen, wobei 17 Dra selbst noch einen Begleiter der 6. Größenklasse in 3,7 Bogensekunden Abstand besitzt. Bei my (μ) stehen zwei gleich helle Sterne der 5. Größenklasse 1,8 Bogensekunden auseinander, begleitet von einem Stern der 13. Größenklasse in 13 Bogensekunden Entfernung.

Unter den Galaxien im Drachen ist besonders NGC 5907 wegen ihrer Ausmaße (12×2 Bogenminuten) zu nennen; wir blicken nahezu auf

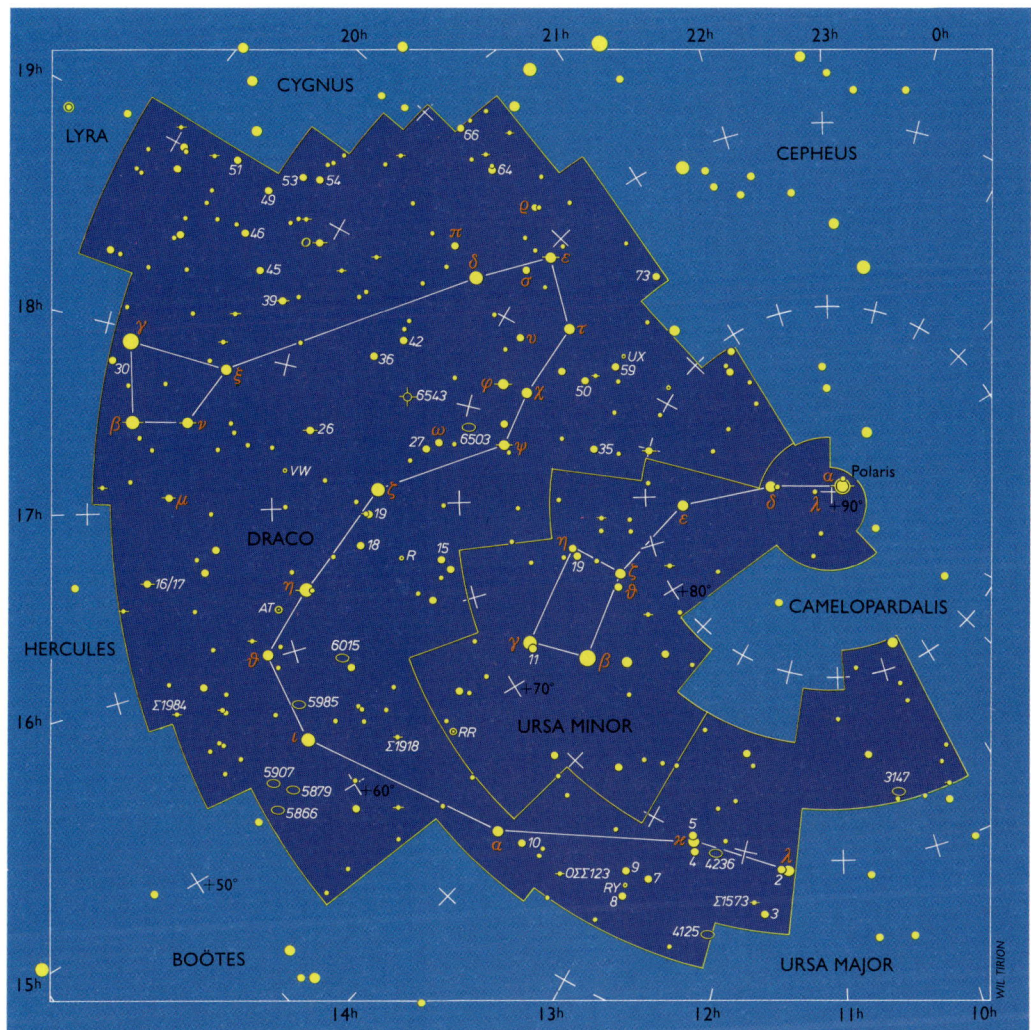

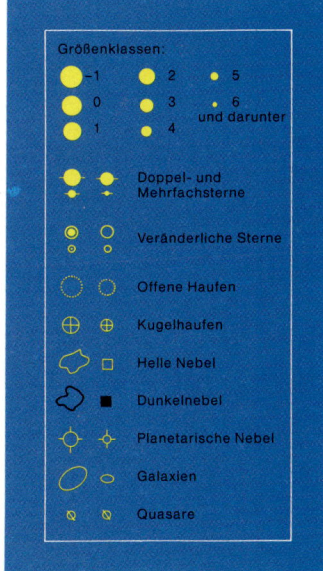

die Kante dieser Spiralgalaxie, deren Staubgürtel in großen Teleskopen zu erkennen ist. Der planetarische Nebel NGC 6543 erscheint als intensiv blaue Scheibe der 8. Größenklasse mit einem Durchmesser von 18 Bogensekunden; die komplexe innere Struktur ist allerdings nur schwer auszumachen. Bei sogenanntem indirektem Sehen kann man sogar den Zentralstern erkennen.

Ursa Minor

Das einzige Fernrohrobjekt von Interesse im Kleinen Bär ist der Polarstern, ein Doppelstern, dessen Hauptkomponente zu den Cepheiden-Veränderlichen gehört. Astronomische Laien stellen sich den Polarstern meist als besonders hellen Punkt am Himmel vor, doch ist er in Wirklichkeit ein normal heller, gelblicher Stern der 2. Größenklasse, der in der Liste der hellsten Sterne erst etwa an fünfzigster Stelle rangiert. Gegenwärtig steht der Himmelsnordpol rund 50 Bogenminuten vom Polarstern entfernt, doch rückt er aufgrund der Präzession noch näher heran. Etwa um das Jahr 2100 ist der Abstand mit dann 27 Bogenminuten am geringsten. Im Fernrohr erweist sich der Polarstern als doppelt, mit einem mitunter als bläulich beschriebenen Begleiter (F3-Stern) der 9. Größenklasse in 18 Bogensekunden Entfernung. Polaris selbst ist ein spektroskopischer Doppelstern (F8/F8-Sterne), dessen eine Komponente mit einer Periode von knapp 4 Tagen geringfügig veränderlich ist.

Beobachtungsobjekte im Drachen
Doppel- und Mehrfachsterne

Name	RA	Dec.	Distanz (Bogensek.)		Hellig.		Jahr
Σ 1573	11h 49.2m	+67° 20'	11.2		7.6	8.6	1953
OΣΣ 123	13h 27.1m	+64° 44'	AB 68.9		6.7	7.0	1924
			BC 36.4		7.0	12.2	1960
Σ 1984	15h 51.2m	+52° 54'	AB 6.5		6.6	8.9	1944
			AC 17.1		6.6	12.8	1910
η (Eta)	16h 24.0m	+61° 31'	4.7		2.7	8.7	1974
16 + 17	16h 36.2m	+52° 55'	90.7		5.4	5.5	1908
17	16h 36.2m	+52° 55'	3.7		5.4	6.4	1958
μ (Mu)	17h 05.3m	+54° 28'	AB 1.8		5.7	5.7	1966
			AC 13.2		5.7	13.7	1958

Nebel und Sternhaufen

Name	RA	Dec.	Typ	Größe	Hellig.
NGC 4125	12h 08.1m	+65° 11'	Gal. E5p	5.1' × 3.2'	9.8
NGC 4236	12h 16.7m	+69° 28'	Gal. SB+	18.6' × 6.9'	9.6
NGC 5907	15h 15.9m	+56° 19'	Gal. Sb+	12.3' × 1.8'	10.4
NGC 6543	17h 58.6m	+66° 38'	Plan. Neb.	18"	8.8pg

Eridanus

Eridanus, der Fluß, *wurde in biblischer Zeit oft mit Euphrat oder Nil identifiziert, bei Griechen und Römern dagegen eher mit Granikos oder Po. Ptolemäus zählte 38 mit bloßem Auge sichtbare Sterne zu dieser Figur, während Gould Mitte des 19. Jahrhunderts bei photometrischen Studien nicht weniger als 293 Sterne heller als 6. Größenklasse fand.*

Beobachtungsobjekte im Eridanus
Doppel- und Mehrfachsterne

Name	RA	Dec.	Distanz (Bogensek.)	Helligk.		Jahr
p	01h 39.8m	−56° 12′	10.4	5.8	5.8	1940
θ (Theta)	02h 58.2m	−40° 18′	8.2	3.4	4.5	1952
Jc 8	03h 12.4m	−44° 25′	AB 0.5	6.6	6.9	1944
			AB×C 3.5	6.6	8.9	1959
τ₄ (Tau 4)	03h 19.5m	−21° 45′	AB 5.7	3.7	9.2	1937
			AC 39.2	3.7	10.5	1955
			AD 123.1	3.7	10.4	1879
			AE 130.0	3.7	10.4	1879
			AF 160.2	3.7	9.7	1880
f	03h 48.6m	−37° 37′	7.9	4.8	5.3	1957
32	03h 54.3m	−02° 57′	AB 6.8	4.8	6.1	1955
			AC 165.8	4.8	11.4	1921
o₂ (Omicron 2) (40)	04h 15.2m	−07° 39′	AB 83.4	4.4	9.5	1970
			BC 7.6	9.5	11.2	1961

Nebel und Sternhaufen

Name	RA	Dec.	Typ	Größe	Helligk.
NGC 1187	03h 02.6m	−22° 32′	Gal. SBc	5.0′ × 4.1′	10.9
NGC 1232	03h 09.8m	−20° 35′	Gal. Sc	7.8′ × 6.9′	9.9
NGC 1300	03h 19.7m	−19° 25′	Gal. SBb	6.5′ × 4.3′	10.4
NGC 1532	04h 12.1m	−32° 52′	Gal. Sb	5.6′ × 1.8′	11.0
NGC 1535	04h 14.2m	−12° 44′	Plan. Neb.	18″ × 44″	9.6pg
IC 2118	05h 06.9m	−07° 13′	Diff. Neb.	180′ × 60′	....

Der Fluß Eridanus gehört zu den größten Sternbildern am Himmel: Er nimmt seinen Anfang in der Äquatorgegend westlich des hellen Sterns Rigel im Orion und windet sich dann nach Süden, wo er beim leuchtenden Achernar auf −57° endet. Man braucht einen dunklen Himmel, um den Verlauf des Sternbilds anhand der nicht sehr hellen Sterne verfolgen zu können. Für die Bewohner Mitteleuropas, die nur den „Oberlauf" des Flusses sehen, zählt Eridanus zu den frühwinterlichen Sternbildern (Kulmination gegen 22 Uhr in der zweiten Dezemberhälfte); auf der Südhalbkugel mit den um ein halbes Jahr versetzten Jahreszeiten gehört er dagegen zu den Figuren des späten Frühjahrs (Achernar überschreitet den Meridian Mitte November gegen 22 Uhr Ortszeit).

Achernar, im Arabischen das „Ende des Flusses", gehört zur 0. Größenklasse und ist der neunthellste Stern am Himmel; der blaue Riesenstern steht rund 120 Lichtjahre entfernt. Vom europäischen Festland aus ist er nicht zu sehen, doch kann man ihn im Spätherbst auf den Kanarischen Inseln sehr wohl über dem Südhorizont erkennen. Der Stern epsilon (ε) zwischen delta (δ) und eta (η) ist der drittnächste unter den mit bloßem Auge sichtbaren Sternen (nach alpha Centauri und Sirius): Der K2-Stern steht 10,7 Lichtjahre entfernt und ist 3,73^m hell. Epsilon ist einer der Kandidaten, bei denen man mit dem Hubble-Weltraumteleskop nach planetaren Begleitern suchen wird. Immerhin hat Pieter Van de Kamp vom Sproul Observatory 1973 berichtet, anhand von geringfügigen Positionsveränderungen die Existenz eines Begleiters mit nur 0,05 Sonnenmassen in einem Abstand von 7,7 AE zum Zentralstern errechnet zu haben; ein solches Objekt mit einer Umlaufzeit von 25 Jahren könnte sehr wohl ein jupiterähnlicher Planet sein.

Doppel- und Mehrfachsterne

Der Eridanus kann mit etlichen schönen Doppelsternen und einem

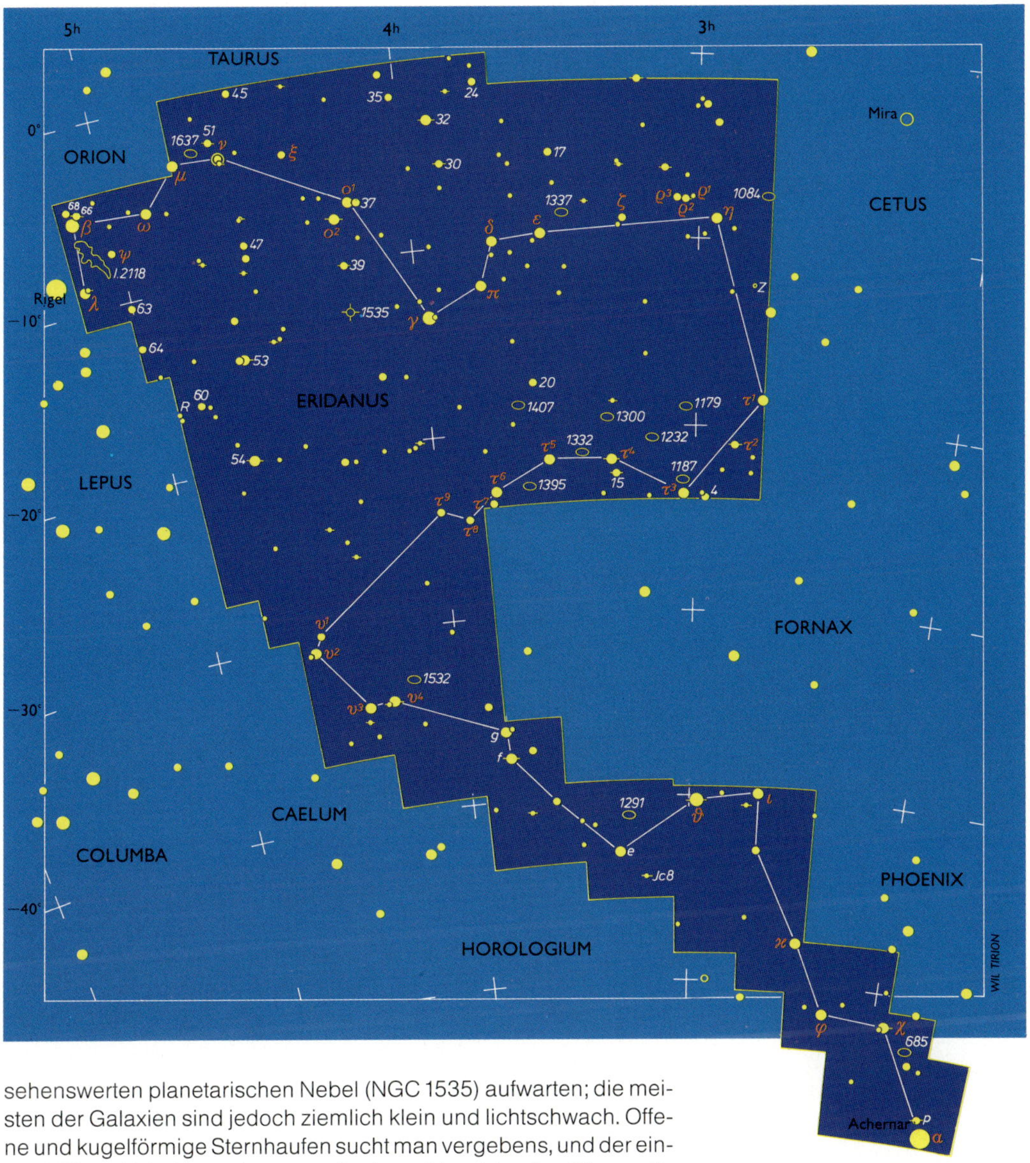

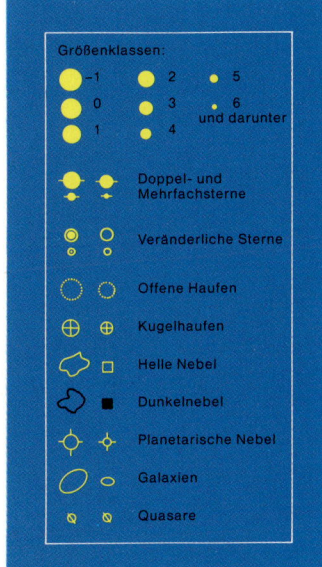

Größenklassen:

-1	2	5
0	3	6
1	4	und darunter

Doppel- und Mehrfachsterne

Veränderliche Sterne

Offene Haufen

Kugelhaufen

Helle Nebel

Dunkelnebel

Planetarische Nebel

Galaxien

Quasare

WIL TIRION

sehenswerten planetarischen Nebel (NGC 1535) aufwarten; die meisten der Galaxien sind jedoch ziemlich klein und lichtschwach. Offene und kugelförmige Sternhaufen sucht man vergebens, und der einzige diffuse Nebel besteht aus zwei schwachleuchtenden Bögen, die vermutlich von Rigel im Orion angestrahlt werden.

Zu den Doppelsternen gehört rho (ρ) Eridani unmittelbar nördlich von Achernar: hier stehen zwei gelbliche Sterne der 6. Größenklasse 10,3 Bogensekunden getrennt. Die Umlaufzeit dieses nur 21 Lichtjahre entfernten Paares wird mit 480 Jahren angegeben. Theta (ϑ) Eridani gehört zu den schönsten Doppelsternen des Südhimmels: zwei bläulichweiße Sterne der 3. und 4. Größenklasse in gleichbleibendem Abstand von 8,2 Bogensekunden; das Paar mit vielleicht sehr langer Periode steht 115 Lichtjahre entfernt. Omicron 2 (o_2), in manchen Sternkarten auch als 40 Eridani ausgewiesen, besteht aus einem weiten Paar, dessen dunklere Komponente ihrerseits doppelt ist (mit einem größten Abstand von 9 Bogensekunden um das Jahr 1990). Dieses enge Paar umfaßt zwei ungewöhnliche Sterne; einen massearmen, roten Zwergstern und einen Weißen Zwerg; dank der geringen Entfernung von 16 Lichtjahren erscheinen beide mit 9. beziehungsweise 11. Größenklasse noch ziemlich hell. Die Masse des roten Zwergsterns wird mit 0,2 Sonnenmassen angegeben, die des Weißen Zwerges mit etwa 0,5 Sonnenmassen; während der rote Zwergstern aber noch knapp halb so groß wie die Sonne ist, hat der Weiße Zwerg einen Durchmesser von nur rund 27 000 km! Die Materie in diesem Stern ist rund 90 000mal dichter als Wasser, so daß ein Kubikzentimeter auf der Erde knapp 90 kg wöge. Derart kompakte Sterne stehen am Ende der Entwicklung massearmer Sterne, die unter ihrer eigenen Schwerkraft zusammensinken müssen, wenn der Kernbrennstoff im Innern aufgebraucht ist – ihre Masse reicht nicht aus, um in einer Supernova aufzublitzen. 40C Eridani ist übrigens der am einfachsten zu beobachtende Weiße Zwerg.

Nebel und Sternhaufen

Der planetarische Nebel NGC 1535 ist mit 9. Größenklasse eines der helleren Objekte dieser Klasse. Bei einem Durchmesser von 30 Bogensekunden erscheint er als bläuliche Scheibe mit einem Zentralstern der 11. Größenklasse. Unter den Galaxien der Tabelle ist NGC 1300 als Musterbeispiel einer Balkenspirale besonders zu erwähnen: Die Spiralarme beginnen erst an beiden Enden eines Materie„balkens", der den Galaxienkern durchdringt. Andeutungen der Spiralarme sind in Fernrohren ab 30 cm Öffnung zu erkennen.

Fornax/Sculptor/Phoenix

Fornax, der Ofen, ist ein Ergebnis der Arbeiten Lacailles und stand ursprünglich für einen chemischen Ofen zur Aufbereitung von Erzen; Stahl war damals ein ziemlich neuer Werkstoff, und Lacaille wollte dieser Entwicklung ebenso ein Denkmal setzen wie der Luftpumpe, dem Kompaß, dem Oktanten, dem Teleskop oder anderen bedeutenden Erzeugnissen der neuen Technik.
Sculptor, der Bildhauer, hieß zunächst die Bildhauerwerkstatt.
Der legendäre Vogel **Phoenix,** der aus seiner eigenen Asche immer wieder neu entstand, wurde zu Beginn des 17. Jahrhunderts von Bayer eingeführt.

Der Fornax-Galaxienhaufen in 55 Millionen Lichtjahren Entfernung ist eine der näheren Gruppen von Galaxien mit zahlreichen Spiralgalaxien, Balkenspiralen und elliptischen Systemen unterschiedlicher Größen. Die Aufnahme wurde mit dem 1,20-m-Schmidt-Teleskop des Anglo-Australian Observatory in Siding Spring, Australien, gemacht.

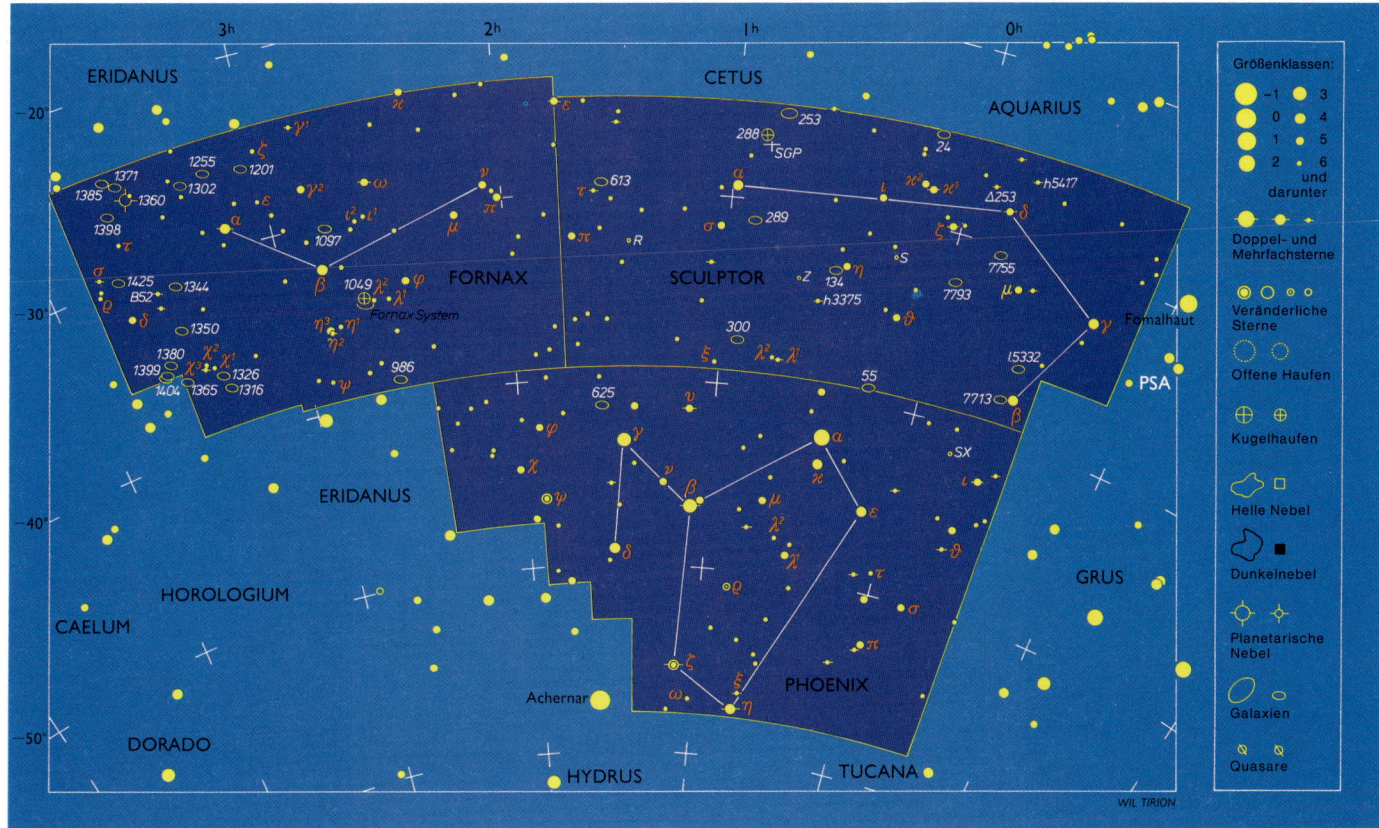

Fornax

Die Sternbilder Ofen (Fornax), Bildhauer (Sculptor) und Phönix (Phoenix) enthalten nur wenige helle Sterne, bieten dafür dem Fernrohrbeobachter zahlreiche Galaxien. In Mitteleuropa tauchen die beiden nördlicheren Figuren im Herbst über dem Südhorizont auf, doch bleiben die meisten besonderen Objekte im horizontnahen Dunst verborgen. Der Ofen wird an drei Seiten vom Eridanus umströmt; sein Hauptstern alpha (α) gehört der 4. Größenklasse an. Nach Westen schließt sich der Bildhauer an, dessen Hauptstern alpha (α) ebenfalls nur 4. Größenklasse ist; als Wegweiser kann der hellere Stern beta (β) Ceti dienen, der nördlich der Grenze zum Bildhauer steht. Beim Phönix markiert alpha (α) das Auge des wiedererstandenen Vogels; diese Figur bleibt in Mitteleuropa unter dem Horizont, doch kann man alpha Phoenicis bei einer Deklination von −42° von den Mittelmeerländern aus bereits erkennen.

Fornax

Der Ofen enthält eine Reihe interessanter Galaxien in unterschiedlichen Entfernungen. Uns am nächsten ist ein Mitglied der Lokalen Gruppe, das wie ein elliptisch geformter riesiger Sternhaufen aussieht. Diese als Fornax-System bekannte Zwerggalaxie enthält einige kugelförmige Sternhaufen, die in Teleskopen ab 25 cm Öffnung zu erkennen sind; das hellste Objekt (13. Größenklasse) trägt die Bezeichnung NGC 1049. Die Entfernung des Fornax-Systems wird auf etwa 600 000 Lichtjahre geschätzt.

Eine Gruppe von Galaxien, die mit einer Entfernung von 8 bis 10 Millionen Lichtjahren auch noch verhältnismäßig nahe steht, umfaßt die beiden großen Spiralgalaxien NGC 55 und NGC 253 im Bildhauer, die uns ihre Kanten zuwenden; beide sind in Amateurfernrohren mittlerer Größe gut zu erkennen. Schließlich findet man im Ofen auch noch den Fornax-Galaxienhaufen, eine ziemlich dichte Gruppe aus 18 helleren und einigen kleineren Galaxien, die sich auf ein nur weni-

ge Grad großes Feld drängen. Neun dieser Galaxien kann man mit einem 20-cm-Teleskop und einem Weitwinkel-Okular (1° Gesichtsfeld) auf einmal sehen. Eines der helleren Mitglieder ist NGC 1365, eine wunderschöne Balkenspirale, deren Arme in Fernrohren ab 30 cm Öffnung zu erkennen sind; sie ist eine der hellsten Balkenspiralen überhaupt (M 83 in der Wasserschlange ist eine andere). Derzeit gibt es noch keine befriedigende Erklärung dafür, warum die Spiralarme bei einigen Galaxien erst am Ende solcher Balkenstrukturen beginnen, es sei denn, die Rotation der Galaxie setzte erst nach der Bildung der Balken ein; dies würde wahrscheinlich eine enge Begegnung mit einem anderen Objekt in der Vergangenheit voraussetzten. NGC 1316 ist eine weitere, vergleichsweise helle elliptische Galaxie, rund 11 Minuten westlich und 1° südlich von NGC 1365; das System ist als starke Radioquelle (Fornax A) bekannt. Die Entfernung des Fornax-Galaxienhaufens wird mit etwa 60 Millionen Lichtjahren angegeben.

Sculptor

Der Bildhauer enthält den galaktischen Südpol, jenen Punkt, an dem sich alle senkrecht zur galaktischen Ebene verlaufenden Linien treffen (der galaktische Nordpol liegt im Sternbild Haar der Berenike). In diesem Bereich findet man einige sehenswerte Galaxien, allen voran das prachtvolle Objekt NGC 253, das schon mit einem Fernglas als heller Strich von 0,5° Länge zu erkennen ist. In größeren Ferngläsern tritt bereits eine ungleichförmige Verteilung von Hell- und Dunkelzonen hervor, und im Fernrohr sieht man eine „geschecke" Struktur, hervorgerufen durch dunkle Staubwolken, die sich gegen die dahinterliegenden Sterne abzeichnen. Wir blicken unter einem Winkel von nur 7° auf die Ebene dieser Galaxie. Ein weiteres großes Mitglied dieser Galaxiengruppe am galaktischen Südpol ist NGC 55, ein irreguläres System, das ebenfalls länglich und „verklumpt" und an einem Ende deutlich heller erscheint. In einem 54-cm-Reflektor (f/8) konnte ich das Objekt über eine Länge von 20 Bogenminuten verfolgen sowie einige Verdichtungen und eine Abdunklung nahe dem Zentrum erkennen. NGC 300 gehört mit einer Entfernung von 3 Millionen Lichtjahren wahrscheinlich noch zur Lokalen Gruppe. Sie erinnert an M 33 im Dreieck mit einer ähnlich geringen Flächenhelligkeit. Mit einem 35-cm-Fernrohr konnte ich einen verwaschenen Lichtfleck mit einem wenig auffälligen, sternähnlichen Zentralbereich und einigen Verdichtungen (HII-Regionen) in den diffus erscheinenden Armen erkennen. Wenn man sich schon in dieser Gegend umsieht, sollte man auch einen Blick auf den großen, ziemlich dichten Kugelsternhaufen NGC 288 etwas südöstlich von NGC 253 werfen, dessen Randbereiche mit einem 20-cm-Teleskop in Einzelsterne aufgelöst werden können. Weitere Mitglieder der Galaxiengruppe sind NGC 7793 sowie NGC 247 und NGC 45 im Walfisch.

Phoenix

Der Phönix schließt sich nach Süden an den Bildhauer an und enthält nur wenige lichtschwache Galaxien. Auf NGC 625 blicken wir nahezu von der Seite; sie erscheint als elliptische Wolke mit einer zentralen Aufhellung. Beta (β) ist ein schöner Doppelstern aus zwei gelben Komponenten der 4. Größenklasse, deren Abstand nach Hartung anwächst. Zeta (ζ) ist ein reizvoller Dreifachstern, dessen Hauptkomponente sich als spektroskopischer Bedeckungsveränderlicher mit einer Periode von 1,67 Tagen erweist.

Beobachtungsobjekte im Ofen
Doppelsterne

Name	RA	Dec.	Distanz (Bogensek.)	Helligkeiten		Jahr
ω (Omega)	02h 33.8m	−28° 14′	10.8	5.0	7.7	1952
α (Alpha)	03h 12.1m	−28° 59′	1.9 (1963)	4.0	7.0	1959
B 52	03h 33.9m	−31° 05′	0.2 (1965)	6.8	7.1	1960

Nebel und Sternhaufen

Name	RA	Dec.	Typ	Größe	Helligkeit
Fornax System	02h 39.9m	−34° 32′	Gal. dE3	20′ × 13.8′	9+
NGC 1049	02h 39.7m	−34° 17′	Glob. Cl.	24″	13
NGC 1316	03h 22.7m	−37° 12′	Gal. SB0p	7.1′ × 5.5′	8.8
NGC 1360	03h 33.3m	−25° 51′	Plan. Neb	6.5′	11?
NGC 1365	03h 33.6m	−36° 08′	Gal. SBb	9.8′ × 5.5′	9.5
NGC 1398	03h 38.9m	−26° 20′	Gal. SBb	2.5′ × 2.3′	9.7

Beobachtungsobjekte im Bildhauer
Doppelsterne

Name	RA	Dec.	Distanz (Bogensek.)	Helligkeiten		Jahr
h5417	23h 44.5m	−26° 15′	8.5	6.3	9.0	1952
Δ 253	23h 54.4m	−27° 03′	6.6	6.9	7.5	1950
κ₁ (Kappa 1)	00h 09.3m	−27° 59′	1.4	6.1	6.2	1954
h3375	00h 33.7m	−35° 00′	5.3	6.6	8.4	1954
λ₁ (Lambda 1)	00h 42.7m	−38° 28′	0.7	6.7	7.0	1954
τ (Tau)	01h 36.1m	−29° 54′	1.1	6.0	7.1	1959

Nebel und Sternhaufen

Name	RA	Dec.	Typ	Größe	Helligkeit
NGC 24	00h 09.9m	−24° 58′	Gal. Sb	5.5′ × 1.6′	11.5
NGC 55	00h 14.9m	−39° 11′	Gal. SBm	32.4′ × 6.5′	8.22
NGC 134	00h 30.4m	−33° 15′	Gal. SBb+	8.1′ × 2.6′	10.1
NGC 253	00h 47.6m	−25° 17′	Gal. Scp	25.1′ × 7.4′	7
NGC 288	00h 52.8m	−26° 35′	Glob. Cl	14′	8.1
NGC 300	00h 54.9m	−37° 41′	Gal. Sd	20.0′ × 14.8′	8.7
NGC 7793	23h 57.8m	−32° 35′	Gal. Sdm	9.1′ × 6′	9.5

Beobachtungsobjekte im Phönix
Doppel- und Mehrfachsterne

Name	RA	Dec.	Distanz (Bogensek.)	Helligkeiten		Jahr
β (Beta)	01h 06.1m	−46° 43′	1.4	4.0	4.2	1954
ζ (Zeta)	01h 08.4m	−55° 15′	AB 0.8	4.1	6.9	1949
			AB × C 6.4	4	6.9	1953

Nebel und Sternhaufen

Name	RA	Dec.	Typ	Größe	Helligkeit
NGC 625	01h 35.1m	−41° 26′	Gal. SBm	3.0′ × 1.3′	12.3

Die Spiralgalaxie NGC 253 ist etwa halb so groß wie unsere Milchstraße, enthält aber dennoch so viel Materie wie die Galaxis und leuchtet viermal heller; es ist das größte Mitglied in der rund 10 Millionen Lichtjahre entfernten Sculptor-Galaxiengruppe. Diese Farbaufnahme entstand mit dem 3,90-m-Anglo-Australian Teleskop. Es zeigt den deutlichen Kontrast zwischen dem gelblichen Leuchten im Kernbereich und dem staubigen Blau innerhalb der Spiralarme.

Gemini

Gemini, die Zwillinge; *die Figur mit den Sternen Castor und Pollux wird seit Urzeiten mit Zwillingen in Verbindung gebracht. Die Römer sahen in ihnen Romulus und Remus, die der Sage nach die Stadt Rom gegründet haben, während die Griechen in diesem Sternbild Castor und Pollux wiedererkannten, die ungleichen Söhne der Leda. Poseidon machte sie zu den Beschützern der Seefahrer, und als solche wurden sie lange Zeit hindurch mit dem Elmsfeuer (einer elektrostatischen Entladungserscheinung) in Verbindung gebracht. Oft gelten sie auch als Verkörperung gegensätzlicher Werte wie Krieg (Castor) und Friede (Pollux) oder zumindest Aktivität und Ruhe.*

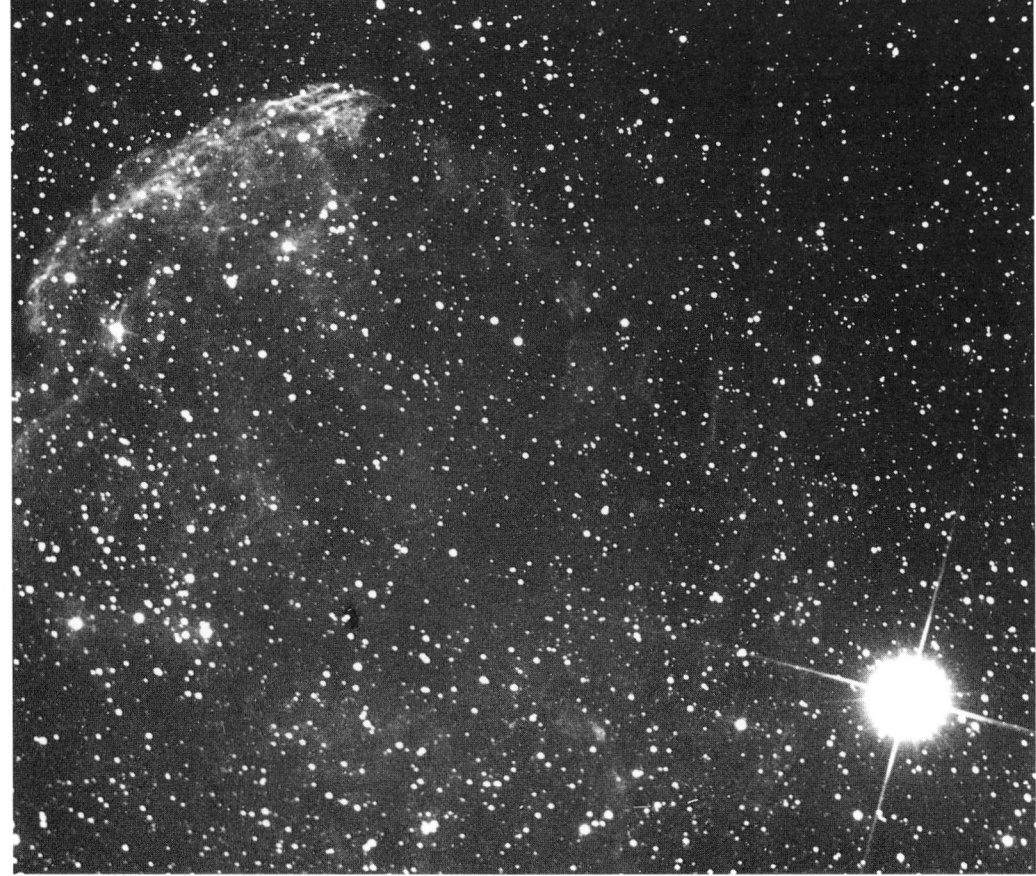

Eta Geminorum und IC 443. *Eta (η) ist der Stern am rechten unteren Bildrand. IC 443 ist wahrscheinlich der Überrest einer alten Supernova; er besteht aus der leicht gebogenen Wolke links oben und schwachen Nebelfetzen, die sich über das gesamte Gebiet verteilen. Das Foto stammt von dem kalifornischen Amateurastronomen Chuck Edmonds, der die Gegend eine Stunde lang mit einem 40-cm-Newton-Teleskop (f/5,5) auf hypersensibilisierten Kodak 2415 belichtete.*

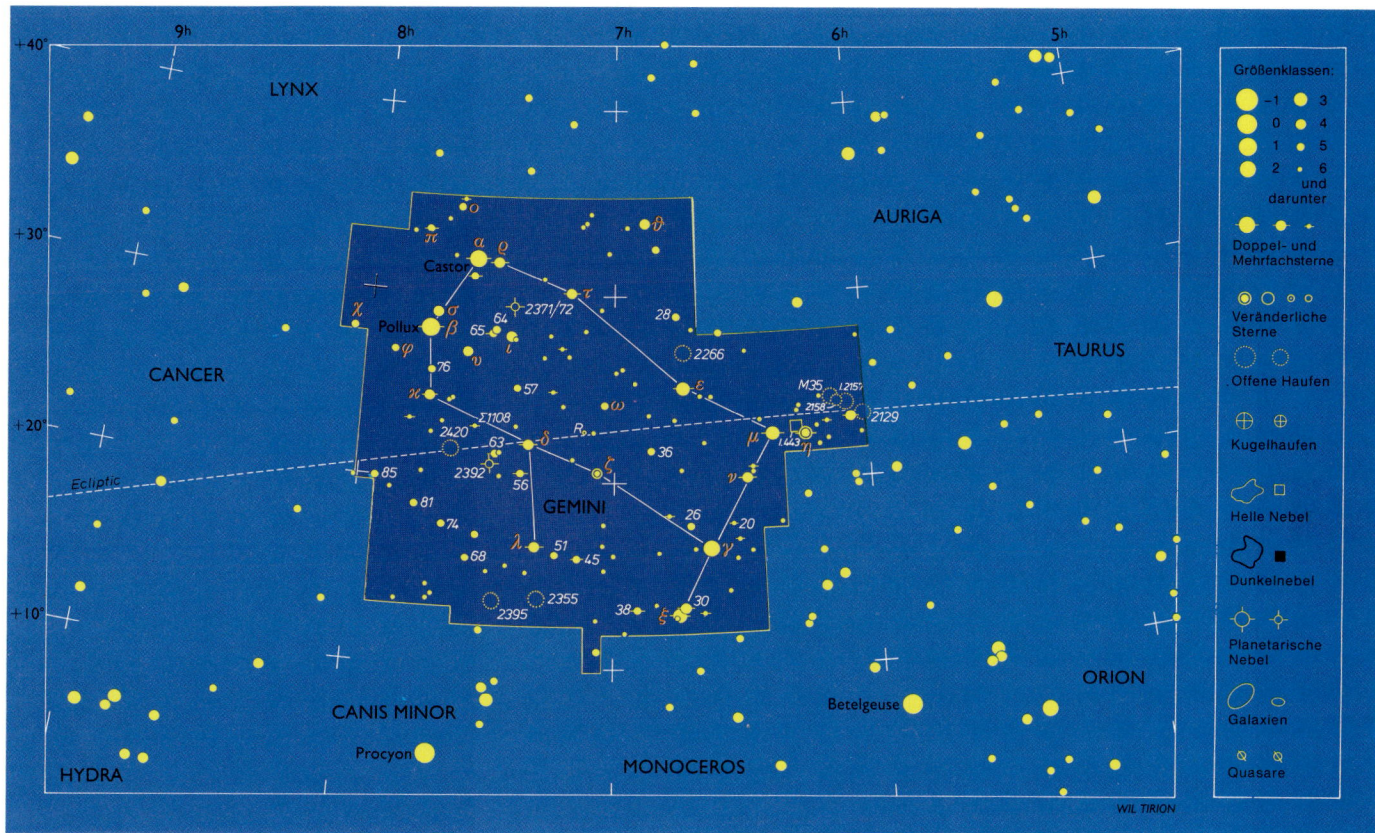

Die Zwillinge (Gemini) bilden ein wichtiges Sternbild am Winterhimmel, das ursprünglich an dritter Stelle der Ekliptik stand. Der südwestliche Teil wird von der Milchstraße gestreift und enthält daher einige interessante Nebel und Sternhaufen.

Die Zwillinge gehören zu den wenigen Figuren, die zwei Sterne 1. Größenklasse enthalten; sie markieren die Köpfe der beiden Zwillinge. Alljährlich um den 12. Dezember scheinen aus diesem Sternbild Meteore (Geminiden) in größerer Zahl zu kommen, und hier wurde 1930 der Planet Pluto entdeckt.

Castor und Pollux

Castor, der Krieger und Reiter, ist ein ziemlich komplexes Sternsystem, denn jede der drei Komponenten, die man in einem Fernrohr erkennen kann, ist ihrerseits doppelt. Das enge Paar Castor AB, dessen Abstand 1968 mit knapp 2 Bogensekunden ein Minimum erreicht hat, umläuft sich in etwa 400 Jahren. Castor A erweist sich als spektroskopischer Doppelstern mit einer Periode von 9,2128 Tagen, Castor B als solcher mit einer Periode von 2,9283 Tagen (die regelmäßigen Verschiebungen im Spektrum bieten die einzige Nachweismöglichkeit, da die Komponenten der Paare einander zu nahe stehen, um getrennt werden zu können). Castor C, ein Stern der 9. Größenklasse in rund 72 Bogensekunden Abstand, ist ebenfalls spektroskopisch doppelt: hier umkreisen sich zwei rote Zwergsterne in nur 19,5 Stunden.

Die Castor-Familie steht rund 45 Lichtjahre entfernt. Pollux, der Faustkämpfer, leuchtet rund 4,5° südöstlich von Castor in einem goldgelben Licht. Der Spektraltyp (K0) verrät, daß die Oberflächentemperatur mit 4500 K etwa 1000 Grad niedriger ist als bei der Sonne. Pollux ist 35 Lichtjahre entfernt. Seine Leuchtkraft ist trotz der geringeren Temperatur 35mal so groß wie die der Sonne, weil Pollux rund viermal so groß wie die Sonne ist.

Doppel- und Mehrfachsterne

Die Zwillinge erstrecken sich von einer ziemlich reichen Gegend der Milchstraße nach Osten und enthalten daher zahlreiche Doppel- und Mehrfachsterne, einen hellen planetarischen Nebel (NGC 2392), einen Supernova-Überrest sowie einen der schönsten offenen Haufen (M 35). Unter den Doppelsternen ist eta (η) besonders zu erwähnen: Ein roter Riesenstern der 3. Größenklasse, dessen Helligkeit mit einer Periode von 233 Tagen um eine Größenklasse schwankt, wird in rund 1,5 Bogensekunden Abstand von einem Stern 8. Größenklasse begleitet. 20 Geminorum enthält zwei Sterne der 6. und 7. Größenklasse in 20 Bogensekunden Distanz. Epsilon (ε), ein Stern der 3. Größenklasse, hat einen weiten Begleiter (110 Bogensekunden) der 9. Größenklasse. Zeta (ζ), dessen Hauptkomponente zu den Cepheiden-Veränderlichen gehört, hat gleich zwei Begleiter in 87 und 97 Bogensekunden Abstand. Die 7 Bogensekunden entfernten Komponenten von 38 Geminorum zeigen einen schönen Farbkontrast, und auch bei delta (δ) Gem stehen zwei Sterne unterschiedlicher Farbe (F0-Stern/K-Stern) der 3. und 8. Größenklasse in 6,3 Bogensekunden Entfernung nebeneinander.

Nebel und Sternhaufen

Im westlichen Teil der Zwillinge findet man zwei sehr gegensätzliche offene Sternhaufen in einem Abstand von nur 30 Bogenminuten: den kleinen, fast wie ein kugelförmiger Haufen aussehenden NGC 2158, der am Rand des prachtvollen M 35 steht. M 35 (NGC 2168) kann in einer dunklen Nacht mit bloßem Auge als Lichtfleck an der Fußspitze des nördlichen Zwillings, 2,5° nordwestlich von eta (η) Geminorum, gesehen werden. Er enthält mehrere hundert Sterne und zeigt in Fernrohren mittlerer Größe zahlreiche Sternbögen und -ketten. Über eine Entfernung von rund 2800 Lichtjahren hat er einen Durchmesser von rund 30 Bogenminuten. Die Entfernung von NGC

2158, der von einigen Astronomen als Mittelding zwischen offenem und kugelförmigem Haufen eingestuft wird, beträgt rund 16 000 Lichtjahre; Einzelsterne kann man erst in Fernrohren ab 40 cm Öffnung erkennen. Nicht allzu weit entfernt, etwas oberhalb der Verbindung zwischen eta (η) und my (μ) Geminorum, steht IC 443, eine vornehmlich auf Fotografien erkennbare Nebelstruktur. Langbelichtete Aufnahmen zeigen einen Nebelschleier ähnlich dem Cirrus-Nebel im Schwan. Mit einem 40-cm-Teleskop plus Nebelfilter habe ich dieses als alten Supernova-Überrest gedeutete Objekt erkennen können. Weitere kleine Nebelfetzen sind über das gesamte Gebiet verstreut.

Der Eskimonebel

Das zweite hervorstechende Fernrohrobjekt in den Zwillingen ist der planetarische Nebel NGC 2392, auch als Eskimonebel oder Clowngesicht bekannt, eine helle Scheibe von rund 40 Bogensekunden Durchmesser um einen Stern der 9. Größenklasse. Selbst in einem kleinen Fernrohr wird man dieses grünliche Objekt mit verschwommenem Rand erkennen. Fernrohre ab 20 cm Öffnung zeigen dann einen zweiten, äußeren Ring, der in Teleskopen ab 40 cm klar hervortritt (er deutet die Fellkapuze des Eskimos an, während der Zentralstern der 9. Größenklasse meist als Nase angesehen wird). Strukturen in der helleren, inneren Scheibe sind angesichts des hellen Zentralsterns nur schwierig zu erkennen. Die Entfernung zu diesen konzentrischen Gasschalen wird mit Werten zwischen 3000 und 10 000 Lichtjahren angegeben.

Die Beobachtung der Sterne

Wer heute einen dunklen Himmel sehen möchte, muß mitunter ziemlich weit fahren. Das war früher anders. Unsere Großeltern konnten die Sterne noch aus dem Fenster oder vom Hof aus betrachten, und noch Anfang der 50er Jahre, als ich mich für die Astronomie zu interessieren begann, genügte es, wenn mich meine Eltern abends zu einem Schulhof am Rande der Stadt fuhren, wo ich mit meinem kleinen Teleskop von 7,5 cm Öffnung den Himmel kennenlernen konnte. Seitdem hat die Straßenbeleuchtung der Städte stark zugenommen, und die Einführung der Natriumdampflampen hat die Sternbeobachter vollends ins Abseits gedrängt. Entsprechend sind transportable Fernrohre heute nahezu unerläßlich, wenn man überhaupt noch eigene Beobachtungen anstellen möchte. Ich habe mich auf eine Doppelstrategie verlegt: ein festmontiertes Fernrohr zu Hause, mit dem ich auch am lichtverschmutzten Stadthimmel beobachte, und ein transportables Gerät für "Sternstunden" unter einem dunklen Himmel. Darüber hinaus kann ich noch etwa einmal im Monat das Fernrohr unseres lokalen Amateurastronomenclubs benutzen.

Der empfehlenswerte Weg für Einsteiger, die oft anfangs noch nicht wissen, ob sie gleich eine größere Investition wagen sollen, geht über den Kauf eines guten Fernglases, mit dem man bereits eine Reihe interessanter Objekte beobachten und "Hunger auf mehr" bekommen kann: Ein 7×50 Fernglas zum Beispiel ist eine lohnenswerte Anschaffung, die man auch noch benutzen kann, wenn später größere Fernrohre dazukommen.

Größere, "astronomische" Ferngläser mit 70 und mehr Millimeter Öffnung erfordern ein stabiles Dreibeinstativ, stellen dann aber auch schon ein "richtiges" Beobachtungsinstrument dar, vor allem zur Überwachung veränderlicher Sterne. Für das erste Fernrohr gibt es heute viele Möglichkeiten, vom 7,5-cm-Refraktor bis zum 25-cm-Newtonspiegel.

Beobachtungsobjekte in den Zwillingen
Doppel- und Mehrfachsterne

Name	RA	Dec.	Distanz (Bogensek.)		Helligkeiten		Jahr
η (Eta)	06h 14.9m	+22° 30'		1.4	3.3var	8	1958
20	06h 32.3m	+17° 47'		20.0	6.3	6.9	1956
ε (Epsilon)	06h 43.9m	+25° 08'		110.3	3.0	9.0	1925
38	06h 54.6m	+13° 11'		7	4.7	7.7	1976
ζ (Zeta)	07h 04.1m	+20° 34'	AB	87.0	3.8	10.5	1924
			AC	96.5	3.8	8.0	1925
λ (Lambda)	07h 18.1m	+16° 32'		9.6	3.6	10.7	1953
δ (Delta)	07h 20.1m	+21° 59'		6.3	3.5	8.2	1954
Σ 1108	07h 32.8m	+22° 53'		11.5	6.5	8.3	1934
α (Alpha) (Castor)	07h 34.6m	+31° 53'	AB	1.8	1.9	2.9	1964
			AC	72.5	1.9	8.8	1955

Nebel und Sternhaufen

Name	RA	Dec.	Typ	Größe	Helligkeit
NGC 2158	06h 07.5m	+24° 06'	Open Cl.	5'	8.6
M35 (NGC 2168)	06h 08.9m	+24° 20'	Open Cl.	28'	5.1
IC 443	06h 16.9h	+22° 47'	SNRem.	50' × 40'	....
NGC 2371-2	07h 25.6m	+29° 29'	Plan. Neb.	>55"	13
NGC 2392	07h 29.2h	+20° 55'	Plan. Neb.	44"	9.9

NGC 2174 und M 35. *Diese Dreifarben-Aufnahme von Reverend Ronald Royer zeigt den westlichen Teil des Sternbilds Zwillinge. Der leuchtende Nebel nahe der Bildmitte ist NGC 2174 im Orion. Darüber steht der offene Sternhaufen M 35 (NGC 2168). Die beiden hellen Sterne im oberen linken Bildteil sind my (μ) und eta (η) Geminorum; dazwischen erkennt man den Nebel IC 443.*

Grus/Piscis Austrinus

Der Kranich (Grus) ist ein südliches Sternbild mittlerer Größe, südlich von Fomalhaut, dem Hauptstern 1. Größenklasse des Südlichen Fisches (Piscis Austrinus); für Bewohner Mitteleuropas scheint nur dieser Stern im Herbst durch die horizontnahen Dunstschichten, wenn er Anfang Oktober gegen 22 Uhr kulminiert, doch kann man in den Mittelmeerländern auch Teile des Kranichs erkennen, dessen helle Sterne alpha (α) und beta (β) auf Sizilien allerdings nur 5° Höhe erreichen.

Grus

Der Kranich und der Südliche Fisch (Piscis Austrinus) stehen in einer etwas sternarmen Region des Himmels. Dennoch findet man hier einige Doppelsterne und eine Reihe von Galaxien, die ja oft in kleinen Gruppen zusammenstehen. Eine solche Gruppe ist im Kranich gut zu beobachten: NGC 7582, 7590 und 7599 bei etwa −42° Deklination; ein äquatornaher Standort ist allerdings schon notwendig. Das Paar pi1/pi2 (π_1/π_2) ist ein Objekt für Fernglas-Astronomen, das einen orangefarbenen, unregelmäßig veränderlichen Stern mit 6,6^m und einen helleren F0-Stern in rund 4 Bogenminuten Abstand enthält; beide Komponenten präsentieren in einem 15-cm-Fernrohr einen lichtschwachen Begleiter. Δ 246 zeigt im kleinen Fernrohr zwei gelbliche Sterne, Δ 249 zwei bläulichweiße A5-Sterne.

Auch mit kleinen Fernrohren kann man einige der Galaxien in dieser Region auffinden. NGC 7213, ein runder, zum Zentrum hin aufgehellter Lichtfleck, steht nur 16 Bogenminuten südöstlich von alpha (α) Gruis: Wir blicken hier senkrecht auf die Zentralregion einer Spiralgalaxie geringer Flächenhelligkeit, deren Arme für die meisten Amateurfernrohre zu lichtschwach sind. Auch IC 5201 ist ziemlich lichtschwach, aber weniger weit entfernt: eine 8×4 Bogenminuten große Balkenspirale. Auf NGC 7410, eine zigarrenförmig erscheinende Galaxie mittlerer Helligkeit, blicken wir von der Seite. Die bereits erwähnten Objekte NGC 7582, 7590 und 7599 stehen im Zentrum einer kleinen Galaxiengruppe, zu der auch noch NGC 7552 rund 30 Bogenminuten weiter im Südwesten gehört.

Piscis Austrinus

Der Südliche Fisch ist ein kleines Sternbild zwischen dem Wassermann im Norden und dem Kranich im Süden. Sein Maul wird durch den hellen Stern Fomalhaut markiert; hierher floß das Wasser, das der Wassermann auf alten Sternkarten ausschüttete. Das Sternbild enthält einige wenige Doppelsterne und ein paar Galaxien.

Fomalhaut, ein A-Stern, leuchtet in 23 Lichtjahren Entfernung rund 14mal so hell wie die Sonne. Interessanter noch dürfte der 11,9 Lichtjahre entfernte Stern Lacaille 9352 sein, der gegenwärtig bei einer Rektaszension von 23^{h}06^m und einer Deklination von −35°52' steht: Er bewegt sich jedes Jahr um 6,9 Bogensekunden weiter (viertgrößte bekannte Eigenbewegung) und verlagert seine Position innerhalb von 260 Jahren um den Durchmesser des Vollmondes! Wenn man den Stern und seine Umgebung durch ein Fernrohr mit einer Brennweite von 2 Metern fotografiert, läßt sich die Bewegung relativ zu den „Hintergrundsternen" bereits nach einem Jahr bequem erkennen. Lacaille 9352 steht etwa 1° südöstlich von pi (π) Piscis Austrini.

Auch hier stehen drei lohnenswerte Galaxien in einer Gruppe zusammen: NGC 7172, 7173 und 7176. NGC 7314 ist eine Spiralgalaxie der 11. Größenklasse in Schräglage, ohne auffälligen Kernbereich. Natürlich gilt auch hier: Je größer die Teleskopöffnung, desto mehr Einzelheiten kann man erkennen.

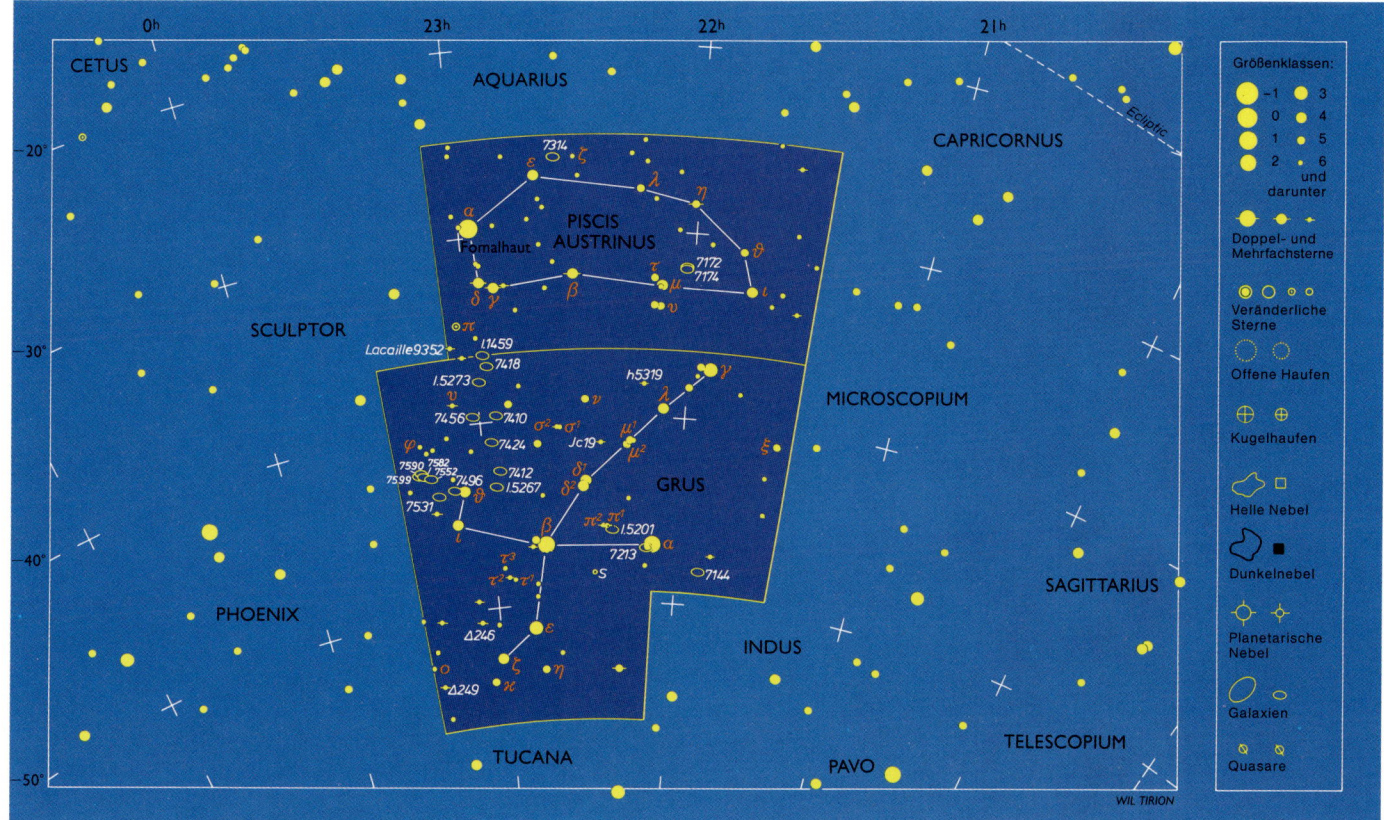

Die Hauptreihe

Wenn die Kernfusionsprozesse im Innern eines Sterns erst einmal gezündet haben, hängen Temperatur und Größe des Sternes (und damit seine Leuchtkraft) nur noch von seiner Masse ab. Solche Sterne stehen im Hertzsprung-Russell-Diagramm auf der „Hauptreihe", die den Zusammenhang zwischen Temperatur (Spektralklasse) und Helligkeit beschreibt. Heiße, weiße Sterne wie Mintaka, der rechte Gürtelstern des Orion, stehen als O-Sterne am linken oberen Ende der Hauptreihe, gefolgt von B-, A-, F-, G-, K- und M-Sternen. B-Sterne erscheinen bläulich, A-Sterne bläulichweiß, F-Sterne weißlich, G-Sterne gelblichweiß (wie unsere Sonne), K-Sterne orangefarben und die kühlen M-Sterne (wie Lacaille 9352) rötlich. Die Sternfarbe bleibt während der längsten Zeit des Sternlebens (über Millionen bis zu vielen Milliarden Jahren) unverändert, bis der Kernbrennstoff im Zentralbereich zur Neige geht und der Stern eine Reihe von Veränderungen durchlebt, die ihn von der Hauptreihe wegführen.

In einem Hertzsprung-Russell-Diagramm werden Helligkeitsparameter (z.B. absolute Helligkeit oder Leuchtkraft) gegen Temperaturparameter (z.B. Spektraltyp) der Sterne aufgetragen. Unter speziellen Voraussetzungen kann man statt der absoluten Helligkeit auch die scheinbare Helligkeit nehmen (zum Beispiel bei einem Sternhaufen, dessen Mitglieder alle ähnlich weit von uns entfernt sind) oder den Spektraltyp durch den sogenannten Farbindex ersetzen. In Hertzsprung-Russell-Diagrammen konzentriert sich die Mehrheit der Sterne auf die Hauptreihe.

Beobachtungsobjekte im Kranich
Doppel- und Mehrfachsterne

Name	RA	Dec.	Distanz (Bogensek.)	Helligk.		Jahr
h5319	22h 12.0m	−38° 18'	2.1	7.6	7.7	1955
π₁ (Pi 1)	22h 22.7m	−45° 57'	2.7	6.6	10.8	1956
π₂ (Pi 2)	22h 23.1m	−45° 56'	4.6	5.8	11.3	1953
Jc 19	22h 24.7m	−41° 26'	24.8	6.7	8.4	1952
υ (Upsilon)	23h 06.9m	−38° 54'	1.1	5.7	8.0	1948
θ (Theta)	23h 06.9m	−43° 31'	AB 1.1	4.5	7.0	1959
			AC 160	4.5	8.1	1959
Δ 246	23h 07.2m	−50° 41'	8.6	6.1	6.8	1952
Δ 249	23h 23.9m	−53° 49'	26.5	6.5	7.3	1951

Nebel und Sternhaufen

Name	RA	Dec.	Typ	Größe	Helligk.
NGC 7213	22h 09.3m	−47° 10'	Gal. Sa	1.9' × 1.8'	10.4
IC 5201	22h 21.4m	−46° 04'	Gal. SBc	8.5' × 4.3'	11.3
NGC 7410	22h 55.0m	−39° 40'	Gal. SBa	5.5' × 2.0'	10.4
NGC 7424	22h 57.3m	−41° 04'	Gal. SBc	7.6' × 6.8'	11b
NGC 7582	23h 18.4m	−42° 22'	Gal. SBb−	4.6' × 2.2'	10.6
NGC 7590	23h 18.9m	−42° 14'	Gal. Sb+	2.7' × 1.1'	11.6
NGC 7599	23h 19.3m	−42° 15'	Gal. Sc	4.4' × 1.5'	11.4

Beobachtungsobjekte im Südlichen Fisch
Doppelsterne

Name	RA	Dec.	Distanz (Bogensek.)	Helligk.		Jahr
η (Eta)	22h 00.8m	−28° 27'	1.7	5.8	6.8	1955
β (Beta)	22h 31.5m	−32° 21'	30.3	4.4	7.9	1952
γ (Gamma)	22h 52.5m	−32° 53'	4.2	4.5	8.0	1957

Nebel und Sternhaufen

Name	RA	Dec.	Typ	Größe	Helligk.
NGC 7172	22h 02.0m	−31° 52'	Gal. S	2.2' × 1.3'	11.9
NGC 7314	22h 35.8m	−26° 03'	Gal. Sc	4.6' × 2.3'	10.9

Hercules

***Die Ursprünge des kni-
enden Helden Herkules***
*lassen sich nicht mehr er-
gründen. Bereits bei den
Assyrern taucht er als
Sieger über den Drachen
Draco auf; damals hieß er
Ishdubar und war eine Art
Sonnengott. Später wurde
er mit Gilgamesch gleich-
gesetzt, und nach der
griechischen Mythologie
verkörpert er Herkules
(oder Herakles), den stärksten Menschen auf Erden,
der zwölf scheinbar unlös-
bare Aufgaben und Arbei-
ten erfüllte; erst auf diesem
Umweg wurde dem Sohn
des Zeus und einer sterbli-
chen Mutter die Unsterb-
lichkeit zuteil.*

Beobachtungsobjekte im Herkules
Doppel- und Mehrfachsterne

Name	RA	Dec.	Distanz (Bogensek.)		Helligk.		Jahr
κ (Kappa)	16h 08.1m	+17° 03′		28.4	5.3	6.5	1958
γ (Gamma)	16h 21.9m	+19° 09′		41.6	3.8	9.8	1938
ζ (Zeta)	16h 41.3m	+31° 36′		1.4	2.9	5.5	1961
α (Alpha)	17h 14.6m	+14° 23′		4.7	3.5	5.4	1968
δ (Delta)	17h 15.0m	+24° 50′		8.9	3.1	8.2	1958
ρ (Rho)	17h 23.7m	+37° 09′		4.1	4.6	5.6	1958
μ (Mu)	17h 46.5m	+27° 43′	AB	33.8	3.4	10.1	1970
			BC	1.8		10.6	1990
95	18h 01.5m	+21° 36′		6.3	5.0	5.1	1974
100	18h 07.8m	+26° 06′		14.2	5.9	6.0	1955

Nebel und Sternhaufen

Name	RA	Dec.	Typ	Größe	Helligk.
IC 4593	16h 12.2m	+12° 04′	Plan. Neb.	12/120″	10.9
M13 (NGC 6205)	16h 41.7m	+36° 28′	Glob. Cl.	16.6′	5.9
NGC 6210	16h 44.5m	+23° 49′	Plan. Neb.	>14″	9.3pg
NGC 6229	16h 47.0m	+47° 32′	Glob. Cl.	4.5′	9.4
M92 (NGC 6341)	17h 17.1m	+43° 18′	Glob. Cl.	11.2′	6.5

Der Herkules ist ein großes Sternbild am nördlichen Himmel, das in
Mitteleuropa bis an den Zenitpunkt heranreicht und entsprechend
lange am Himmel steht; es kulminiert Anfang Juli gegen 23 Uhr Sommerzeit. Die kniende Figur, die kopfüber am Firmament entlang-
zieht, läßt sich recht gut erkennen, obwohl manche die einzelnen
Vierecke gerne auch zu einem Schmetterling gruppieren. Herkules
enthält viele reizvolle Objekte für Fernrohrbeobachter, darunter auch
den wohl schönsten kugelförmigen Sternhaufen des nördlichen
Himmels (M13) und zwei sehenswerte planetarische Nebel (IC 4593
und NGC 6210).

Nebel und Sternhaufen
Der kugelförmige Sternhaufen M13 (NGC 6205) im Herkules gehört
zu den schönsten Objekten dieser Art, vergleichbar mit omega (ω)
Centauri und 47 Tucanae, die beide am Südhimmel stehen. Für die
Bewohner Mitteleuropas erreicht er eine Höhe von rund 70° und kann
daher sehr gut beobachtet werden. Von dunklen Plätzen aus kann
man M13 mit bloßem Auge erkennen, und schon ein kleines Fernglas
zeigt ihn als nebligen Fleck, der mit zwei Sternen 7. Größenklasse ein
flaches Dreieck bildet. Ein 10-cm-Teleskop genügt bereits, um die
Randbereiche in Einzelsterne aufzulösen, und in einem Fernrohr ab
25 cm Öffnung ist er wirklich prachtvoll anzusehen. Die ausgefrans-
ten Ecken grenzen an eine breite Übergangszone zu einem dichten,
zentralen Fleck. Man erkennt auch drei dunkle „Straßen" (Zonen, in
denen weniger Sterne stehen); sie bilden ein großes Y, dessen Arme
südöstlich der Kernregion zusammenlaufen. Das menschliche
Gehirn neigt dazu, solche Formationen als gerade Linien zu erkennen, und wer sie einmal gesehen hat, kann sie so schnell nicht mehr
„übersehen".
Der Haufen steht rund 24 000 Lichtjahre entfernt, so daß wir nur jene
Sterne erkennen, die mehr als hundertmal heller leuchten als die

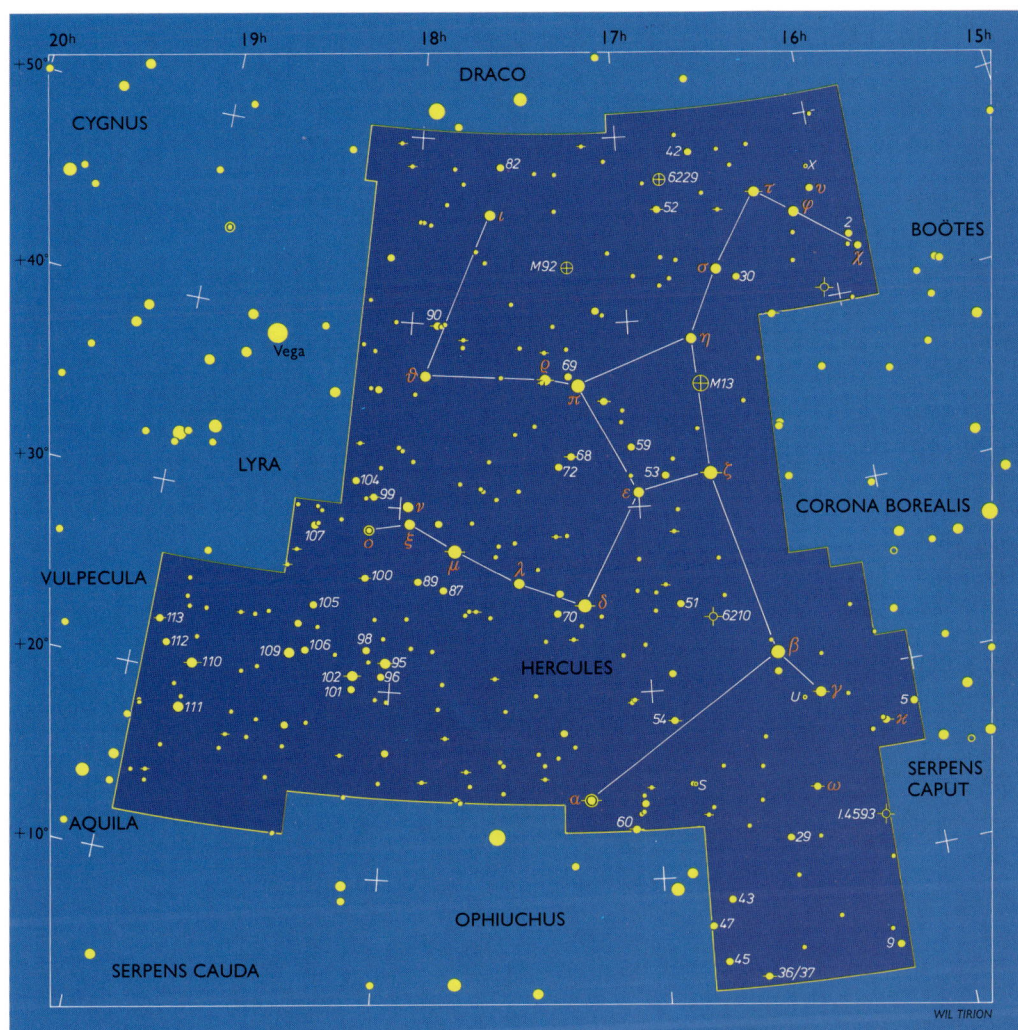

Sonne (die Sonne erschiene in dieser Entfernung als Sternchen der 19. Größenklasse).

Herkules enthält noch einen zweiten sehenswerten Kugelsternhaufen: M 92 (NGC 6341), der etwas kompakter, dafür aber nicht ganz so sternreich wie M 13 erscheint. Der Einsatz einer starken Vergrößerung läßt auch die schwächeren Sterne erkennbar werden, doch sind auch hier gute Beobachtungsbedingungen (ruhige, saubere Luft) eine wichtige Voraussetzung. NGC 6210 ist ein bläulich leuchtender heller, wenngleich kleiner planetarischer Nebel (16×20 Bogensekunden) mit einem Zentralstern der 12. Größenklasse. Schließlich steht in diesem Sternbild noch ein bemerkenswerter Galaxienhaufen, dessen Mitglieder allerdings in Fernrohren unterhalb von 40 cm Öffnung nicht zu erkennen sind. Es gibt aber auch schon Teleskope von 50 cm und mehr Öffnung im Besitz von Amateuren, und sie reichen zur Beobachtung der Galaxien der 17. Größenklasse und darunter. Ein berühmtes Foto, das mit dem 5-Meter-Spiegel der Palomar-Sternwarte aufgenommen wurde, zeigt in einem Feld von nur 1° Durchmesser Dutzende von Galaxien aller Typen.

M 13. *Fotos werden kugelförmigen Sternhaufen meist nicht gerecht, weil der Zentralteil nahezu unvermeidbar überbelichtet erscheint: Das Auge erkennt im helleren Kernbereich viel eher einzelne Sterne. Die Aufnahme gibt etwa den Eindruck wieder, den man in einem mittleren bis großen Amateurfernrohr erhält.*

Horologium/Reticulum

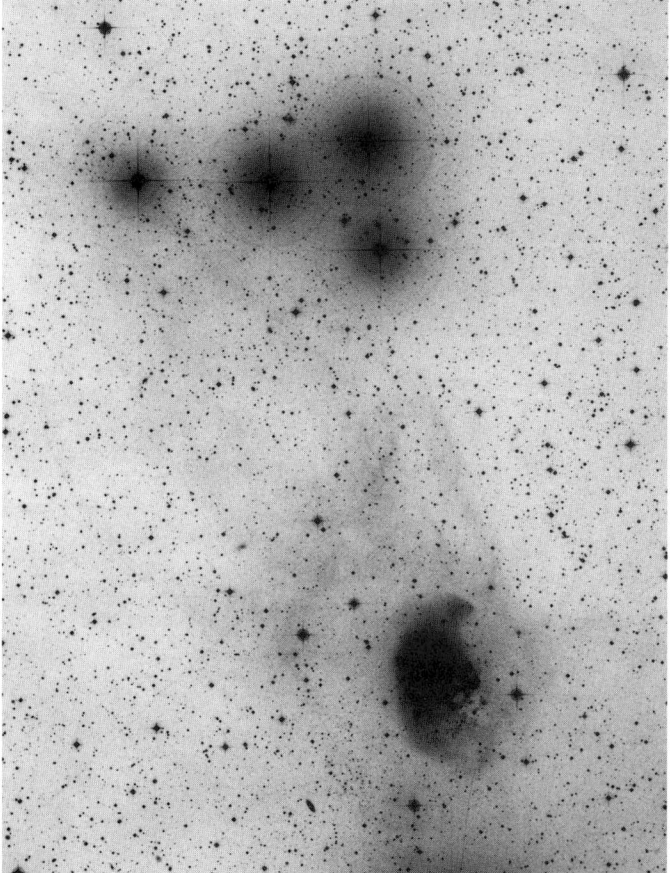

Die Pendeluhr (Horologium) und das Netz (Reticulum) sind kleine, unscheinbare Sternbilder des Südhimmels. Die Pendeluhr, eine Kette lichtschwacher Sterne, erstreckt sich von alpha (α) Horologii, einem Objekt der 4. Größenklasse, nach Südwesten in Richtung Achernar und knickt dann nach Süden ab. Demgegenüber springt das Netz mit seinen rhombisch angeordneten Sternen der 3. und 4. Größenklasse fast schon ins Auge; es soll wohl an das Fadenkreuz im Okular Lacailles erinnern, mit dem er in der Mitte des 18. Jahrhunderts von Kapstadt aus den Südhimmel erkundete. Die benachbarten Sternbilder erreichen den Meridian Mitte Dezember gegen 22 Uhr.

Horologium

Die Pendeluhr liegt in einer sternarmen Gegend außerhalb des Milchstraßenbandes und enthält nur wenige Fernrohrobjekte. Δ 7 ist ein schöner Doppelstern, dessen A- und K-Komponenten in einem

NGC 1313 (rechts unten) erscheint auf kurzbelichteten Aufnahmen wie eine gewöhnliche Balkenspirale, doch zeigt dieser kontrastreiche Negativabzug eines langbelichteten Fotos, auf dem die inneren Teile der Galaxie überbelichtet sind, deutliche, schweifähnliche „Fortsätze", die sich bis etwa zur Bildmitte erstrecken. Die eigentlichen Grenzen von NGC 1313 sind nur schwer auszumachen, und die Natur dieser Randbereiche ist unbekannt. Das Foto stammt vom 1,20-m-UK-Schmidt-Teleskop in Australien.

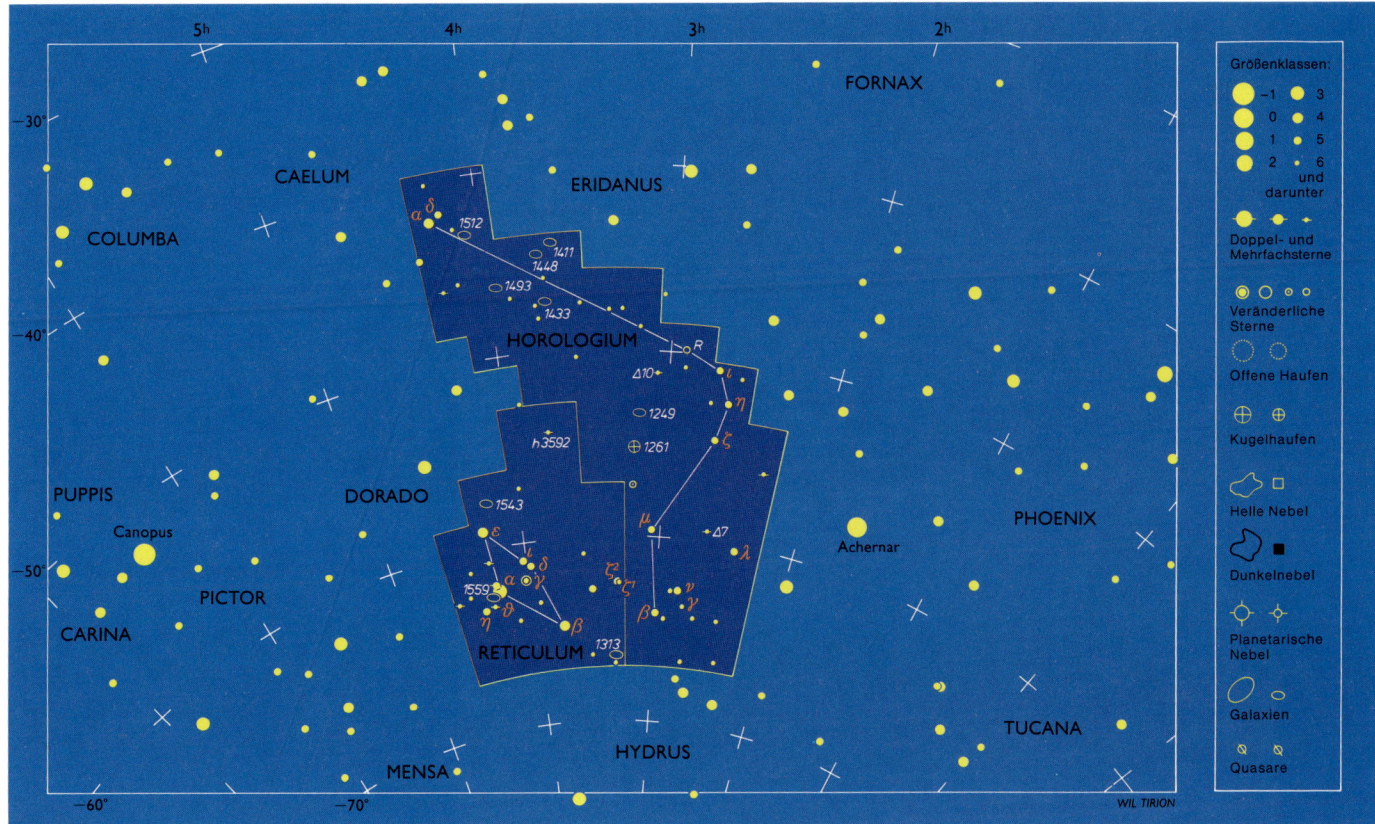

Abstand von 36 Bogensekunden für einen reizvollen Farbkontrast sorgen. Δ 10 zeigt ebenfalls einen deutlichen Farbkontrast. Der einzig nennenswerte Kugelhaufen (NGC 1261) erscheint im 30-cm-Teleskop als kleiner Ball lichtschwacher Sterne; seine Entfernung beträgt rund 70 000 Lichtjahre. Außerdem gibt es zwei Galaxien heller als 12. Größenklasse: NGC 1433 erweist sich als 7 Bogenminuten große Balkenspirale geringer Flächenhelligkeit mit einem kleinen, hellen Kern. Auf NGC 1448 blicken wir fast von der Kante; die Spiralgalaxie präsentiert sich als längliches Objekt (8 × 1 Bogenminuten).

Reticulum

Für Fernrohrbeobachter ist nur theta (ϑ) Reticuli interessant; der weite Doppelstern zeta (ζ) umfaßt zwei gelbe Sterne der 5. Größenklasse, die etwas mehr als 5 Bogenminuten auseinander stehen und damit unter guten Beobachtungsbedingungen bequem mit bloßem Auge zu trennen sein sollten, wenn sie nicht ganz so lichtschwach wären.

Supernova in NGC 1313

Im Sternbild Netz steht auch eine große, wenngleich lichtschwache Balkenspirale; sie mißt 8,5 × 6,5 Bogenminuten und läßt Ansätze der Spiralarme an den beiden Enden des verwaschenen, länglichen Kerns erkennen. Im Jahre 1962 leuchtete hier eine Supernova bis zur 10. Größenklasse auf und verriet damit die relative Nähe dieser Galaxie: Supernovae erreichen nämlich alle eine vergleichbare absolute Helligkeit (die für die unterscheidbaren Klassen I und II etwas verschieden ist), so daß man aus der scheinbaren Helligkeit auf die Entfernung der Galaxie schließen kann.

NGC 1559, ebenfalls eine Balkenspirale, auf die wir unter etwas schrägem Winkel blicken, weist eine höhere Flächenhelligkeit auf und zeigt einen stetigen Helligkeitsanstieg zur Mitte hin.

Beobachtungsobjekte in der Pendeluhr
Doppelsterne

Name	RA	Dec.	Distanz (Bogensek.)	Helligk.		Jahr
Δ 7	02h 39.7m	−59° 34′	36.6	7.2	7.5	1953
Δ 10	03h 04.6m	−51° 19′	38.2	7.5	8.8	1916

Nebel und Sternhaufen

Name	RA	Dec.	Typ	Größe	Helligk.
NGC 1261	03h 12.3m	−55° 13′	Glob. Cl	6.9′	8.4
NGC 1433	03h 42.0m	−47° 13′	Gal. SBa	6.8′ × 6.0′	10
NGC 1448	03h 44.5m	−44° 39′	Gal. Sc	8.1′ × 1.8′	11.3

Beobachtungsobjekte im Netz
Doppelsterne

Name	RA	Dec.	Distanz (Bogensek.)	Helligk.		Jahr
ζ (Zeta)	03h 18.2m	−62° 30′	310	5.2	5.5	1952
h 3592	03h 44.6m	−54° 16′	5.2	6.4	9.0	1951
θ (Theta)	04h 17.7m	−63° 15′	4.1	6.2	8.2	1943

Nebel und Sternhaufen

Name	RA	Dec.	Typ	Größe	Helligk.
NGC 1313	03h 18.3m	−66° 30′	Gal. SBd	8.5′ × 6.6′	9.4
NGC 1559	04h 17.6m	−62° 47′	Gal. SBc	3.3′ × 2.1′	10.45

Hydra

M 83 (NGC 5236) ist eine Spiralgalaxie, die ähnlich viel Materie enthält wie unsere Galaxis; radioastronomische Beobachtungen haben aber gezeigt, daß das Gas weit über die Grenzen der sichtbaren Spiralarme hinausreicht. M 83 ist bekannt für eine ungewöhnlich hohe Supernova-Rate von sechs bis zehn pro Jahrhundert. Die Abbildung stellt eine vom Computer eingefärbte Version einer Schwarzweiß-Aufnahme von Dr. Jean Lorre dar.

Das Sternbild Wasserschlange ist die ausgedehnteste Figur am Himmel; es erstreckt sich über eine Länge von fast 95° oder mehr als 6 Stunden in Rektaszension: Vom Kopf der Wasserschlange, rund 18° östlich von Procyon, kann man die Zickzack-Linie mehr oder minder gut bis zum Schwanzende unterhalb des Sternbilds Waage (Libra) verfolgen. Entsprechend schwierig ist die jahreszeitliche Zuordnung der Figur: Sie beginnt als Wintersternbild und endet als Sommerbild. Wenn der Rabe im Meridian steht, findet man die gesamte Wasserschlange über dem Südhorizont. Hier gibt es viele Doppel- und Mehrfachsterne, aber auch etliche Nebel und Sternhaufen.

Alpha (α) Hydrae, Alphard, ist als Objekt der 2. Größenklasse (1,97^m) in einer sternarmen Gegend leicht zu erkennen; sein Name bedeutet soviel wie „der Alleinstehende". Der 100 Lichtjahre entfernte Stern erscheint rötlicher, als man aufgrund des Spektraltyps (K 3) erwarten sollte.

Nebel und Sternhaufen

Einige der Doppel- und Mehrfachsterne sind in der Liste aufgeführt, doch findet man darunter keine richtigen „Präsentierstücke". M 48 ist ein schöner offener Haufen am Rande der Milchstraße im Westteil des Sternbilds; er formt zusammen mit Procyon und dem Kopf der Wasserschlange ein gleichseitiges Dreieck. Mit bloßem Auge erkennt man einen winzigen Fleck, im Fernrohr bei schwacher Vergrößerung dann eine Gruppe mit rund 50, zumeist weißen Sternen; durch die eingestreuten gelben Mitglieder wirkt das ganze Objekt recht eindrucksvoll. Der Haufen ist rund 1500 Lichtjahre entfernt und muß also ziemlich leuchtstarke Sterne enthalten.

NGC 3109 ist eine große irreguläre Galaxie, die nicht sehr weit entfernt stehen kann, da auf Fotos bereits einzelne Riesensterne zu erkennen sind. In einem 25-cm-Teleskop erscheint sie als Nebelfleck von rund 11 Bogenminuten Länge. Weniger als 2° südlich von my (μ)

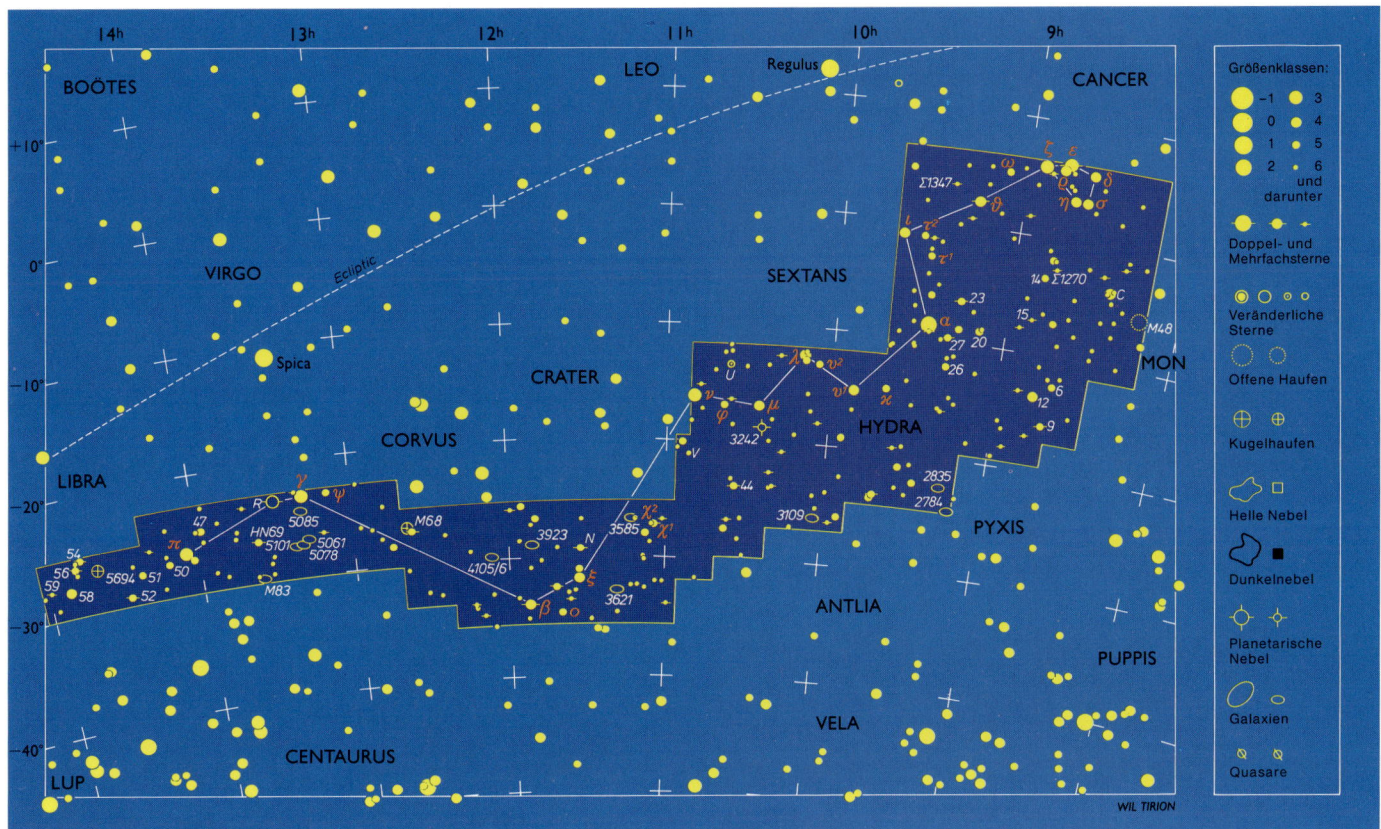

Hydrae steht einer der hellsten planetarischen Nebel (NGC 3242) mit einem leicht erkennbaren Zentralstern. Mit einem Fernrohr ab 25 cm Öffnung kann man einige Details in den Gashüllen ausmachen, die – zusammen mit dem Zentralstern – wie ein „kosmisches Auge" aussehen. Lichtstarke Instrumente zeigen den mitunter als „Geist des Jupiter" bezeichneten Nebel bläulichgrün (im Licht des ionisierten Sauerstoffs leuchten), doch tritt auf Farbfotos zusätzlich ein rosa Farbton in Erscheinung. Der Nebel dürfte mindestens 2000 Lichtjahre entfernt stehen, weshalb der Durchmesser des äußeren Gasrings mindestens 0,6 Lichtjahre betragen muß. NGC 4105 und 4106 sind miteinander wechselwirkende Galaxien, die deutliche Spuren gegenseitiger Gezeitenwirkungen zeigen. Beim kugelförmigen Sternhaufen M 68 (NGC 4590) genügt ein 15-cm-Spiegel zum Auflösen der äußeren Bereiche; er enthält viele Sterne gleicher Helligkeit, die sich zu Wirbelmustern gruppieren.

M 83 (NGC 5236) ist ein schönes Beispiel für eine nahe Galaxie, auf die wir ziemlich frontal blicken; sie wird mitunter als Balkenspirale klassifiziert und gehört zu den wenigen Exemplaren, bei denen man die Spiralarme und den Balken schon mit einem Amateurfernrohr sehen kann. Ein 30-cm-Teleskop zeigt einen hellen Kern mit einem rundlichen Umfeld, dem zwei schwachleuchtende Spiralarme überlagert sind. Ein dritter Arm hat eine etwas diffuse Struktur, kann aber auch ein Stück weit verfolgt werden. Einige Vordergrundsterne heben sich gegen die Galaxie ab, doch sollte man sich sehr genau vergewissern, ob sie alle wirklich zu unserer Galaxis gehören, denn innerhalb der letzten 60 Jahre sind vier Supernovae in M 83 aufgeleuchtet. Die Entfernung der Galaxie wird im 1988 erschienenen *Beobachterhandbuch* der Royal Canadian Astronomical Society mit rund 20 Millionen Lichtjahre angegeben.

Beobachtungsobjekte in der Wasserschlange
Doppel- und Mehrfachsterne

Name	RA	Dec.	Distanz (Bogensek.)	Hellig.		Jahr
Σ 1270	08h 45.3m	−02° 36′	4.7	6.4	7.4	1955
ε (Epsilon)	08h 46.8m	+06° 25′	0.3	3.8	4.7	1968
			AB×C 2.8	3.8	6.8	1976
			AB×D 19.2	3.8	12.4	1938
			AB×E 336	3.8	10.0	1921
			AB×F 424	3.8	10.1	1921
15	08h 51.6m	−07° 11′	AB 0.9	5.6	8.6	1958
			AC 45.7	5.6	9.6	1924
			AD 51.9	5.6	10.7	1924
Σ 1347	09h 23.3m	+03° 30′	21.2	7.3	8.6	1937
N	11h 32.3m	−29° 16′	9.1	6	6	1952
β (Beta)	11h 52.9m	−33° 54′	0.9	4.7	5.5	1959
HN 69 (S651)	13h 36.8m	−26° 30′	10.1	5.9	6.8	1953
54	14h 46.0m	−25° 27′	8.6	5.1	7.1	1954
59	14h 58.7m	−27° 39′	0.8	6.3	6.6	1953

Nebel und Sternhaufen

Name	RA	Dec.	Typ	Größe	H.keit
M 48 (NGC 2548)	08h 13.8m	−05° 48′	Open Cl.	54′	5.8
NGC 2835	09h 17.9m	−22° 21′	Gal. Sp.	6.3′ × 4.4′	11.1
NGC 3109	10h 03.1m	−26° 09′	Gal. Irr	14.5′ × 3.5′	10.36
NGC 3242	10h 24.8m	−18° 38′	Plan. Neb.	16″	8.6
NGC 4105	12h 06.7m	−29° 46′	Gal. E2	2.4′ × 1.9′	12
NGC 4106	12h 06.8m	−29° 46′	Gal. E0	1.9′ × 1.5′	11.3
M 68 (NGC 4590)	12h 39.5m	−26° 45′	Glob. Cl	12′	8.2
M 83 (NGC 5236)	13h 37.0m	−29° 52′	Gal. SBd	11.2′ × 10.2′	8.2
NGC 5694	14h 39.6m	−26° 32′	Glob. Cl	3.6′	10.2

Hydrus/Tucana

Sowohl Hydrus, die Kleine Wasserschlange, als auch Tucana, der Tukan, *wurden von Johann Bayer in seiner 1603 erschienenen Uranometria eingeführt; diese Tierarten waren damals gerade in Südamerika entdeckt worden. In Amerika hieß der Tukan vorübergehend auch amerikanische Gans, doch wurde diese Bezeichnung in den 80er Jahren des vergangenen Jahrhunderts endgültig abgeschafft. Die Kleine Magellansche Wolke (Small Magellanic Cloud, SMC) wurde ursprünglich unter ihrem lateinischen Namen (Nubecula Minor) geführt – als Gegenstück zur Nubecula Major.*

Das Sternbild Kleine Wasserschlange (Hydrus) präsentiert sich im wesentlichen als ein großes Dreieck aus den Sternen alpha (α), beta (β) und gamma (γ), die allesamt der 3. Größenklasse angehören; alpha steht nur etwa 3,5° südöstlich des leuchtenden Achernar. Das benachbarte Sternbild Tukan (Tucana) enthält die Kleine Magellansche Wolke (Small Magellanic Cloud, SMC), eine Nachbarin der Großen Magellanschen Wolke und mit ihr gemeinsam Trabant unserer Galaxis. Darüber hinaus steht in dieser Figur der zweitgrößte und zweithellste kugelförmige Sternhaufen, 47 Tucanae (NGC 104). Den Bewohnern Europas bleiben die beiden Sternbilder unter dem Horizont verborgen, für Beobachter auf der Südhalbkugel dagegen kulminiert die Kleine Magellansche Wolke Anfang November gegen 22 Uhr.

Hydrus

Das einzig interessante Objekt in der Kleinen Wasserschlange ist der kleine diffuse Nebel NGC 602 mittlerer Helligkeit, der durch eine Dunkelwolke unterteilt erscheint; viele Autoren sehen in ihm einen „Begleiter" der Kleinen Magellanschen Wolke. Bemerkenswert wegen seines Farbkontrastes ist noch der Doppelstern h3568, der eine gelbe und eine dunklere, bläulichweiße Komponente enthält.

Tucana

Im Tukan finden wir einige sehr schöne Doppelsterne. Delta (δ) Tucanae ist ein heller, weißer Stern mit einem Begleiter der 9. Größenklasse in 7 Bogensekunden Abstand. Beta (β) erscheint als ziemlich komplexes System: Man erkennt zunächst zwei helle Sterne (β_1/β_2), von denen der zweite seinerseits ein enges Paar bildet; rund 10 Bogenminuten südöstlich steht ein weiterer Stern der 5. Größenklasse (CPD 52), ebenfalls ein sehr enger Doppelstern, der wegen der mit den

beiden anderen Sternen gemeinsamen Eigenbewegung auch als β_3 bezeichnet wird. Bei kappa (κ) stehen zwei Sterne der 5. und 7. Größenklasse in 5,4 Bogensekunden Abstand nebeneinander, ergänzt durch Innes 27, ein Paar aus Sternen der 8. Größenklasse in einer Distanz von 1 Bogensekunde; auch hier deutet eine gemeinsame Eigenbewegung darauf hin, daß es sich in Wirklichkeit um ein Mehrfachsystem handelt.

Der kugelförmige Sternhaufen 47 Tucanae (NGC 104) ist zweifellos der zweitbeste Vertreter dieser Gruppe nach omega Centauri. In jedem Fernrohr mit mehr als 10 cm Öffnung erscheint er als heller Ball aus Sternen mit einer starken Konzentration zur Mitte hin. Ich habe ihn zum ersten Mal 1986 von Neuseeland aus mit einem 25-cm-Teleskop gesehen und war sehr beeindruckt. Der Haufen ist mit bloßem Auge als leicht verwaschen erscheinendes Sternchen unmittelbar westlich der Kleinen Magellanschen Wolke zu erkennen (als Vordergrundobjekt, da er zur Galaxis gehört und nur rund 20 000 Lichtjahre entfernt steht). Am Nordrand der Wolke steht noch ein zweiter, „normaler" Kugelhaufen der 9. Größenklasse, NGC 362, dessen hellste Sterne der 13. Größenklasse angehören.

Die Kleine Magellansche Wolke *(SMC) ist ein irregulärer Nachbar der Großen Magellanschen Wolke (LMC), die im Schwertfisch (Dorado) beschrieben wird; da beide Galaxien nur etwa 170 000 beziehungsweise 195 000 Lichtjahre entfernt sind, gelten sie als Begleiter unserer Galaxis. Die Kleine Magellansche Wolke erscheint als länglicher, nebliger Fleck zwischen Achernar und dem Himmelssüdpol. Die Aufnahme wurde von Dennis de Cicco mit einer Schmidt-Kamera zehn Minuten auf Fuji 400D-Film belichtet. Das helle Objekt am unteren Bildrand ist der kugelförmige Sternhaufen 47 Tucanae (NGC 104).*

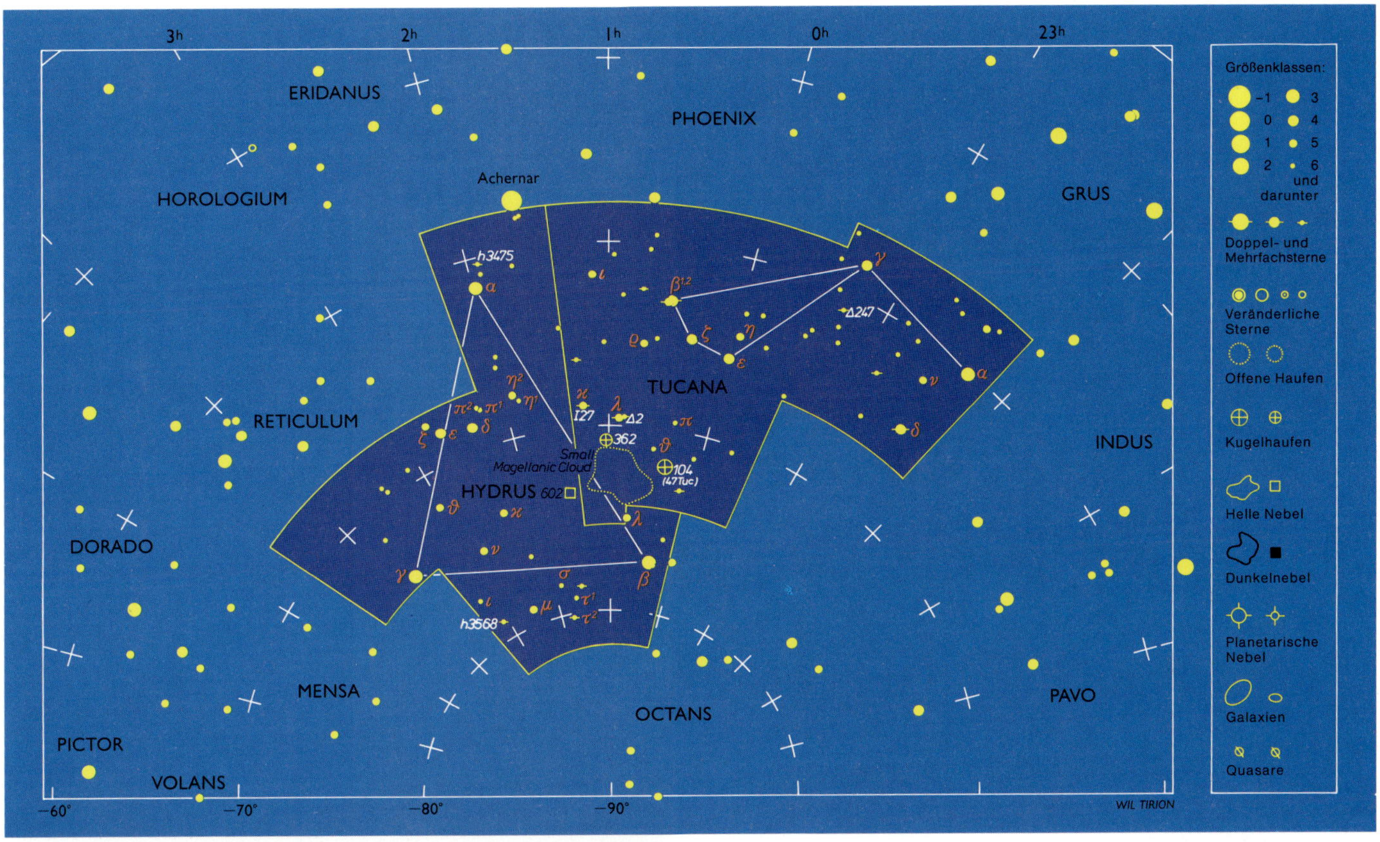

Star Chart

Größenklassen:
-1, 3, 0, 4, 1, 5, 2, 6 und darunter

Doppel- und Mehrfachsterne

Veränderliche Sterne

Offene Haufen

Kugelhaufen

Helle Nebel

Dunkelnebel

Planetarische Nebel

Galaxien

Quasare

WIL TIRION

Beobachtungsobjekte in der Kleinen Wasserschlange
Doppelsterne

Name	RA	Dec.	Distanz (Bogensek.)	Helligk.		Jahr
h3475	01h 55.3m	−60° 19′	2.4	7.1	7.3	1964
h3568	03h 07.5m	−78° 59′	15.2	5.6	9.3	1939

Nebel und Sternhaufen

Name	RA	Dec.	Typ	Größe	H.keit
NGC 602	01h 29.6m	−73° 33′	Diff. Neb.	1.5′ × 0.7′	9?

Beobachtungsobjekte im Tukan
Doppel- und Mehrfachsterne

Name	RA	Dec.		Distanz (Bogensek.)	Helligk.		Jahr
δ (Delta)	22h 27.3m	−64° 58′		6.9	4.5	9.0	1928
Δ 247	23h 18.0m	−61° 00′		46.6	6.7	7.8	1959
β₁ (Beta 1) (A)	00h 31.5m	−61° 58′	AB	2.4	4.4	13.5	1932
β₂ (Beta 2) (C)			AC	27.1	4.4	4.8	1952
Δ 2	00h 52.4m	−69° 30′		20.7	6.5	7.9	1952
κ (Kappa)	01h 15.8m	−68° 53′	AB	5.4	5.1	7.3	1954
			A×CD	319.3	5.1	7.8	1898
I 27			CD	1.0	7.8	8.2	1926

Nebel und Sternhaufen

Name	RA	Dec.	Typ	Größe	H.keit
47 (NGC 104)	00h 24.1m	−72° 05′	Glob. Cl.	30.9′	4.0
SMC (NGC 292)	00h 52.7m	−72° 50′	Gal. Irr.	280′ × 160′	2.3
NGC 362	01h 03.2m	−70° 51′	Glob. Cl.	12.9′	9.0

Der Pavo-5-Haufen. *Diese Falschfarbenaufnahme des Pavo-5-Galaxienhaufens wurde vom Computer so verstärkt, daß die zarten Nebel- und Halostrukturen sichtbar werden, die die Galaxien untereinander zu verknüpfen scheinen. Die Galaxien sind als vorwiegend pinkfarbene Konturlinien dargestellt, während das umgebende Halogas blau wiedergegeben wird.*

Die Sternbilder Indianer (Indus), Pfau (Pavo) und Teleskop (Telescopium) gehören für die Bewohner der Südhalbkugel zu den Figuren des späten Winterhimmels: Die Mitte der Gruppe überschreitet den Meridian in der zweiten Augusthälfte gegen 22 Uhr. Mit Ausnahme des Sternbilds Pfau enthält diese Himmelsregion keine helleren Sterne, die eine leichte Identifizierung der Figuren ermöglichen würden: Der Schnabel des Vogels wird durch den Stern eta (η) markiert, das Auge durch pi (π) Pavonis, die Brust durch kappa ($\varkappa$), die Beine durch zeta (ζ) und epsilon (ε) und die Schwanzfedern durch beta (β) und gamma (γ) sowie alpha (α), einen weißen Stern der 2. Größenklasse. In diesem Gebiet fernab der Milchstraßenebene wird man mit Recht Doppelsterne und Galaxien als Beobachtungsobjekte erwarten können.

Indus

Im Indianer ist lediglich der Doppelstern theta (ϑ) erwähnenswert; Hd 296, ein Doppelstern mit einer Umlaufperiode von 29 Jahren, ist nur als Testobjekt für größere Fernrohre in der Liste enthalten.

Pavo

Im Pfau treffen wir auf eine 15 × 10 Bogenminuten große Balkenspirale (NGC 6744), die ziemlich nahe stehen muß, um so groß erscheinen zu können; allerdings sehen wir wegen der geringen Flächenhelligkeit in normalen Amateurfernrohren nur die hellere Kernregion. Erst mit Instrumenten ab 25 cm Öffnung kann man in den Spiralarmen einige der dort zahlreich vorhandenen HII-Regionen und OB-Assoziationen erkennen; mit ihrer Hilfe lassen sich die Arme über einen Bogen von jeweils rund 180 Grad verfolgen, vor allem im Bereich nördlich des Kerns. Darüber hinaus gibt es im Pfau noch den ausgezeichneten kugelförmigen Sternhaufen (NGC 6752), der als einer der Edelsteine des Himmels bezeichnet wurde: Die hellsten Sterne des

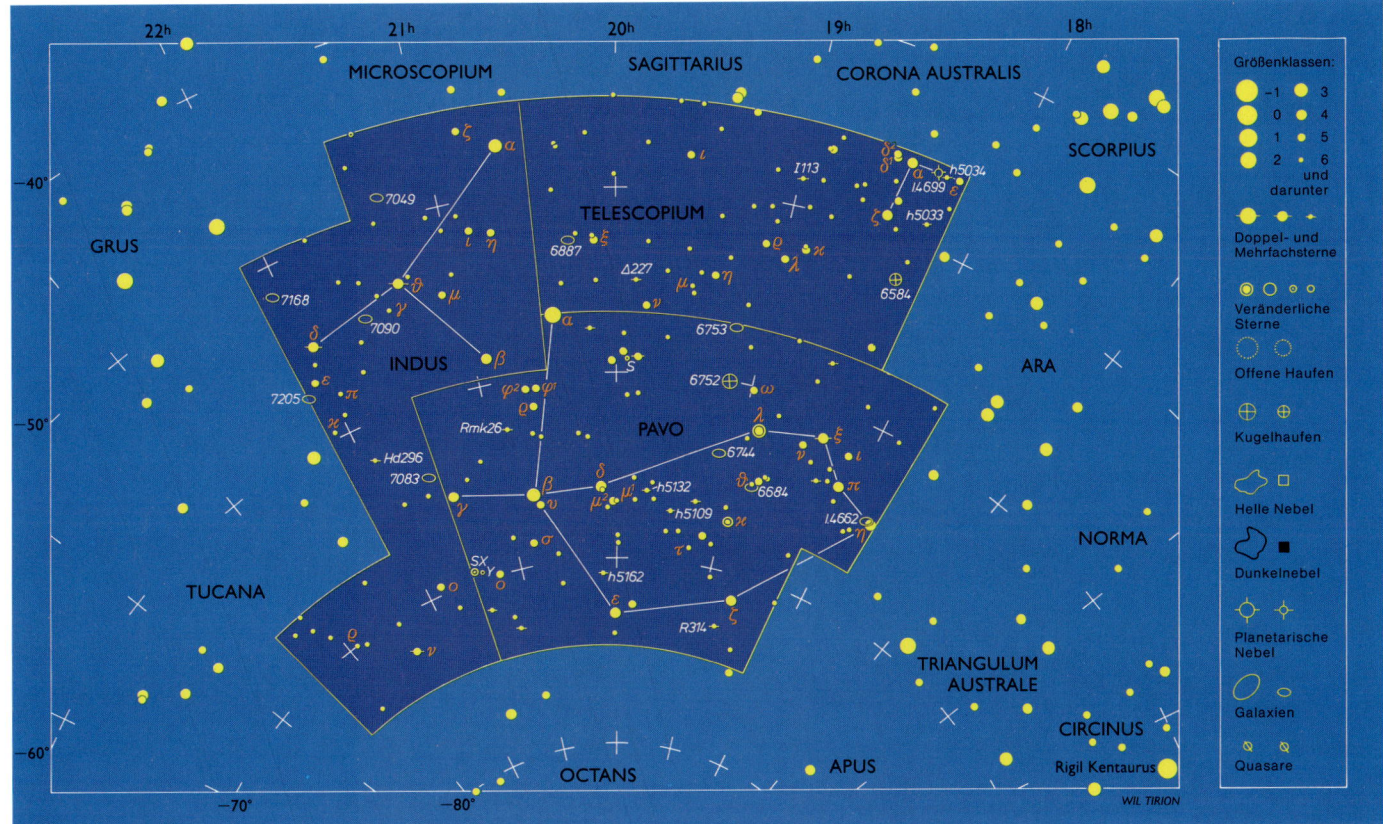

15 Bogenminuten großen, dichten Kugelhaufens gehören der 11. Größenklasse an und können bereits mit einem Teleskop ab 7,5 cm Öffnung gesehen werden; im Randbereich steht ein Doppelstern, dessen 7,7ᵐ und 9,3ᵐ helle Komponenten 3 Bogensekunden abgetrennt sind.

Telescopium

Das Sternbild Teleskop enthält viele kleine, ziemlich lichtschwache Galaxien, einen ziemlich lockeren, kugelförmigen Sternhaufen (NGC 6584) und einen kleinen planetarischen Nebel (IC 4699). Δ 227 ist ein sehr schöner Doppelstern für Teleskope mit kleiner Öffnung, dessen orangefarbene und weiße Komponenten 23 Bogensekunden auseinanderstehen. Die kleine Gruppe aus alpha (α), delta (δ), epsilon (ε) und zeta (ζ) kann man links oben auf dem Foto des Sternbilds Ara (Seite 22) wiederfinden.

Beobachtungsobjekte im Pfau
Doppel- und Mehrfachsterne

Name	RA	Dec.	Distanz (Bogensek.)	Hellig.		Jahr
ξ (Xi)	18h 23.2m	−61° 30′	3.3	4.4	8.6	1955
R 314	18h 49.7m	−73° 00′	1.9	6.3	8.3	1947
h5109	19h 29.8m	−67° 18′	AB 24.7	7.7	9.5	1940
			AC 36.4	7.7	10.0	1940
h5132	19h 44.0m	−66° 18′	21.5	7.7	10.0	1916
h5162	20h 07.9m	−70° 49′	6.7	8.0	10.5	1917
Rmk 26	20h 51.6m	−62° 26′	2.3	6.5	6.5	1959

Nebel und Sternhaufen

Name	RA	Dec.	Typ	Größe	H.keit
IC 4662	17h 47.1m	−64° 38′	Gal. Irr.+	2.2′ × 1.4′	11.43
NGC 6744	19h 09.8m	−63° 51′	Gal. SBb+	15.5′ × 10.2′	9.03
NGC 6752	19h 10.9m	−59° 59′	Glob. Cl.	20.4′	5.4
NGC 6753	19h 11.4m	−57° 03′	Gal. Sb	2.5′ × 2.2′	12

Beobachtungsobjekte im Teleskop
Doppel- und Mehrfachsterne

Name	RA	Dec.	Distanz (Bogensek.)	Hellig.		Jahr
h5033	18h 15.4m	−48° 51′	AB 17.3	6.8	10.8	1913
			AC 18.2	6.8	12.2	1913
			AD 27.9	6.8	10.7	1913
h5034	18h 16.2m	−46° 02′	2.4	7.5	8.8	1959
I 113	18h 58.9m	−48° 30′	3.0	6.7	10.5	1948
Δ 227	19h 52.6m	−54° 58′	22.9	6.1	6.8	1952

Nebel und Sternhaufen

Name	RA	Dec.	Typ	Größe	H.keit
NGC 6584	18h 18.6m	−52° 13′	Glob. Cl.	7.9′	9.2
NGC 6887	20h 17.2m	−52° 47′	Gal. Sb+	4.1′ × 1.7′	12.46

Beobachtungsobjekte im Indianer
Doppelsterne

Name	RA	Dec.	Distanz (Bogensek.)	Hellig.		Jahr
θ (Theta)	21h 19.9m	−53° 27′	6.0	4.5	7.0	1957
Hd 296	21h 55.2m	−61° 53′	0.3	6.6	6.7	1945

Nebel und Sternhaufen

Name	RA	Dec.	Typ	Größe	H.keit
IC 4699	18h 18.5m	−45° 59′	Plan. Neb.	<10″	11.9 pg
NGC 7090	21h 36.5m	−54° 33′	Gal. SBc	7.1′ × 1.4′	11.1
NGC 7205	22h 08.5m	−57° 25′	Gal. Sb+	4.3′ × 2.2′	11.38

Lacerta

Lacerta, die Eidechse, *erscheint zum ersten Mal 1690 in einem Sternatlas des Danziger Astronomen Johannes Hevelius; am auffälligsten ist eine kleine Sterngruppe, die an ein senkrecht aufgestelltes W erinnert. Sein Bild zeigt allerdings kein kleines Reptil, sondern eher ein nerz-oder otterähnliches Tier; das hängt vielleicht damit zusammen, daß es in Danzig keine Eidechsen gab! Bei den Chinesen gehörte diese Figur übrigens zu einem fliegenden Drachen.*

Die Eidechse (Lacerta) ist ein kleines Sternbild des nördlichen Himmels zwischen Schwan und Andromeda, dessen oberer Teil in die Milchstraße eintaucht, während man im südlichen Bereich etliche lichtschwache Sterne vorfindet. Die einzig erkennbare Figur ist die Zickzack-Linie eines auf der Seite liegenden „W"s aus Sternen der 4. Größenklasse etwa auf halbem Wege zwischen Deneb im Schwan und dem großen Himmels-W der Kassiopeia. Das Sternbild wandert Ende September gegen 22 Uhr zenitnah durch den Meridian.
Die Eidechse besitzt eine Reihe schöner Doppel- und Mehrfachsterne, was angesichts der nahen Milchstraße nicht verwundert. Darüber hinaus findet man einige offene Sternhaufen, die jedoch zumeist klein und nicht sonderlich sternreich erscheinen.

Nebel und Sternhaufen

Der offene Haufen NGC 7209 umfaßt einige Dutzend Sterne der 8. bis 11. Größenklasse. NGC 7243 ist ein weiterer Haufen mit rund 40 Sternen, zu denen auch der Dreifachstern Σ 2890 gehört, dessen 9,4 Bogensekunden auseinanderstehende 8,5^m helle Komponenten in 73 Bogensekunden von einem 9,5^m hellen Stern begleitet werden. Den kleinen planetarischen Nebel IC 5217 findet man entweder mit einem stark vergrößernden Okular oder mit einem kleinen Prismenokular, das den Nebel als grünliches Objekt zeigt, während die gewöhnlichen Sterne zu einem „Spektralfaden" ausgezogen werden. Ein Nebelfilter hat einen ähnlichen Auswahleffekt, schwächt er doch das über das gesamte Spektrum verteilte Licht der Sterne beträchtlich ab, während das auf wenige Spektrallinien beschränkte Licht eines planetarischen Nebels ungehindert passieren kann. Filter gegen die „Lichtverschmutzung" verschlucken dagegen auch einen Teil des Nebellichtes, sind also für die Beobachtung planetarischer Nebel nicht geeignet. IC 5217 ist nur etwa 6 × 8 Bogensekunden groß und leuchtet grünlich.

BL Lacertae

Ein anderes, faszinierendes Objekt im Sternbild Eidechse stellt selbst für Besitzer großer Fernrohre eine Herausforderung dar: die veränderliche Galaxie BL Lacertae. Sie kann innerhalb vergleichsweise kurzer Zeit ihre Helligkeit zwischen der 14. und 17. Größenklasse verändern, und das läßt den Schluß zu, daß die eigentlich aktive Region nur ziemlich klein sein kann. Da die Galaxie andererseits sehr weit entfernt ist, müssen die Prozesse dort äußerst energiereich sein. Man nimmt an, daß alle diese quasistellaren Objekte (QSOs) von gewaltigen Schwarzen Löchern mit riesigen Akkretionsscheiben „angetrieben" werden. Ein solches Schwarzes Loch „frißt" seine Muttergalaxie vermutlich langsam auf, wobei die beobachteten Helligkeitsänderungen (die auch im Radiobereich registriert werden) möglicherweise ausgelöst werden, wenn große Materiemengen (zum Beispiel ganze Sterne) in den Anziehungsbereich des Objektes geraten und in der Akkretionsscheibe zermahlen werden. Das Aufsuchekärtchen mag abenteuerlustige Galaxienbeobachter zur Jagd auf BL Lac ermutigen.

BL Lacertae-Aufsuchekärtchen. *Das quasistellare Objekt ändert seine Helligkeit unregelmäßig zwischen der 14. und der 17. Größenklasse.*

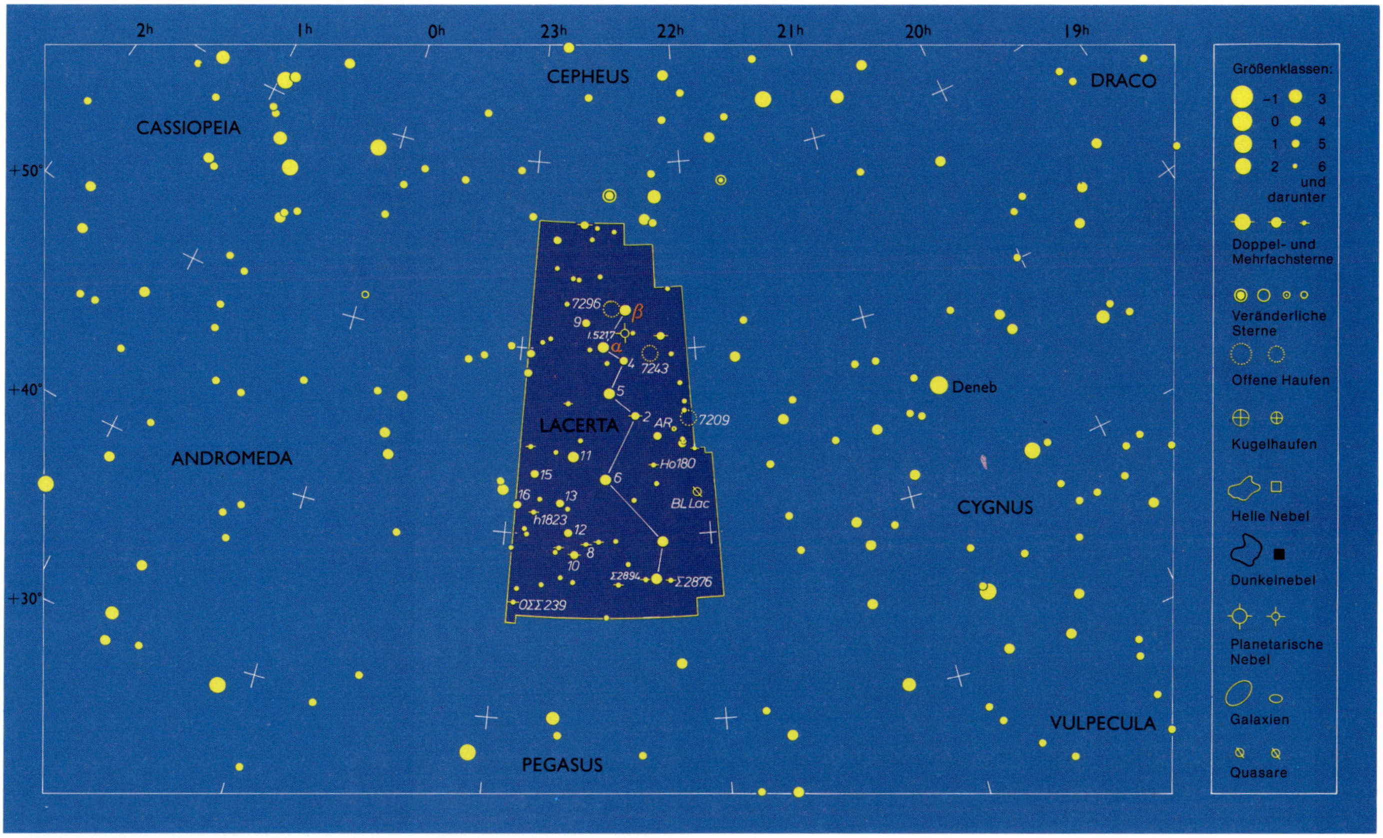

Größenklassen:

⬤	−1	⬤	3
⬤	0	•	4
⬤	1	·	5
⬤	2	·	6
			und darunter

Doppel- und Mehrfachsterne

Veränderliche Sterne

Offene Haufen

Kugelhaufen

Helle Nebel

Dunkelnebel

Planetarische Nebel

Galaxien

Quasare

Beobachtungsobjekte in der Eidechse
Doppel- und Mehrfachsterne

Name	RA	Dec.	Distanz (Bogensek.)	Helligk.		Jahr
Σ 2876	22h 12.0m	+37° 39′	11.8	7.8	9.3	1931
Ho 180	22h 15.7m	+43° 54′	0.7	8.2	8.2	1959
Σ 2894	22h 18.9m	+37° 46′	AB 15.6	6.1	8.3	1955
			AC 43.7	6.1	13.0	1905
			AD 221.7	6.1	9.4	1918
			BD 206.6	8.3	9.4	1918
8	22h 35.9m	+39° 38′	AB 22.4	5.7	6.5	1969
			AC 48.8	5.7	10.5	1956
			AD 81.8	5.7	9.3	1968
			AE 336.6	5.7	7.8	1968
10	22h 39.3m	+39° 03′	62.3	4.9	8.4	1974
h1823	22h 51.8m	+41° 19′	AB 19.2	7.1	12.8	1921
			AC 82.1	7.1	8.8	1923
			AE 118.3	7.1	9.2	1921
OΣΣ 239	22h 55.7m	+36° 21′	51.0	5.6	9.5	1923

Nebel und Sternhaufen

Name	RA	Dec.	Typ	Größe	H.keit
BL	22h 02.7m	+42° 16′ 40″	QSO	<1′	14.7
NGC 7209	22h 05.2m	+46° 30′	Gal. Cl.	25′	6.7
NGC 7243	22h 15.3m	+49° 53′	Gal. Cl.	21′	6.4
IC 5217	22h 23.9m	+50° 58′	Plan. Neb.	6″ × 8″	12.6pg

Leo/Leo Minor/Sextans

Das große und wichtige Ekliptiksternbild des Löwen (Leo) erinnert in seinen Umrissen an die Seitenansicht der Sphinx. Im englischen Sprachbereich faßt man den Westteil mit dem Hauptstern Regulus, alpha (α) Leonis, der 1. Größenklasse zu einer Sichel zusammen, die Sterne des Ostteils mit dem Stern Denebola, beta (β) Leonis, der 2. Größenklasse zu einem Dreieck oder einem Trapez, einschließlich iota (ι). Regulus liegt nahezu auf der Ekliptik, so daß Sonne, Mond und Planeten ziemlich regelmäßig nahe an ihm vorüberziehen. Mein erstes veröffentlichtes Astrofoto zeigt einen Vorübergang von Jupiter an Regulus. Ich fotografierte die Gegend in drei verschiedenen Nächten, kopierte dann die Negative übereinander und erhielt so ein Foto mit drei Jupiterbildern, das die Bewegung des Planeten eindrucksvoll dokumentierte.

Der Löwe steht als Frühlingssternbild Anfang April gegen 22 Uhr im Meridian. Der Kleine Löwe (Leo Minor) ist eine kleine Gruppe lichtschwacher Sterne über dem Löwen, der Sextant (Sextans) ein Sternbild unterhalb von Regulus, das nur wenige mit bloßem Auge sichtbare Sterne enthält. Die ganze Region liegt am Westrand einer ausgedehnten Galaxienwolke, dem Ursa Major-Coma-Virgo-Komplex, und so findet man hier Dutzende von Galaxien, dagegen nur wenige Sternhaufen und planetarische Nebel. Die Liste der Doppelsterne wird von gamma (γ) Leonis angeführt.

Doppel- und Mehrfachsterne

Gamma Leonis trägt den arabischen Namen „Algieba", die Löwenmähne. Die Sichel markiert den Hals und den Kopf des Löwen, Regulus das Herz. Algieba enthält zwei orangegelbe Sterne der 2. und 3. Größenklasse, die gemeinsam etwa die Helligkeit $2,0^m$ erreichen; ihr gegenwärtiger Abstand beträgt rund 4,4 Bogensekunden und nimmt bei einer Umlaufzeit von 618 Jahren noch langsam weiter zu. Aufgrund des Farbtons kann man die beiden Sterne auch gegen den

blauen Taghimmel erkennen. Dazu empfiehlt es sich, das Sternpaar im Herbst vor Beginn der Morgendämmerung am noch dunklen Himmel aufzusuchen und dann zu verfolgen, während der Morgen anbricht; Anfang November steht gamma bei Sonnenaufgang gerade im Meridian. Man kann gamma Leonis aber auch mit Hilfe vorhandener Teilkreise einstellen, indem man zunächst ein helles Bezugsobjekt (Sonne, Mond oder Venus) sucht und dann den Stundenteilkreis nach den jeweiligen Koordinaten justiert. **Allerdings muß man darauf achten, beim Einstellen der Sonne nie direkt durch das Fernrohr zu schauen, um nicht Gefahr zu laufen, daß das Auge plötzlich vom vollen Sonnenlicht getroffen und zerstört wird.** In jedem Fall empfiehlt es sich, mit der Objektivkappe die Eintrittsöffnung des Fernrohrs zu verschließen. Anschließend dreht man das Fernrohr so lange, bis die Teilkreise nach den Koordinaten von gamma Leonis eingestellt sind und der Stern in einem Weitwinkelokular zu erkennen ist. Weitere interessante Doppelsterne sind iota (ι), 54 und 90 Leonis.

Nebel und Sternhaufen in Leo

Die drei Sternbilder enthalten viele, zum Teil hervorragende, Galaxien der verschiedensten Typen. Ich werde zunächst die Objekte im Löwen von West nach Ost beschreiben und dann die Sternbilder Kleiner Löwe und Sextant betrachten. Die Galaxie NGC 2903 ist so hell und groß, daß man sich fragen muß, warum Messier sie übersehen hat. Man findet sie unweit der Sichelspitze, wenn man das Fernrohr von epsilon (ε) rund 2,5° nach Westen bis zum Stern lambda (λ) Leonis bewegt, dann die Rektaszensionsachse klemmt und das Teleskop um etwa 1,5° nach Süden schwenkt: Dort trifft man auf ein kleines Dreieck, das die Galaxie zusammen mit zwei Sternen der 7. Größenklasse bildet. Fernrohre bis 20 cm Öffnung zeigen einen elliptischen Nebelfleck mit einer zentralen Aufhellung, während größere

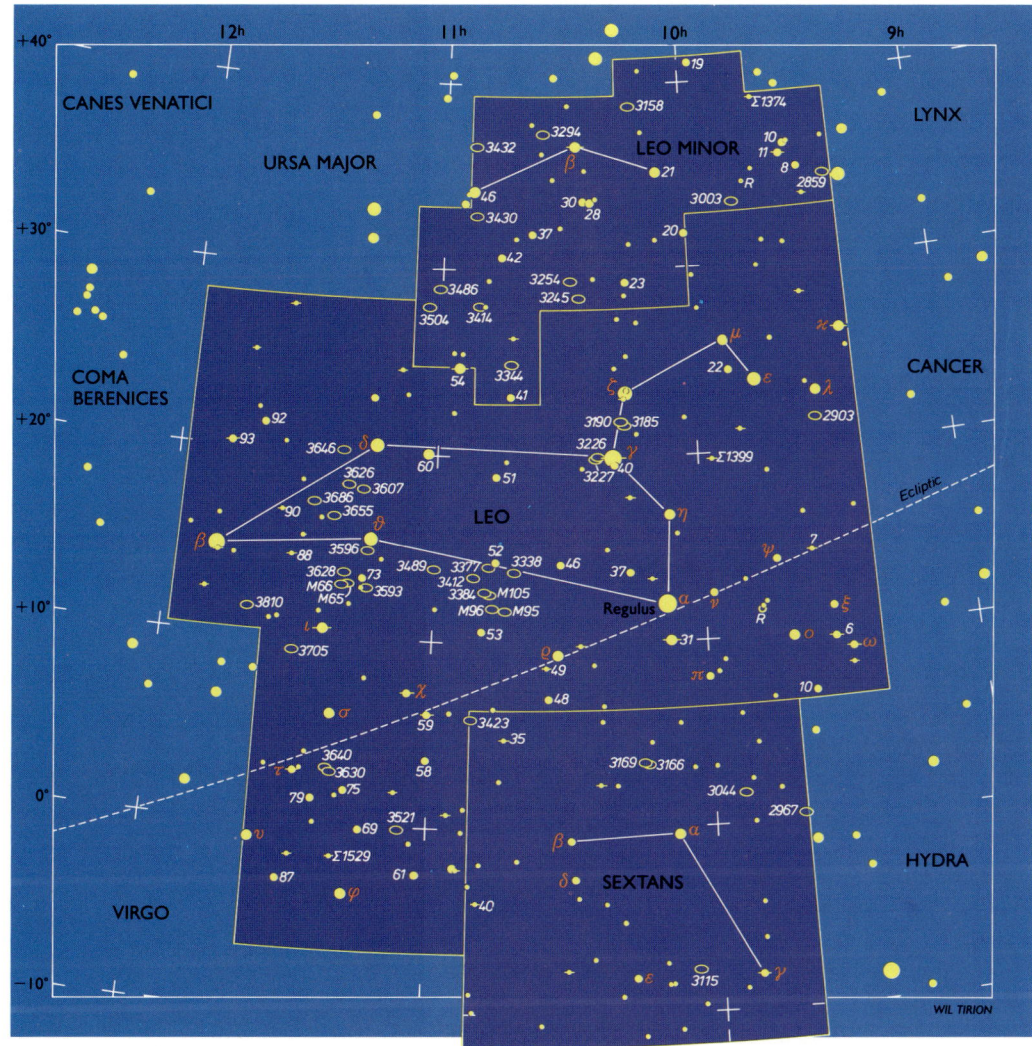

Teleskope bereits mehr Einzelheiten erkennen lassen, ein helleres Zentrum und schwache Dunkelbereiche zwischen den Spiralarmen. Auch die beiden Galaxien NGC 3226 sowie NGC 3227 sind leicht zu finden.

Die beiden Messier-Objekte M 95 (NGC 3351) und M 96 (NGC 3368) stehen etwas unterhalb der Mitte zwischen alpha (α) und theta (ϑ) Leonis. Die Balkenspirale M 95 erinnert auf Fotografien an die Umrisse des griechischen Buchstabens Theta (Θ), doch ist der Balken so lichtschwach, daß man ihn selbst in einem 40-cm-Teleskop kaum erahnen kann. M 96 dagegen erscheint größer und heller: eine Galaxie, auf die wir unter steilem Winkel blicken und eine Dunkelwolke zwischen einem der beiden Arme und dem Kernbereich erkennen können. Nicht weit entfernt stehen M 105 (NGC 3379), eine elliptische Galaxie mittlerer Helligkeit, die als Nebelfleck mit einem aufgehellten Zentralbereich erscheint, und NGC 3384. Zu den besseren Galaxien des Typs Sb im Hubbleschen Klassifikationsschema zählt NGC 3521, ein Objekt der Helligkeit 8,9ᵐ, auf das wir unter sehr spitzem Winkel blicken. Im Fernrohr sieht man lediglich die inneren Spiralarme als neblige Wolke sowie, östlich davon, die hellere, etwas seitlich versetzte Zentralregion.

Wirkliche Vorzeigestücke sind die beiden Spiralgalaxien M 65 und M 66, die zusammen mit NGC 3628 ein kleines Dreieck bilden; M 65

ähnelt mit ihren vielen, von Staubwolken durchzogenen Spiralarmen NGC 3521: Auf Fotografien erkennt man einen ausgeprägten Staubgürtel an der Vorderkante der galaktischen Scheibe sowie zahlreiche Dunkelwolken innerhalb der Scheibe. Die Spiralarme von M 66 sind andeutungsweise schon in einem 25-cm-Teleskop zu sehen und treten in einem 40-cm-Fernrohr klar hervor. Während M 65 und M 66 bei schwacher Vergrößerung in ein Gesichtsfeld passen, liegt NGC 3628 ein knappes Grad weiter nördlich: Bei dieser Spiralgalaxie blicken wir auf die Kante; die breite Dunkelwolke in der galaktischen Ebene fällt bereits in einem 30-cm-Teleskop auf. Mit einer Entfernung von 37 Millionen Lichtjahren stehen diese drei Galaxien etwas näher als die Mehrzahl der Galaxien im Coma-Virgo-Haufen.

Leo Minor

Der Kleine Löwe enthält zahlreiche kleine, lichtschwache Galaxien, darunter auch einige in Kantenstellung wie zum Beispiel NGC 3003, die als 5 Bogenminuten langer Strich erscheint, und NGC 3432 mit einer Ausdehnung von 6 × 1 Bogenminuten. Groß, aber von geringer Flächenhelligkeit, sind die beiden Galaxien NGC 3344 und NGC 3486, auf die wir ziemlich senkrecht blicken. Um NGC 3158 schließlich gruppiert sich ein kleiner Galaxienhaufen.

Sextans

Von den zahlreichen kleinen Galaxien im Sternbild Sextant ist nur das Objekt NGC 3115 von Interesse, das in den Bereich zwischen elliptischen und Spiralgalaxien eingestuft wird. Durch die Kantenstellung erscheint uns die Galaxie zigarrenförmig mit abgerundeten Ecken, und auf Fotografien sucht man vergebens nach Anzeichen von interstellaren Staubwolken. Der Sextant ist auf dem Foto der Wasserschlange mit abgebildet.

Beobachtungsobjekte im Löwen
Doppel- und Mehrfachsterne

Name	RA	Dec.	Distanz (Bogensek.)	Helligkeiten		Jahr
7	09h 35.9m	+14° 23′	41.2	6.2	10.0	1946
Σ 1399	09h 57.0m	+19° 46′	30.3	7.7	9.6	1958
α (Alpha) (Regulus)	10h 08.4m	+11° 58′	176.9	1.4	7.7	1924
γ (Gamma) (Algeiba)	10h 20.0m	+19° 51′	4.4	2.2	3.5	1976
49 (TX)	10h 35.0m	+08° 39′	2.4	5.8	8.5	1971
54	10h 55.6m	+24° 49′	6.5	4.5	6.3	1958
Σ 1529	11h 19.4m	−01° 39′	9.6	7.0	8.0	1955
ι (Iota)	11h 23.9m	+10° 32′	1.0 (1962)	4.0	6.7	1962
τ (Tau)	11h 27.9m	+02° 51′	91.1	5.1	8.0	1932
88	11h 31.7m	+14° 22′	15.4	6.4	8.4	1958
90	11h 34.7m	+16° 48′	AB 3.3	6.0	7.3	1958
			AC 63.1		8.7	1938
			BC 64.6	8.7	9	1938
93	11h 48.0m	+20° 13′	74.3	4.5	9.6	1925

Nebel und Sternhaufen

Name	RA	Dec.	Typ	Größe	Helligkeit
NGC 2903	09h 32.2m	+21° 30′	Gal. Sb+	12.6′ × 6.6′	8.9
NGC 3185	10h 17.6m	+21° 41′	Gal. SBb	2.3′ × 1.6′	12.2
NGC 3226	10h 23.4m	+19° 54′	Gal. E2	2.8′ × 2.5′	11.4
NGC 3227	10h 23.5m	+19° 52′	Gal. Sb	5.6′ × 4.0′	10.8
M95 (NGC 3351)	10h 44.0m	+11° 42′	Gal. SBb	7.4′ × 5.1′	9.7
M96 (NGC 3368)	10h 46.8m	+11° 49′	Gal. Sbp	7.1′ × 5.1′	9.2
M105 (NGC 3379)	10h 47.8m	+12° 35′	Gal. E1	4.5′ × 4.0′	9.3
NGC 3521	11h 05.8m	−00° 02′	Gal. Sb+	9.5′ × 5.0′	8.9
M65 (NGC 3623)	11h 18.9m	+13° 05′	Gal. Sb	10.0′ × 3.3′	9.3
M66 (NGC 3627)	11h 20.2m	+12° 59′	Gal. Sb	8.7′ × 4.4′	9.0
NGC 3628	11h 20.3m	+13° 63′	Gal. Sb	14.8′ × 3.6′	9.5

Beobachtungsobjekte im Kleinen Löwen
Doppelsterne

Name	RA	Dec.	Distanz (Bogensek.)	Helligkeiten		Jahr
Σ 1374	09h 41.4m	+38° 57′	2.9	7.3	8.6	1976

Nebel und Sternhaufen

Name	RA	Dec.	Typ	Größe	Helligkeit
NGC 2859	09h 24.3m	+34° 31′	Gal. SBa	4.8′ × 4.2′	10.7
NGC 3003	09h 48.6m	+33° 25′	Gal. SBc	5.9′ × 1.7′	11.7
NGC 3158	10h 13.8m	+38° 46′	Gal. E2	2.3′ × 2.1′	11.8
NGC 3344	10h 43.5m	+24° 55′	Gal. Sc	6.9′ × 6.5′	10.0
NGC 3432	10h 52.5m	+36° 37′	Gal. SBm	6.2′ × 1.4′	11.3
NGC 3486	11h 00.4m	+28° 58′	Gal. Sc	6.9′ × 5.4′	10.3

Beobachtungsobjekte im Sextant
Doppelsterne

Name	RA	Dec.	Distanz (Bogensek.)	Helligkeiten		Jahr
35	10h 43.3m	+04° 45′	6.8	6.3	7.4	1958
40	10h 49.3m	−04° 01′	2.2	7.0	7.8	1958

Nebel und Sternhaufen

Name	RA	Dec.	Typ	Größe	Helligkeit
NGC 3044	09h 53.7m	+01° 35′	Gal. Sc	4.8′ × 0.9′	12.0
NGC 3115	10h 05.2m	−07° 43′	Gal. E6/S0	8.3′ × 3.2′	9.2

Wolf 359

Der Stern Wolf 359 darf in einer Präsentation des Sternbilds Löwe nicht fehlen: Mit einer Entfernung von 7,75 Lichtjahren ist er der drittnächste bekannte Stern. Der leuchtschwache rote Zwerg mit einer scheinbaren Helligkeit von 13,5^m steht etwa 1,4° nordwestlich von 59 Leonis, einem Stern der 5. Größenklasse. Er bewegt sich pro Jahr um 4,71 Bogensekunden in südwestlicher Richtung weiter. Der kühle, rote Stern ist etwa so groß wie Jupiter (142 000 km) und würde in der Einheitsentfernung von 32,6 Lichtjahren als Sternchen der 16. Größenklasse erscheinen.

Die Galaxien M 65, M 66 und NGC 3628 sind gemeinsam auf diesem Farbfoto zu erkennen. M 65 (NGC 3623) steht links unten, M 66 (NGC 3627) rechts daneben. Man kann klar zwischen den hellen Zentralregionen und den dunkleren Spiralarmen unterscheiden. Bei der Spiralgalaxie NGC 3628 (oben links), auf die wir nahezu von der Kante blicken, erkennt man eine ausgeprägte Dunkelwolke in der galaktischen Ebene. Die drei Galaxien sind etwa 37 Millionen Lichtjahre entfernt; in M 66 wurde im Januar 1989 eine Supernova beobachtet.

Libra

Die Waage ist das siebte der Ekliptiksternbilder und gehört zu den Figuren des frühen Sommerhimmels. Sie steht zwischen der Jungfrau und dem Skorpion, und ihre vier hellsten Sterne (alpha [α], beta [β], gamma [γ] und sigma [σ]) bilden ein Trapez. In dieser Region stehen nicht viele Sterne, und es gibt auch nur wenig helle Nebel und Sternhaufen (die Tabelle enthält nur einen mittelmäßigen kugelförmigen Sternhaufen und einen kleinen planetarischen Nebel sowie eine Galaxie), dafür aber eine Reihe von schönen Doppelsternen.

Doppel- und Mehrfachsterne

Die Liste der Doppelsterne wird von Zubenelgenubi (α) angeführt, der südlichen Schere (in der griechischen Hochkultur und während der arabischen Zeit verkörperten die Sterne der Waage die beiden Scheren des Skorpions). Der Abstand der beiden Sterne (231 Bogensekunden) liegt nur knapp über dem Auflösungsvermögen des menschlichen Auges, und der Helligkeitsunterschied (2,8^m/5,2^m) erschwert die Trennung zusätzlich; im Fernglas dagegen ist Zubenelgenubi ein wunderschöner Doppelstern: Die beiden Komponenten sind weißlich, doch erscheint der lichtschwächere (8 Librae) mitunter auch gelblich; die helle Komponente erweist sich als spektroskopischer

NGC 5792 ist eine Spiralgalaxie der 13. Größenklasse. Diese Aufnahme aus einer Durchmusterung mit dem UK-Schmidt-Teleskop zeigt einen hellen Kern und lichtschwache Spiralarme.

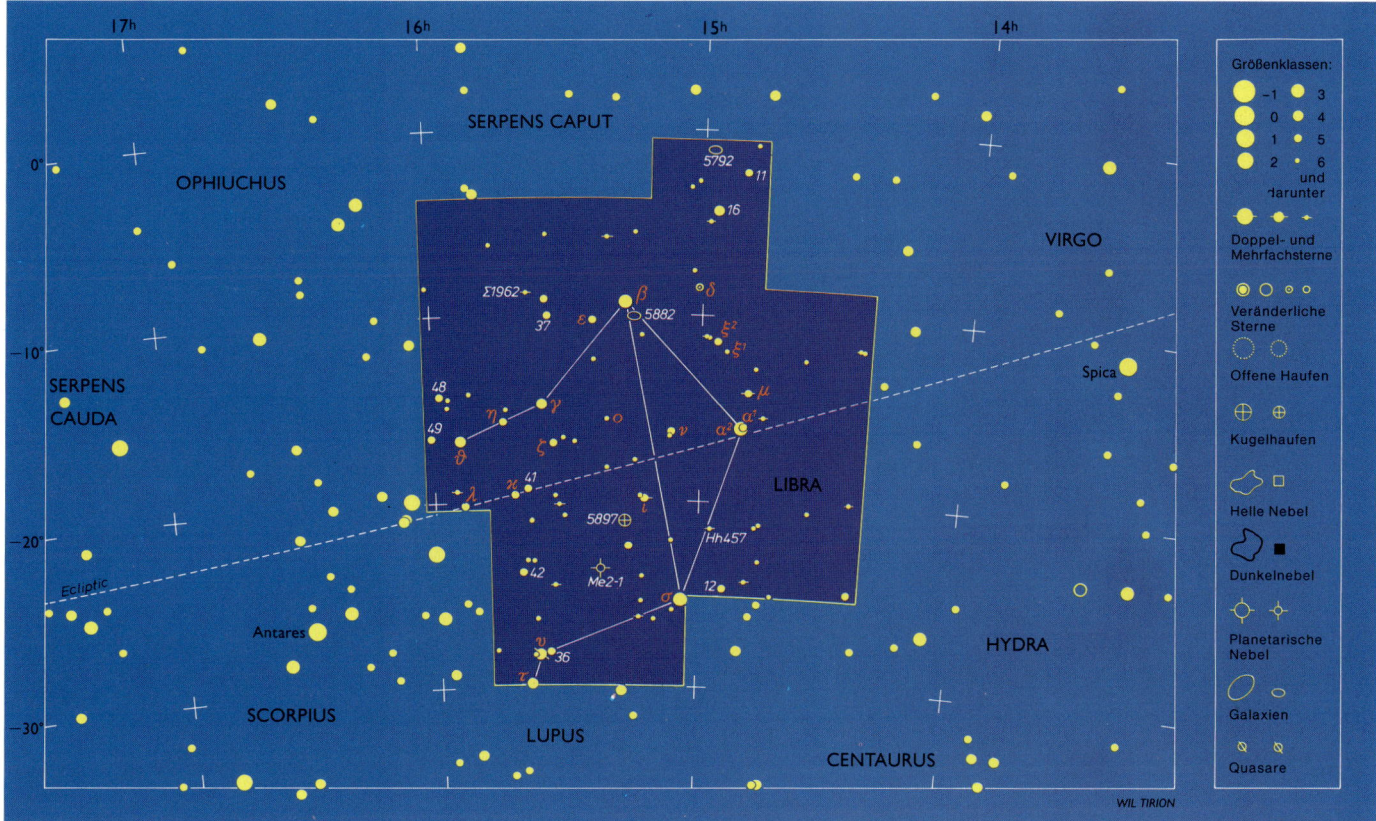

Doppelstern mit einer Periode von 20 Tagen. Zubenelschamali, beta (β) Lib, die nördliche Schere, zeigt eine ungewöhnliche Farbe; er gilt unter den mit bloßem Auge sichtbaren Sternen als das einzige grünlich leuchtende Objekt. Der Leser mag sich selbst ein Bild davon machen, welche Farbe dieser Stern besitzt. My (μ) ist ein schöner, ziemlich enger Doppelstern (1,8 Bogensekunden) zweier gelblicher Sterne der 5. und 6. Größenklasse. Σ 1962 besteht aus zwei weißen Sternen, iota (ι) ist ein interessanter Mehrfachstern: Die helle Komponente A ist ein sehr enger, fast untrennbarer Doppelstern (0,1 Bogensekunden), und die B-Komponente umfaßt zwei Sterne (9,4^m/ 11,1^m) in 1,9 Bogensekunden Abstand. Delta (δ) gehört zu den Bedeckungsveränderlichen vom Algol-Typ: Nach jeweils 2,327 Tagen geht die Helligkeit des Systems von 4,8^m auf 5,9^m zurück.

Nebel und Sternhaufen

NGC 5792 ist eine Kanten-Galaxie im Westteil des Sternbilds, rund 3° nördlich von 16 Librae; bei diesem Objekt der 12. Größenklasse braucht man zur Beobachtung ein Teleskop von mindestens 20 cm Öffnung. NGC 5897 ist ein ziemlich lockerer, kugelförmiger Sternhaufen aus lichtschwachen Sternen mit nur geringer Konzentration zur Mitte hin. Zwar kann man die Randbereiche bereits mit einem 15-cm-Teleskop auflösen, doch sieht man dann nur die jeweils hellsten Sterne – über die angegebene Entfernung des Haufens (45 000 Lichtjahre) bleiben die meisten Sterne zu lichtschwach. Der kleine, ziemlich dunkle planetarische Nebel (6 bis 7 Bogensekunden Durchmesser) trägt gleich zwei Katalogbezeichnungen: Me 2–1 und VV 72; er wurde von Paul Merrill entdeckt, der in den 40er Jahren die starken Emissionslinien seines Spektrums beobachtete, und von dem sowjetischen Astronomen Boris Vorontsov-Velyaminov genauer untersucht. Nach Hartung steht er rund eine Bogenminute östlich eines Sterns der 10. Größenklasse.

Beobachtungsobjekte in der Waage

Doppelsterne

Name	RA	Dec.	Distanz (Bogensek.)	Helligk.		Jahr
μ (Mu)	14h 49.3m	−14° 09′	1.8	5.8	6.7	1958
α (Alpha)	14h 50.9m	−16° 02′	231.0	2.8	5.2	1913
Hh 457	14h 57.5m	−21° 25′	23.0	5.7	8.0	1976
ι (Iota)	15h 12.2m	−19° 47′	AB 57.8	5.1	9.4	1919
			BC 1.9	9.4	11.1	1943
Σ 1962	15h 38.7m	−08° 47′	11.9	6.5	6.6	1958

Nebel und Sternhaufen

Name	RA	Dec.	Typ	Größe	Heiligk.
NGC 5792	14h 58.4m	−01° 05′	Gal. Sbp	7.2′ × 2.1′	12.3
NGC 5897	15h 17.4m	−21° 01′	Glob. Cl.	12.6′	8.55
Me 2-1	15h 22.3m	−23° 38′	Plan. Neb.	7″	12

Lupus/Norma

Lupus, der Wolf, hat eine etwas undurchsichtige Geschichte. Vermutlich handelt es sich um einen mittelalterlichen Übersetzungsfehler, da die Araber das Sternbild als Leopard oder Panther bezeichneten, während die Griechen sogar nur von einem „wilden Tier" sprachen. Die Kreatur steht im Zusammenhang mit dem Centaur, der sie gefangen hat und am Altar (Ara) opfern will. Der griechische Astronom Eratosthenes erwähnt an dieser Stelle einen Weinschlauch, aus der Centaur trinkt.
Norma, das Winkelmaß, wurde wie andere Sternbilder, die Beobachtungs- und Meßgeräte darstellen, 1752 von Nicolas Louis de Lacaille eingeführt.

Der Wolf (Lupus) ist ein auffälliges Sternbild des Südhimmels zwischen Centaur und Skorpion. Eine sternreiche Gegend der Milchstraße durchzieht die Figur und steuert zahlreiche Doppel- und Mehrfachsterne sowie galaktische Haufen und Nebel bei. Das Sternbild Winkelmaß (Norma) schließt sich im Südosten an den Wolf an. Die Sterne des Wolf sind zwar vergleichsweise hell, doch bedarf es schon einer lebhaften Phantasie, sie zu den Umrissen eines Tieres zu gruppieren. Sie bilden vielmehr zwei mehr oder weniger parallele Sternlinien, die von chi (χ) rechts und theta (ϑ) links bis sigma (σ) beziehungsweise zeta (ζ) reichen. In der Mitte der Figur steht ein Oval aus Sternen der 3. Größenklasse, zu denen alpha (α), beta (β), gamma (γ), delta (δ), epsilon (ε) und pi (π) gehören. Weite Teile des Sternbilds können vom Mittelmeerraum aus beobachtet werden; für die Bewohner dort zählt der Wolf, der Mitte Juni gegen 23 Uhr Sommerzeit den Meridian überschreitet, zu den frühen Sommersternbildern. Auf der Südhalbkugel der Erde ist es dagegen ein Wintersternbild.

Doppel- und Mehrfachsterne

Viele der helleren Sterne dieser Region gehören zur Scorpius-Centaurus-Assoziation, einer Sterngruppe, deren Mitglieder durch eine gemeinsame Raumbewegung auffallen. Es handelt sich vorwiegend um junge, blaue Sterne der Spektralklassen O und B mit Ausnahme von Antares, dem hellsten Mitglied dieser Gruppe. Die Sterne scheinen sich alle in Richtung auf den Stern beta (β) Columbae am südlichen Winterhimmel zu bewegen, und das Zentrum der Gruppe liegt etwa bei alpha (α) Lupi, einem 550 Lichtjahre entfernten Stern.
Pi (π) Lupi enthält zwei Sterne der 5. Größenklasse, deren Abstand nach Hartung noch zunimmt. Kappa (ϰ) umschließt zwei gelbe Sterne in großem Abstand, die in jedem Fernrohr gut zu trennen sind. My (μ) ist ein reizvoller Dreifachstern, dessen beide helleren Komponenten 1,2 Bogensekunden auseinander stehen und in 23,7 Bogensekunden Abstand von einem Stern der 7. Größenklasse begleitet werden. Die beiden gelben Sterne von Herschel (h) 4788, die derzeit noch 2,2 Bogensekunden getrennt sind, haben ihren Abstand seit Herschels Beobachtung 1836 um 0,9 Bogensekunden verringert. Xi (ξ) ist ein weiteres Paar zweier annähernd gleich heller Sterne, die bereits mit kleinen Teleskopen getrennt werden können.

Nebel und Sternhaufen

Im Westteil des Wolfs steht IC 4406, ein planetarischer Nebel der 11. Größenklasse mit 20 Bogensekunden Durchmesser; in manchen Quellen wird noch eine ausgedehntere, allerdings viel dunklere Gashülle mit einem Durchmesser von 100 Bogensekunden beschrieben. NGC 5824 ist ein kleiner, ziemlich dichter und heller kugelförmiger Sternhaufen, dessen lichtschwächere, äußere Sterne möglicherweise vom Staub innerhalb der Galaxis verdunkelt werden; in Teleskopen ab 30 cm Öffnung kann man die Außenbezirke in einzelne Sterne auflösen. NGC 5822 ist ein ziemlich schütterer offener Sternhaufen, der bereits im astronomischen Fernglas reizvoll zu beobachten ist. Der planetarische Nebel NGC 5873 ist mit 3 Bogensekunden sehr klein; er liegt in einer Gruppe von schwachleuchtenden Sternen. Der 10,5^m helle planetarische Nebel NGC 5882 ist mehr als doppelt so groß. Das Licht der Sterne des kugelförmigen Sternhaufens NGC 5927 wird durch interstellare Dunkelwolken um rund vier Größenklassen geschwächt; zur Auflösung der Randbezirke in Einzelsterne genügt ein Teleskop von 15 cm Öffnung. NGC 5986 ist ein kleiner, weit entfernter Kugelhaufen mit Sternen der 13. Größenklasse und darunter. NGC 6026 wurde bis 1955 für eine Galaxie gehalten, ehe Gérard de Vaucouleur das Objekt als planetarischen Nebel erkannte. Der Durchmesser von NGC 6026 beträgt rund 45 Bogensekunden, und auf Fotografien erscheint er als blasser Ring.

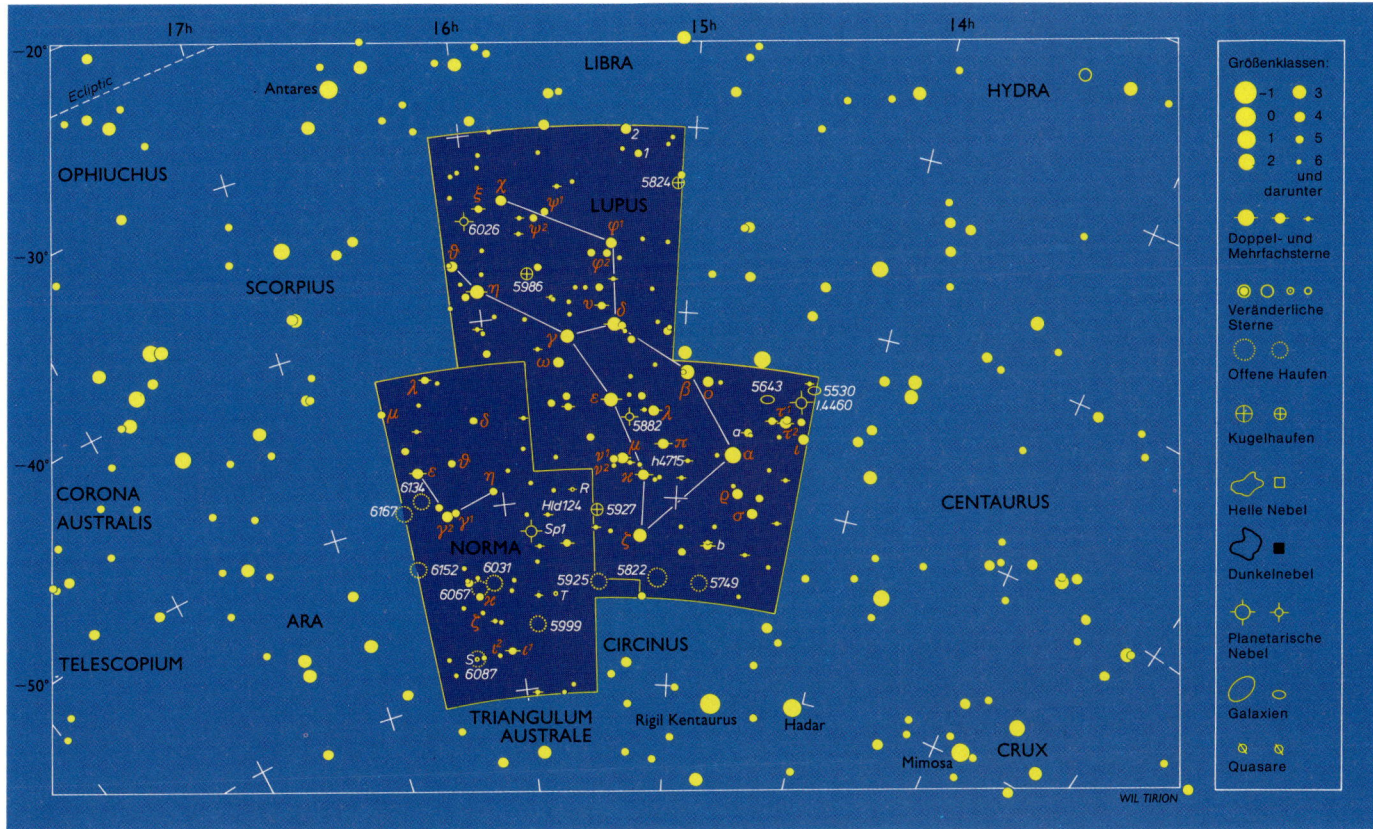

Norma

Epsilon (ε) Normae ist einer der wenigen erwähnenswerten Doppelsterne im Winkelmaß; die Komponenten erscheinen in einem Gelb/
Blau-Farbkontrast.

Das Sternbild liegt in einer sternreichen Gegend der südlichen Milchstraße und bietet daher Fernglas- und Teleskopbeobachtern glei-
chermaßen interessante Anblicke. Lohnenswert ist unter anderem
der offene Haufen NGC 5999 mit etlichen geraden und geschwungenen Sternketten sowie einem auffälligen Sternkreis im Zentrum. NGC
6067 ist ebenfalls ein schöner Haufen mit rund 100 Sternen auf einer
Fläche von 13 Bogenminuten Durchmesser. Der planetarische Nebel
Sp 1 ist zwar ziemlich dunkel, doch für Besitzer größerer Teleskope
durchaus reizvoll.

Beobachtungsobjekte im Wolf (Fortsetzung)
Doppel- und Mehrfachsterne

Name	RA	Dec.	Distanz (Bogensek.)	Helligk.		Jahr
ξ (Xi)	15h 56.9m	−33° 58′	10.4	5.3	5.8	1951
(η (Eta)	16h 00.1m	−38° 24′	15.0	3.6	7.8	1934

Nebel und Sternhaufen

Name	RA	Dec.	Typ	Größe	H.keit
IC 4406	14h 22.4m	−44° 09′	Plan. Neb.	>28″	10.6pg
NGC 5824	15h 04.0m	−33° 04′	Glob. Cl.	6.2′	9.0
NGC 5822	15h 05.2m	−54° 21′	Open Cl.	40′	6.5
NGC 5873	15h 12.7m	−38° 06′	Plan. Neb.	3″	13.5
NGC 5882	15h 16.8m	−45° 39′	Plan. Neb.	7″	10.5pg
NGC 5927	15h 28.0m	−50° 04′	Glob. Cl.	12.0′	8.3
NGC 5986	15h 46.1m	−37° 47′	Glob. Cl.	9.8′	7.1
NGC 6026	16h 01.4m	−34° 32′	Plan. Neb.	45″	12.5

Beobachtungsobjekte im Winkelmaß
Doppel- und Mehrfachsterne

Name	RA	Dec.	Distanz (Bogensek.)	Helligk.		Jahr
Hld 124	15h 45.0m	−50° 47′	2.5	6.8	8.4	1953
ι, (lota I)	16h 03.5m	−57° 47′	AB 0.6 (1969)	5.3	5.5	1969
			AB×C 10.8	5.3	8.1	1946
ε (Epsilon)	16h 27.2m	−47° 33′	22.8	4.8	7.5	1951

Nebel und Sternhaufen

Name	RA	Dec.	Typ	Größe	H.keit
Sp 1	15h 51.7m	−51° 31′	Plan. Neb.	76″	13.6pg
NGC 5999	15h 52.2m	−56° 28′	Open Cl.	5′	9.0
NGC 6067	16h 13.2m	−54° 13′	Open Cl.	13′	5.6
NGC 6134	16h 27.7m	−49° 09′	Open Cl.	7′	7.2

Beobachtungsobjekte im Wolf
Doppel- und Mehrfachsterne

Name	RA	Dec.	Distanz (Bogensek.)	Helligk.		Jahr
a (h4690)	14h 37.3m	−46° 08′	19.3	6.2	9.2	1933
h4715	14h 56.5m	−47° 53′	2.4	6.0	6.8	1952
π (Pi)	15h 05.1m	−47° 03′	1.4	4.6	4.7	1956
κ (Kappa)	15h 11.9m	−48° 44′	26.8	3.9	5.8	1951
μ (Mu)	15h 18.5m	−47° 53′	AB 1.2	5.1	5.2	1955
			AC 23.7	5.1	7.2	1955
d (h4788)	15h 35.9m	−44° 58′	2.2	4.7	6.7	1955

Lynx

Lynx, der Luchs, tauchte erstmals in der Sternkarte des Johannes Hevelius aus dem Jahre 1690 auf; das Sternbild umfaßte damals 19 Sterne. Hevelius verwies selbst darauf, daß man Luchsaugen brauche, um die lichtschwachen Sterne der Figur zu erkennen. Möglicherweise gibt es auch eine Verbindung zum benachbarten Großen Bär, der diesen Luchs als Beutetier gefangen hat.

NGC 2683 ist eine Spiralgalaxie, bei der wir nahezu auf die Kante blikken; entsprechend schwierig ist die Spiralstruktur zu erkennen. Die Rottönung dieser Farb-CCD-Aufnahme zeigt, wo der Staub das Licht der dahinterliegenden Regionen teilweise verschluckt und gerötet hat. Das Foto stammt von Dr. Rudolph Schild am Smithsonian Astrophysical Observatory.

Der Luchs ist ein Sternbild mittlerer Größe in einer an hellen Sternen armen Gegend des Himmels zwischen dem Großen Bär, den Zwillingen und dem Krebs. Man erkennt lediglich eine kleine Sternkette am Südende der Figur, unterhalb der beiden Dreiecke, welche die Vorderpranken des Großen Bären markieren. Der Luchs kulminiert Ende Februar gegen 22 Uhr und gehört damit zu den Wintersternbildern; bis auf einige Galaxien aus dem Coma-Virgo-Komplex im südöstlichen Teil enthält es kaum Fernrohrobjekte.

Doppel- und Mehrfachsterne

Die zahlreichen Doppelsterne im Luchs lassen sich leichter finden, wenn man ein Fernrohr mit Teilkreisen benutzen kann, da das Sternbild selbst so wenig markante Bezugspunkte enthält. 12 Lyncis erweist sich als Mehrfachsystem, dessen drei hellere Komponenten (5., 6. und 7. Größenklasse) ein kleines, ziemlich schiefes Dreieck bilden. Σ 1032 ist ein Dreifachstern, dessen Hauptkomponente der 7. Größenklasse in 2,6 Bogensekunden von einem Stern der 11. Größenklasse und in 32,7 Bogensekunden von einem Stern der 10. Größenklasse begleitet wird. Eine Herausforderung an Auflösungsvermögen und Luftruhe stellt Σ 1211 dar, dessen Hauptkomponenten (8. und 9. Größenklasse) nur 0,4 Bogensekunden auseinander stehen; eine dritte Komponente (12,5^m) ist 27,1 Bogensekunden entfernt, eine vierte (9. Größenklasse) 100 Bogensekunden. Dreifach ist schließlich auch 38 Lyncis, dessen helle Komponenten (3,9^m/6,6^m) in 2,7 Bogensekunden Abstand von einem dritten Stern (10,8^m) in 87,7 Bogensekunden Distanz begleitet werden; die drei Sterne stehen annähernd auf einer Linie und bilden ein sehr schiefes Dreieck.

Nebel und Sternhaufen

Der Luchs enthält den kugelförmigen Sternhaufen mit der wohl größten bekannten Entfernung: NGC 2419, der als „intergalaktischer Wan-

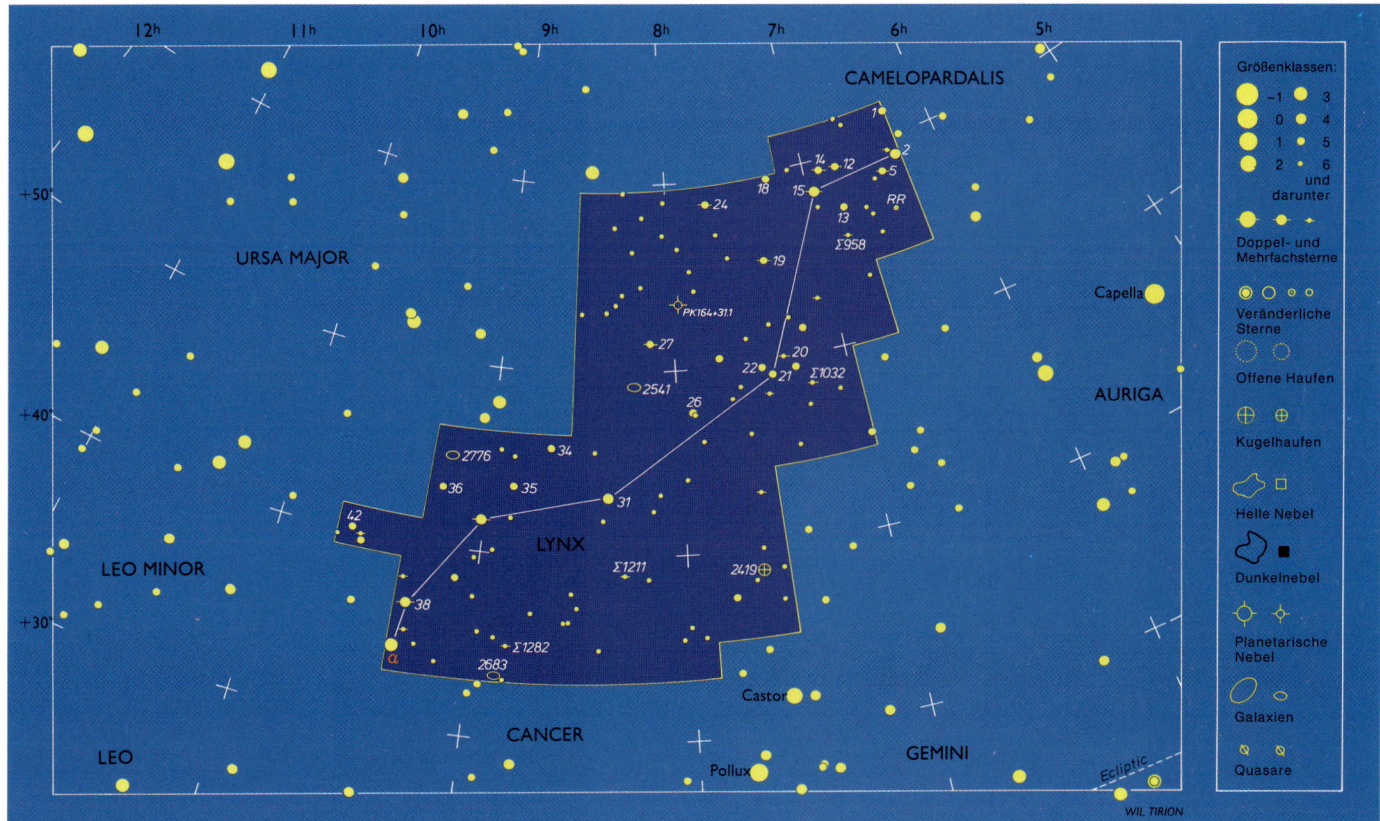

derer" bezeichnet wird, steht rund 210 000 Lichtjahre entfernt, weiter als die Große Magellansche Wolke! Seine Bindung an die Galaxis kann nicht sehr stark sein; dafür spricht auch, daß im Umkreis von 60° kein weiterer Kugelhaufen zu finden ist. Obwohl die hellsten Sterne des Haufens lediglich 17. Größenklasse erreichen, summiert sich ihr Licht zu einer Gesamthelligkeit von etwa 11,5ᵐ auf. NGC 2419 ist ein ziemlich heller Haufen mit einer Leuchtkraft von 175 000 Sonnen; mit einem Durchmesser von etwa 400 Lichtjahren scheint er auch ziemlich groß zu sein. Mit einem 55-cm-Cassegrain habe ich ihn als schwachen, runden Nebelfleck ohne größere Aufhellung zur Mitte hin gesehen – als reizvollen Kontrast zu einem benachbarten Vordergrundstern der 7. Größenklasse; bei 176facher Vergrößerung waren noch keine einzelnen Sterne zu erkennen.

Ein interessantes Objekt für große Teleskope plus Nebelfilter ist der planetarische Nebel 164 + 31.1; auf Fotografien erscheint er als Ring von 5 Bogenminuten Durchmesser mit einem Zentralstern der 17. Größenklasse. Unter den zahlreichen lichtschwachen Galaxien ist NGC 2683 noch bei weitem die beste; durch die Kantenstellung erscheint sie als längliches Objekt (9,3 × 1,3 Bogenminuten) der Helligkeit 9,7ᵐ und gehört damit zu den helleren Galaxien des Coma-Virgo-Komplexes. Im *New General Catalogue* wird sie als „sehr hell, sehr groß und zur Mitte hin aufgehellt" beschrieben.

Beobachtungsobjekte im Luchs
Doppel- und Mehrfachsterne

Name	RA	Dec.	Distanz (Bogensek.)		Helligk.		Jahr
12	06h 46.2m	+59° 27'	AB	1.8	5.4	6.0	1959
			AC	8.7	7.3		1959
			AD	170.0	10.6		1910
Σ 958	06h 48.2m	+55° 42'	AB	4.8	6.3	6.3	1956
			BC	164.3	6.3	11.2	1910
Σ 1032	07h 13.9m	+48° 30'	AB	2.6	7.7	11.0	1935
			AC	32.7	7.7	9.8	1908
20	07h 22.3m	+50° 09'		15.0	7.3	7.4	1950
Σ 1211	08h 18.3m	+39° 00'	AB	0.4	8.5	9	1967
			AC	27.1	8.5	12.5	1900
			AD	100	8.5	9.5	1925
Σ 1282	08h 50.7m	+35° 04'		3.6	7.5	7.5	1956
38	09h 18.8m	+36° 48'	AB	2.7	3.9	6.6	1968
			AC	87.7	3.9	10.8	1909

Nebel und Sternhaufen

Name	RA	Dec.	Typ	Größe	H.keit
NGC 2419	07h 38.1m	+38° 53'	Glob. Cl.	4.1'	11.5
*PK164+31.1	07h 57.8m	+53° 25'	Plan. Neb.	360" × 300"	14pg
NGC 2683	08h 52.7m	+33° 25'	Gal.	9.3' × 1.3'	9.7

* Der planetarische Nebel wird in einigen Katalogen irrtümlich als NGC 2474/2475 geführt, doch stehen diese Nummern in Wirklichkeit für zwei lichtschwache Galaxien rund ein halbes Grad weiter südlich.

Lyra

Die Leier gehört zu den wenigen Sternbildern, deren Umrisse eine gewisse Ähnlichkeit mit dem dargestellten Objekt besitzen. Neben dem Parallelogramm aus Sternen mittlerer Helligkeit steht Wega, der fünfthellste Stern am irdischen Firmament. Sie ist einer der Eckpunkte des sogenannten Sommerdreiecks (gemeinsam mit Deneb und Atair), steht aber durch ihre fast zirkumpolare Lage von Mitte Februar bis Mitte November um Mitternacht am Himmel; Anfang August überschreitet sie den Meridian gegen 23 Uhr Sommerzeit. Das Sternbild bietet für jeden etwas: den Bedeckungsveränderlichen beta (β) Lyrae, die helle Wega (alpha [α]), den Vierfachstern epsilon (ε) als Augenprüfer und den bekannten Ringnebel M 57.

Beta Lyrae

Beta (β) Lyrae ist ein faszinierendes Objekt für Astronomen. Als Bedeckungsveränderlicher zeigt es eine Reihe von Besonderheiten: außer den beiden Sternen gibt es dort offenbar noch ausgedehnte Gasströme. Neben dem sichtbaren Stern, einem leuchtkräftigen, blauen Objekt gewaltigen Ausmaßes, steht ein weiterer Stern, der noch nie direkt beobachtet werden konnte, in beinahe direktem Kontakt. Als Folge des geringen Abstandes sind beide Sterne stark oval verformt, und Materie strömt von dem zentralen Stern zu dem Begleiter hinüber. Durch Übertragung von Drehimpuls nimmt die Umlaufzeit des Systems pro Jahr um 9,4 Sekunden zu. Ein Deutungsansatz nimmt an, daß der Begleiter ein Schwarzes Loch ist, das die äußere Hülle des sichtbaren Sterns zu sich hinübersaugt. Anscheinend besitzt der unsichtbare „Begleiter" die dreifache Masse des sichtbaren Sterns, und die Tatsache, daß man den Begleiter noch nicht einmal spektroskopisch hat nachweisen können, unterstützt die Hypothese von einem Schwarzen Loch. Beta Lyrae wurde sehr eingehend studiert, um eine Erklärung für das seltsame Verhalten zu

finden. Gegenwärtig liegt die Umlaufperiode bei 12,93681 Tagen, und die Helligkeit schwankt zwischen 3,4 und 4,3 Größenklassen.

Wega

Wega, der Harfenstern, ist ein bläulichweißer Glanzpunkt am Himmel. Sie ähnelt Sirius, ist rund dreimal so groß wie die Sonne und leuchtet 58mal so hell wie sie (aufgrund der rund doppelt so hohen Temperatur); die Entfernung beträgt 27 Lichtjahre. Vor rund 14 000 Jahren zog der Himmelsnordpol in einem Abstand von 5,5° an Wega vorbei (siehe Drache), und um das Jahr 11 850 wird Wega erneut die Rolle des Polarsterns übernehmen. Wega ist am 16. Juli 1850 von William Cranch Bond und dem Fotografen Whipple als erster Stern mit dem 36-cm-Refraktor des Harvard-College fotografiert worden.

Vierfachsterne

Zwei weitere Objekte im Sternbild stehen bei nahezu allen Fernrohrbeobachtern obenan. Das eine ist der Vierfachstern epsilon ($\varepsilon_1/\varepsilon_2$), der dem bloßen Auge als Paar zweier Sterne der 5. Größenklasse in 207 Bogensekunden Abstand erscheint. Ich habe dieses Paar stets ohne optische Hilfen (mit Ausnahme der Brille) trennen können, aber mit einem noch so bescheidenen Opernglas muß jeder an dieser Stelle, rund 1,5° nordöstlich von Wega, zwei Sterne erkennen. Bereits mit einem 7,5-cm-Teleskop sieht man bei 100facher Vergrößerung, daß jeder dieser beiden Sterne seinerseits ein enges Paar darstellt. Alle vier Komponenten sind annähernd gleich hell: Das etwas hellere Paar steht 2,3 Bogensekunden auseinander, das etwas schwächere Paar 2,9 Bogensekunden, und die Verbindungslinien der beiden Paare stehen nahezu senkrecht aufeinander. Die Leier enthält noch einen zweiten „Vierfachstern", dessen Paare viel leichter zu trennen

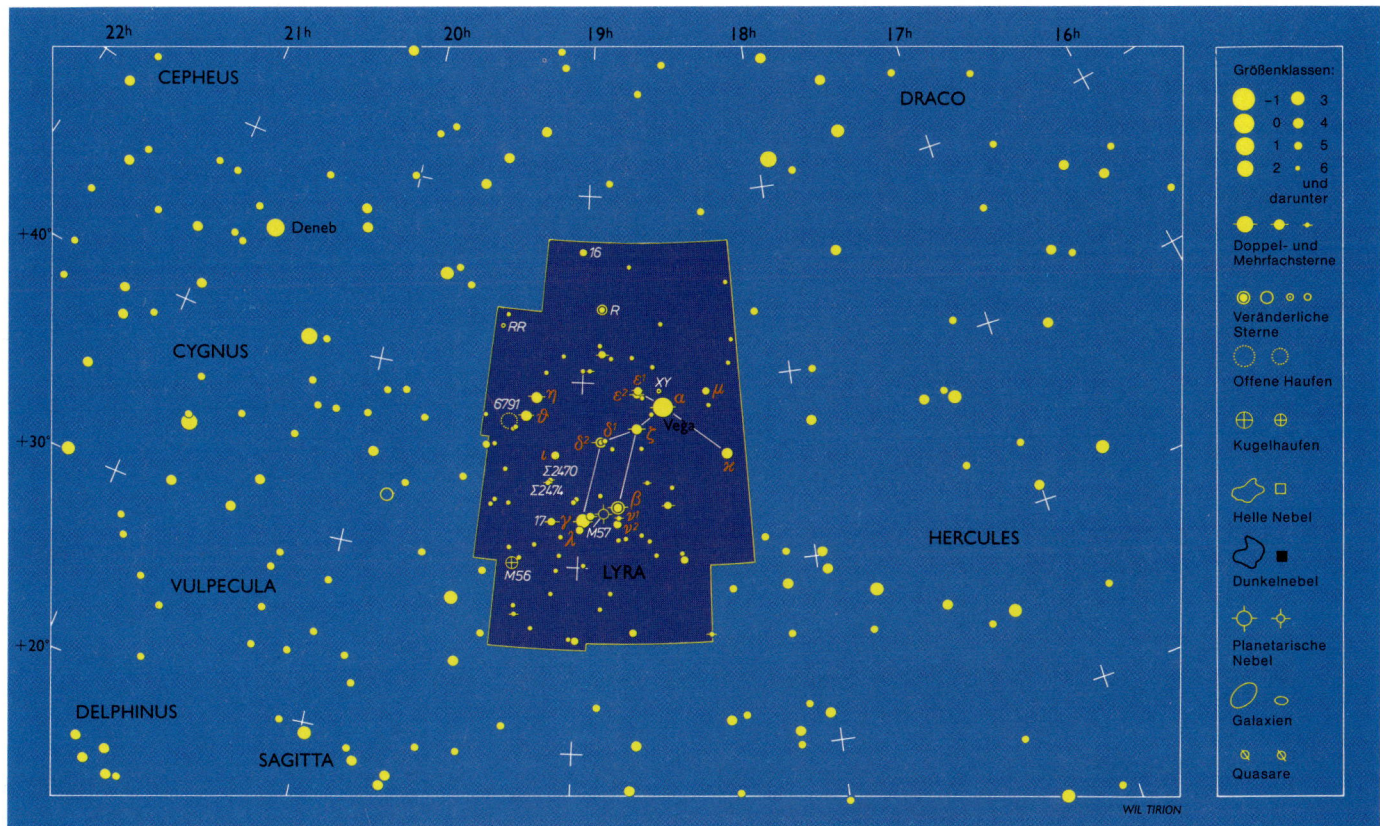

sind (14 bzw. 16 Bogensekunden) und untereinander 11 Bogensekunden entfernt stehen: Σ 2470-4 südlich von iota (ι) oder 18 Lyrae lohnen die Suche!

Der Ringnebel

Ein weiteres Vorführobjekt in der Leier ist der „Ringnebel" M57 (NGC 6720), ein planetarischer Nebel der 9. Größenklasse, der in Fernrohren ab 7,5 cm Öffnung genau wie ein Zigarettenrauchring aussieht. Die kreisrunde Gasblase besitzt einen Durchmesser von einer Bogenminute und „verträgt" Vergrößerungen sehr gut: Bei Fernrohren ab 20 cm Öffnung kann man ruhig 200fache Vergrößerung wählen, ohne fürchten zu müssen, daß die begrenzte Lichtmenge auf eine zu große Fläche verteilt wird. Ein Nebelfilter verändert das Aussehen, da er auch das Licht der uns zugewandten Seite der Gasblase „betont" – jetzt erscheint die Ringscheibe gefüllt. Die Temperatur des bläulichen Zentralsterns liegt bei rund 100 000 Kelvin. Bei ihm handelt es sich offenbar um einen guten Augenprüfer, weil es mitunter vorkommt, daß einige Beobachter ihn erkennen, während er anderen völlig unsichtbar bleibt. Als Stern der Helligkeit 14,2^m ist er aber zweifellos ein schwieriges Objekt, das erst im großen Fernrohr (ab 35 cm Öffnung) bei starker Vergrößerung und ruhiger Luft hervortritt.

Beobachtungsobjekte in der Leier
Doppel- und Mehrfachsterne

Name	RA	Dec.	Distanz (Bogensek.)	Helligk.	Jahr
α (Alpha), (Vega)	18h 36.9m	+38° 47'	AB 62.8	0.0 9.5	1946
			AC 54.4	0.0 11.0	1899
			AE 118.5	0.0 9.5	1921
ε$_{1,2}$ (Epsilon)	18h 44.3m	+39° 40'	207.7	5 5	1955
ε$_1$			2.9	5.0 6.1	1976
ε$_2$			2.3	5.2 5.5	1975
ζ (Zeta)	18h 44.8m	+37° 36'	43.7	4.3 5.9	1955
β (Beta)	18h 50.1m	+33° 22'	45.7	3.4–4.3v 8.6	1955
Σ 2470	19h 08.8m	+34° 46'	13.4	6.6 8.6	1933
Σ 2474	19h 09.1m	+34° 36'	16.2	6.7 8.8	1974
η (Eta)	19h 13.8m	+39° 09'	28.1	4.4 9.1	1969
θ (Theta)	19h 16.4m	+38° 08'	AB 99.8	4.4 9.1	1924
			AC 99.9	4.4 10.9	1908

Veränderliche Sterne

Name	RA	Dec.	Typ	Amplitude	Periode
β (Beta)	18h 50.1m	+33° 22'	Beta Lyrid	3.4–4.3	12.93681 Tage
RR	19h 25.5m	+42° 17'	Std cluster type var.	7.1–8.0	0.5668 Tage

Nebel und Sternhaufen

Name	RA	Dec.	Typ	Größe	Helligk.
M57 (NGC 6720)	18h 53.6m	+33° 02'	Plan. Neb.	70" × 150"	9.7pg
M56 (NGC 6779)	19h 16.6m	+30° 11'	Glob. Cl.	7.1'	8.3
NGC 6791	19h 20.7m	+37° 51'	Open Cl.	16'	9.5

Microscopium

Mikroscopium, das Mikroskop, wurde 1752 von Nicolas Louis de Lacaille eingeführt, zusammen mit 13 anderen „grundlegenden Erfindungen und Gerätschaften der Wissenschaft und Kunst". Lacaille erforschte den südlichen Himmel von Kapstadt aus rund acht Jahrzehnte vor John Herschel. Schon nach kurzer Zeit veröffentlichte er seine Neuordnung des südlichen Himmels in den Mémoires und der Schrift Coelum Stelliferum.

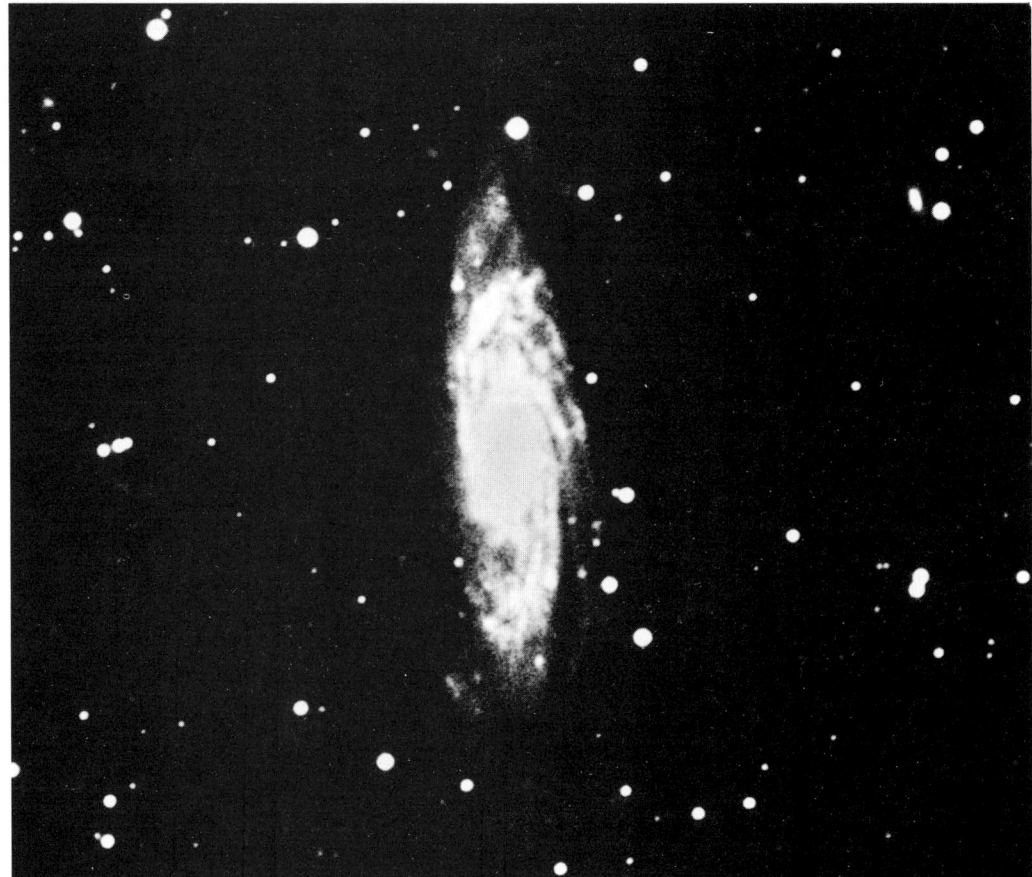

NGC 6925 ist eine Spiralgalaxie mit eng gewundenen Spiralarmen. Die Aufnahme entstammt der Durchmusterung des südlichen Himmels mit dem 1,2-m-UK-Schmidt-Teleskop am Siding Spring Observatory im australischen Neusüdwales.

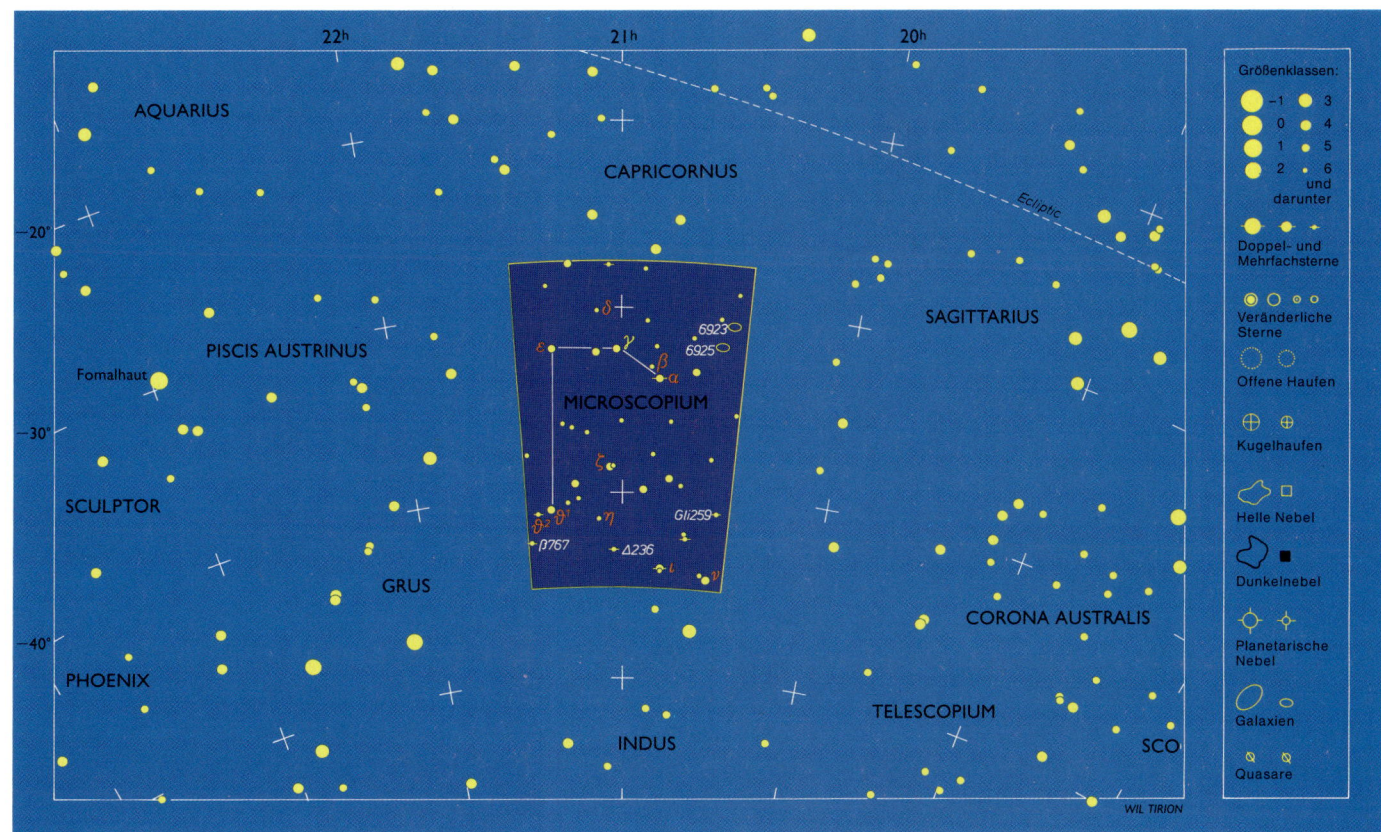

Das Mikroskop ist ein kleines Sternbild südlich vom Steinbock und östlich des Schützen. Es umfaßt eine Reihe lichtschwacher Sterne und mehrere gute Fernrohrobjekte. Anfang September überschreitet das Sternbild den Meridian gegen 23 Uhr Sommerzeit; für die Bewohner des Mittelmeerraums zählt es daher zu den spätsommerlichen Figuren, auf der Südhalbkugel dagegen zu den spätwinterlichen Sternbildern. Seine südwestliche Ecke stößt an die nordöstliche Ecke des Teleskops, und so stehen hier in enger Nachbarschaft die beiden optischen Geräte am Himmel, die unser Bild von der Welt, in der wir leben, verändert haben.

Doppel- und Mehrfachsterne

Das Mikroskop enthält eine Reihe von Doppelsternen und einen Dreifachstern sowie einige Galaxien, die jedoch klein und lichtschwach sind. Alpha (α) erscheint schon in kleinen Fernrohren als leichtes Paar, dessen Komponenten der 5. und 10. Größenklasse 20,5 Bogensekunden voneinander entfernt stehen. Die beiden Komponenten von Δ 236 (6,5^m/6,9^m) zeigen eine gemeinsame Raumbewegung, was für ein echtes Doppelsternsystem spricht; die beiden gelblichen Sterne stehen 57,4 Bogensekunden auseinander. Theta 2 (ϑ_2) erweist sich als Dreifachstern, dessen Hauptkomponenten mit einem Abstand von 0,5 Bogensekunden eine Herausforderung für Teleskope von 25 cm Öffnung darstellen, während der dritte Stern (10,5^m) 78,4 Bogensekunden daneben steht.

Nebel und Sternhaufen

NGC 6925 ist unter den wenigen kleinen Galaxien dieses Sternbildes noch das beste Objekt — eine Spiralgalaxie der 11. Größenklasse. Seine Beschreibung im *New General Catalogue* liest sich so: „vergleichsweise hell, ziemlich ausgedehnt, mit deutlich hellerem Kern". In der überarbeiteten Neuauflage steht statt dessen „längliche Spiral-

galaxie mit aufgehelltem Kern, eng gewundene, diffuse Arme". Die alte Beschreibung basiert auf visuellen Beobachtungen Herschels und anderer Astronomen des 19. Jahrhunderts, die neue dagegen auf einer Auswertung von Himmelsaufnahmen mit der 1,20-m-Schmidt-Kamera auf dem Mount Palomar 1952 bis 1957.

Beobachtungsobjekte im Mikroskop

Doppel- und Mehrfachsterne

Name	RA	Dec.	Distanz (Bogensek.)		Helligk.		Jahr
Gls 259	20h 31.9m	−40° 54'	AB	3.8	8.2	8.3	1959
			AC	10.3	8.2	12.5	1959
α (Alpha)	20h 50.0m	−33° 47'		20.5	5.0	10.0	1933
Δ 236	21h 02.2m	−43° 00'		57.4	6.5	6.9	1951
θ₂ (Theta 2)	21h 24.4m	−41° 00'	AB	0.5	6.4	7.0	1959
			AC	78.4	6.4	10.5	1879
Burnham 767	21h 27.0m	−42° 34'		2.9	5.6	7.9	1959

Nebel und Sternhaufen

Name	RA	Dec.	Typ	Größe	H.keit
NGC 6925	20h 34.3m	−31° 59'	Gal. Sb+	4.1' × 1.6'	11.3

Ophiuchus

↑

Ophiuchus, der Schlangenträger, ist im Laufe der Jahrtausende mit verschiedenen mythologischen Figuren identifiziert worden. Da die Schlange jedes Jahr ihre Haut abwirft, gilt sie als Symbol der Erneuerung und damit der Heilung. Aeskulap, der griechische Gott der Heilkunst, war der Sage nach Sohn von Apollo und Coronis (siehe Corvus), der als Arzt sogar die Toten wieder zum Leben erwecken konnte. Er wird gewöhnlich als reifer Mann dargestellt, der die Schlange (Serpens) – im westlichen Kulturkreis auch heute noch das Symbol der Medizin – festhält.

Beobachtungsobjekte im Schlangenträger
Doppel- und Mehrfachsterne

Name	RA	Dec.	Distanz (Bogensek.)	Hellig.		Jahr
ρ (Rho)	16h 25.6m	−23° 27′	3.1	5.3	6.0	1959
λ (Lambda)	16h 30.9m	+01° 59′	I (1967)	4.2	5.2	1960
36	17h 15.3m	−26° 36′	4.4 (1962)	5.1	5.1	1976
o (Omicron)	17h 18.0m	−24° 17′	10.3	5.4	6.9	1951
ξ (Xi)	17h 21.0m	−21° 07′	3.7	4.4	8.9	1959
Σ 2173	17h 30.4m	−01° 04′	0.7 (1968)	6.0	6.1	1960
53	17h 34.6m	+09° 35′	AB 41.2	5.8	8.5	1949
			AC 94	5.8	10.8	1912
			AD 91.4	5.8	10.8	1912
61	17h 44.6m	+02° 35′	AB 20.6	6.2	6.6	1968
			AC 95.9	6.2	12.5	1912
τ (Tau)	18h 03.1m	−08° 11′	AB 1.8 (1967)	5.2	5.9	1976
			AC 100.3	5.2	9.3	1959
70	18h 05.5m	+02° 30′	2.8 (1967)	4.2	6.0	1976

Nebel und Sternhaufen

Name	RA	Dec.	Typ	Größe	H.keit
IC 4604	16h 25.6m	−23° 26′	Diff./dust	60′ × 25′	—
M12 (NGC 6218)	16h 47.2m	−01° 57′	Glob. Cl.	14.5′	6.6
M10 (NGC 6254)	16h 57.1m	−04° 06′	Glob. Cl.	15.1	6.6
M62 (NGC 6266)	17h 01.2m	−30° 07′	Glob. Cl.	14.1′	6.6
M19 (NGC 6273)	17h 02.6m	−26° 16′	Glob. Cl.	13.5′	7.2
NGC 6309	17h 14.1m	−12° 55′	Plan. Neb.	14″ × 66″	10.8pg
M9 (NGC 6333)	17h 19.2m	−18° 31′	Glob. Cl.	9.3′	7.9
B 72 Barnard S Neb.	17h 23.5m	−23° 38′	Dark Neb.	30′	
NGC 6369	17h 29.3m	−23° 46′	Plan. Neb.	28″	10.4
M14 (NGC 6402)	17h 37.6m	−03° 15′	Glob. Cl.	11.7′	7.6
NGC 6572	18h 12.1m	+06° 51′	Plan. Neb.	8″	9.0pg

Der Schlangenträger (Ophiuchus) ist ein großes Sternbild mit vielen weitverstreuten Sternen, von denen jedoch keiner heller als 2. Größenklasse ist; es erstreckt sich zwischen Herkules im Norden und Skorpion im Süden und überschreitet den Meridian Anfang Juli gegen 23 Uhr Sommerzeit. Am Himmel trägt er die Schlange, deren Kopf (Serpens Caput) im Westen unterhalb der Nördlichen Krone liegt, während der Schwanz (Serpens Cauda) im Osten an den Adler grenzt. Die helleren Sterne umrahmen eine für das bloße Auge nahezu sternleere Gegend in der Mitte der Figur. Die Milchstraße ragt im Süden und Osten in den Schlangenträger hinein und hält für Fernglasbeobachter manches schöne Gebiet bereit. Allein 22 kugelförmige Sternhaufen stehen in diesem Sternbild, ein beachtlicher Teil der bekannten Kugelhaufen. Darüber hinaus findet man einige sehr schöne planetarische Nebel, einen großen Komplex aus Staub und leuchtendem Gas unweit von rho (ρ) Ophiuchi sowie einige offene Haufen und Barnard 72, den berühmten S-Nebel. Nicht zu vergessen Barnards Stern, einen nahen roten Zwergstern, der die größte bekannte Eigenbewegung zeigt. Ein Fernglas zeigt viele der Kugelhaufen als verwaschene Fleckchen, bei wirklich dunklem Himmel sogar auch den Gas- und Staubkomplex um rho (ρ) Ophiuchi.

Gas und Staub

Rho (ρ) liegt nördlich von Antares, dem Hauptstern des benachbarten Skorpion, inmitten des prachtvollen Nebelkomplexes IC 4604, der allerdings vornehmlich auf Himmelsfotografien zu erkennen ist. Mit einem 7 × 50-Glas sieht man Staubfahnen, die sich aus den vom Staub verdunkelten Gebieten nach Osten erstrecken. Der Nebel um rho erscheint als leicht aufgehellte Region vor dem eintönigen Grau der dahinterliegenden Staubwolke, auch ein bißchen größer als der bläuliche Reflexionsnebel. Nach Süden, um Antares herum, geht der bläuliche Nebel in einen rötlichen Nebel über, der sich weiter

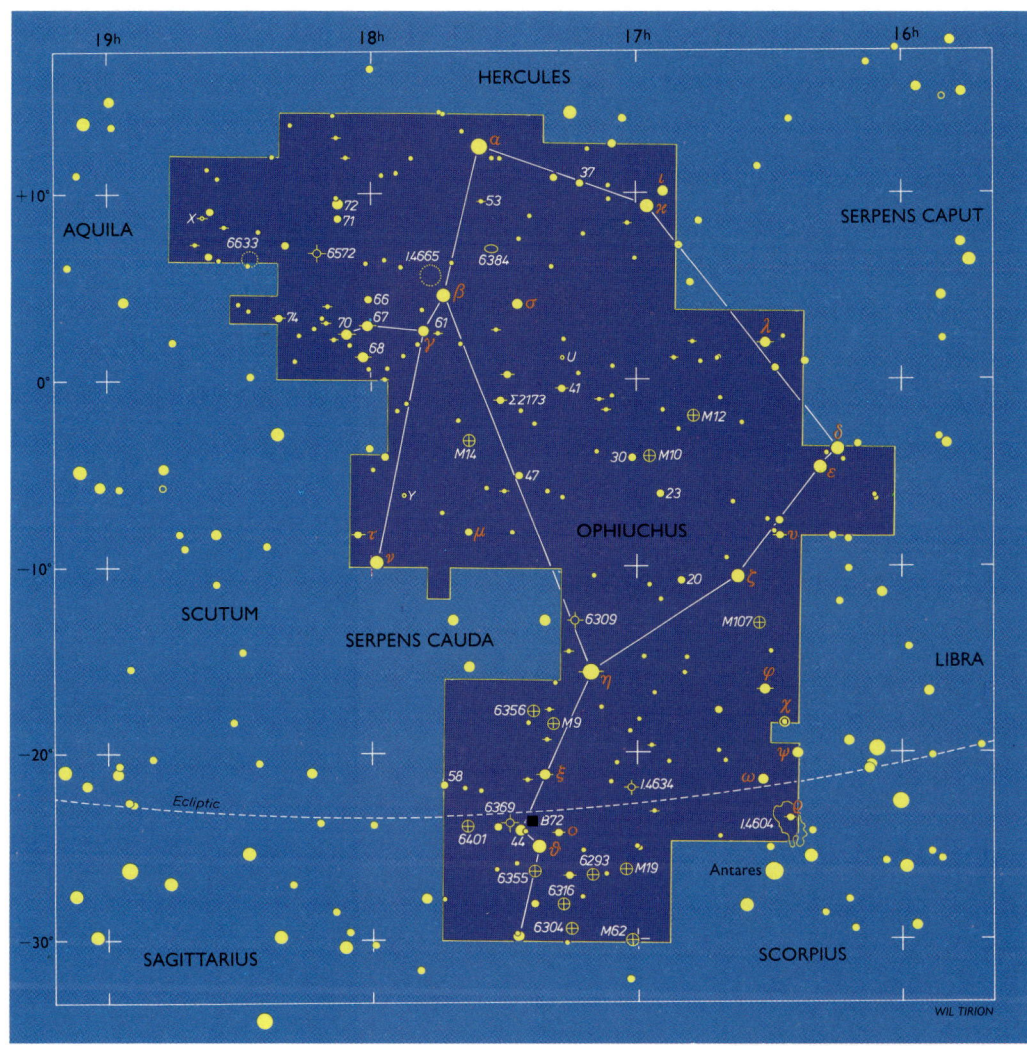

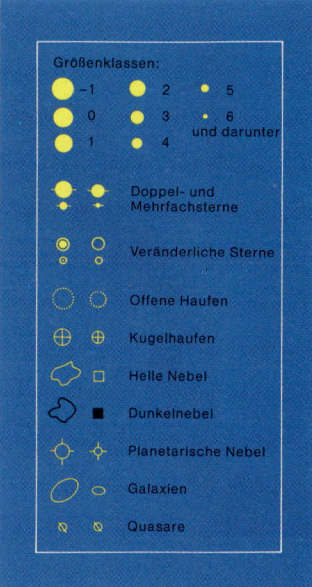

nach Norden erstreckt. Nur wenige moderne Fotos dieser Region erscheinen so eindrucksvoll wie jene, die Edward Emerson Barnard zu Beginn des 20. Jahrhunderts mit dem 25-cm-Bruce-Refraktor des Mount Wilson Observatoriums machte – mit jeweils einigen Stunden Belichtungszeit. Eine vergleichbare Aufnahme gelang David Malin vom Siding Spring Observatory in Australien mit einem modernen Dreifarbenfilm, dessen Kontraste noch verstärkt wurden.

Kugelförmige Sternhaufen

Die Zahl der kugelförmigen Sternhaufen ist zu groß, um sie alle beschreiben zu können. Zu den hervorragenden Objekten gehören M12 (NGC 6218) mit einem Durchmesser von 10 Bogenminuten (Sterne der 11. Größenklasse und darunter) und M10 (NGC 6254) von ähnlicher Größe und Helligkeit; ich möchte sie die westlichen Haufen nennen – im Gegensatz zu den südlichen und östlichen Haufen, die näher zur Milchstraßenebene hin stehen und daher alle etwas abgedunkelt erscheinen. M19 (NGC 6273) befindet sich unter den südlichen Haufen am weitesten westlich. Rechts und links vom Kern stehen zwei hellere Sterne (vermutlich Vordergrundsterne). Das Licht von M9 (NGC 6333) am Rand der galaktischen Staubebene wird durch die interstellare Materie stark geschwächt.

Planetarische Nebel

Die planetarischen Nebel im Schlangenträger enthalten interessante Beispiele einzelner Objekttypen, die von den Wissenschaftlern unterschieden werden. NGC 6393 zum Beispiel erweist sich als elliptischer, bläulich grauer Nebel der 10. Größenklasse. Mit einem Fernrohr von 30 Zentimeter Öffnung glaubt man, bei starker Vergrößerung gerade noch feine Details in der Gashülle zu erkennen; in einem Teleskop ab 40 cm Öffnung treten sie klar hervor. NGC 6369 ist eine Miniaturausgabe des Ringnebels in der Leier. Man sieht den leuchtenden Ring mit einem 20-cm-Teleskop, doch braucht man mindestens 40 cm Öffnung, um den Zentralstern der 16. Größenklasse zu finden. NGC 6572 ist wahrscheinlich der hellste planetarische Nebel im Schlangenträger; er steht nahe der Schulter und bildet mit beta (β) und gamma (γ) ein großes, gleichschenkliges Dreieck. Bei schwacher Vergrößerung wirkt er wie ein bläulichgrüner Stern der 9. Größenklasse. Er bleibt auch bei stärkerer Vergrößerung so hell, daß man den Zentralstern der 12. Größenklasse kaum erkennen kann. Wer sich schon einmal in dieser Gegend umblickt, sollte auch nach Barnards Stern Ausschau halten, einem roten Zwergstern der 9. Größenklasse, der mit einer Entfernung von 5,9 Lichtjahren der zweitnächste Stern nach dem System alpha Centauri ist.

Orion

Der Orion ist eines der bekanntesten Sternbilder. Da der Himmelsäquator mittendurch verläuft, kann man den Orion sowohl von der Nordhalbkugel als auch von der Südhalbkugel bequem beobachten (wenngleich er für die einen kopfüber am Himmel schwebt). Der Orion ist das hellste Sternbild mit zwei Sternen der 1. Größenklasse, Beteigeuze (Betelgeuse) und Rigel, und insgesamt acht Sternen heller als 3^m; die drei Gürtelsterne bilden eine einprägsame Gruppe, aber auch die gesamte Figur kann sehr wohl mit den Umrissen einer menschlichen Gestalt identifiziert werden. Der Orion kulminiert Mitte Januar gegen 22 Uhr.

Beteigeuze und Rigel

Der Orion ist eine wahre Fundgrube für Amateurastronomen und ihre professionellen Kollegen. Dem bloßen Auge fallen die beiden hellsten Sterne auf: die orangefarben leuchtende Beteigeuze (alpha [α] Orionis) sowie der weißlichblaue Rigel (beta [β] Orionis) mit einer Helligkeit von $0,12^m$. Beteigeuze ist ein roter Riesenstern, dessen Hel-

Zeta Orionis und der Pferdekopfnebel. Die Gegend ist ein Teil des riesigen Komplexes aus Gas, Staub und Sternen im Bereich des Oriongürtels und des Schwertgehänges. Der helle Stern links oben ist Alnitak, zeta (ξ) Orionis, der östliche Gürtelstern. Unmittelbar links davon steht NGC 2024, eine Wolke aus heißem Gas, die durch eine Staubwolke im Vordergrund gespalten erscheint. Von Alnitak nach unten erstreckt sich der rötliche Nebel IC 434, gegen den sich deutlich die Dunkelwolke des Pferdekopfnebels abhebt. Das Foto wurde von dem Amateurastronomen Rick Hull mit einem 31-cm-Teleskop (f/4) auf hypersensibilisiertem Konica 400-Film aufgenommen und zur Kontraststeigerung auf Diafilm umkopiert.

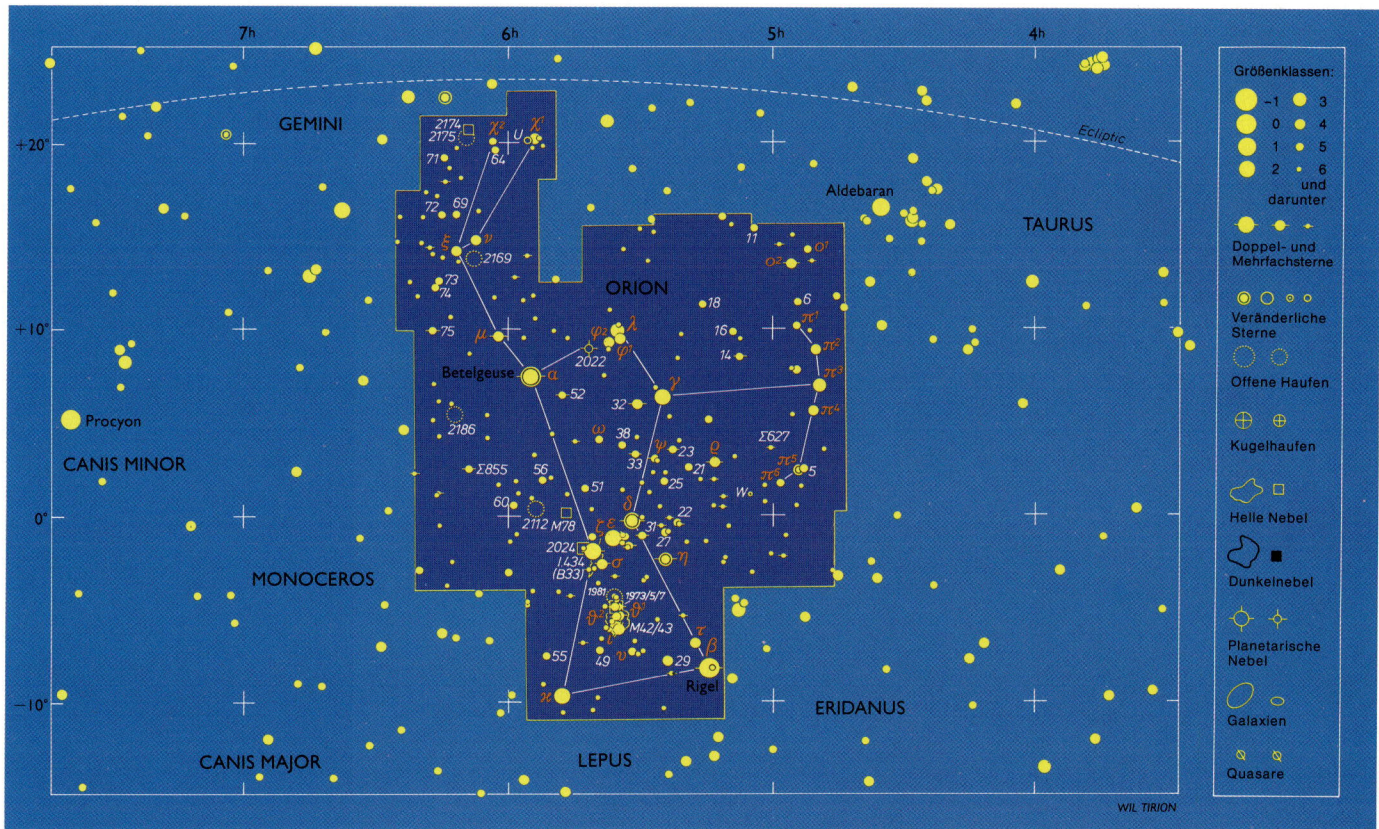

ligkeit unregelmäßig zwischen etwa 0,4^m und 1,2^m schwankt (der Stern pulsiert); trotz seiner Entfernung von rund 1400 Lichtjahren hat man den Durchmesser des Sterns direkt mit Hilfe interferometrischer Messungen zu etwa vier astronomischen Einheiten bestimmen können; stünde Beteigeuze an der Stelle unserer Sonne, so würde sie bis über die Marsbahn hinausreichen.

Rigel ist ein heißer, blauer Riese in etwa der gleichen Entfernung. Er geht äußerst verschwenderisch mit seinem Wasserstoffvorrat um und strahlt rund 57000mal so viel Energie wie die Sonne ab; in der Standardentfernung von 32,6 Lichtjahren erschiene er als Stern der Helligkeit –7,1 Größenklassen. Wahrscheinlich enthält er rund 50 Sonnenmassen und ist etwa 50mal so groß wie die Sonne. Sterne dieser Dimensionen können am Ende in einer gewaltigen Supernova aufblitzen und dabei zu einem Schwarzen Loch kollabieren. Ob der bläuliche Begleiter der 7. Größenklasse in 9,5 Bogensekunden Abstand wirklich zu Rigel gehört, konnte bislang aufgrund von Bahnbewegungen nicht geklärt werden.

Der Orion enthält viele schöne Doppel- und Mehrfachsterne, die zum Teil in der Tabelle aufgelistet sind. Besonders empfehlenswert sind sigma (σ), zeta (ζ), eta (η), 33, delta (δ) iota (ι), 52 und natürlich der Vierfachstern theta (ϑ), das Trapez inmitten des Orionnebels.

Der Pferdekopfnebel

Die Umgebung des linken (östlichen) Gürtelsterns (zeta [ζ] Orionis) ist besonders bemerkenswert: In unmittelbarer Nachbarschaft erkennt man mit einem Fernrohr ab 15 cm Öffnung den Nebel NGC 2024 mit einer dunklen Unterteilung, der von zeta zum Leuchten angeregt wird; auf Fotos erscheint dieser Nebel zumeist gelblich oder zumindest orangefarben. Südlich von zeta steht der berühmte Pferdekopfnebel (Barnard 33), der 1889 von Pickering auf einem der ersten Astrofotos dieser Gegend entdeckt wurde. Die Dunkelwolke, die sich gegen den schwach leuchtenden Nebel IC 434 abhebt, erinnert allerdings mehr an den Kopf eines Seepferdchens. Eine visuelle Beobachtung des Nebels ist äußerst schwierig und gelingt meist nur mit sehr kurzbrennweitigen Teleskopen (f/5 und darunter). Ich habe ihn in einer klaren, ruhigen Nacht ohne Mondschein mit einem 20-cm-Teleskop (f/4,5) gesehen; eine Vergrößerung von 50fach reichte, um zeta Orionis aus dem Gesichtsfeld zu verdrängen. Ein längliches Parallelogramm aus Sternen der 12. Größenklasse mag als Wegweiser dienen: Der Pferdekopf steht unmittelbar östlich des südlichen Teils dieser Figur. Bei Fernrohren oberhalb von 30 cm Öffnung kann man versuchen, mit einem Nebelfilter das schwache Leuchten von IC 434 zu betonen, gegen das sich die Dunkelwolke dann besser abhebt.

Der Große Orionnebel

Das Paradestück des Orion ist jedoch der große Nebel M 42 (NGC 1976), einer der wenigen Emissionsnebel, die mit bloßem Auge zu erkennen sind – als verwaschenes Fleckchen im Schwertgehänge des Orion. Jedes noch so bescheidene Fernglas wird an dieser Stelle einen grünlichen oder grauen Schleier um einen helleren Stern zeigen. Ein halbes Grad weiter südlich steht der helle Stern iota (2,76^m), etwa ebenso weit nördlich der Stern 42 Orionis, der selbst von einem zarten, bläulichen Dunst umgeben erscheint. Der Orionnebel gehört zu den schönsten Fernrohrobjekten am gesamten Himmel. Mit leistungsfähigeren Teleskopen kann man eine Fülle von Details erkennen. Die großen Beobachter des 19. Jahrhunderts, wie zum Beispiel der Amerikaner William Cranch Bond, fertigten mit großem Einsatz wahre Gemälde des Orionnebels. Die meisten Astrofotos von Amateuren heute werden zu lange belichtet und zeigen mitunter nicht einmal die Trapezsterne. Ein gutes Fotos darf aber nicht nur die Randbereiche hervorheben, sondern sollte auch die Trapezsterne im Zentrum wiedergeben. Diese Zentralregion wird im Süden durch eine Dunkelwolke ziemlich klar begrenzt, aus der ein Finger ähnlich dem Pferdekopfnebel in das helle Gebiet hineinragt (er wird gelegentlich auch als Fischmaul bezeichnet). Die ganze Gegend enthält zahlreiche lichtschwache Sterne, sogenannte Staubveränderliche, deren Licht „flackert", wenn Staubwolken durch ihre noch junge Atmosphäre treiben. Infrarotfotografien können durch den Nebel „hindurchblicken" und einen Haufen extrem junger Sterne hinter dem Trapez abbilden. Das Trapez ist ein besonderer Mehrfachstern, der neben den leicht erkennbaren vier Komponenten noch zwei weitere Partner enthält. Die mit wahren „Adleraugen" ausgestatteten Beobachter E. E. Barnard und A. G. Clark sahen hier im 19. Jahrhundert noch weitere Komponenten. Allerdings braucht man eine ruhige Luft, um die sechs Hauptkomponenten zu sehen. Es gibt übrigens einen einfachen Test zur Kontrolle der Luftruhe: Man zündet im Freien ein Streichholz an und hält es hoch. Wenn es nicht merklich flackert, ist die Luft besonders ruhig, und ein Fernrohr sollte entsprechend viele Einzelheiten zeigen.

Nebel und Sternhaufen

Der Orion enthält noch weitere interessante Objekte. So wäre zum Beispiel der Reflexionsnebel M 78 (NGC 2068) in jedem anderen Sternbild ein Leckerbissen für sich. Das bläuliche Licht, das von diesem runden Nebel reflektiert wird, stammt hauptsächlich von zwei Sternen. NGC 2022 ist ein kleiner planetarischer Nebel zwischen Beteigeuze und lambda (λ) Orionis; seine Helligkeit der 12. Größenklasse ist nicht gerade sehr groß, doch konnte ich mit einem 20-cm-Schmidt-Cassegrain-Teleskop einen dunkleren Zentralfleck klar erkennen. NGC 2169 im nordöstlichen Teil des Orion ist ein schönes Beispiel für einen offenen Sternhaufen; er bildet zusammen mit xi (ξ) und ny (ν) ein nach Südwesten gerichtetes, gleichseitiges Dreieck. NGC 2174-5, eine Kombination aus Sternhaufen und Gasnebel, ist schließlich auch sehr reizvoll; auf Fotos erkennt man die für Emissionsnebel typische Rotfärbung.

Beobachtungsobjekte im Orion
Doppel- und Mehrfachsterne

Name	RA	Dec.		Distanz (Bogensek.)	Helligk.		Jahr
Σ 627	05h 00.6m	+03° 37'		21.3	6.6	7.0	1932
β (Beta)	05h 14.5m	−08° 12'		9.5	0.1	6.8	1954
23	05h 22.8m	+03° 33'		32.1	5.0	7.1	1934
33	05h 31.2m	+03° 18'		1.8	5.8	7.1	1923
η (Eta)	05h 24.5m	−02° 24'		1.5	3.8	4.8	1959
δ (Delta)	05h 32.0m	−00° 18'	AB	32.8	2.2	13.7	1922
			AC	52.6	2.2	6.3	1932
λ (Lamba)	05h 35.1m	+09° 56'		4.4	3.6	5.5	1957
θ₁ (Theta I)	05h 35.5m	−05° 23'	AB	8.8	6.7	7.9	1975
Trapezium			AC	12.8	6.7	5.1	1975
Hauptkomponenten			AD	21.5	6.7	6.7	1975
			AE	4.1	6.7	11.1	1934
			CF	4.0	6.7	11.5	1957
ι (Iota)	05h 35.4m	−05° 55'		11.3	2.8	6.9	1932
σ (Sigma)	05h 38.7m	−02° 36'	AB	0.2	4.0	6.0	1960
			AB × C	11.4	4.0	10.3	1973
			AB × D	12.9	4.0	7.5	1969
			AB × E	42.6	4.0	6.5	1970
ζ (Zeta)	05h 40.8m	−01° 57'	AB	2.4	1.9	4.0	1970
			AC	57.6	1.9	9.9	1930
52	05h 48.0m	+06° 27'		1.6	6.1	6.1	1959
Σ 855	06h 09.0m	+02° 30'		29.3	6.0	7.0	1929

Nebel und Sternhaufen

Name	RA	Dec.	Typ	Größe	H.keit
M 42 Orionnebel auch M 43	05h 35.4m	−05° 27'	Diff. Neb.	66' × 60'	5
NGC 1977	05h 35.5m	−04° 52'	Refl. Neb.	20' × 10'	~7
B 33 (Horsehead)	05h 40.9m	−02° 28'	Dark Neb.	6' × 4'	...
NGC 2024	05h 40.7m	−02° 27'	Diff. Neb.	30' × 30'	~8
IC 434	05h 41.1m	−05° 16'	Diff. Neb.	60' × 10'	—
NGC 2022	05h 42.0m	+09° 04'	Pl. Neb.	28' × 27'	12.3pg
M 78 (NGC 2068)	05h 46.7m	+00° 03'	Refl. Neb.	8' × 6'	~7
NGC 2169	06h 08.4m	+13° 57'	Open Cl.	7'	5.9
NGC 2174/5	06h 09.7m	+20° 30'	Open Cl./Diff. Neb.	25'	8

Der Große Orionnebel (M 42) ist vermutlich das am häufigsten fotografierte Himmelsobjekt. Diese Aufnahme stammt von Reverend Ronald Royer, der dazu ein 45-cm-Newton-Teleskop (f/7) benutzte. Es zeigt deutlich die zarten weißen und rötlichen Strukturen dieses turbulenten Nebels. M 43 ist der kleine, nahezu kreisrunde Nebel unmittelbar über M 42.

Pegasus

Das bekannte Sternbild Pegasus ist der Mittelpunkt des nördlichen Herbststernhimmels: Das „große Pegasusviereck", das Mitte Oktober gegen 22 Uhr kulminiert; gehört zu den ersten Gruppierungen, die man als Anfänger unter den Sternbildern kennenlernt, und von ihm aus findet man viele der übrigen Herbstfiguren (Andromeda, Wassermann, Fische, Cassiopeia) in der Umgebung des geflügelten Rosses. Der Pegasus enthält eine Reihe schöner Doppelsterne, einen der besten kugelförmigen Sternhaufen sowie mehrere reizvolle Galaxien. Das Viereck markiert die Umrisse des Pferdekörpers; wenn es in Mitteleuropa aufgeht, sieht es aus wie ein übergroßer Papierdrache mit Scheat, beta (β) Pegasi, an der Spitze. Für uns segelt das Pferd kopfüber am Firmament entlang, für Bewohner auf der Südhalbkugel dagegen richtig herum: Enif, epsilon (ε) Peg deutet die Nüstern an, my (μ) und eta (η) die Vorderhufe. Alpheratz, der linke obere Eckstern, gehört bereits zum Sternbild Andromeda.

Nebel und Sternhaufen

Der stark verdichtete kugelförmige Sternhaufen M15 (NGC 7078) bietet in kleinen Teleskopen einen prächtigen Anblick; die Helligkeit dieser Sternenkugel nimmt zur Mitte hin rapide zu. Da dieses Objekt eine starke Röntgenstrahlung aussendet, vermuten die Wissenschaftler in seinem Zentrum ein Schwarzes Loch, das die Materie aus seiner Umgebung anzieht und in einer Akkretionsscheibe sammelt; dort wird sie durch die gegenseitige Reibung so stark erhitzt, daß sie Röntgenstrahlung aussenden muß. Außerdem enthält M15 als einziger Kugelhaufen einen planetarischen Nebel, Pease 15, der allerdings jenseits der Reichweite der meisten Amateurteleskope liegt (3 Bogensekunden Durchmesser, 15. Größenklasse). Man findet M15 nordwestlich von Enif, epsilon (ε) Pegasi. Auf die Galaxie NGC 7331 blicken wir unter einem Winkel von nur 15°, so daß man die Staubwolken zwischen den eng gewundenen Spiralarmen deutlich erken-

nen kann. Östlich davon stehen einige weitere, kleine Galaxien. Etwa ein halbes Grad südwestlich von NGC 7331 findet man eine eigenartige Galaxiengruppe, die als Stephans Quintett bekannt geworden ist (NGC 7317, NGC 7318 A/B, NGC 7319, NGC 7320): Zwischen mindestens vier der fünf Galaxien gibt es Materieströmungen als Folge gegenseitiger Wechselwirkungen; die fünfte steht ein bißchen abseits, aber immer noch nahe genug, um ebenfalls mitzumischen. Erstaunlicherweise zeigt eine der Galaxien (NGC 7320) eine viel kleinere Rotverschiebung als die übrigen, was auf eine deutlich geringere Entfernung hindeutet, wenn die Rotverschiebung wirklich nur kosmologisch anzusehen ist, als ein Maß für Entfernung der Galaxien. Man braucht allerdings ein ziemlich großes Teleskop, um die Mitglieder dieser Gruppe identifizieren zu können. Ich habe mit einem 25-cm-Fernrohr (f/6) immer nur vier Objekte erkannt, während die „Doppelgalaxie" NGC 7318 A/B zu einem gemeinsamen Nebelfleck verschwamm; die Helligkeiten liegen im Bereich 13. und 14. Größenklasse, und so kann man kaum erwarten, eine auffällige Galaxiengruppe zu finden.

Reizvoll ist auch die Suche nach NGC 7479, einer Balkenspirale rund 3° südlich von alpha (α) Pegasi; der Balken und die Spiralarme erscheinen verhältnismäßig hell. Den Vordergrundstern am Westrand sollte man nicht für eine Supernova innerhalb der Galaxie halten, die etwa ähnlich hell erscheinen würde.

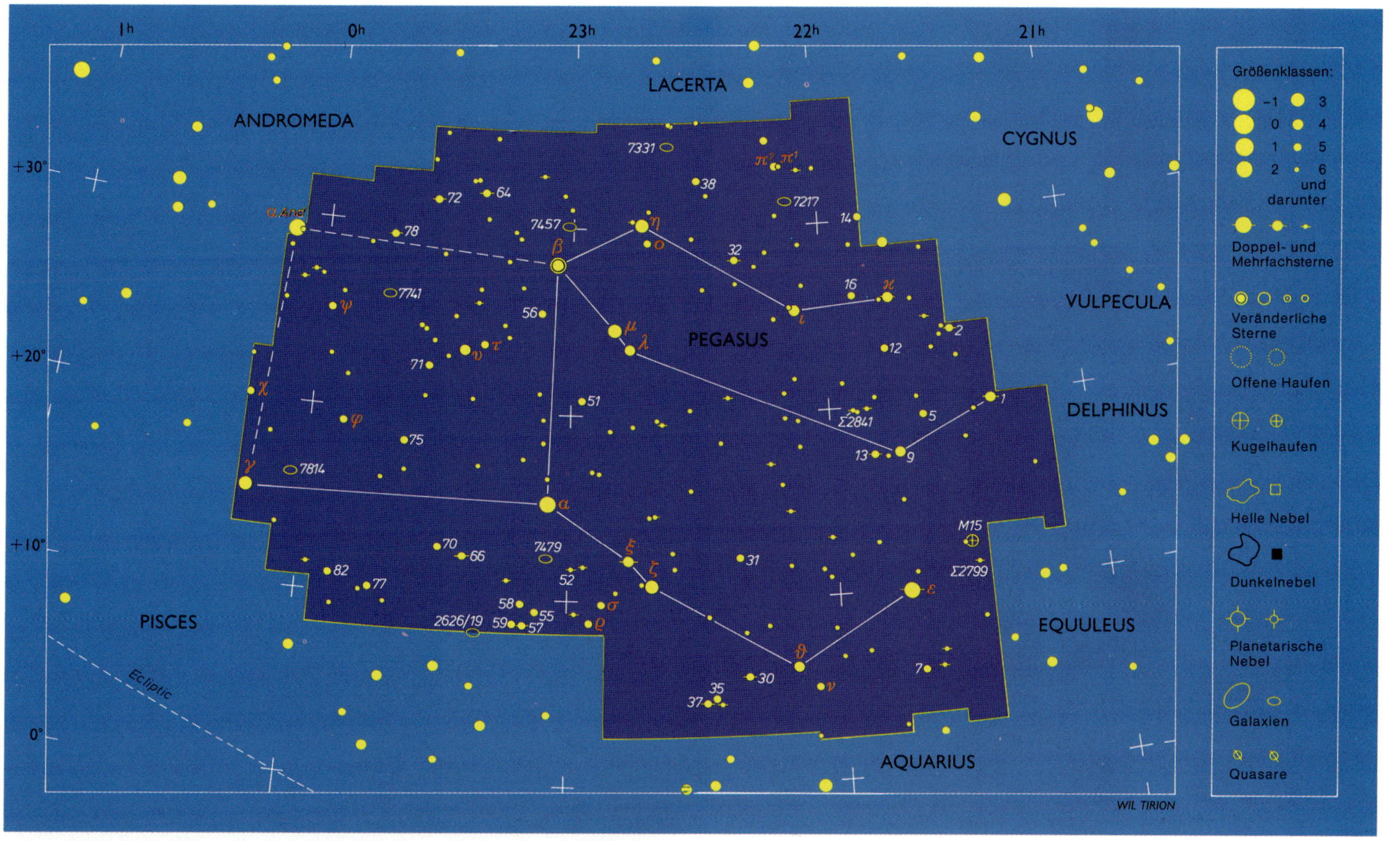

Größenklassen:
● −1   ● 3
● 0   • 4
● 1   • 5
● 2   • 6
       und
       darunter

⊙ Doppel- und
  Mehrfachsterne

⊙ Veränderliche
  Sterne

○ Offene Haufen

⊕ Kugelhaufen

▱ Helle Nebel

▪ Dunkelnebel

✦ Planetarische
  Nebel

○ Galaxien

⬠ Quasare

WIL TIRION

NGC 7331, eine Spiralgalaxie im nordwestlichen Pegasus, ähnelt in Form und Größe unserer Galaxis. Sie steht rund 50 Millionen Lichtjahre entfernt und leuchtet so hell wie 50 Milliarden Sonnen. Die vier Galaxien links von NGC 7331 sind möglicherweise Teil einer größeren Galaxiengruppe, zu der noch einige lichtschwächere Objekte gehören. Kim Gordon belichtete die Aufnahme 50 Minuten mit einem 50-cm-Ritchey-Chrétien-Teleskop (f/8) auf hypersensibilisiertem Konica 400-Film.

Beobachtungsobjekte im Pegasus
Doppel- und Mehrfachsterne

Name	RA	Dec.	Distanz (Bogensek.)		Helligk.		Jahr
Σ 2799	21h 28.9m	+11° 05′	AB	1.6	7.5	7.5	1959
			AC	136.2	7.5	9.3	1912
13	21h 50.1m	+17° 17′		0.4	5.5	7.5	1960
Σ 2841	21h 54.3m	+19° 43′	AB	22.3	6.4	7.9	1958
			BC	0.2	8.6	8.8	1969
37	22h 30.0m	+04° 26′		1.0	5.8	7.1	1969
52	22h 59.2m	+11° 44′		0.7	6.1	7.4	1969
72	23h 34.0m	+31° 20′		0.5	5.7	5.8	1960
78	23h 44.0m	+29° 22′		1.0	5.0	8.1	1959

Nebel und Sternhaufen

Name	RA	Dec.	Typ	Größe	H.keit
M15 (NGC 7078)	21h 30.0m	+12° 10′	Glob. Cl.	12.3′	6.35
NGC 7217	22h 07.9m	+31° 22′	Gal. Sb	3.7′ × 3.2′	10.2
NGC 7331	22h 37.1m	+34° 25′	Gal. Sb	10.7′ × 4.0′	9.1
NGC 7479	23h 04.9m	+12° 19′	Gal. SBb	4.1′ × 3.2′	11.0
NGC 7619	23h 20.2m	+08° 12′	Gal. E1	2.9′ × 2.6′	11.1
NGC 7626	23h 20.7m	+08° 13′	Gal. E2p	2.5′ × 2.0′	11.24
NGC 7814	00h 03.3m	+16° 09′	Gal. Sb	6.3′ × 2.6′	10.9

Perseus

Perseus ist einer der bekannteren Helden der griechischen Mythologie. Seine größte Tat war zweifellos der Sieg über die Medusa, eine der Gorgonen, die mit ihrem Blick jeden, der sie ansah, versteinern konnte. Perseus half sich mit einem Trick: Er nahm eine Glasscherbe als Spiegel und brauchte so die Medusa nicht direkt anzusehen, als er sich ihr mit dem Schwert näherte. Gleich mit dem ersten Hieb enthauptete er die Gorgone, und so hält er auf alten Sternbilddarstellungen zumeist in einer Hand das Haupt der Medusa. Auf seinem Rückweg errettete Perseus noch die unglückliche Andromeda vor dem Seeungeheuer Cetus. Nach der Hochzeit schließlich überließ er das Haupt der Medusa der Athene.

Der Perseus gehört in Mitteleuropa zu den Sternbildern, die nur teilweise untergehen und daher einen Großteil des Jahres über am Himmel stehen. Die Figur im Gefolge von Andromeda und Cassiopeia erinnert mit ihren Umrissen an eine etwas verbogene Wünschelrute; sie enthält zwar etliche hellere Sterne, von denen aber keiner die 1. Größenklasse erreicht. Etwa auf halbem Weg zwischen Capella im Fuhrmann und gamma in der Andromeda trifft man auf drei benachbarte Sterne, deren hellster von etlichen dunkleren umgeben ist; das ist Mirfak (Algenib), alpha (α) Persei, der den Ellbogen des Perseus markiert. Nach Südwesten hin trifft man auf einen weiteren hellen Stern, beta (β) Persei oder Algol; er fällt mit dem Kopf der Medusa zusammen, die Perseus gerade vorher enthauptet hat. Das Sternbild überschreitet den Meridian zenitnah Mitte Dezember gegen 22 Uhr.

Nebel und Sternhaufen

Von Nordwesten nach Südosten erstreckt sich die Milchstraße durch den Perseus und hält eine Reihe interessanter Fernrohrobjekte bereit. Darüber hinaus enthält Perseus mit der Assoziation von O- und B-Sternen um Mirfak (α) eines der reizvollsten Feldstecherobjekte am Himmel. Man findet in diesem Sternbild etliche schöne Sternhaufen einschließlich des unvergleichlichen Doppelhaufens h und χ Persei (NGC 869/NGC 884), die dem bloßen Auge als verwaschener Fleck im Milchstraßenband erscheinen. Die beiden Haufen, die etwa ein halbes Grad auseinander stehen, sind nahezu gleich weit von uns entfernt. Jeder Haufen ist für sich schon sehenswert, doch beide zusammen im Gesichtsfeld bieten einen unvergeßlichen Anblick; in einem schwach vergrößernden Okular, das möglichst viel Himmelsumgebung miterfaßt, heben sie sich prachtvoll gegen den Sternhintergrund ab. Meine schönsten Ansichten ergaben sich mit einem 20×80-Fernglas und einem 15-cm-Fernrohr (f/4). Der östliche

Haufen (NGC 884) enthält einige rötliche Sterne, davon einen nahe dem Zentrum, während der westliche Haufen (NGC 869) mehr helle Sterne umfaßt und auch etwas dichter erscheint. Rund ein Grad weiter östlich steht NGC 957, ein kleinerer Haufen mit rund 40 Sternen, darunter zwei Doppelsternen.

Auch M 34 (NGC 1039) ist ein offener Haufen, den man unter günstigen Bedingungen noch mit bloßem Auge erkennen kann. Er liegt etwa auf halbem Wege zwischen Algol und gamma (γ) Andromedae, dem östlichen Stern dieser Nachbarfigur. Auf einer Fläche von 0,5° Durchmesser vereint er rund 80 Sterne, darunter auch einige Doppelsterne. 3° südwestlich von Mirfak steht NGC 1245, ein ziemlich sternreicher Haufen, der von zwei hellen Sternen eingefaßt erscheint; auch der offene Haufen NGC 1528 enthält etliche hellere Sterne. M 76 (NGC 650/651) ist ein kleiner planetarischer Nebel der 12. Größenklasse, bei dem man sich fragen muß, wieso Messier dieses Objekt mit seinem 7,5-cm-Fernrohr überhaupt hat sehen können. Erst mit einem Fernrohr ab 20 cm Öffnung kann man die Hantelstruktur von M 76 erkennen.

Für die wachsende Gruppe von Amateurastronomen, denen auch größere Fernrohre zur Verfügung stehen, ist der Perseus-Galaxienhaufen ein reizvolles Ziel. Ausgehend von NGC 1275, einer aktiven Radiogalaxie (Perseus A), erstreckt sich eine Galaxienkette rund ein Grad nach Westen, die mit Teleskopen ab 25 cm Öffnung zu erkennen ist. Aufnahmen von NGC 1275 mit Rotfilter zeigen erstaunliche Filamente ähnlich wie bei M 82 oder dem Crabnebel (M1), die auf eruptive Vorgänge im Innern hindeuten. Der Emissionsnebel NGC 1499 ist unter dem Namen California-Nebel bekannt geworden: Das vornehmlich auf Fotografien sichtbare Objekt erinnert an die Umrisse des Westküstenstaates der USA; zum Ablichten des 2,5° langen Nebels nördlich von xi (ξ) Persei genügt es, eine Kleinbildkamera mit Normaloptik und hochempfindlichem Diafilm fünf Minuten lang

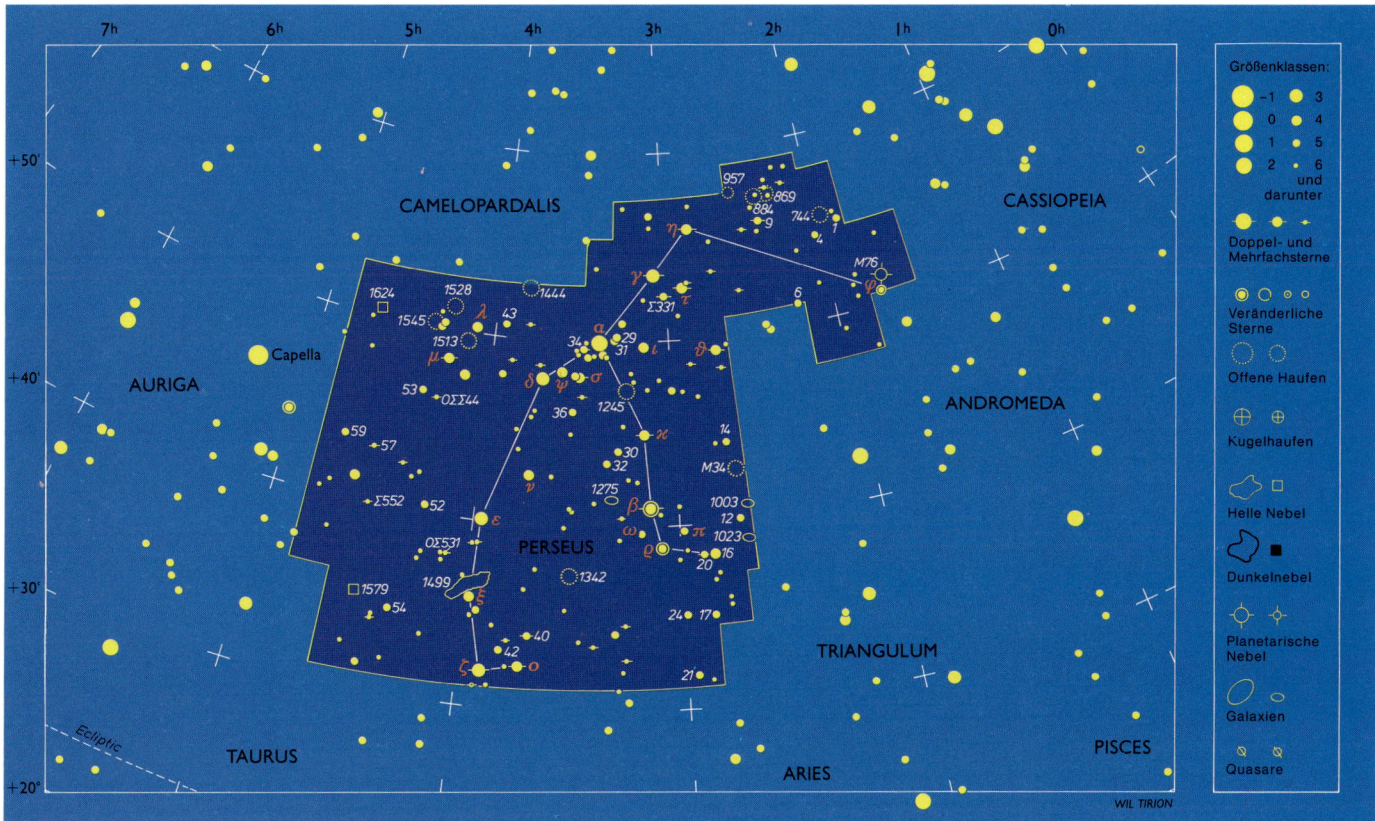

nachzuführen. Zur visuellen Beobachtung empfiehlt sich wie bei allen Emissionsnebeln geringer Flächenhelligkeit ein astronomisches Fernglas oder ein kleines, lichtstarkes Teleskop samt Nebelfilter.

Der blinkende Dämon

Beta (β) Persei oder Algol, der Teufelsstern, ist der bekannteste Bedeckungsveränderliche am Himmel. Burnhams Beschreibung ist kurz und bündig: „Der Stern scheint normalerweise mit einer Helligkeit von 2,1 Größenklassen, doch geht die Helligkeit alle 2,86739 Tage vorübergehend auf 3,4 Größenklassen zurück. Die gesamte Finsternis dauert rund 10 Stunden, und die Minima folgen im Abstand von 2 Tagen 20 Stunden 48 Minuten 56 Sekunden aufeinander." Der Engländer John Goodricke hat diese Periode bereits 1782 genau ermittelt und zu ihrer Erklärung vorgeschlagen, daß dort ein heller Stern zumindest teilweise von einem dunkleren Begleiter bedeckt wird. Es gibt noch ein unauffälliges Nebenminimum, wenn der helle Stern vor dem dunkleren herzieht. Die beiden Sterne umlaufen sich in einem gegenseitigen Abstand von nur 10 Millionen Kilometer und können daher über eine Entfernung von rund 100 Lichtjahren nicht getrennt beobachtet werden.

Beobachtungsobjekte im Perseus
Doppel- und Mehrfachsterne

Name	RA	Dec.	Distanz (Bogensek.)		Hellig.		Jahr
θ (Theta)	02h 44.2m	+49° 14'	18.3 (1953)		4.1	9.9	1953
η (Eta)	02h 50.7m	+55° 54'	AB	28.3	3.8	8.5	1932
			AC	66.6	3.8	9.8	1925
τ (Tau)	02h 54.3m	+52° 46'		51.7	4.0	10.6	1923
Σ 331	03h 00.9m	+52° 21'		12.1	5.3	6.7	1954
o (Omicron)	03h 44.3m	+32° 17'		1.0	3.8	8.3	1958
ζ (Zeta)	03h 54.1m	+32° 53'	AB	12.9	2.9	9.5	1968
			AC	32.8	2.9	11.3	1923
			AD	94.2	2.9	9.5	1957
			AE	120.3	2.9	10.2	1925
ε (Epsilon)	03h 57.9m	+40° 01'		8.8	2.9	8.1	1938
OΣ 531	04h 07.6m	+38° 04'		1.5	7.4	8.9	1969
OΣΣ 44	04h 17.3m	+46° 13'		58.4	7.2	8.6	1924
Σ 552	04h 31.4m	+40° 01'		9.0	7.0	7.2	1949
57	04h 33.4m	+43° 04'		116.2	6.1	6.8	1913

Veränderlicher Stern

Name	RA	Dec.	Typ	Amplitude	Periode
β (Beta) Algol	03h 08.2m	+40° 57'	Ecl. Bin.	2.12–3.40	2.8673d

Nebel und Sternhaufen

Name	RA	Dec.	Typ	Größe	H.keit
M76 (NGC 650-1)	01h 42.4m	+51° 34'	Plan. Neb.	65"	12.2
NGC 869	02h 19.0m	+57° 09'	Open Cl.	30'	4.3pg
NGC 884	02h 22.4m	+57° 07'	Open Cl.	30'	4.4pg
NGC 957	02h 33.6m	+57° 32'	Open Cl.	11'	7.6
M34 (NGC 1039)	02h 42.0m	+42° 47'	Open Cl.	35'	5.2
NGC 1245	03h 14.7m	+47° 15'	Open Cl.	20'	6.9
NGC 1528	04h 15.4m	+51° 14'	Open Cl.	24'	6.4
NGC 1275	03h 19.8m	+41° 31'	Gal. P	0.7' × 0.6'	13
NGC 1499	04h 00.7m	+36° 37'	Diff. Neb. (E)	145' × 40'	14
NGC 1579	04h 30.2m	+35° 16'	Diff. Neb. (R)	12' × 8'	–

Pictor

Pictor, der Maler, ist ein Sternbild, das 1752 von Nicolas Louis de Lacaille eingeführt wurde und daher keinen mythologischen Bezug hat. Lacaille formte es aus übriggebliebenen oder „amorphen" Sternen.

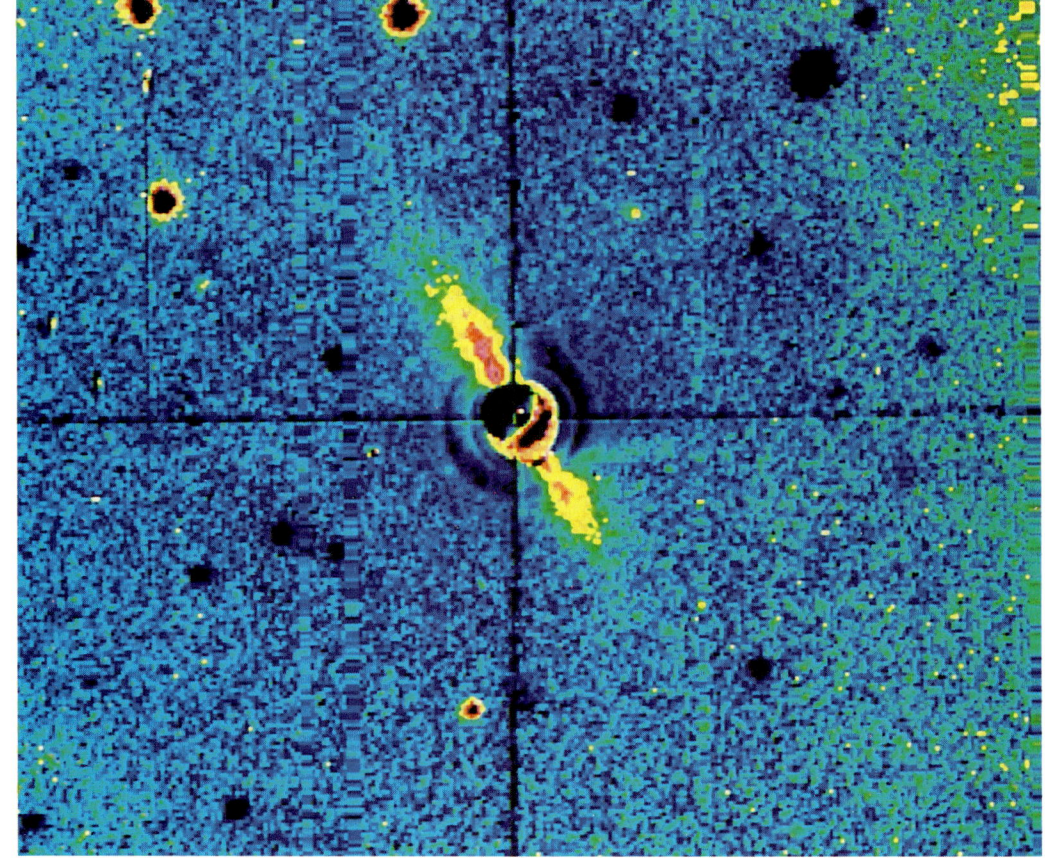

Beta Pictoris. Als Anzeichen für ein Planetensystem in 50 Lichtjahren Entfernung deuten die Astronomen dieses CCD-Bild einer zirkumstellaren Materiescheibe (gelb und rot) um den Stern beta Pictoris, auf die wir nahezu von der Kante blicken. Die Scheibe dürfte aus Eis, kohlenstoffhaltigen Substanzen und Silikatkörnern bestehen; sie erstreckt sich in einem Umkreis von 60 Milliarden Kilometer um den Stern, dessen Licht mit einer Maske in der Bildmitte abgeblockt wurde. Die dünnen, schwarzen Linien sind ebenso wie die schwarzen Bögen um den Bildmittelpunkt im Zusammenhang mit der Aufnahmetechnik entstanden. Das Foto wurde mit dem 2,50-m-Spiegel am Las Campanas Observatory in Chile gemacht.

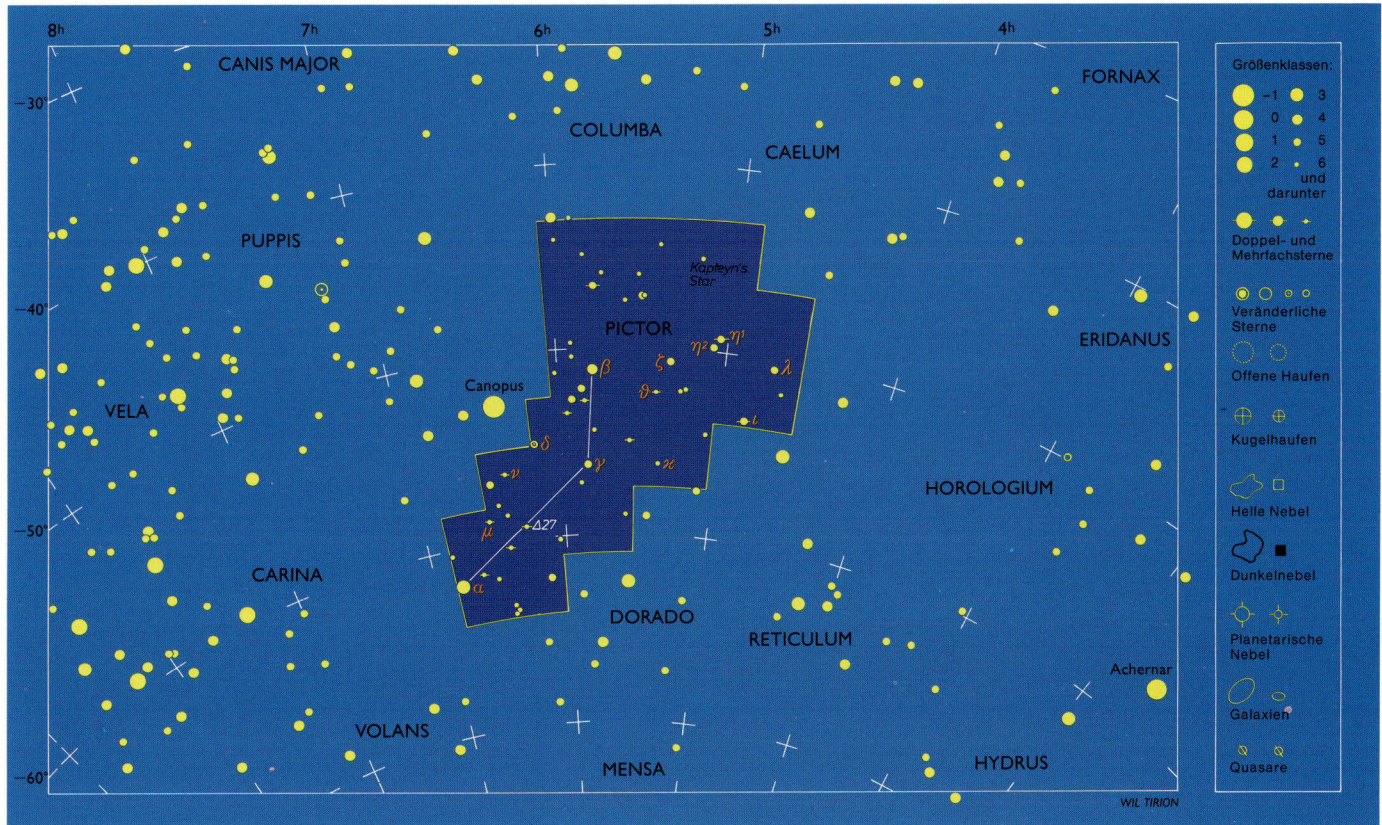

Der Maler ist ein kleines Sternbild am Südhimmel, westlich von Canopus, mit dem die beiden Sterne beta (β) und gamma (γ) ein nahezu gleichseitiges Dreieck bilden. Für Beobachter jenseits von 40° südlicher Breite ist die Figur zirkumpolar und kulminiert dort Mitte Januar gegen 22 Uhr Ortszeit, gehört also auf der Südhalbkugel zu den Sommersternbildern. Als Figur weitab des Milchstraßenbandes enthält es nur wenige interessante Objekte.

1925 leuchtete in diesem Sternbild eine Nova auf: Ein Stern, der zuvor als Objekt der 12. Größenklasse erschienen war, steigerte seine Helligkeit langsam und unregelmäßig bis fast zur 1. Größenklasse, wurde dann wieder (ebenfalls ungleichförmig) dunkler, bis die Helligkeit nach 50 Tagen noch einmal bis zur 2. Größenklasse anstieg; wieder nahm die Helligkeit zunächst ab, stieg dann aber nach nur fünf Tagen noch ein letztes Mal an, ehe sie langsam und mit Unterbrechungen auf den ursprünglichen Wert zurückfiel. Ein solches Verhalten ist auch bei anderen Nova-Ausbrüchen beobachtet worden und wird von den Astronomen als „langsame Nova" bezeichnet. Offenbar sind damals größere Gasmengen von dem Stern weggeschleudert worden, die später dann auch beobachtet werden konnten. Nova-Ausbrüche werden mit Weißen Zwergen in Verbindung gebracht, die Materie von einem engen Doppelsternpartner zu sich herüberziehen und anlagern, bis die entstehende Wasserstoffschicht im starken Schwerefeld so sehr zusammengedrückt wird, daß Kernfusionsprozesse in dieser neuen Hülle zünden können.

Kapteyns Stern

Kapteyns Stern ist ein roter Zwergstern der 9. Größenklasse, der die zweitschnellste Eigenbewegung am Himmel zeigt: 8,7 Bogensekunden pro Jahr. Er wurde 1897 von dem niederländischen Astronomen J. C. Kapteyn entdeckt und verlagert seine Position innerhalb von 414 Jahren um 1° in südöstlicher Richtung. Die gegenwärtige Entfer-

nung wird mit 12,7 Lichtjahren angegeben, was ihn in einer Liste der nächsten Sterne auf Platz 24 rückt. Als roter Zwergstern leuchtet er nur mit 4 Promille der Sonnenleuchtkraft. Da Kapteyns Stern gerade in engem Abstand an einem (weiter entfernten) Stern vorbeigezogen ist, kann man seine rasante Eigenbewegung jetzt bereits innerhalb von ein oder zwei Jahren klar erkennen.

Doppel- und Mehrfachsterne

Die Tabelle enthält einige der Doppelsterne im Maler. Wohl am reizvollsten ist iota (ι), dessen Komponenten der 5. und 6. Größenklasse 12,3 Bogensekunden getrennt sind. Theta (ϑ) erweist sich als Dreifachsystem, dessen enge Komponenten (0,2 Bogensekunden) allerdings kaum aufzulösen sind. Nach Hartung vergrößert sich der Abstand jedoch, so daß es sich lohnt, den Stern gelegentlich zu überprüfen. Δ 27 ist ein optisches Paar, dessen blaue und goldgelbe Komponenten ihren Winkelabstand langsam verringern. Die Galaxien sind allesamt schwächer als 12. Größenklasse.

| **Beobachtungsobjekte im Maler** | | | | | |
| **Doppelsterne** | | | | | |
Name	**RA**	**Dec.**	**Distanz** (Bogensek.)	**Helligk.**	**Jahr**
ι (Iota)	04h 50.9m	−53° 28′	12.3	5.6 6.4	1952
θ (Theta)	05h 24.8m	−52° 19′	AB 0.2	6.9 7.2	1960
			AC 38.2	6.9 6.8	1938
Δ 27	06h 16.3m	−59° 13′	40.1	6.4 8.0	1950
μ (Mu)	06h 32.0m	−58° 45′	2.4	5.8 9.0	1937

Pisces

Pisces, die Fische, sind zweifellos ein sehr altes Sternbild; verschiedene frühe Kulturen sahen in dieser Himmelsregion einen oder zwei Fische. In der uns vertrauteren griechisch-römischen Sagenwelt stehen die Fische für die Venus und ihren Sohn Cupido, die vor dem Angriff des Riesen Typhon in den Euphrat sprangen und in Fische verwandelt wurden, deren Bild nun am Himmel steht. Die Fische sind mit der Folge der Jahreszeiten verknüpft. In diesem Sternbild liegt heute der Frühlingspunkt, der Schnittpunkt zwischen dem Himmelsäquator und der Ekliptik (der scheinbaren Jahresbahn der Sonne): Wenn die Sonne diesen Punkt passiert, beginnt für die Nordhalbkugel der Erde das Frühjahr.

Beobachtungsobjekte in den Fischen
Doppel- und Mehrfachsterne

Name	RA	Dec.	Distanz (Bogensek.)	Helligkeiten		Jahr
27	23h 58.7m	−03° 33′	1.3	4.9	10.2	1958
34 (UU)	00h 10.0m	+11° 09′	7.7	5.5	9.4	1958
35	00h 15.0m	+08° 49′	11.6	6.0	7.6	1958
51	00h 32.4m	+06° 57′	27.5	5.7	9.5	1933
65	00h 49.9m	+27° 43′	4.4	6.3	6.3	1959
ψ, (Psi 1)	01h 05.6m	+21° 28′	30.0	5.6	5.8	1959
φ (Phi)	01h 13.7m	+24° 35′	7.8	4.7	10.1	1936
ζ (Zeta)	01h 13.7m	+07° 35′	23.0	5.6	6.5	1974
Σ 145	01h 41.3m	+25° 45′	AB 10.5	6.2	10.8	1974
			AB 82.4	6.2	11.0	1959
α (Alpha)	02h 02.0m	+02° 46′	1.9	4.2	5.1	1966
Wolf 28 (Van Maanen's Star)	00h 49.1m	+05° 25′	Entf. 14.1 LJ	Eigenbeweg. = 2.99″/Jahr		
				Mag. 12.4		

Nebel und Sternhaufen

Name	RA	Dec.	Typ	Größe	H.keit
NGC 128	00h 29.25m	+02° 52′	Gal. S0p	3.4′ × 1.0′	11.6
NGC 488	01h 21.8m	+05° 15′	Gal. Sb−	5.2′ × 4.1′	10.3
NGC 520	01h 24.6m	+03° 48′	Gal. P	4.8′ × 2.1′	11.2
M74 (NGC 628)	01h 36.7m	+15° 47′	Gal. Sc	10.2′ × 9.5′	9.2

Die Fische waren ursprünglich die zwölfte Figur im Kreis der Ekliptiksternbilder. Für Beobachter auf der Nordhalbkugel gehören sie zu den Herbststernbildern: die Mitte des ausgedehnten Sternbildes überschreitet den Meridian Ende Oktober gegen 22 Uhr. Helle Sterne sucht man hier vergebens, und so muß man sich die Umrisse des Sternbilds anhand auffälliger kleiner Gruppen einprägen. Unterhalb des Pegasusvierecks trifft man auf eine kleine Ellipse aus Sternen der 4. Größenklasse und darunter, die den westlichen Fisch darstellt; der östliche Fisch steht rund 30° weit entfernt, etwas östlich von alpha (α) Andromedae oder Mirach. Beide Fische sind mit einem „Faden" untereinander verbunden, der durch zwei beim Stern alpha (α) Piscium unter spitzem Winkel zusammenlaufende Ketten aus schwachleuchtenden Sternen angedeutet wird.

Die Fische enthalten einige interessante Doppelsterne, einen Stern mit großer Eigenbewegung (Van Maanens Stern) und ein paar schöne Galaxien für Amateurfernrohre. Der sehr rot erscheinende veränderliche Stern TX Piscium ist ein leicht zu findendes Beispiel für einen N-Stern mit starken Kohlenstoffbanden im Spektrum – kühle Sternriesen, die vermutlich kurz vor dem Ende ihrer Energieproduktion stehen. Der Stern steigert seine Helligkeit gelegentlich um lediglich 0,3 Größenklassen, vielleicht, weil sich die Schichten im Innern neu ausrichten. TX Piscium ist der östlichste Stern in dem kleinen Oval des westlichen Fisches und wegen seiner roten Farbe leicht zu erkennen.

Der sehr helle Fleck in dem Foto oben zwischen ny (ν) und my (μ) Psc ist der Planet Jupiter.

Van Maanens Stern

Van Maanens Stern ist ein Stern mit großer Eigenbewegung, der auch als Wolf 28 bekannt ist. Der weiße Zwergstern erscheint als Objekt der Helligkeit 12,4^m; seine Leuchtkraft beträgt nur etwa

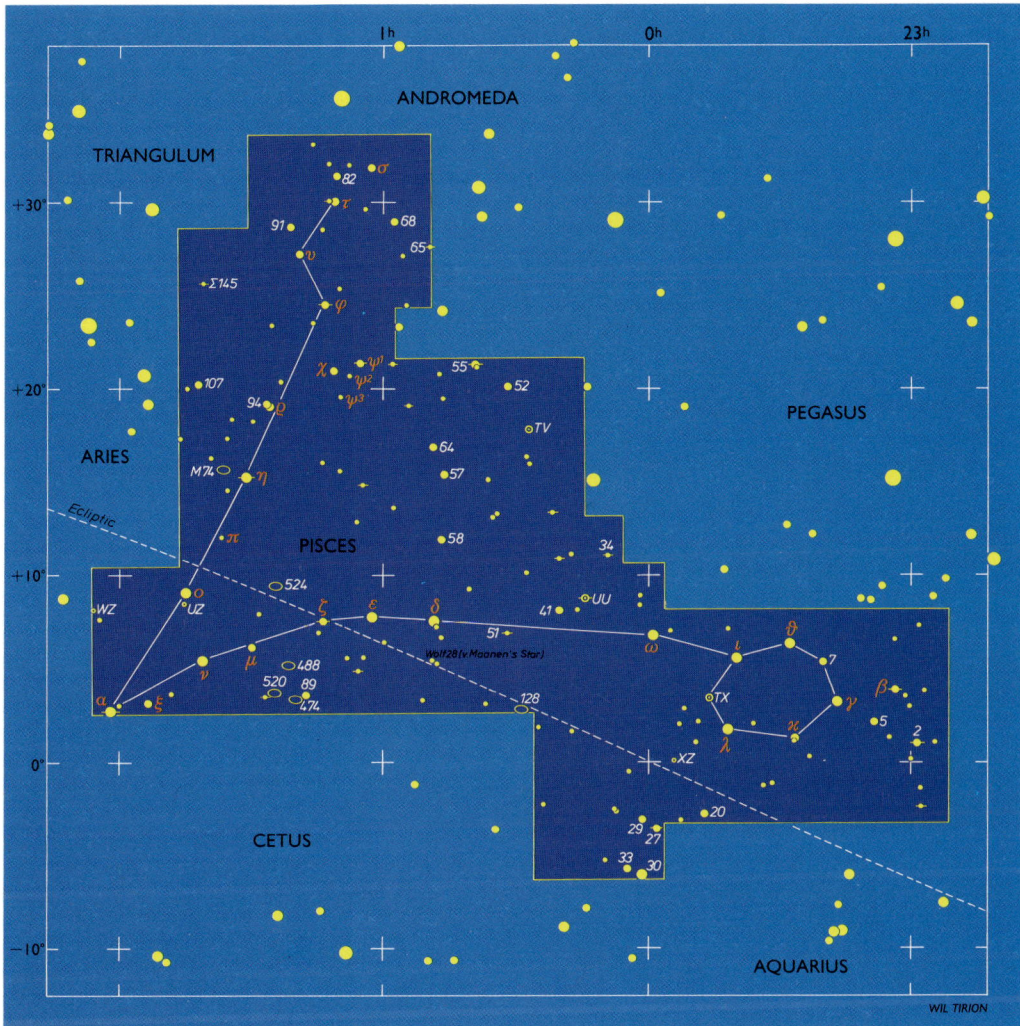

1/5800 der Sonnenleuchtkraft. Die Materie im Innern Weißer Zwerge ist weitgehend „degeneriert": Die Elektronenhüllen der Atome sind aufgebrochen, und die Atomkerne können sehr viel dichter gepackt werden als bei normaler Materie – der notwendige Druck wird durch die freigesetzten Elektronen bereitgestellt, die sich frei wie ein Gas zwischen den Atomrümpfen bewegen können. So ist der Stern trotz einer der Sonne vergleichbaren Masse nur etwa so groß wie die Erde, und die mittlere Dichte liegt bei einigen Tonnen pro Kubikzentimeter. Burnham bemerkt in seiner Darstellung, daß der Stern seine Energieproduktion schon vor langer Zeit eingestellt haben kann und immer noch „nachglüht". Die Eigenbewegung des Sterns liegt bei knapp 3 Bogensekunden pro Jahr.

Doppel- und Mehrfachsterne

Zu den reizvollen Doppelsternen gehört alpha (α), dessen Komponenten der 4. und 5. Größenklasse sich auf weniger als eine Bogensekunde aufeinander zu bewegen; erst in rund hundert Jahren wird der Abstand wieder zunehmen. Der hellere Stern ist ein A2-Stern, der dunklere ein A3-Stern, und obwohl der Unterschied nicht sehr groß ist, wurde über einen angeblichen Farbunterschied viel geschrieben. Der Leser sollte selbst sehen, ob er einen solchen Unterschied bemerkt. Die beiden Komponenten von zeta (ζ) stehen 23 Bogensekunden auseinander und sind daher leicht zu trennen; gleiches gilt für

65 Psc, einen Doppelstern mit zwei gleich hellen, blaßgelben Partnern. Auch psi$_1$ (ψ$_1$) ist ein leichter Doppelstern mit zwei Komponenten der 5. Größenklasse in 30 Bogensekunden Abstand.

Nebel und Sternhaufen

Das Sternbild Fische enthält als besondere Objekte nur Galaxien. Auf langbelichteten Aufnahmen mit großen Teleskopen sieht man einige mit sehr ungewöhnlichen Formen. Die Kernregion von NGC 128 zum Beispiel sieht in Teleskopen von mehr als 25 cm Öffnung rechteckig aus. Bei NGC 488, einer Galaxie mit lichtschwachen, eng gewundenen Armen, erkennt man in einem 20-cm-Teleskop eine leuchtende Scheibe, deren Helligkeit zur Mitte hin zunimmt. Hinter NGC 520 verbirgt sich eine eruptive Galaxie, vielleicht auch zwei kollidierende Galaxien; zur Beobachtung braucht man ein Fernrohr von mindestens 25 cm Öffnung.

M74 (NGC 628) ist von allen Galaxien in den Fischen am leichtesten zu finden: ein Grad östlich und etwas nördlich von eta (η) Psc; sie wurde 1780 von Pierre Méchain, einem Mitarbeiter Messiers, gefunden und später in dessen Katalog übernommen. Allerdings ist M74 nicht sonderlich hell und erscheint in einem etwa 20-cm-Instrument als strukturloser Lichtfleck mit einem hellen Kern.

Puppis

Puppis, das Achterdeck des Schiffes, gehörte ursprünglich zum Schiff Argo; in der Mitte des 18. Jahrhunderts wurde das ausgedehnte Sternbild von Lacaille in die Figuren Vela (Segel), Puppis, Carina (Schiffskiel) und Pyxis (Kompaß) aufgeteilt. Der griechischen Sage nach fuhr Jason mit seinen 50 Argonauten auf diesem Schiff von Thessalien ins Schwarze Meer, um das Goldene Vlies des Widders zu suchen, der in grauer Vorzeit den Phrixus vor dem Opfertod bewahrt hatte. Nach der langen Reise wurde das Schiff von Athene an den Himmel versetzt.

M 46 ist ein offener Sternhaufen östlich von Sirius und neben M 47, der jedoch außerhalb des Bildes liegt; er erscheint als etwas dichtere Wolke aus Sternen der 10. Größenklasse und darunter. Der kleine, ringförmige planetarische Nebel NGC 2438 steht rund doppelt so weit entfernt wie M 46. Die Aufnahme wurde von dem kalifornischen Amateur Rick Hull mit seinem 30-cm-Newton-Teleskop (f/4) 40 Minuten auf hypersensibilisierten Konica 400 Negativfilm belichtet.

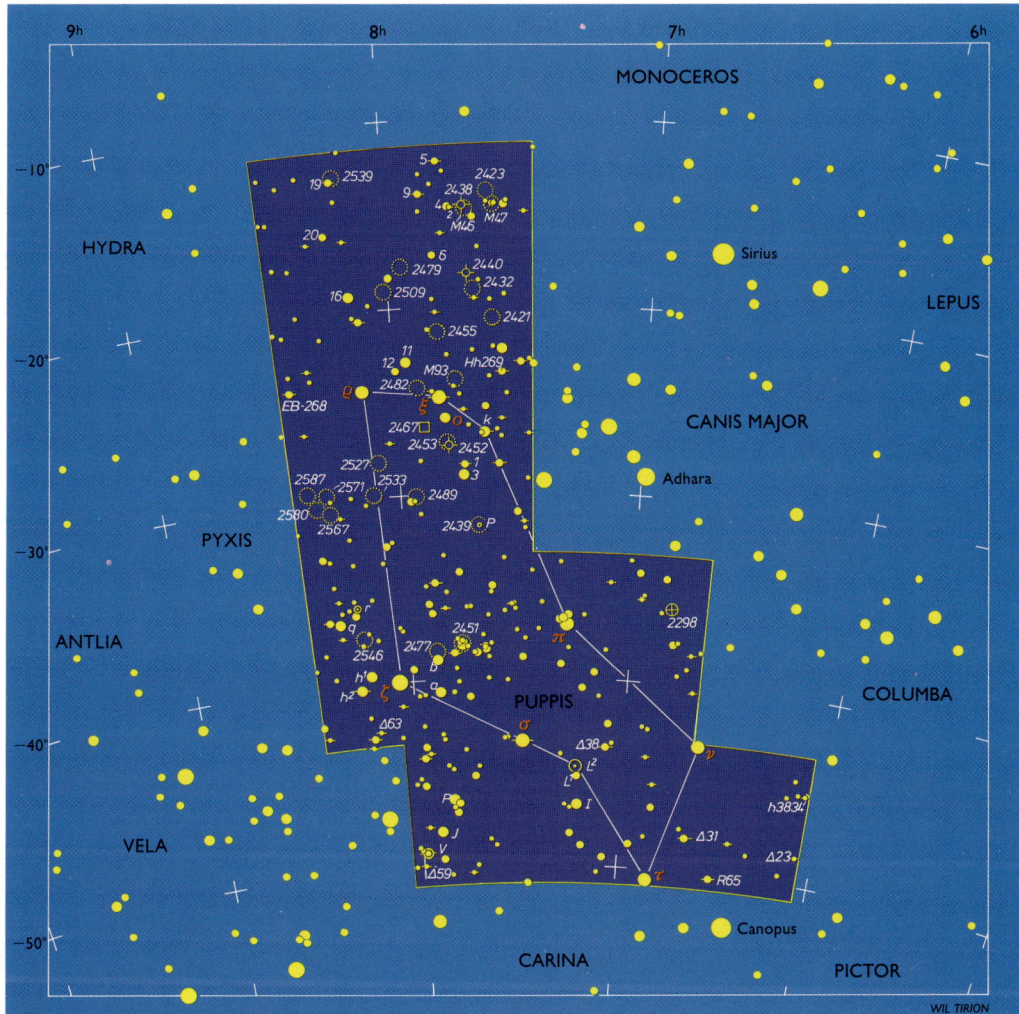

WIL TIRION

Das Achterdeck des Schiffes ist ein Sternbild des südlichen Himmels, das östlich von Sirius beginnt und bis zu Canopus hinabreicht. Es enthält zahlreiche hellere Sterne, und darüber hinaus erstreckt sich die Milchstraße quer durch die Figur, so daß man etliche offene Sternhaufen erwarten kann. Eine erste Sterngruppe der Figur steht östlich des Hinterlaufs vom Großen Hund, eine zweite rund 15° weiter südlich. Wenn man die etwas unklaren Umrisse der Figur erst einmal gefunden hat, ist das Achterdeck nicht mehr zu übersehen. Für die Bewohner im Mittelmeerraum gehört das Sternbild zu den Figuren des Winterhimmels: Es kulminiert Mitte Februar gegen 22 Uhr.

Hirshfield und Sinnott listen in ihrem *Sky Catalogue 2000.0* insgesamt 73 offene Sternhaufen im Achterdeck auf, doch bei vielen handelt es sich um bloße Kondensationen innerhalb des Milchstraßenbandes. Hartung nennt 40 Haufen, Burnham dagegen nur 25 und kommt zahlenmäßig den mit Amateurteleskopen beobachtbaren recht nahe. Daneben gibt es noch einige schöne planetarische Nebel und einen diffusen Nebel (NGC 2467). Im Westteil, wo der Blick nach draußen weniger stark durch galaktische Staubwolken verdunkelt ist, findet man sogar einen kleinen kugelförmigen Sternhaufen (NGC 2298). Nicht zu vergessen die vielen, zum Teil recht eindrucksvollen Doppelsterne. Angesichts der hellen Milchstraße und der zahlreichen Sternhaufen ist das Achterdeck für Fernglas-Beobachter besonders reizvoll, und so sollte man die Gelegenheit eines Aufenthalts in südlicheren Breiten nutzen, um dieses Sternbild zu erkunden.

Doppel- und Mehrfachsterne

Zu den schönen Mehrfachsternen im Achterdeck gehört R 65, ein Dreifachsystem, dessen enge Komponenten (0,5") von einem dritten Stern (8,5^m) in 12,4 Bogensekunden Abstand begleitet werden. Das enge Paar hat eine Umlaufperiode von 50 Jahren.

Δ 38 ist ein leichtes Paar gelblicher Sonnen in rund 20 Bogensekunden Distanz. Die weißen Sterne von k Puppis stehen 9,9 Bogensekunden getrennt und sollten daher in nahezu jedem Teleskop einzeln gesehen werden können. V Puppis schließlich ist ein Bedeckungsveränderlicher vergleichbar mit beta (β) Lyrae: Zwei weiße B-Sterne umlaufen sich innerhalb von 1,4545 Tagen und bedecken sich dabei teilweise. In der Nachbarschaft stehen drei weitere, dunklere Sterne, deren Zugehörigkeit zu V Pup aber nicht eindeutig ist. Δ 59 umfaßt zwei Sterne der 6. Größenklasse in 16,4 Bogensekunden Abstand, während sigma (σ) Puppis zwei farblich kontrastierende Sterne (K5/G5) enthält.

Nebel und Sternhaufen

Mit einem Fernglas oder gar einem Fernrohr öffnen sich im Achterdeck des Schiffes „neue Welten": NGC 2298 ist ein kleiner kugelförmiger Sternhaufen am Westrand des Sternbildes; mit einem 20-cm-Fernrohr kann man die unregelmäßig erscheinenden Randbezirke des Haufens in 75000 Lichtjahren Entfernung auflösen. M47 (NGC

2422) führt die Parade der offenen Haufen in diesem Sternbild an: ein heller Haufen von 20 Bogenminuten Durchmesser mit 60 Sternen der 6. Größenklasse und darunter. Ihm voran stehen ein hell-orangefarbener Stern sowie zwei leicht zu trennende Doppelsterne, Σ 1120 und Σ 1121. Die kleine Sternwolke M 46 (NGC 2437) liegt unmittelbar östlich von M 47. Die beiden Haufen bilden einen reizvollen Gegensatz, wobei M 47 heller, aber dünner besetzt ist, während M 46 dunkler, dafür aber dichter erscheint. Im Nordostquadrant von M 46 steht noch ein planetarischer Nebel von 50 Bogensekunden Durchmesser, der in Teleskopen ab 20 cm Öffnung als runder Nebel erkennbar ist, gegen den sich drei Sterne abheben (der Nebel ist ungefähr doppelt so weit entfernt wie die Sterne). M 93 (NGC 2447) ist ebenfalls ein heller Sternhaufen rund 9° südlich von M 46/M 47, eine kompakte Sterngruppe aus rund 50 helleren Sternen. NGC 2477, eine Sternwolke mit rund 300 Mitgliedern, präsentiert sich im Fernglas oder kleinen Fernrohr als „Wolke" ähnlich der Sternkonzentration M 11 im Adler: Man kann die Gruppe für einen lockeren kugelförmigen Haufen oder für einen sehr dichten offenen Haufen halten. Eine Entscheidung ist nur anhand der Spektren möglich, da Kugelhaufen zumeist sehr alte Sterne enthalten, während offene Haufen vorwiegend noch ziemlich jung sind (NGC 2477 gehört zu den offenen Haufen). Auch NGC 2539 ist ein solcher offener oder galaktischer Haufen, der rund 100 Sterne der 11. Größenklasse und darunter in einem Gebiet von 20 Bogenminuten Durchmesser umfaßt.

Die planetarischen Nebel im Achterdeck sind recht typische Exemplare. NGC 2440 ist eine elliptische, bläuliche Wolke der 11. Größenklasse (15×30 Bogensekunden). Für NGC 2452, ein Objekt der 12. Größenklasse, benötigt man mindestens ein 20-cm-Fernrohr. NGC 2467 ist lediglich ein diffuser Nebel von 4 Bogenminuten Durchmesser; Burnham erwähnt schwache Strähnen, die sich auf manchen Fotos bis zu einer Entfernung von 15 Bogenminuten erstrecken. Vermutlich wird die Gaswolke durch einige eingelagerte, heiße Sterne zum Leuchten angeregt. Langbelichtete Aufnahmen zeigen in dieser Gegend noch einige andere Objekte, darunter auch einen möglichen Protostern (Herbig-Haro-Objekt), von dem ein sonderbarer Materiejet ausgeht (ähnlich wie bei M 87). Man braucht allerdings schon ein Teleskop von mindestens 30 cm Öffnung, das weit genug südlich steht, um dieses Objekt beobachten zu können.

Veränderliche Sterne

Von einem Beobachtungsort jenseits von 30° nördlicher Breite kann man im Bereich südlich von pi (π) Puppis zwei interessante veränderliche Sterne beobachten: L2 Puppis ist ein halbregelmäßig Veränderlicher mit einer mittleren Periode von 140 Tagen und einem Lichtwechsel von 2,6^m bis 6,2^m. Auf den Bedeckungsveränderlichen V Puppis wurde schon unter den Doppelsternen hingewiesen.

Beobachtungsobjekte im Achterdeck
Doppel- und Mehrfachsterne

Name	RA	Dec.	Distanz (Bogensek.)		Helligkeiten		Jahr
h3834	06h 04.7m	−45° 05'	AB	4.8	5.9	9.4	1951
			AC	196.7	5.9	6.2	1854
R 65	06h 29.8m	−50° 14'	AB	0.5 (1926)	6.0	6.1	1926
			AC	12.4	6.0	9.0	1938
Δ 31	06h 38.6m	−48° 13'		13.0	5.0	8.3	1937
Δ 38	07h 04.0m	−43° 36'	AB	20.5	5.6	7.2	1932
			AC	184.8	5.6	8.1	1900
σ (Sigma)	07h 29.2m	−43° 18'		22.3	3.3	8.5	1952
Hh 269	07h 34.3m	−23° 28'		9.6	5.8	5.9	1952
k	07h 38.8m	−26° 48'		9.9	4.5	4.7	1951
2	07h 45.5m	−14° 41'	AB	16.8	6.1	6.8	1933
			AC	100.5	6.1	10.4	1932
5	07h 47.9m	−12° 12'		2.2	5.6	7.7	1960
V	07h 58.2m	−49° 15'	AB	7.0	4.5	10	1933
			AC	19.0	4.5	11.5	1933
			AD	39.2	4.5	10	1933
Δ 59	07h 59.2m	−49° 59'		16.4	6.5	6.5	1954
EB-268	08h 25.1m	−24° 03'		41.0	5.3	8.8	1917

Nebel und Sternhaufen

Name	RA	Dec.	Typ	Größe	Helligkeit
NGC 2298	06h 49.0m	−36° 00'	Glob. Cl.	6.8'	9.4
M 47 (NGC 2422)	07h 36.6m	−14° 30'	Open Cl.	30'	4.4
M 46 (NGC 2437)	07h 41.8m	−14° 49'	Open Cl.	27'	6.1
NGC 2440	07h 41.9m	−18° 13'	Plan. Neb.	14" × 32"	10.8pg
M 93 (NGC 2447)	07h 44.6m	−23° 52'	Open Cl.	22'	6.2
NGC 2452	07h 47.4m	−27° 29'	Plan. Neb.	15" × 20"	12.6pg
NGC 2477	07h 52.3m	−38° 33'	Open Cl.	20'	5.8
NGC 2467	07h 52.5m	−26° 24'	Diff. Neb.	8' × 7'	10?
NGC 2539	08h 10.7m	−12° 50'	Open Cl.	22'	6.5

Der Puppis A Supernova-Überrest ist eine expandierende Gas- und Staubwolke, die bei der Explosion eines massereichen Sterns vor rund 4000 Jahren fortgeschleudert wurde. Diese Falschfarbenaufnahme zeigt ein Röntgenbild von Puppis A: Im Bereich der hellblauen, gelben und roten Gebiete wird das ausgeworfene Gas durch die Kollision mit interstellarem Gas und Staub auf Temperaturen von mehreren Millionen Grad aufgeheizt. Die Daten für das Bild stammen vom europäischen Röntgensatelliten EXOSAT der ESA.

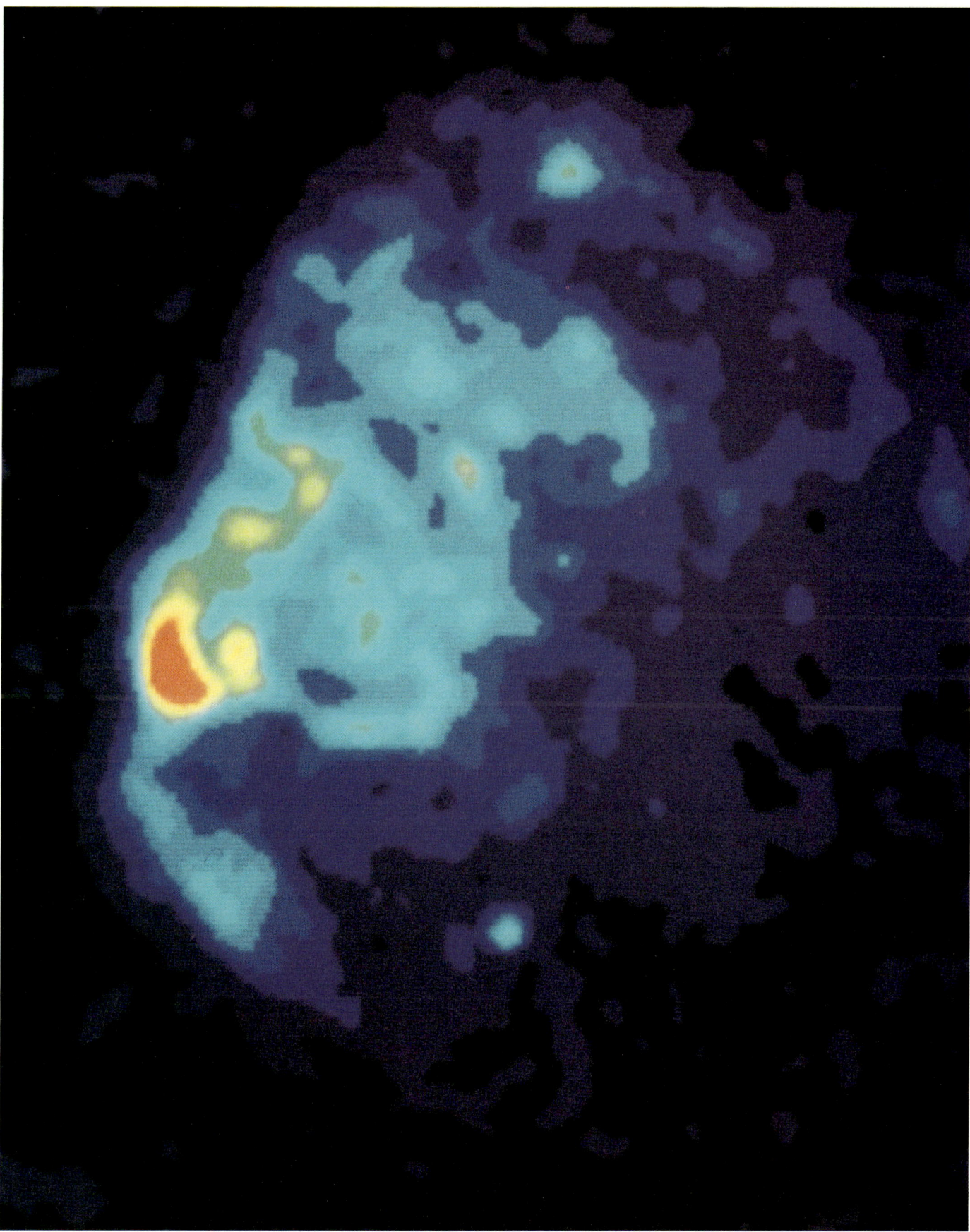

Sagitta/Vulpecula

Die beiden kleinen Sternbilder Pfeil (Sagitta) und Füchschen (Vulpecula) stehen am Sommerhimmel zwischen Schwan und Adler.

Der Pfeil ist als kleine Sternkette zwischen Albireo und Atair leicht zu finden; an seinem hinteren (westlichen) Ende bilden alpha (α) und beta (β) für das bloße Auge einen optischen „Doppelstern". Die Sommer-Milchstraße mit ihren Sternwolken und zahlreichen Mehrfachsternen erstreckt sich durch die kleine Figur, die Mitte August gegen 23 Uhr Sommerzeit kulminiert. Zwischen dem Pfeil und der Südgrenze des Schwans verteilen sich die Sterne des Füchschens, die keine einprägsame Gruppierung darstellen; das flache Sternbild erstreckt sich über zweieinhalb Stunden in Rektaszension und wird von zwei Teilbändern der Milchstraße durchzogen.

Sagitta

Trotz seiner geringen Fläche bietet der Pfeil eine Reihe interessanter Fernrohrobjekte und manche schöne Sternfelder für Fernglas-Beobachter. Zu den herausragenden Doppelsternen gehören epsilon (ε), ein weites, optisches Paar, HN 84 mit Komponenten unterschiedlicher Farbe, und theta (ϑ), ein Dreifachstern, dessen weite Komponente aber nur ein optischer Begleiter ist.

Das Hauptbeobachtungsobjekt im Pfeil ist der lockere kugelförmige Sternhaufen M 71 (NGC 6838) auf halbem Wege zwischen gamma (γ) und delta (δ) Sagittae. Ursprünglich hatte man diese Sternansammlung zu den offenen Haufen gerechnet, doch seit die Astronomen um die Wirkung der interstellaren Absorption wissen, müssen wir davon ausgehen, daß in Wirklichkeit viele lichtschwache Sterne die „Lücken füllen". Mit einem kleinen Fernrohr sieht man tatsächlich nur eine schüttere Sterngruppe, die keinen Eindruck von der wahren Sternenfülle hinterläßt. In Teleskopen ab 25 cm Öffnung kann man den Haufen dagegen bei mittlerer oder starker Vergrößerung in eine große Sternenkugel auflösen, in der zahlreiche hellere Sterne stehen; die

Entfernung wird mit rund 18 000 Lichtjahren angegeben. Der kleine planetarische Nebel IC 4997 steht nur eine Bogenminute neben einem gelblichen Stern und erscheint zunächst als optischer Begleiter; erst bei stärkerer Vergrößerung kann man die kleine Scheibe des Nebels erkennen.

U Sagittae ist ein eindrucksvoller Bedeckungsveränderlicher, der westlich des „Kleiderhakens" (coathanger) steht, einer kleinen Sternengruppe im Füchschen. Seine Helligkeit schwankt zwischen 6,4^{m} und 9,0^{m}, und die Lichtkurve verläuft ziemlich steil. Die Finsternisse folgen im Abstand von 3 Tagen, 9 Stunden und 8 Minuten aufeinander und dauern jeweils 100 Minuten; den dramatischen Helligkeitswechsel kann man bereits nach kurzer Zeit deutlich erkennen.

Vulpecula

Das Sternbild Füchschen enthält die reizvoll anzuschauende Sterngruppe des „Kleiderhakens" (coathanger), die offiziell als Brocchis Haufen geführt wird. Die Gruppe aus zehn Sternen erscheint dem bloßen Auge als verwaschener Lichtfleck, doch bereits ein Opernglas zeigt eine gerade Kette aus sechs Sternen, in deren Mitte eine hakenförmige Gruppe aus vier Sternen ansetzt. 1976 leuchtete unmittelbar nördlich des östlichen Sterns eine Nova auf und erreichte eine Helligkeit von 6,5^{m}; mittlerweile ist sie mit kleinen Fernrohren nicht mehr zu erkennen.

NGC 6802 ist ein kleiner, offener Haufen östlich der kleinen Sterngruppe; allerdings braucht man ein Fernrohr von mindestens 20 cm Öffnung, um diesen dichten, aber lichtschwachen Sternhaufen richtig zu sehen.

Der Hantelnebel

Der Hantelnebel M 27 (NGC 6853) ist bereits in einem kleinen Fernrohr ein reizvolles Objekt, enthüllt seine ganze Pracht aber erst in

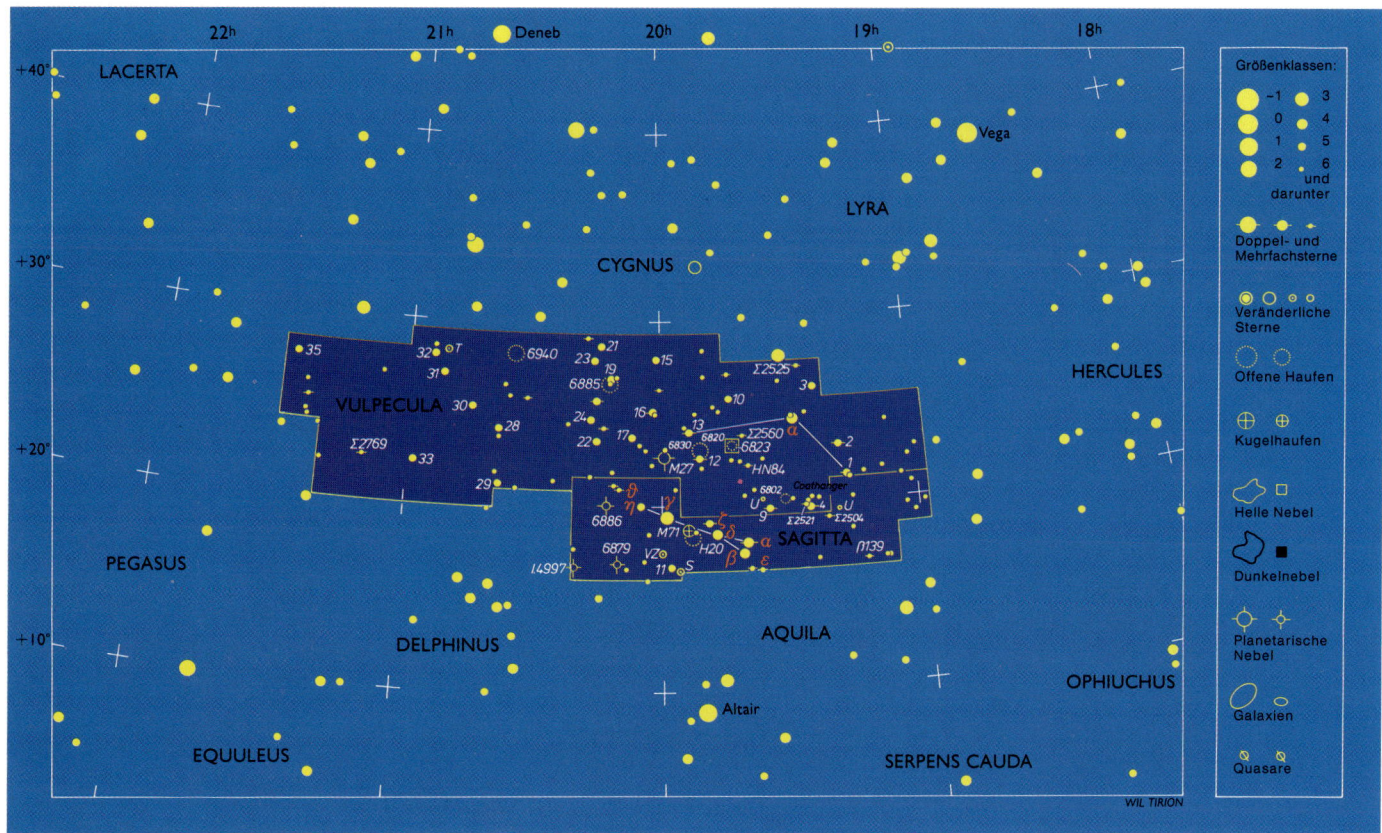

einem größeren Teleskop. Im 7×50-Fernglas erscheint er als etwas verwaschenes Sternchen. Eine narrensichere Methode zum Auffinden führt über die Spitze des Pfeils gamma (γ) Sagittae. Wenn man hier die Rektaszensionsachse klemmt und die Deklinationseinstellung um 3° nach Norden verändert, sollte der Nebel bei kleiner Vergrößerung im Gesichtsfeld erscheinen. In Teleskopen ab 20 cm Öffnung erkennt man die Hantelform sowie einige Sterne im Bereich des Nebels; der Zentralstern der Helligkeit 13,5^m ist allerdings erst in größeren Fernrohren zu sehen. Der Hantelnebel ist der größte der helleren planetarischen Nebel und damit ein Präsentierstück für kleinere Teleskope, wenngleich man auch nicht viele Strukturen erkennt. Im Nordostteil des Sternbilds steht der große, offene Sternhaufen NGC 6940, der mit seinen vielen lichtschwachen Mitgliedern an M 46 im Achterdeck des Schiffes erinnert; trotz der an Sternen reichen Gegend der Milchstraße hebt sich der Haufen gut vom Hintergrund ab. Da NGC 6940 unweit des Cygnus-Bogens steht, ist er auf Weitwinkelaufnahmen dieses Supernova-Überrestes meist mit abgebildet. Die Doppelsterne im Füchschen enthalten vielfach verschieden helle Komponenten.

Beobachtungsobjekte im Pfeil (Fortsetzung)
Doppel- und Mehrfachsterne

Name	RA	Dec.	Distanz (Bogensek.)	Helligk.		Jahr
HN 84	19h 39.4m	+22° 15'	28.2	6.5	8.9	1931
θ (Theta)	20h 09.9m	+20° 55'	AB 11.9	6.5	9.0	1951
			83.9		7.4	1949

Nebel und Sternhaufen

Name	RA	Dec.	Typ	Größe	Helligk.
M71 (NGC 6838)	19h 53.8m	+18° 47'	Glob. Cl.	7.2'	8.3v
IC 4997	20h 20.2m	+16° 45'	Plan. Neb.	5"	11.6pg

Beobachtungsobjekte im Füchschen
Doppel- und Mehrfachsterne

Name	RA	Dec.	Distanz (Bogensek.)	Helligk.		Jahr
2 Vul	19h 17.7m	+23° 02'	AB 1.8	5.4	9.2	1953
			AC 50.8		11.0	1881
4 Vul	19h 25.5m	+19° 48'	18.9	5.2	9.9	1957
Σ 2521	19h 26.5m	+19° 53'	AB 26.7	5.9	10.7	1958
			AC 70.4		9.9	1918
			AD 149.6		9.9	1918
Σ 2525	19h 26.6m	+27° 19'	1.6	8.1	8.4	1959
Σ 2560	19h 40.7m	+23° 43'	15.3	6.6	8.9	1958
13 Vul	19h 53.5m	+24° 05'	0.8	4.6	7.8	1960
Σ 2769	21h 10.5m	+22° 27'	17.9	6.9	7.7	1954

Nebel und Sternhaufen

Name	RA	Dec.	Typ	Größe	Helligk.
Coathanger (Brocchi's Cluster)	19h 25.4m	+20° 11'	Asterism	60'	3.6
NGC 6802	19h 30.6m	+20° 16'	Open Cl.	3.2'	8.8
NGC 6820	19h 43.1m	+23° 17'	Diff. Neb.	40' × 30'	...
M27 (NGC 6853) The Dumbbell Nebula	19h 59.6m	+22° 43'	Plan. Neb.	350"	7.6pg
NGC 6940	20h 34.6m	+28° 18'	Open Cl.	31'	6.3

Beobachtungsobjekte im Pfeil
Doppel- und Mehrfachsterne

Name	RA	Dec.	Distanz (Bogensek.)	Helligk.		Jahr
Burnham 139	19h 12.6m	+16° 51'	AB 0.7	6.7	8.0	1958
			AC 113.4		7.9	1919
			AD 28.6		12.7	1958
Σ 2504	19h 21.0m	+19° 09'	8.9	7.0	8.7	1968
ε (Epsilon)	19h 37.3m	+16° 28'	89.2	5.7	8.0	1949

Sagittarius

Sagittarius, der Schütze, gehört zu den eindrucksvolleren Sternbildern. Seine Ursprünge liegen wahrscheinlich bei den Assyrern oder Babyloniern, denn den Griechen war das Sternbild von Anfang an bekannt. Im Tierkreis des Dendera, einer ägyptischen Darstellung des Sternhimmels, erscheint die Figur mit einem Löwenkopf. Der Bogenschütze in Gestalt eines Centauren galt bei den Assyrern als kriegslüstern und wild – ganz im Gegensatz zu seinem Gegenstück weiter westlich (Centaurus); seinen Pfeil zielt der Schütze auf Antares, das Herz des Skorpions. Heute wird der Zentralteil des Sternbilds oft mit einer Teekanne verglichen.

Die Sagittarius-Wolke ist die dichteste Sternwolke in der gesamten Milchstraße. Sie liegt zwar in Blickrichtung zum Milchstraßenzentrum, ist aber bereits im benachbarten Spiralarm angesiedelt und nicht erst im galaktischen Wulst. Ich habe die Aufnahme mit einer 13,75-cm-Schmidt-Kamera (f/1,65) 10 Minuten auf Fujichrome 100 belichtet.

Der Schütze ist ein großes Sternbild, das in Mitteleuropa im Sommer über dem Südhorizont steht. Es enthält zahlreiche hellere Sterne, glänzt jedoch vor allem durch den Zentralbereich der Milchstraße im westlichen Teil des Sternbilds, wo man viele Sternwolken und Verdichtungen mit bloßem Auge sehen kann. Das Zentrum der Milchstraße liegt in Richtung zum Westrand der großen Sternwolke im Schützen. Im Tierkreis der Antike steht der Schütze an neunter Stelle; die Figur, die 867 Quadratgrad bedeckt, wurde damals als Bogenschütze angesehen, der seinen Pfeil auf das Herz des Skorpions im Westen zielt.

Im Fernglas oder kleinen Fernrohr werden die wahren Schätze des Sternbilds sichtbar. Die große Sternwolke erscheint dem bloßen Auge bereits hell, doch je weiter man nach Süden kommt, desto heller wirkt sie (weil sie dann höher am Himmel steht). Auf der Südhalbkugel ist der Schütze ein imposantes Wintersternbild, in dem man von dunklen Beobachtungsplätzen aus mit bloßem Auge einige Sternhaufen, Dunkelwolken und leuchtende Nebel erkennen kann. Ein 7×50-Fernglas zeigt viele der besonderen Objekte, die in der Tabelle aufgelistet sind. Besonders eindrucksvoll erscheinen in einem solchen Instrument die Sternwolken der Galaxis. Am Ostrand des Sternbilds fällt die Sterndichte mit wachsendem Abstand zur galaktischen Scheibe (in der auch die Sonne steht) langsam ab, während am Westrand ausgedehnte Dunkelwolken für eine ziemlich abrupte Abnahme sorgen. Heute wissen wir, daß die weniger sternreichen Gegenden nicht wirkliche „Sternleeren" sind, sondern durch vorgelagerte Dunkelwolken vorgetäuscht werden. Möglicherweise ist der Anteil der Dunkelmaterie innerhalb der Galaxis größer als der leuchtender Materie in Form von Sternen oder leuchtenden Gasnebeln. Das Zentrum der Milchstraße zum Beispiel steht hinter Dunkelwolken, die das Licht der Sterne um bis zu 30 Größenklassen abschwächen!

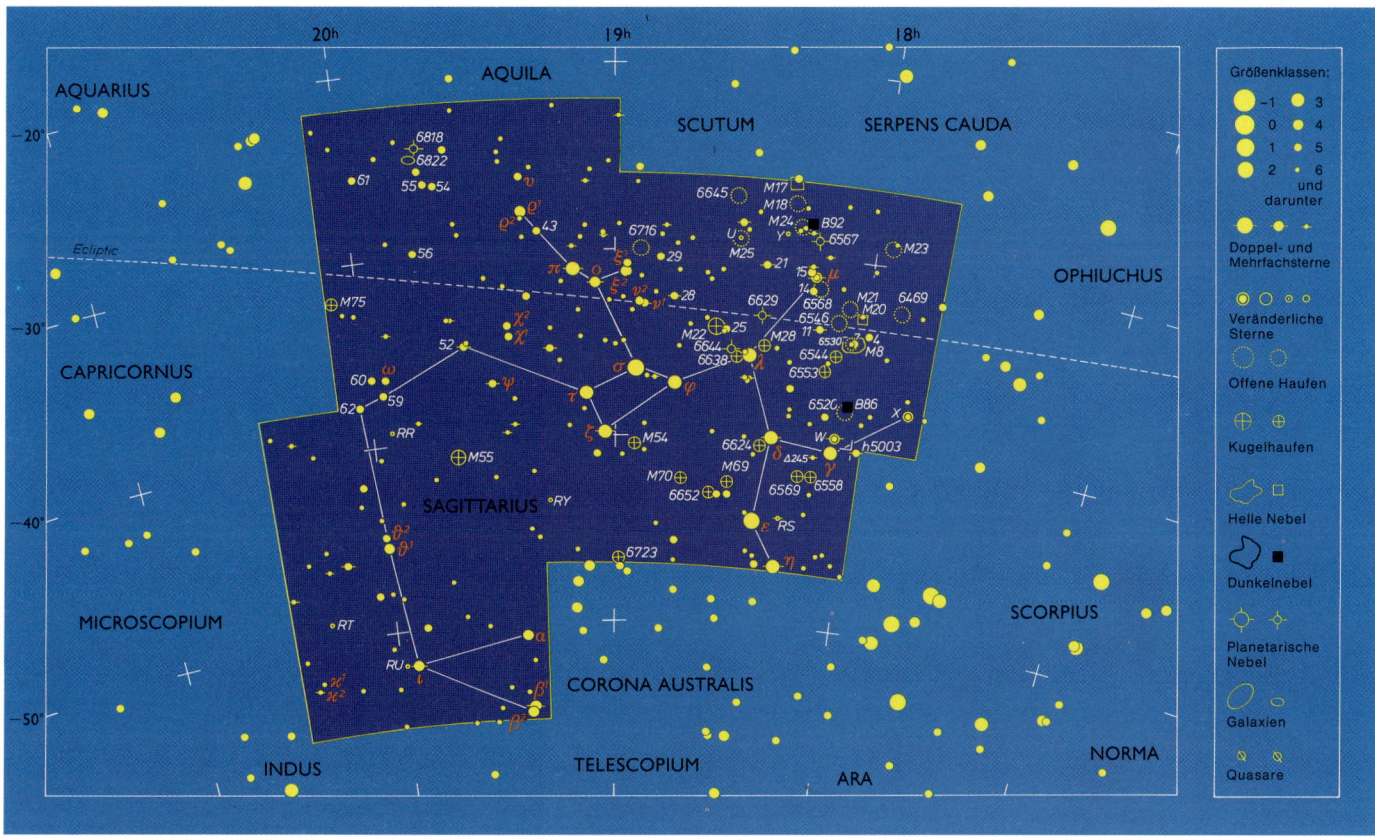

Nebel und Sternhaufen

Die vielen kugelförmigen Sternhaufen im Schützen sind mit einem astronomischen Fernglas leicht zu finden. Mehr als 20 Objekte konzentrieren sich in dieser Region, knapp ein Fünftel aller bekannten Kugelhaufen. Aber auch die wenigen offenen Sternhaufen kann man mit großen Ferngläsern oder kleinen Teleskopen bequem sehen. Mit einiger Phantasie erscheint die kleine Sternwolke im Schützen wie ein Pilot mit einem Flughelm; die Umrisse werden durch die benachbarten Dunkelwolken noch betont. Die ganze Sternwolke dürfte mit dem Messierobjekt M 24 (NGC 6603) identisch sein. Auf Fotografien – und bei wirklich klaren Nächten auch mit bloßem Auge – erscheint die kleine Sternwolke deutlich blauer als die große Wolke weiter südlich: Vermutlich rührt dies daher, daß die kleine Sternwolke weniger stark durch absorbierenden Staub gerötet wirkt als die große Wolke; vielleicht stehen dort aber auch mehr blaue, junge Sterne. M 23 (NGC 6494) ist ein großer offener Haufen im Westen der kleinen Sternwolke; er enthält rund 100 Sterne auf einer Fläche von 25 Bogenminuten Durchmesser, und man erkennt einige geschwungene Ketten aus Sternen gleicher Helligkeit. Der Trifidnebel M 20 (NGC 6514) hat seinen Beinamen wegen der auffälligen dunklen Staubbahnen, die den leuchtenden Nebel in drei Hauptbereiche gliedern. Für Anfänger, die nur die eindrucksvollen, langbelichteten Farbaufnahmen kennen, ist der Nebel zunächst enttäuschend, aber die Beobachtung lohnt sich dennoch, vor allem bei wirklich dunklem Himmel mit einem kurzbrennweitigen, lichtstarken Teleskop; gegebenenfalls hilft ein Nebelfilter zur Kontrastverstärkung. Der kleinere Nebel unmittelbar nördlich dürfte ein Reflexionsnebel sein – dafür spricht zumindest seine bläuliche Farbe. Visuell ist er nicht so leicht zu beobachten, doch auf Fotografien tritt er klar hervor. Reizvoll ist auch der Mehrfachstern HN 40 nahe dem Zentrum des Trifidnebels, dessen drei hellere Komponenten der 7., 8. und 10. Größenklasse an-

gehören; sie stehen in einer Reihe im Abstand von 10,6 beziehungsweise 5,4 Bogensekunden. Die beiden großen Beobachter um die Jahrhundertwende, Barnard und Burnham, haben noch andere, dunklere Mitglieder des Systems gefunden. Nordöstlich des Trifidnebels steht M 21 (NGC 6531), ein Sternhaufen mit mehreren Dutzend Mitgliedern auf einer Fläche von 12 Bogenminuten Durchmesser. In den nördlichen Ausläufern der großen Sternwolke erkennt man einen dunklen Fleck, der als Barnard 86 geführt wird; seine Nähe zu dem kleinen offenen Sternhaufen NGC 6520 führt zu einem reizvollen Kontrast: Die Dunkelwolke B 86, die das Licht der dahinterliegenden Sterne verschluckt, ist nur wenig kleiner als der Haufen. Zu den größeren Objekten im Schützen gehört der leuchtende Gasnebel M 8 (NGC 6523), der einen eingelagerten Sternhaufen umgibt. Der Nebel ist mit bloßem Auge unmittelbar westlich der großen Sternwolke im Schützen zu sehen; mit einem Fernglas erkennt man einen länglichen Nebelfleck mit einer dunklen „Straße", die für den Beinamen „Lagunennebel" verantwortlich ist. Der offene Haufen steht östlich dieser Dunkelwolke und umfaßt rund hundert Sterne der 10. bis 12. Größenklasse. Der Nebel enthält etliche dunkle Globulen, aus denen vielleicht eines Tages neue Sterne entstehen; visuell sind diese Bok-Globulen kaum zu erkennen, aber auf Fotografien treten sie klar hervor. Die Verwendung eines Nebelfilters verstärkt auch hier die Kontraste.
Ein weiterer heller Emissionsnebel ist M 17 (NGC 6618), auch als Omega-, Schwanen- oder Hufeisennebel bezeichnet; er ist kleiner und dichter und sollte daher etwas leichter zu erkennen sein, zumal er sich gegen einen dunklen Teil des Himmels nördlich der kleinen Sternwolke abhebt. Anders als bei M 8 findet man bei M 17 keinen auffälligen Sternhaufen. Die längliche Wolke knickt am Ostrand rechtwinklig ab und deutet so Hals und Kopf des Schwans an. Der ganze Nebel erscheint durch Staubeinschlüsse ungleichmäßig hell, und in

großen Fernrohren mit Nebelfilter erkennt man um die hellen Teile noch schwach leuchtende Gebiete.

M 22 (NGC 6566) gehört zu den fünf schönsten kugelförmigen Sternhaufen am Himmel: ein dicker, leicht elliptisch erscheinender Sternenball, dessen Randbezirke sich schon mit einem kleinen Teleskop auflösen lassen. Bei sehr klarer, ruhiger Luft kann man diesen Haufen und die benachbarte kleine Sternengruppe mit bloßem Auge erkennen; in Fernrohren ab 20 cm Öffnung enthüllt sich die ganze Pracht dieses Haufens aus zahllosen Sternen. Auf Fotografien erkennt man einen interessanten dunklen Fleck in diesem Haufen – vermutlich eine vorgelagerte Staubwolke, die das Licht der dahinter liegenden Sterne abblockt. Die Entfernung des Haufens wird mit rund 9600 Lichtjahren angegeben; ohne die interstellare Absorption erschiene der Haufen noch rund 2 Größenklassen heller und böte damit einen noch spektakuläreren Anblick.

Auch der kugelförmige Sternhaufen M 55 (NGC 6809) ist ein interessanter Vertreter seiner Klasse. Auf einer Fläche von 10 Bogenminuten Durchmesser stehen Tausende von lichtschwachen Sternen. Entdeckt wurde der Haufen Mitte des 18. Jahrhunderts von Nicholas de Lacaille, der mit seinem 5-cm-Fernrohr allerdings die wahre Natur nicht erkennen konnte. Im Ostteil des Sternbilds steht ein seltsames Objekt, NGC 6822, auch als Barnards Zwerggalaxie bezeichnet, eine Miniaturausgabe der Kleinen Magellanschen Wolke. Mit einem 20×80-Fernglas ist sie leicht zu finden, im Fernrohr bei mehr als 50facher Vergrößerung dagegen „verliert" sie sich aufgrund ihrer Ausdehnung (9×10 Bogenminuten) jenseits der Grenzen des Gesichtsfeldes. Mit Teleskopen von mehr als 25 cm Öffnung erkennt man am Nordrand der klumpigen Sternwolke zwei HII-Gebiete. Die Zwerggalaxie steht rund 1,7 Millionen Lichtjahre entfernt und gehört damit zur Lokalen Gruppe.

Auch das Zentrum der Milchstraße liegt im Schützen, rund 27 000 Lichtjahre entfernt bei einer Rektaszension von $17^h 42^m$ und einer Deklination von minus 29°, unmittelbar nördlich von M 6 im Skorpion am Westrand der großen Sternwolke. Mit Infrarot- und radioastronomischen Beobachtungen hat man dort einen großen Sternhaufen und wirbelnde Gasmassen gefunden, hinter denen sich vielleicht ein Schwarzes Loch verbirgt.

Beobachtungsobjekte im Schützen
Doppel- und Mehrfachsterne

Name	RA	Dec.	Distanz (Bogensek.)		Helligkeiten		Jahr
h 5003	17h 59.1m	−30° 15′		5.5	5.2	6.9	1952
Burnham 245	18h 10.1m	−30° 44′		4.0	5.6	8.6	1951
μ (Mu)	18h 13.8m	−21° 04′		16.9	3.9	11.4	1932
η (Eta)	18h 17.6m	−36° 46′	AB	3.6	3.2	7.8	1959
			AC	33.3	3.2	13.0	1896
			AD	93.2	3.2	10.0	1896
ζ (Zeta)	19h 02.6m	−29° 53′	AB	0.4	3.2	3.4	1959
			AC	75	3.2	9.9	1905
β₁ (Beta 1)	19h 22.6m	−44° 28′		28.3	4.0	7.1	1953
52	19h 36.7m	−24° 53′		2.5	4.7	9.2	1959
κ₂ (Kappa 2)	20h 23.9m	−42° 25′		0.8	6.0	6.9	1952

Nebel und Sternhaufen

Name	RA	Dec.	Typ	Größe	Helligkeit
M23 (NGC 6494)	17h 56.8m	−19° 01′	Open Cl.	27′	5.5
M20 (NGC 6514)	18h 02.6m	−23° 02′	Diff. Neb.	29′ × 27′	7
B 86	18h 02.7m	−27° 50′	Dark. Neb.	4′ × 3′	....
M8 (NGC 6523)	18h 03.8m	−24° 23′	Diff. Neb. + Cl.	90′ × 40′	5
M21 (NGC 6531)	18h 04.6m	−22° 30′	Open Cl.	13′	5.9
B92	18h 15.5m	−18° 11′	Dark Neb.	15′	....
M24 (NGC 6603)	18h 18.4m	−18° 25′	Open Cl.	5′	6.5
M17 (NGC 6618)	18h 20.8m	−16° 11′	Diff. Neb. + Cl.	46′ × 37′	5
M28 (NGC 6626)	18h 24.5m	−24° 52′	Glob. Cl.	11.2′	6.9
M69 (NGC 6637)	18h 31.4m	−32° 21′	Glob. Cl.	7.1′	7.7
M25 (IC4725)	18h 31.6m	−19° 15′	Open Cl.	32′	4.6
M22 (NGC 6656)	18h 36.4m	−23° 54′	Glob. Cl.	24.0′	5.10
M70 (NGC 6681)	18h 43.2m	−32° 18′	Glob. Cl.	7.8′	8.08
M54 (NGC 6715)	18h 55.1m	−30° 29′	Glob. Cl.	9.1′	7.7
M55 (NGC 6809)	19h 40.0m	−30° 58′	Glob. Cl.	19.0′	7
NGC 6818	19h 44.9m	−14° 09′	Plan. Neb.	15″ × 22″	9.9pg
NGC 6822	19h 44.9m	−14° 48′	Gal. Irr.	10.2′ × 9.5′	12?
M75 (NGC 6864)	20h 06.1m	−21° 55′	Glob. Cl.	6.0′	8.55

Trifidnebel (M 20) und Lagunennebel (M 8). Der Trifidnebel (oben) stellt eine seltene Kombination aus Emissions- und Reflexionsnebel dar: Heiße, junge Sterne im südlichen Teil des Nebels haben die umgebenden Wasserstoffatome ionisiert und damit die Voraussetzung für das Aussenden der roten Wasserstofflinie geschaffen; die Sterne im nördlichen Teil des Nebels sind dagegen nicht heiß genug, um das Gas zum Leuchten anzuregen, und so wird ihr blaues Licht lediglich von den Staubpartikeln innerhalb der Wolke reflektiert. Der Lagunennebel (unten) ist dagegen ein reiner Emissionsnebel. Die Aufnahme entstand mit dem 1,2-m-UK-Schmidt-Teleskop in Neusüdwales, Australien.

Scorpius

Scorpius, der Skorpion, war in der vorrömischen Zeit ein „Doppelsternbild", das außerdem noch die Waage mit den Scheren enthielt; damals hieß die Figur Scorpio cum Chelae (Skorpion mit Scheren). Apollo hatte den Skorpion ausgesandt, damit er den Orion töten sollte, und daher wurden die beiden Figuren an gegenüberliegende Seiten des Himmels versetzt. So wird der Skorpion vom Pfeil des Bogenschützens bedroht, der genau auf Antares zielt (die Pfeile Orions waren an seinem Panzer abgeprallt). Heutzutage wird die Figur manchmal mit einem Papierdrachen verglichen, dessen langer Schwanz im Winde flattert.

Der Skorpion ist eine alte und wichtige Figur des Tierkreises, die in Mitteleuropa am Sommerhimmel steht. Die zahlreichen hellen Sterne gruppieren sich zu einem Sternbild, dessen Umrisse eine bemerkenswerte Ähnlichkeit mit einem Skorpion haben. Seine Nähe zur Milchstraßenebene sorgt für eine Vielzahl interessanter visueller und fotografischer Objekte. Das schimmernde Band der Milchstraße erfüllt den Ostteil des Sternbilds, und schon mit bloßem Auge kann man bei klarem Himmel vereinzelte Dunkelwolken erkennen. Ein 7 × 50-Fernglas läßt den Staubreichtum der Gegend zwischen Antares und dem aufgestellten Stachel erkennen, wo eine Gruppe von Nebeln sich vor dem dunklen Hintergrund abhebt. Der Skorpion überschreitet den Meridian Anfang Juli gegen 22 Uhr Sommerzeit. Der rote Riesenstern Antares, alpha (α) Scorpii, verkörpert das Herz des Skorpion. Bei diesem Stern konnte der Durchmesser mit einem Interferometer direkt gemessen werden; das Ergebnis (0,04 Bogensekunden) macht ihn bei einer Entfernung von rund 520 Lichtjahren etwa 700mal so groß wie unsere Sonne; seine Leuchtkraft dürfte rund 95 000 Sonnenleuchtkräften entsprechen. Antares wird von einem großen, rötlich erscheinenden Nebel umgeben, der möglicherweise das helle Sternlicht reflektiert. Es dürfte sich um das gleiche Material handeln, das in der Umgebung von rho (ρ) Ophiuchi bläulich erscheint, nachdem dieser Stern heißer und jünger ist. Allerdings lassen sich diese Nebel nur fotografisch erfassen, weil das Auge bei so schwachen Lichteindrücken keine Farbe registriert.

Man mag sich darüber wundern, daß der Stern gamma (γ) sowie die beiden Scheren des Skorpions fehlen. Sie haben ursprünglich zur Figur gehört, wurden aber schon im alten Rom als Sternbild Waage abgetrennt. Die nördliche Schere, ursprünglich Gamma Scorpii, heißt seither beta (β) Librae, und die südliche Schere beginnt bei tau (τ) Librae und reicht bis mindestens sigma (σ) Librae. Zu Beginn unseres Jahrhunderts fand der holländische Astronom Jacobus Kapteyn, daß viele der Sterne in dieser Region eine gemeinsame Eigenbewegung zeigen und auch ähnlich alt sind. Zu dieser Scorpius-Assoziation gehören auch viele junge O- und B-Sterne in den Sternbildern Skorpion, Wolf, Centaur und Kreuz des Südens. Das Zentrum der Gruppe liegt rund 550 Lichtjahre entfernt, unweit von alpha (α) Lupi. Aus einer Entfernung von einigen tausend Lichtjahren würde diese Gruppe vermutlich ähnlich ausschauen wie bei uns M 47 (NGC 6745) im Skorpion.

Doppel- und Mehrfachsterne

Beta (β) Scorpii ist ein außergewöhnlich heller Doppelstern für kleine Fernrohre; ein dritter Stern steht weniger als eine Bogensekunde neben der Hauptkomponente. Gelegentlich wird beta vom Mond bedeckt, und dann kann man mit einem schnellen Fotometer Helligkeit und Position dieses dritten Sterns vermessen. Zeta 1 (ζ_1) und zeta 2 (ζ_2) erscheinen mit bloßem Auge als doppelt und bilden eine Gruppe, die als „Tisch des Skorpion" bezeichnet wird; sie umfaßt einige schöne Haufen und Gasnebel. Zeta 1 ist ein orangefarbener Stern, zeta 2 ein äußerst leuchtstarker blauer Überriese, der 5700 Lichtjahre entfernt steht; nach Burnham übertrifft er sogar noch die Leuchtkraft von Rigel und erreicht eine absolute Helligkeit von –8 Größenklassen. Ny (ν) Scorpii erweist sich als Vierfachstern; die beiden helleren Komponenten stehen nur wenig mehr als eine Bogensekunde getrennt, während das andere Paar in einem Abstand von 43,7 Bogensekunden bei einer Distanz von 2,3 Bogensekunden relativ leicht zu trennen ist. Bei xi (ξ) nähern sich die beiden helleren Sterne, die in den 70er Jahren noch mehr als 1,25 Bogensekunden entfernt standen, bis 1997 auf bloße 0,5 Bogensekunden. In 7,4 Bogensekunden steht ein dritter Stern der Helligkeit 7,2^m, und knapp fünf Bogenminuten südlich findet man einen Doppelstern, Σ 1999, der eine gemeinsame Eigenbewegung zeigt und daher zu xi (ξ) gehören dürfte.

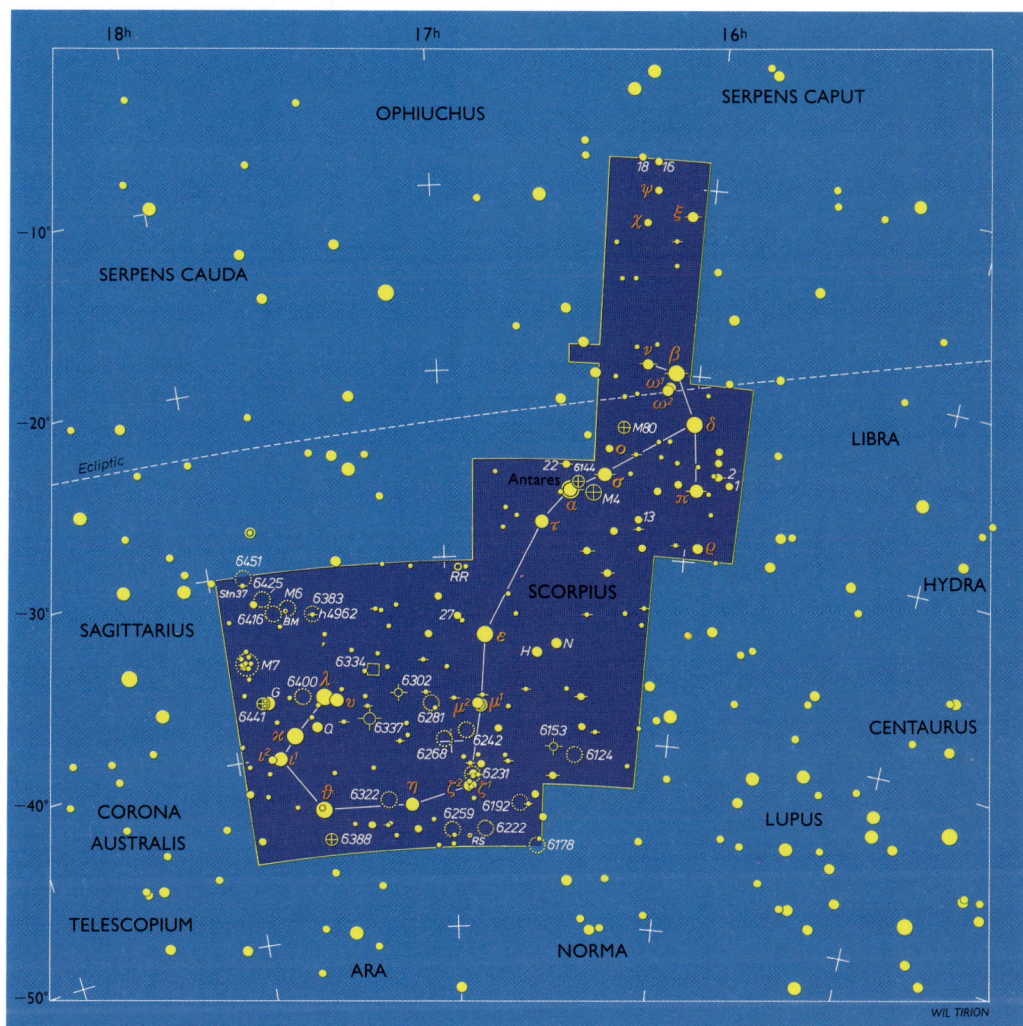

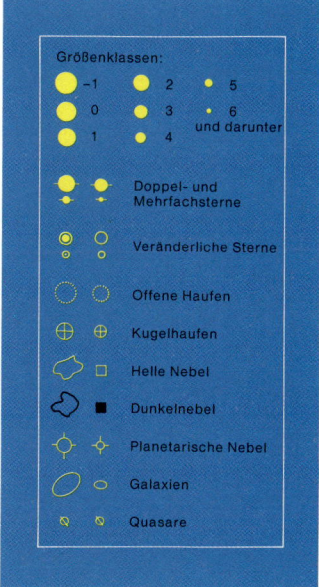

Nebel und Sternhaufen

Im Skorpion findet man eine Reihe von kugelförmigen Sternhaufen, aber wir können hier nur die besten beschreiben. M 80 (NGC 6093) ist ein kompakter Haufen etwa auf halbem Weg zwischen Antares und beta Scorpii. Selbst mit einem 20-cm-Teleskop kann man den Haufen aus Sternen der 14. Größenklasse und darunter kaum erkennen, obwohl der Haufen als Ganzes verhältnismäßig hell ist. Im Jahre 1860 leuchtete in diesem Haufen eine Nova auf, ein ungewöhnliches Ereignis, denn bislang wurde nur noch eine weitere Nova in einem Kugelhaufen beobachtet. Vielleicht sind damals auch nur zwei Sterne zusammengestoßen und miteinander verschmolzen und haben so den Helligkeitsanstieg ausgelöst; immerhin stehen die Sterne im Zentrum eines Kugelhaufens ziemlich dicht.

M 4 (NGC 6121) ist ein naher, weniger dichter Kugelhaufen nur 1,2° westlich von Antares. Er läßt sich leicht in Einzelsterne auflösen, und der Kern erscheint nicht wesentlich heller als die Randbereiche. Durch den Kernbereich verläuft ein senkrechter „Balken" aus Sternen der 11. Größenklasse und darunter. M 4 ist ein Paradeobjekt für nahezu jedes Fernrohr und einer der leichten Haufen für kleinere Teleskope. M 62 (NGC 6266) zählt ebenfalls zu den lohnenswerten Kugelhaufen; er steht südöstlich von Antares, und sein Licht wird durch die interstellare Absorption um bis zu 2,4 Größenklassen geschwächt. Vermutlich erscheint deshalb auch der Kern des

Haufens dezentriert, weil der Südteil stärker abgedunkelt wird; die Sterne dort kann man erst mit einem Teleskop ab 30 cm Öffnung erkennen. Vielleicht am leichtesten zu finden ist der Kugelhaufen NGC 6441, der unmittelbar östlich von G Scorpii steht. Beide folgen auf den Stern Shaula (lambda [λ] Sco), den aufgestellten Giftstachel des Skorpions. Allerdings wird NGC 6441 von interstellarem Material so stark abgedunkelt, daß man selbst mit einem 50-cm-Teleskop kaum Einzelsterne erkennen kann.

Die offenen Haufen im Bereich des „Tisches" und jene unweit des Stachels sind schöne Vertreter ihrer Gruppe. NGC 6231 in der Nachbarschaft der zeta-Sterne kann mit bloßem Auge erkannt werden und erweist sich als dichte Gruppe leuchtend weißer O- und B-Sterne. Diese außergewöhnlich helle Gruppe gehört wie die Sterne des schütteren Haufens H 12 etwas nördlich davon zu einer Verdichtung innerhalb der Milchstraße. Gemeinsam bilden sie die Scorpius-1-Assoziation im nächsten Spiralarm der Milchstraße. Noch etwas weiter nördlich steht ein weiterer offener Haufen, NGC 6242, mit einem orangefarbenen Stern am östlichen Rand; in einem Fernrohr ab 20 cm Öffnung bietet er einen prachtvollen Anblick.

M 6 (NGC 6405) und M 7 (NGC 6475) können als große, helle Haufen mit dem bloßen Auge gesehen werden und sind in praktisch jedem Instrument reizvoll zu beobachten. M 7 ist der größere von beiden; er erscheint dem bloßen Auge als verwaschener Fleck gegen den Hintergrund der hellen Milchstraße. Sein Durchmesser liegt bei etwa einem Grad oder dem Doppelten des Vollmonddurchmessers, und er enthält rund 80 Sterne der 10. Größenklasse und heller. Seine Entfernung wird mit etwa 820 Lichtjahren angegeben.

Der Schmetterlings-Haufen

M 6 (NGC 6405), bekannt als der „Schmetterlingshaufen", steht rund 3,5° nordwestlich von M 7 vor einem dunkleren Hintergrund und kann mit bloßem Auge als verwaschen erscheinendes Sternchen unmittelbar nördlich von Shaula, lambda (λ) Sco, gesehen werden. Aufgrund der größeren Sterndichte wirkt die Gruppe etwas reicher als der Haufen M 7. Der Vergleich mit einem Schmetterling ergibt sich aus der Anordnung der helleren Sterne zu einer entsprechenden Figur, die von vier Sternreihen vorgetäuscht wird. Die Entfernung von M 6 wird auf 1300 Lichtjahre geschätzt.

Nebel

Im Skorpion findet man sowohl Emissionsnebel als auch planetarische Nebel und Dunkelwolken, die am besten auf langbelichteten Aufnahmen hervortreten. Der rote Nebel um Antares und der bläuliche Nebel um rho (ρ) Ophiuchi wurden bereits erwähnt. Von den planetarischen Nebeln sei hier nur einer genannt: NGC 6072, der etwa 1° nordöstlich von theta (ϑ) Lupi steht; das ziemlich strukturlose Scheibchen von 40 Bogensekunden Durchmesser kann mit einem 20-cm-Teleskop beobachtet werden.

Der Käfer-Nebel

NGC 6302, auch unter dem Namen „Käfer-Nebel" bekannt, ist ein ungewöhnliches Objekt, das zur Klasse der bipolaren Nebel gerechnet wird. Im Fernrohr erkennt man einen leuchtenden Nebel, der von einem dunklen Band durchtrennt wird; der Anblick erinnert an eine Galaxie mit einem dezentralen Kern. Auf lang belichteten Fotografien erscheint der Nebel wie der Abdruck eines Schuhs, und man erkennt zahlreiche blasse Strahlen, die vom Zentrum ausgehen. Nicht weit entfernt steht NGC 6337, ein schöner Ringnebel von etwa 40 Bogensekunden Durchmesser, ein lichtschwaches Objekt allerdings, das ein Teleskop von mindestens 25 cm Öffnung erfordert. Schließlich gibt es noch eine reizvolle Nebelgruppe um NGC 6334, die eigentlich nur fotografisch zu erfassen ist, die ich aber mit einem 40-cm-Teleskop (f/5) samt Nebelfilter gesehen habe. Es handelt sich vermutlich um eine einzige leuchtende Gaswolke, die von Dunkelwolken im Vordergrund zerteilt wird (ähnlich wie der Trifidnebel). Es sind sehr rote Objekte, die sich nur auf nicht allzu lange belichteten Aufnahmen abzeichnen (vorausgesetzt, der Film ist für das Licht der Hα-Linie am langwelligen Ende des Spektrums empfindlich). NGC 6334 steht nordwestlich des Käfer-Nebels, zwischen Shaula (λ) und epsilon (ε) Scorpii.

Beobachtungsobjekte im Skorpion
Doppel- und Mehrfachsterne

Name	RA	Dec.	Distanz (Bogensek.)		Helligkeiten		Jahr
2	15h 53.6m	−25° 30′		2.5	4.7	7.4	1946
ξ (Xi)	16h 04.4m	−11° 22′	AB	0.9	4.8	5.1	1960
			AC	7.6	4.8	7.3	1975
β (Beta)	16h 05.4m	−19° 48′	AB	0.5	2.6	10.3	1959
			AC	13.6	2.6	4.9	1976
ν (Nu)	16h 12.0m	−19° 28′		0.9	4.3	6.8	1955
σ (Sigma)	16h 21.2m	−25° 36′		20.0	2.9	8.5	1959
α (Alpha)	16h 29.4m	−26° 26′		2.9	1.2	5.4	1959
ζ₁ + ζ₂ (Zeta 1 & 2)	16h 54.3m	−42° 20.2′		6.8	4.8	6.2	1989
h 4962	17h 34.7m	−32° 35′	AB	5.4	5.7	10.5	1933
			AC	13.3	5.7	10.5	1907
Stn 37	17h 51.2m	−30° 33′		10.1	6.8	8.2	1952

Nebel und Sternhaufen

Name	RA	Dec.	Typ	Größe	Helligkeit
M 80 (NGC 6093)	16h 17.0m	−22° 59′	Glob. Cl.	8.0′	7.2
M 4 (NGC 6121)	16h 23.6m	−26° 32′	Glob. Cl.	26.3′	5.9
NGC 6144	16h 27.3m	−26° 02′	Glob. Cl.	9.3′	9.1
NGC 6231	16h 54.0m	−41° 48′	Open Cl.	15′	2.6
H 12 (cluster)	16h 57.0m	−40° 40′	Open Cl.	60′	8.6pg
NGC 6242	16h 55.6m	−39° 30′	Open Cl.	9′	6.4
NGC 6072	16h 13.0m	−36° 14′	Plan. Neb.	40″ × 70″	14.1
NGC 6153	16h 31.5m	−40° 15′	Plan. Neb.	25″	11.5
NGC 6337	17h 22.3m	−38° 29′	Plan. Neb.	48″	12.5
NGC 6302	17h 13.7m	−37° 06′	Plan. Neb. bipl.	50″	12.8pg
NGC 6334	17h 20.5m	−35° 43′	Diff. Neb.	40′ × 30′	9
M 6 (NGC 6405)	17h 40.1m	−32° 13′	Open Cl.	15′	4.2
NGC 6441	17h 50.2m	−37° 03′	Glob. Cl.	3.0′	8.0
M 7 (NGC 6475)	17h 53.9m	−34° 49′	Open Cl.	80′	3.3

Tisch des Skorpion. Diese Gegend etwa in der Mitte des Schwanzes trägt den seltsamen Beinamen „Tisch des Skorpion", der offenbar von dem englischen Astronomen John Herschel geprägt wurde, als dieser in den 30er Jahren des 19. Jahrhunderts von Feldhausen unweit des Tafelbergs in Südafrika den südlichen Himmel erforschte. Der rötliche Nebelbogen trägt die Katalognummer IC 4628, die lockere Sterngruppe innerhalb des Nebels und darunter wird als H 12 bezeichnet. Der sternreiche Haufen nahe der Bildmitte ist NGC 6231, und die beiden gelben Sterne darunter sind zeta₁ (ζ₁) und zeta₂ (ζ₂). Die Aufnahme wurde mit einem 180-mm-Teleobjektiv (f/2,8) auf Fujichrome 100 gemacht und um zwei Blendenstufen forciert entwickelt.

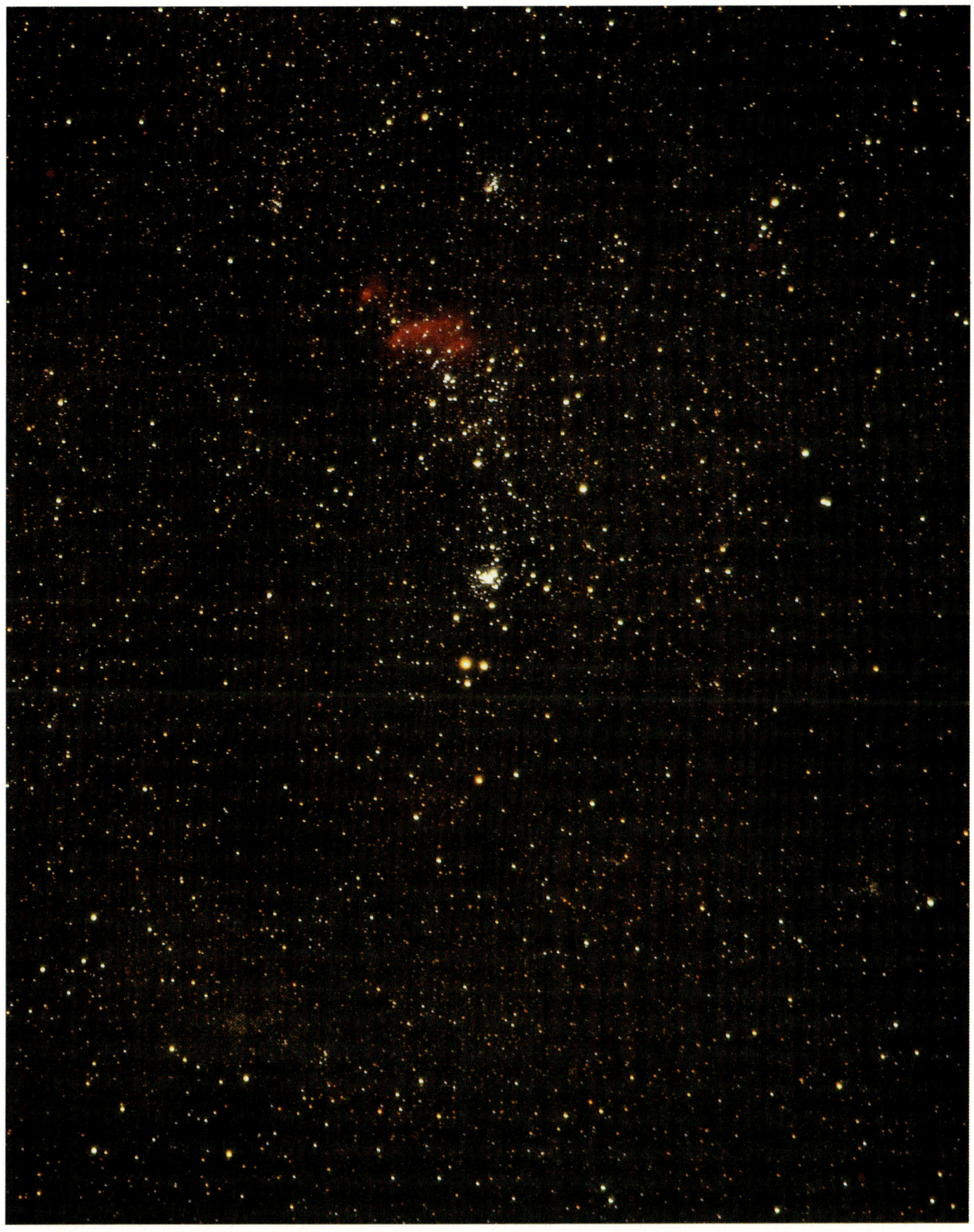

Scutum/Serpens Cauda

Der Schild (Scutum) ist ein kleines Sternbild, bei dem die Sommermilchstraße zu zahlreichen reizvollen Beobachtungsobjekten verhilft; im Westen und Norden wird er vom Schwanz der Schlange (Serpens Cauda) eingefaßt. Die Sterne des Schilds allein zeigen keine erkennbare Ähnlichkeit zum Namen der Figur, bilden jedoch mit einigen Sternen des benachbarten Adlers ein deutliches Oval. Auffällig ist der Schild durch eine annähernd runde Sternwolke, an deren Nordrand drei hellere Sterne stehen: lambda (λ) Aquilae, 12 Aquilae und beta (β) Scuti (von Ost nach West). Die Figur überschreitet den Meridian Mitte August gegen 23 Uhr Sommerzeit. Der Schwanz der Schlange ist der östliche Teil dieser vom Schlangenträger gehaltenen Figur; der Westteil wird im Zusammenhang mit der Nördlichen Krone (Corona Borealis) vorgestellt.

Scutum

Der Schild enthält einige interessante Fernrohrobjekte. Die Sternwolke kann man am besten mit einem 7×50-Fernglas oder einem vergleichbaren Instrument sehen; sie ist im Westen und Norden ziemlich scharf begrenzt, während sie im Süden und Osten mit der benachbarten Milchstraße verschwimmt. Der schöne offene Haufen M 11 (NGC 6705) liegt am Nordostrand der Wolke; es ist einer der kompaktesten offenen Haufen, der auf lang belichteten Aufnahmen wie ein kugelförmiger Sternhaufen aussieht. Die Sterne gehören fast alle zur 9. Größenklasse, bis auf den orangefarbenen „Hauptstern", der eine Größenklasse heller erscheint. Die Umrisse des Haufens sind in einem Weitwinkelokular besser zu erkennen, da man bei stärkerer Vergrößerung nur noch den Zentralbereich des Haufens im Gesichtsfeld hat.

Bei nicht allzu starker Vergrößerung passen NGC 6712, ein kugelförmiger Sternhaufen, und IC 1295, ein planetarischer Nebel, zusammen in das Gesichtsfeld; beide stehen nur 24 Bogenminuten auseinander. Der Haufen hat einen Durchmesser von 7 Bogenminuten und kann mit einem Teleskop ab 25 cm Öffnung bequem aufgelöst werden. Die Helligkeit der Sterne wird durch interstellare Absorption um bis zu 2,7 Größenklassen abgeschwächt. Ziemlich groß ist auch der planetarische Nebel IC 1295, dessen gräuliche Scheibe in einem 25-cm-Teleskop jedoch noch wenig Einzelheiten erkennen läßt. Der offene Haufen M 26 (NGC 6694) steht westlich davon; er umfaßt rund 40 Sterne auf einer Fläche von 15 Bogenminuten Durchmesser.

Im Schild findet man den Prototypen einer ganzen Klasse von veränderlichen Sternen: delta (δ) Scuti; dabei handelt es sich um pulsierende Sterne, die im Verlauf von Tagen ihre Helligkeit geringfügig verändern. Sie werden als Unterriesen der Spektralklassen A und B gedeutet und als Mitglieder der Scheibenpopulation (Population I) angesehen.

Serpens Cauda

Die einzig auffällige Figur im Schwanz der Schlange ist ein Dreieck aus Sternen der 4. Größenklasse zwischen eta (η) und ny (ν) Ophiuchi; der hellste Stern in diesem Teil der Schlange ist eta (η) Serpentis rund 4° nordwestlich der Sternwolke im Schild. Unter den Mehrfachsternen sind beta 131 unmittelbar westlich von M 17 im Schützen, 59 Serpentis und theta (ϑ) erwähnenswert, ein heller Doppelstern, der bereits mit einem kleinen Fernrohr zu trennen ist; drei weitere, hellere „Feldsterne" machen theta zu einem reizvollen Objekt. Mit bloßem Auge erkennt man einen Ausläufer der Milchstraße, der im Schlangenträger nördlich vom Schwanz der Schlange endet. Am Südrand dieses Ausläufers, auf dem Gebiet von Serpens Cauda, steht der große offene Haufen IC 4756. Das bekannteste Objekt dieser Region ist jedoch M 16 (NGC 6611), der „Adlernebel", ein leuchtender Gasnebel, dessen Umrisse an einen fliegenden Adler erinnern, der seinen Kopf seitlich gedreht hält. Im „Nacken" des Adlers ragt eine Dunkel-

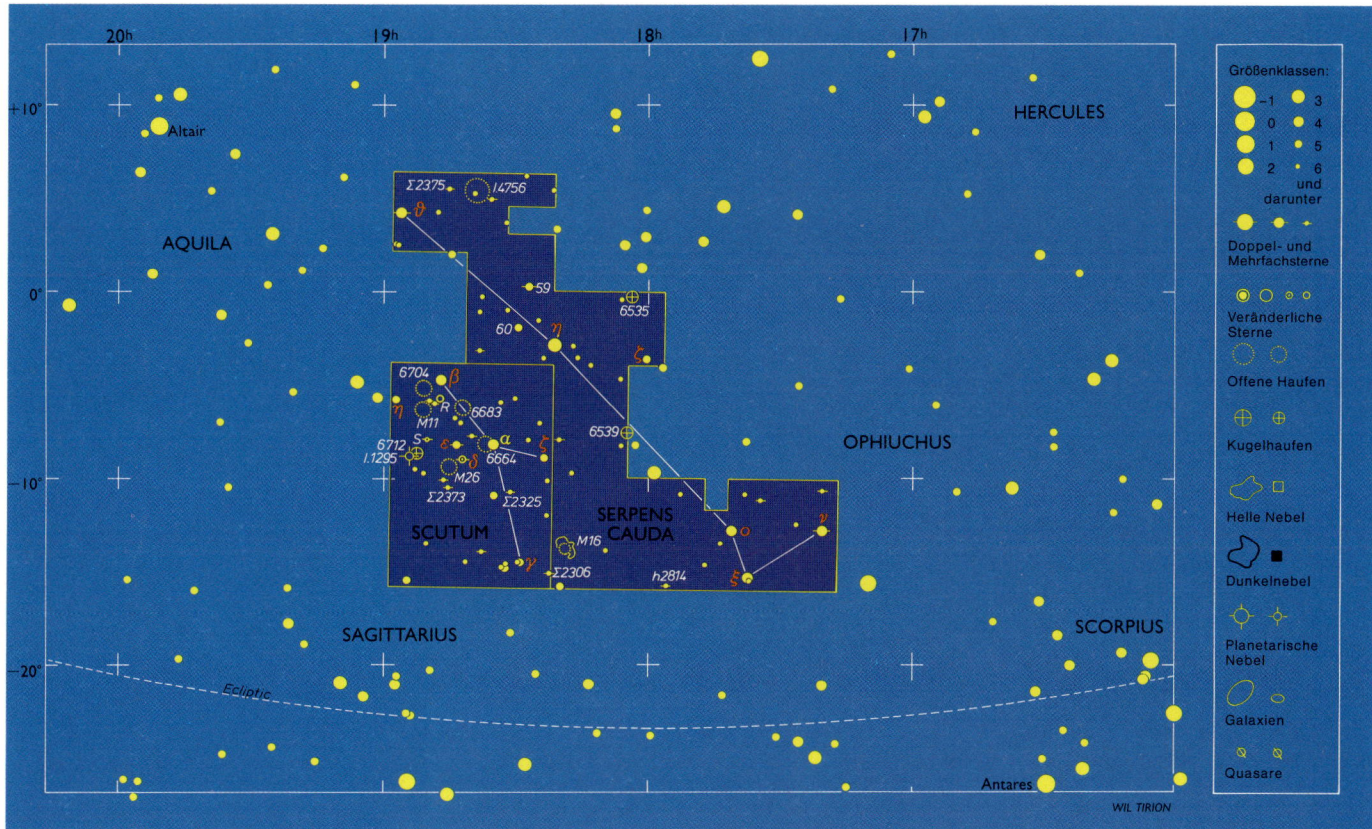

wolke in die hellen Gasmassen hinein, ähnlich wie das Fischmaul im Orionnebel. Dabei handelt es sich offenbar um den Teil einer riesigen Dunkelwolke, die in Wirklichkeit den ganzen Nebel umgibt. Außerdem erkennt man eine seltsame, dunkle „Säule", die von Osten vor die leuchtenden Gasmassen ragt; ihr Rand erscheint teilweise hell und zeigt einige knotenartige Verdichtungen. Daneben findet man Bok-Globulen, kleine, dunkle Materieblasen, die sich zu neuen Sternen verdichten. Ein Teleskop ab 25 cm Öffnung mit Nebelfilter zeigt diese Details andeutungsweise, doch erschweren bei der Betrachtung ohne Filter die hellen Mitglieder des eingelagerten Sternhaufens das Erkennen solcher Feinheiten. Die ganze Region erinnert an die Gegend um S Monocerotis und den Konusnebel mit seinem jungen Sternhaufen. IC 4756 ist ein schütterer, offener Haufen am Nordrand vom Schwanz der Schlange; der etwa ein Grad große Haufen ohne auffällige zentrale Verdichtung tritt im Fernglas deutlicher hervor. Der kugelförmige Sternhaufen NGC 6539 böte ohne interstellare Absorption einen prachtvollen Anblick: Das Licht seiner Sterne wird um bis zu sieben Größenklassen geschwächt. So erkennen wir lediglich einen blassen Nebel, bei dem selbst ein 25-cm-Teleskop kaum Einzelsterne zeigt.

Beobachtungsobjekte im Schild
Doppel- und Mehrfachsterne

Name	RA	Dec.	Distanz (Bogensek.)		Hellig.		Jahr
Σ 2306	18h 22.2m	−15° 05′	AB	10.2	7.9	8.6	1959
			AC	10.1	7.9	9.0	1936
Σ 2325	18h 31.4m	−10° 48′		12.3	5.8	9.1	1925
δ (Delta)	18h 42.3m	−09° 03′	AB	15.2	4.7	12.2	1943
			AC	52.6	4.7	9.2	1976
Σ 2373	18h 45.9m	−10° 30′		4.2	7.2	8.2	1953

Nebel und Sternhaufen

Name	RA	Dec.	Typ	Größe	Hellig.
M26 (NGC 6694)	18h 45.2m	−09° 24′	Open Cl.	15′	8.0
M11 (NGC 6705)	18h 51.1m	−06° 16′	Open Cl.	14′	5.8
NGC 6712	18h 53.1m	−08° 42′	Glob. Cl.	7.2′	8.2
IC 1295	18h 54.6m	−08° 50′	Plan. Neb.	>86″	15pg

Beobachtungsobjekte im Schwanz der Schlange
Doppel- und Mehrfachsterne

Name	RA	Dec.	Distanz (Bogensek.)		Hellig.		Jahr
ν (Nu)	17h 20.8m	−12° 51′		46.3	4.3	8.3	1959
h2814	17h 56.3m	−15° 49′	AB	20.8	6.1	8.6	1904
			AC	33.7	6.1	11.5	1904
59	18h 27.2m	+00° 12′		3.8	5.3	7.6	1958
Σ 2375	18h 45.5m	+05° 30′		2.5	6.9	7.9	1960
θ (Theta)	18h 56.2m	+04° 12′		22.3	4.5	5.4	1973

Nebel und Sternhaufen

Name	RA	Dec.	Typ	Größe	Hellig.
NGC 6539	18h 04.8m	−07° 35′	Glob. Cl.	6.9′	9.6
M16 (NGC 6611)	18h 18.8m	−13° 47′	Diff. Neb. + Cl.	35′ × 28′	6?
IC 4756	18h 39.0m	+05° 27′	Open Cl.	52′	5.4

Taurus

Taurus, der Stier, *das zweite Sternbild des alten Tierkreises, ist eine sehr alte Figur. Der Stier wurde in vielen Kulturen des Mittelmeerraumes verehrt und taucht daher in zahlreichen Geschichten gemeinsam mit Göttern auf. Am Himmel bedroht er offenbar den Orion, der ihm seinen Schild abwehrend entgegenhält. In der griechischen Mythologie verkörpert er Zeus, der in der Gestalt des weißen Stiers die Europa entführte. Die Plejaden haben ihre eigene Sage, die die sieben Schwestern mit dem Frühling und der Aussaat in Verbindung bringt, weil sie im Frühjahr kurz vor Sonnenaufgang zum ersten Mal gesehen werden können. Die Plejaden wurden offenbar von vielen alten Völkern verehrt.*

Die mythologische Figur des Stiers reicht in die Zeit vor der Erfindung der Schrift zurück. Zur Zeit der Hochkulturen im Zweistromland und in Ägypten galten die Hyaden bereits als himmlisches Gegenstück zu einem Stier oder Stierkopf. Der Stier gehört zu den Sternbildern des Frühwinters, dessen naher Beginn durch den Aufgang des hellen Plejadenhaufens angekündet wird. Zusammen mit dem Orion beherrscht der Stier den Winterhimmel; sein V-förmiger Kopf mit dem rötlichen Aldebaran als Stierauge überquert den Meridian Ende Dezember gegen 22 Uhr, und die Spitzen der langen Hörner werden durch zeta (ζ) und beta (β) Tauri markiert.

Durch den Ostteil des Stiers erstreckt sich die Wintermilchstraße, die an dieser Stelle jedoch nicht sehr hell ist. Die extrem lang (4 bis 8 Stunden) belichteten Aufnahmen von Edward Emerson Barnard zu Beginn des 20. Jahrhunderts zeigen sehr schöne dunkle Bänder und ausgedehnte, blasse Nebel, die sich aber nur fotografisch erfassen lassen. Daneben gibt es einige kleine und einen großen offenen Haufen (NGC 1647). Die den Amateuren zugänglichen Nebel stehen im Bereich der Plejaden und in der staubreichen Umgebung einiger anderer Sterne. Bemerkenswert ist schließlich der Crabnebel M 1, der als Überrest einer Supernova aus dem Jahre 1054 gilt. Erwartungsgemäß findet man in dieser sternreichen Figur auch zahlreiche Doppelsterne.

Die Plejaden

Die Plejaden, das Siebengestirn (M 45), sind ein junger offener Haufen in vergleichsweise geringer Distanz (410 Lichtjahre); seine Sterne sind in einen Reflexionsnebel aus mikroskopisch kleinen Staubpartikeln eingebettet. Auf Farbaufnahmen erscheint dieser Nebel bläulich, weil auch die eingelagerten jungen, heißen Sterne vorwiegend bläuliches Licht aussenden. Die Zahl der mit bloßem Auge erkennbaren Sterne ist ein Maß für die Sehschärfe und die Luft-

ruhe. William Rutter Dawes, ein erfahrener Doppelsternbeobachter in der Mitte des 19. Jahrhunderts, sah in dieser Region 13 Sterne ohne optische Hilfe, und Burnham gab an, wenigstens 20 Sterne im engen Umkreis zu sehen, wobei allerdings die hellen Mitglieder oft die lichtschwächeren Sterne „überstrahlten". In einem Fernglas oder einem kleinen Fernrohr entfaltet der Haufen seine wahre Pracht. Bei größeren Fernrohren mit einem Weitwinkel-Okular ist der Anblick Dutzender bläulich weißer Diamanten, deren hellste in zarte Nebel eingefaßt sind, überwältigend. Viele der Sterne sind doppelt, manche bilden weite Paare aus hellen Sternen. Pleione ist ein junger, veränderlicher Stern mit einer extrem kurzen Rotationsdauer (etwa 6 Stunden), der möglicherweise im Altertum heller erschien, als der Haufen offenbar sieben leicht erkennbare Mitglieder umfaßte: Alcyone, Atlas, Electra, Maia, Merope, Taygeta und Pleione. Die Reflexionsnebel zeigen geradlinige Strukturen, die möglicherweise senkrecht zu den Rotationsachsen der Sterne verlaufen, gerade so, als wäre das Material von den rasch rotierenden Sternen weggeschleudert worden.

Die Hyaden

Die Hyaden sind einer der nächsten offenen Sternhaufen. Aus der Analyse der Eigenbewegungen haben die Astronomen herausgefunden, daß sich die Sterne allesamt auf einen Punkt östlich von Beteigeuze hin bewegen. Das Zentrum des Haufens ist rund 130 Lichtjahre entfernt und liegt etwa in der Mitte des „V". Der Abstand zu Aldebaran dagegen beträgt nur rund 68 Lichtjahre – er gehört also nicht zu dem Haufen.

Die Sterne des Hyadenhaufens sind weiter entwickelt als die der Plejaden; ihr Alter wird auf etwa 400 Millionen Jahre geschätzt, während die Plejadensterne noch bloße 10 bis 20 Millionen Jahre jung sein können. Auch die Hyaden enthalten einige reizvolle Doppelsterne; besonders erwähnenswert sind kappa (ϰ) und 67 Tauri, zwei

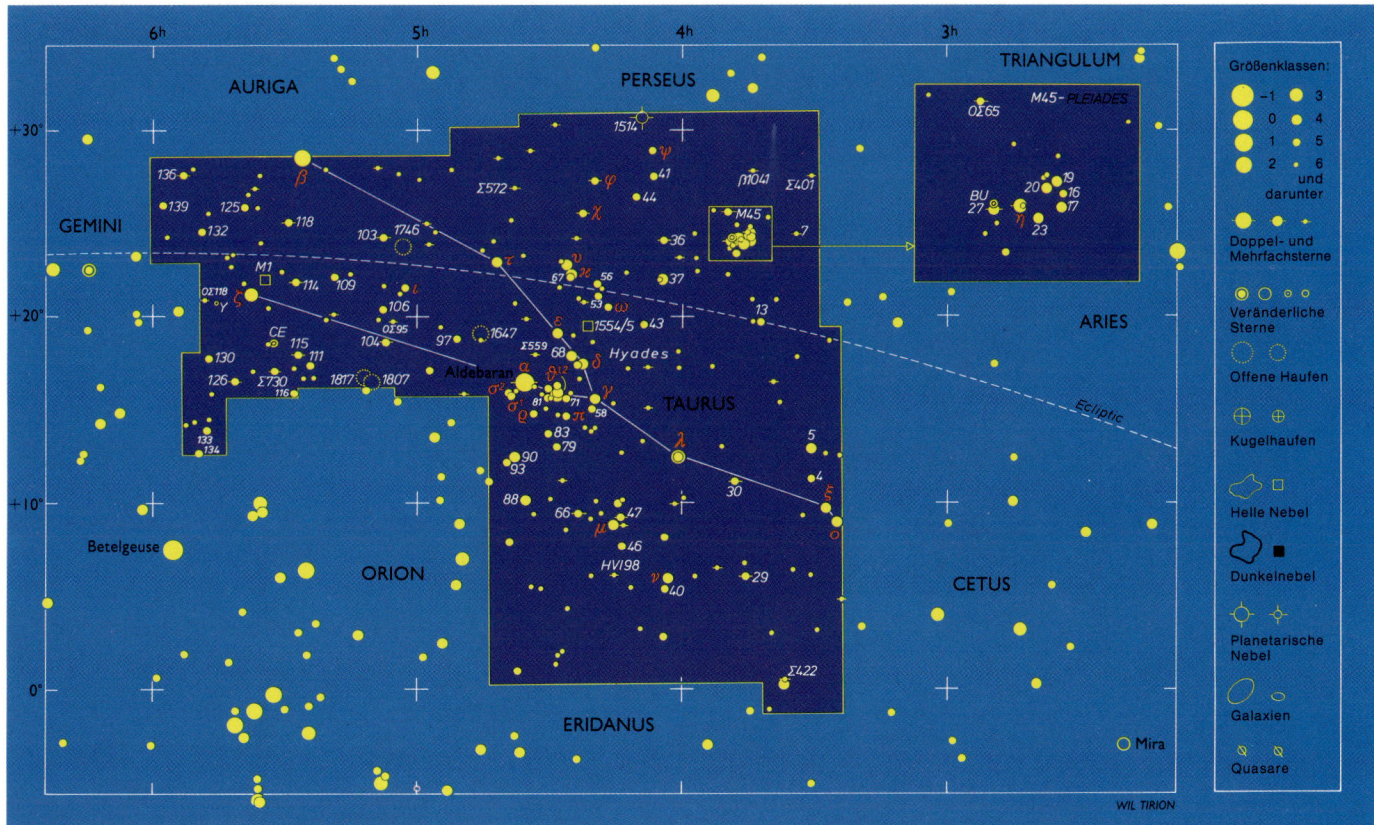

gelbe Sterne in 339 Bogensekunden Abstand, zwischen denen noch Σ 541 steht, dessen Komponenten der 9. und 10. Größenklasse 5,6 Bogensekunden getrennt sind.

Der Crabnebel

Der Crabnebel M 1 (NGC 1952) ist ein astrophysikalisch sehr bedeutsames Objekt, handelt es sich doch um den Überrest einer Supernova, deren Aufleuchten sehr genau datiert werden kann: Chinesische Astronomen meldeten am 4. Juli 1054 einen „Gaststern" unweit von zeta (ζ) Tauri, der so hell war, daß man ihn über drei Wochen hindurch am Taghimmel erkennen konnte. Der Nebel breitet sich noch immer mit einer bereits im Verlaufe eines Jahres meßbaren Geschwindigkeit aus. Heute sehen wir eine ovale Nebelwolke der 9. Größenklasse, die mit steigender Teleskopleistung mehr Einzelheiten erkennen läßt. Im Zentrum stehen zwei Sterne der 16. Größenklasse, von denen einer der bei der Supernova zurückgebliebene Pulsar ist; zu ihrer Beobachtung bedarf es eines Teleskops von mindestens 40 cm Öffnung, während die auf den Fotos so deutlich erkennbaren Filamente erst in einem Fernrohr von mehr als 55 cm Öffnung schwach erkennbar werden. Mit einem „gewöhnlichen" Amateurfernrohr wird man nicht viel mehr als einen ovalen Nebelfleck vorfinden. Weitere Nebel im Stier sind IC 1555 um den Stern T Tauri, bekannt als „Hinds veränderlicher Nebel", und IC 359, ebenfalls ein Staubnebel, der von einem Stern der 12. Größenklasse beleuchtet wird. NGC 1555 ähnelt Hubbles veränderlichem Nebel im Einhorn, dessen Helligkeit ebenfalls durch einen Stern variabler Helligkeit geprägt wird.

Beobachtungsobjekte im Stier
Doppel- und Mehrfachsterne

Name	RA	Dec.	Distanz (Bogensek.)		Helligk.		Jahr
Σ 401	03h 31.3m	+27° 34'		11.3	6.4	6.9	1949
7	03h 34.4m	+24° 28'	AB	0.6	6.6	6.7	1959
			AB × C	22.4	6.6	10.0	1958
Σ 422	3h 36.8m	+00° 35'		6.6	5.9	8.8	1975
Burnham 1041	03h 44.6m	+27° 54'		126.7	6.7	7.0	1920
30	03h 48.3m	+11° 09'		9.0	5.1	10.2	1933
OΣ 65	03h 50.3m	+25° 35'		0.6	5.8	6.2	1960
HVI 98	04h 15.5m	+06° 11'	AB	65.5	6.3	7.0	1937
			AC	214.5	6.3	10.0	1907
Χ (Chi)	04h 22.6m	+25° 38'		19.4	5.5	7.6	1931
Σ 541	05h 25.4m	+22° 18'		5.6	9.5	10	1956
κ + 67	04h 25.4m	+22° 18'		339.5	4.4	5.4	1900
Σ 559	04h 33.5m	+18° 01'		3.1	6.9	7.0	1968
Σ 572	04h 38.5m	+26° 56'		4.0	7.3	7.3	1959
OΣ 95	05h 05.5m	+19° 48'		1.1	6.9	7.5	1960
118	05h 29.3m	+25° 09'	AB	4.8	5.8	6.6	1957
			AC	141.3	5.8	11.6	1912
Σ 730	05h 32.2m	+17° 03'		9.6	6.0	6.5	1972
OΣ 118	05h 48.4m	+20° 52'	AB	0.4 ('53)	6.1	7.6	1953
			AB × C	75.5	6.1	8.6	1933

Nebel und Sternhaufen

Name	RA	Dec.	Typ	Größe	Helligk.
M45 Pleiades	03h 47.0m	+24° 07'	Open Cl.	110'	1.2
NGC 1554-5 (Hind's Var. Neb.)	04h 21.8m	+19° 32'	Diff. Neb.	var.	9.4 var.
NGC 1647	04h 46.0m	+19° 04'	Open Cl.	45'	6.4
M1 (NGC 1952) (Crab Nebula)	05h 34.5m	+22° 01'	SNR	6' × 4'	9

Triangulum

M 33. Dieses von einem Computer aufbereitete Foto zeigt die Spiralgalaxie M 33 mit verstärkt wiedergegebenen Farben: Die Spiralarme enthalten „Klumpen" von heißen, blauen Sternen, und in den riesigen, rötlichen Wasserstoffwolken entstehen neue Sterne (die auffälligste Wolke rechts unterhalb der Bildmitte hat eine eigene Katalognummer: NGC 604). Dieses Bild gelang Dr. John Lorre aus gefilterten Schwarzweiß-Aufnahmen (blau, grün und rot) mit dem 1,2-m-Schmidt-Teleskop am Mount Palomar.

Das Sternbild Dreieck quetscht sich zwischen den Widder im Süden und Andromeda im Norden; seine Sterne der 3. und 4. Größenklasse bilden ein etwa rechtwinkliges Dreieck. Das Sternbild wird bereits von Ptolemäus in seinem Almagest erwähnt, der von den Arabern durch das „finstere Mittelalter" in die Neuzeit hinübergerettet wurde. Das Dreieck kulminiert Mitte November gegen 22 Uhr.

M 33

Das einzig interessante Objekt im Dreieck ist die nahe Galaxie M 33, auf die wir fast frontal blicken. Trotz ihrer Ausmaße (sie erscheint unter einem Durchmesser von mehr als einem Grad) ist sie nicht sehr hell. Ich habe sie in sehr dunklen Nächten mit bloßem Auge zwischen alpha (α) Trianguli und beta (β) Andromedae gesehen. Mit einem kleinen Fernglas erkennt man in solchen Nächten einen großen Lichtschimmer, und mit einem astronomischen Fernglas (20×80) bekommt man bereits eine Ahnung vom elliptischen Kernbereich. M 33 ist mit 2,4 Millionen Lichtjahren nur geringfügig weiter entfernt als M 31 im Nachbarsternbild Andromeda.

M 33 wird als Sc-Galaxie eingestuft. Sie zeigt deutlich ausgeprägte, von einem kleinen, hellen Kerngebiet ausgehende Spiralarme mit Sternen, Staub, Gas und aktiven Sternentstehungsgebieten. Auf langbelichteten Aufnahmen mit großen Teleskopen präsentiert sich die Galaxie mit einem Durchmesser von 62 Bogenminuten, was etwa 46 000 Lichtjahren entspricht (gegenüber 100 000 Lichtjahren bei unserer Galaxis und knapp 150 000 Lichtjahren bei der Andromedagalaxie).

Große Amateurteleskope zeigen die Spiralarme sowie einige der helleren HII-Regionen. Daneben gibt es kugelförmige und offene Sternhaufen sowie Assoziationen heller, blauer Riesensterne, die zu den auffälligsten Gebilden zählen; ihre große Zahl läßt zusammen mit der Anwesenheit von Gas und Staub den Schluß zu, daß die Stern-

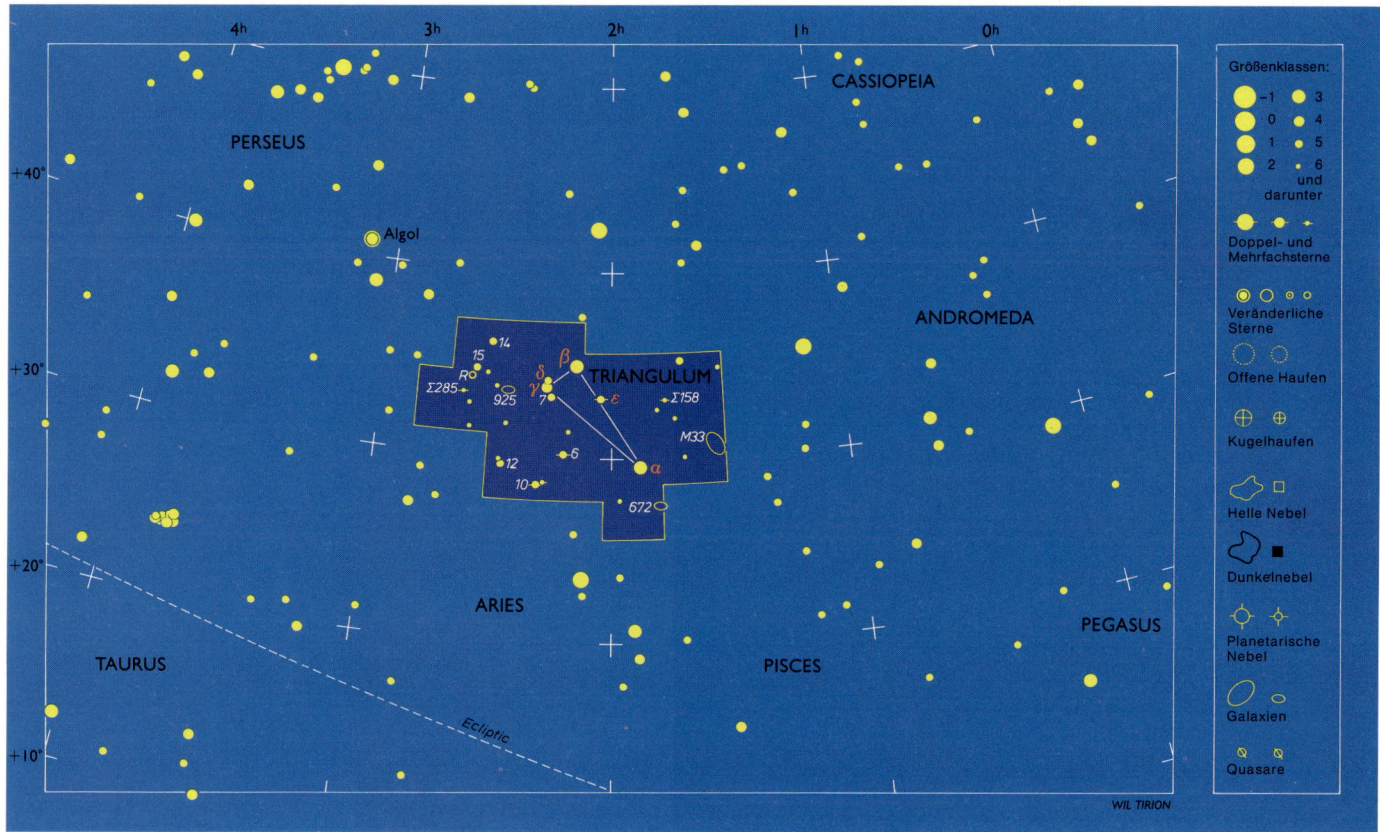

entstehung in M 33 noch anhält. Bislang konnte keine Supernova in dieser Nachbargalaxie beobachtet werden, weil anscheinend noch keiner dieser Sterne bereits so alt ist, daß er seinen Kernbrennstoff im Zentrum aufzehren konnte. Eine solche Supernova sollte, falls ihr Licht nicht durch vorgelagerte Staubwolken abgeschwächt wird, eine Helligkeit bis zur 6. Größenklasse erreichen und damit die gesamte Galaxie überstrahlen können.

NGC 604

Der auffälligste Nebel in der Galaxie M 33 trägt eine eigene NGC-Nummer; es handelt sich um eine riesige Gaswolke, die in ihren Ausmaßen an den Tarantelnebel in der Großen Magellanschen Wolke heranreicht; im Fernrohr erscheint sie als verwaschener Fleck von 1 Bogenminute Durchmesser, etwa 10 Bogenminuten vom Kern entfernt; auf Fotografien tritt die rötliche Farbe hervor, und ihr Spektrum entspricht dem einer galaktischen HII-Region wie etwa dem Lagunennebel (M 8). Mit einem größeren Amateurfernrohr kann man die Spiralarme ein Stück weit vom Kern aus verfolgen, ebenso wie vier Vordergrundsterne. Die Arme erscheinen diffus und breit und sind nur in einem Weitwinkelokular vollständig zu erkennen. In einer klaren, dunklen Nacht läßt sich mit Teleskopen ab 30 cm Öffnung auch die auf ausgedehnte Staubwolken zurückgehende „fleckige" Struktur ausmachen, und in Fernrohren von mehr als 40 cm Öffnung lassen sich die OB-Assoziationen bei starker Vergrößerung in Einzelsterne auflösen.

Unter den übrigen, lichtschwachen Galaxien im Dreieck sind NGC 672 und NGC 925 lohnenswerte Objekte. Auch an Doppelsternen hat die kleine Figur nicht viel zu bieten, doch zeichnet sich iota (ι) durch einen reizvollen Farbkontrast zwischen dem gelben G5-und dem bläulichen F6-Stern aus. Die Komponenten von Σ 285 stehen 1,7 Bo-

gensekunden auseinander und sollten in einem Fernrohr von 7,5 cm Öffnung gerade eben zu trennen sein.

Beobachtungsobjekte im Dreieck

Doppel- und Mehrfachsterne

Name	RA	Dec.	Distanz (Bogensek.)		Helligk.		Jahr
Σ 158	01h 46.8m	+33° 10′	AB	2.1	8.5	9	1962
			AC	55	8.5	12.5	1912
			AD	100	8.5	11.5	1912
6	02h 12.4m	+30° 18′	3.9		5.3	6.9	1973
Σ 285	02h 38.8m	+33° 25′	1.7		7.5	8.2	1959

Nebel und Sternhaufen

Name	RA	Dec.	Typ	Größe	Helligk.
M33 (NGC 598)	01h 33.9m	+30° 39′	Gal. Sc (s)	62′ × 39′	5.7
NGC 672	01h 47.9m	+27° 26′	Gal. SBc	6.6′ × 2.7′	10.8
NGC 925	02h 27.3m	+33° 35′	Gal. Sb/c	9.8′ × 6.0′	10.0

Ursa Major

Der Große Bär ist das drittgrößte Sternbild. Bis auf die südlichsten Ausläufer ist diese Figur für die Bewohner Mitteleuropas zirkumpolar. Der Große Wagen, der aus den sieben hellsten Sternen des Großen Bären gebildet wird, stellt nur einen kleinen Ausschnitt der gesamten Figur dar; er fällt mit dem Hinterteil und dem (zoologisch nicht ganz korrekten) Schwanz des Bären zusammen. Der Rest des Bären wird von weniger hellen Sternen umrissen: Omicron (o) markiert die Nase, theta (ϑ), kappa (ϰ) und iota (ι) die Vorderpranke, chi (χ), psi (ψ), lambda (λ) und my (μ) die Hinterpranke.

Der Große Bär enthält zahlreiche Galaxien, die zu zwei großen Gruppen oder Galaxienhaufen gehören: der Gruppe um Messier 81/82 und dem Ursa-Major-Bereich des ausgedehnten Ursa Major-Coma-Virgo-Komplexes; außerdem findet man in diesem Sternbild einen sehr schönen planetarischen Nebel, M 97, den Eulennebel, und Dutzende reizvoller Doppelsterne, von denen einige der interessantesten in der Tabelle aufgelistet sind. Emissions- und Staubnebel dagegen sucht man ebenso vergeblich wie die extrem schwachen kugelförmigen Sternhaufen, die erst vor kurzem auf Himmelsaufnahmen entdeckt wurden.

Bei Zirkumpolarsternbildern unterscheidet man zwischen zwei Meridiandurchgängen, der oberen und der unteren Kulmination, bei der das Sternbild zwischen dem Nordhorizont und dem Himmelspol hindurchschwingt. Die obere Kulmination erfolgt Ende April gegen 23 Uhr Sommerzeit, die untere entsprechend ein halbes Jahr später, Ende Oktober gegen 22 Uhr.

Der Große Wagen

Der Große Wagen als Teil des Großen Bären zeigt uns den Weg zum Polarstern: Verlängert man die Verbindung zwischen den beiden hinteren Kastensternen nach oben (bezogen auf die gedachte Straße, auf der der Wagen rollt), so trifft man in einigem Abstand auf den Polarstern. Dies war nicht immer so, weil Dubhe, der obere hintere Kastenstern, sich relativ zu den anderen Sternen nach Westen bewegt und entsprechend die Zielrichtung des Wegweisers verschiebt (die Eigenbewegung von Dubhe und damit die Verschiebung der Pfeilrichtung ist allerdings klein im Vergleich zur präzessionsbedingten Wanderung des Himmelspols; Anm. d. Ü.).

Die hellen Sterne des Großen Wagens tragen allesamt Eigennamen: Alpha (α) heißt Dubhe, „Rücken des Großen Bären"; beta (β) Mirak, „Hüfte des Bären"; gamma (γ) Phecda, „Oberschenkel"; delta (δ) Megrez, „Schwanzwurzel"; epsilon (ε) Alioth, vielleicht „fetter Schwanz"; zeta (ζ) Mizar, „Gürtel"; und eta (η) Alkaid, „Wächter der Töchter des Leichenwagens" (die Araber sahen den Großen Wagen mitunter als Leichenwagen an, dem ein Zug von Klageweibern folgte).

Zwei Sterne im Großen Bären zeigen eine ziemlich rasche Eigenbewegung, was sie auf Platz drei und sieben in der Liste der „schnellsten" Sterne rückt: Groombridge 1830 (7,04 Bogensekunden pro Jahr) und Lalande 21185 (4,78 Bogensekunden pro Jahr). Groombridge 1830 ist ein gelber Stern der Helligkeit $6,5^m$, der auch eine hohe Raumgeschwindigkeit von knapp 350 km/s aufweist; er nähert sich der Sonne mit einer Geschwindigkeit von knapp 100 km/s. Groombridge 1830 steht etwa auf halbem Wege zwischen beta (β) Canum Venaticorum und ny (ν) Ursae Majoris; seine Eigenbewegung sollte nach ein oder zwei Jahren erkennbar sein.

Der veränderliche Stern W Ursae Majoris ist der Prototyp einer Klasse von bedeckungsveränderlichen Zwergsternen. Die einzelnen Komponenten leuchten nicht heller als unsere Sonne, doch berühren sie sich fast gegenseitig und umlaufen sich daher in kurzen Perioden. Bei W Ursae Majoris folgen die Minima (Lichtwechsel zwischen 8,3 und 9,6 Größenklassen) im Abstand von knapp über 8 Stunden aufeinander, und dazwischen gibt es fast gleich tiefe Sekundärminima.

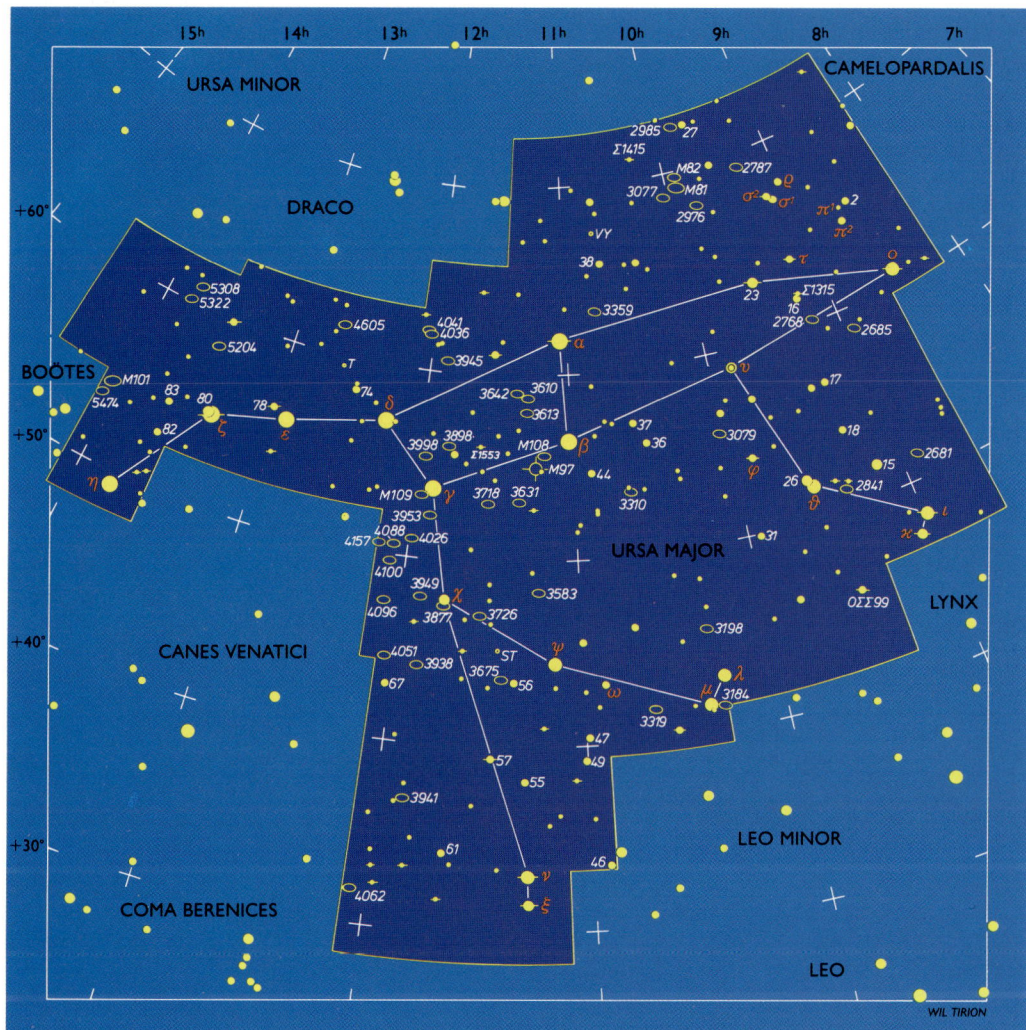

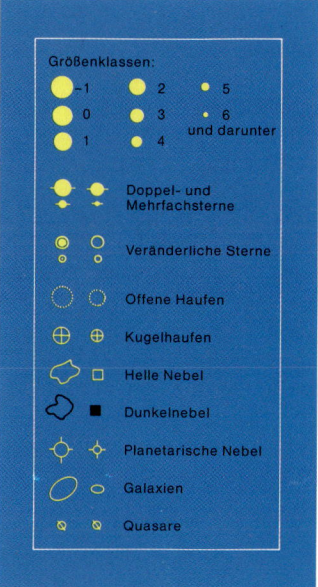

Die Sterne sind aufgrund ihrer gegenseitigen Gezeitenkräfte stark verformt und teilen sich eine gemeinsame Atmosphäre; insgesamt sind rund 400 Paare dieser Art bekannt, mehr als 20mal soviel wie von anderen Bedeckungsveränderlichen.

Ein Bewegungshaufen

Viele der helleren Sterne im Großen Bären wandern gemeinsam durch das Weltall in Richtung auf den Ostteil des Sternbilds Schütze; das Zentrum dieses „Bewegungshaufens" liegt etwa 75 Lichtjahre entfernt, und damit ist diese Gruppe der nächste bekannte Sternhaufen. Zu diesem vergleichsweise kleinen Haufen gehören die Sterne des Großen Wagens mit Ausnahme von Dubhe und Alkaid, außerdem Alcor, der weite Begleiter von Mizar, 78, 37, GC 17919 und GC 17404 Ursae Majoris, 21 Leonis Minoris, Σ 1878 im Drachen und möglicherweise noch alpha (α) Coronae Borealis.

Mizar

Einer der bemerkenswertesten Doppelsterne am Himmel ist der mittlere Deichselstern des Großen Wagens, Mizar. Zusammen mit Alcor bildet er ein Paar für das bloße Auge, das vielfach als Augenprüfer bezeichnet wird; dabei bedarf es keiner besonders guten Augen, um die beiden Sterne zu erkennen (vielleicht ist Alcor in den vergangenen Jahrhunderten langsam heller geworden). Mizar selbst wurde 1650 von Riccioli als Doppelstern erkannt; seine $2,4^m$ und $4,0^m$

hellen Komponenten stehen 14,4 Bogensekunden auseinander. Ich sehe beide Sterne weiß, doch werden sie mitunter auch als leicht farbig beschrieben. Jeder der beiden Sterne ist für sich spektroskopisch doppelt, und ein fünftes Mitglied verrät sich durch Veränderungen in der Radialgeschwindigkeit der anderen Sterne. Mizar gehört zum UMa-Bewegungshaufen und ist rund 88 Lichtjahre entfernt.

Der Eulennebel

Bevor wir uns den vielen Galaxien zuwenden, sollte noch der Eulennebel (M97) erwähnt werden. Er ist nicht sehr hell, aber leicht unweit von beta (β) UMa zu finden; sein Durchmesser liegt bei rund 150 Bogensekunden. In Teleskopen ab 30 cm Öffnung kann man einen schwachen Zentralstern sowie zwei dunkle Flecken in der Scheibe erkennen (die Augen der Eule). Auf dem Weg von beta (β) zu M97 kommt man an einer zigarrenförmigen Galaxie vorbei; dies ist M108 (NGC 3556), ein staubreiches System, bei dem wir auf die Kante blicken; seine Entfernung wird mit rund 35 Millionen Lichtjahren angegeben.

Galaxien

M81 und M82 bilden das Zentrum einer kleinen Gruppe von Galaxien, die – nach kosmischen Maßstäben – in unserer unmittelbaren Nachbarschaft steht: Die rund ein Dutzend Galaxien umfassende

Gruppe ist etwa 7 Millionen Lichtjahre entfernt. M 81 (NGC 3031) gehört zu den hellsten Galaxien; ich habe sie zusammen mit M 82 bereits mit einem 7×50-Fernglas gesehen. In einem astronomischen Fernglas mit 15- oder 20facher Vergrößerung und mindestens 80 Millimeter Öffnung ist das Paar unübersehbar. Die Scheibe der Galaxie ist hell und groß und besitzt einen ziemlich kleinen Kern; die dünnen, blassen Arme von M 81 kann man mit Teleskopen ab 40 cm Öffnung erkennen, während die Staubwolken nur auf Fotografien hervortreten. Nur 38 Bogenminuten weiter nördlich steht M 82 (NGC 3034), eine Herausforderung an die moderne Astronomie. Ihr Erscheinungsbild wurde sehr gegensätzlich gedeutet: Ursprünglich hielt man M 82 für eine explodierende Galaxie, doch glauben einige Wissenschaftler aufgrund ihrer Beobachtungen, daß die auffälligen Staubgebiete in die Galaxie hineinstürzen. Diese Formationen sind aber nur fotografisch zu beobachten, besonders auf Filteraufnahmen im Bereich der roten Wasserstoff-Linie. Im Fernrohr erkennt man lediglich ein ziemlich helles, zigarrenförmiges Objekt, das vor allem nahe der Mitte von einigen Staubwolken durchzogen erscheint, fahle Andeutungen der auf Fotografien so dominierenden, turbulent wirkenden Formationen. Die Filamente zeigen eine gewisse Ähnlichkeit mit denen im Crabnebel; jedenfalls scheinen sich seltsame Dinge im Innern von M 82 abzuspielen.

Im Großen Bär warten noch zahlreiche andere Galaxien auf uns.

Eines meiner Lieblingsobjekte ist NGC 2841, vielleicht, weil sie so leicht zu finden ist; auch sie gehört zu den hellsten Galaxien am Himmel außerhalb der Lokalen Gruppe. NGC 2841 steht zwischen den Sternen theta (ϑ) und 15 in der Vorderpranke des Großen Bären. In Fernrohren mittlerer Größe erkennt man ein ziemlich helles Oval mit einem Stern an der einen Seite; Teleskope ab 30 cm Öffnung zeigen auch einen zarten Lichtschimmer außerhalb des zentralen Wulstes, der auf die Existenz mehrerer eng gewundener Spiralarme schließen läßt. Auch NGC 3184 läßt sich vergleichsweise leicht finden, steht sie doch bei geringer Vergrößerung gemeinsam mit my (μ) UMa im Gesichtsfeld.

M 101 (NGC 5457) über der Deichsel des Großen Wagens ist eine sehr große Spiralgalaxie, auf die wir ziemlich frontal blicken. Ihre Spiralarme lassen sich sogar in kleineren Teleskopen recht gut erkennen: Mein 25-cm-Teleskop (f/6) zeigt sie in einer dunklen Nacht bei geringer Vergrößerung. Innerhalb dieser Galaxie gibt es zahlreiche Verdichtungen und HII-Emissionsnebel, die zum Teil mit eigenen Nummern in dem von J. L. E. Dreyer (1852–1926) erstellten *New General Catalogue* aufgeführt werden. Den kleinen Kern kann man in kleinen Teleskopen erkennen, und in einem astronomischen Fernglas sieht man M 101 als große, blasse Scheibe mit lichtschwachen Vordergrundsternen; in diesem Jahrhundert wurden in M 101 bereits drei Supernovae der 11. bzw. 12. Größenklasse beobachtet.

Beobachtungsobjekte im Großen Bären
Doppelsterne

Name	RA	Dec.	Distanz (Bogensekunden)		Helligkeiten		Jahr
Σ 1315	09h 12.8m	+61° 41'		24.9	7.7	7.7	1925
OΣΣ 99	09h 28.7m	+45° 36'	AB	77.3	5.5	8.0	1924
			AC	83.5	5.5	9.7	1923
23	09h 31.5m	+63° 04'	AB	22.7	3.7	8.9	1975
				99.6	3.7	10.4	1957
φ (Phi)	09h 52.1m	+54° 04'		0.4 (1966)	5.3	5.4	1960
Σ 1415	10h 17.9m	+71° 03'	AB	16.7	6.7	7.3	1968
			AC	150.1	6.7	10.6	1956
α (Alpha)	11h 03.7m	+61° 45'		0.6 (1944)	1.9	4.8	1945
ξ (Xi)	11h 18.2m	+31° 32'		2.9 (1968)	4.3	4.8	1977
57	11h 29.1m	+39° 20'		5.4	5.3	8.3	1958
Σ 1553	11h 36.6m	+56° 08'		6.0	7.9	8.4	1968
78	13h 00.7m	+56° 22'		1.0 (1967)	5.0	7.4	1959
ζ (Zeta)	13h 23.9m	+54° 56'		14.4	2.3	4.0	1977

Nebel und Sternhaufen

Name	RA	Dec.	Typ	Größe	Helligk.
NGC 2841	09h 22.0m	+50° 58'	Gal. Sb–	8.1' × 3.8'	9.3
NGC 2976	09h 47.3m	+67° 55'	Gal. Scp	4.9' × 2.5'	10.2
M 81 (NGC 3031)	09h 55.6m	+69° 04'	Gal. Sb	25.7' × 14.1'	6.9
M 82 (NGC 3034)	09h 55.8m	+69° 41'	Gal. P	11.2' × 4.6'	8.4
NGC 3079	10h 02.0m	+55° 41'	Gal. Sb	7.6' × 1.7'	10.6
NGC 3184	10h 18.3m	+41° 25'	Gal. Sc	6.9' × 6.8'	9.8
NGC 3198	10h 19.9m	+45° 33'	Gal. Sc	8.3' × 3.7'	10.4
NGC 3319	10h 39.2m	+41° 41'	Gal. SBc	6.8' × 3.9'	11.3
M 108 (NGC 3556)	11h 11.5m	+55° 40'	Gal. Sc	8.3' × 2.5'	10.1
M 97 (NGC 3507)	11h 14.8m	+55° 02'	Plan. Neb.	194"	12.0pg
NGC 3726	11h 33.3m	+47° 02'	Gal. Sc	6.0' × 4.5'	10.4
NGC 3938	11h 52.8m	+44° 07'	Gal. Sc	5.4' × 4.9'	10.4
NGC 3953	11h 53.8m	+52° 20'	Gal. Sb+	6.6' × 3.6'	10.1
M 109 (NGC 3992)	11h 57.6m	+53° 23'	Gal. SBb+	7.6' × 4.9'	9.8
NGC 4605	12h 40.0m	+61° 37'	Gal. Sbcp	5.5' × 2.3'	11.0
M 101 (NGC 5457)	14h 03.2m	+54° 21'	Gal. Sc	26.9' × 26.9'	7.7

Spiralgalaxie M 81 (NGC 3031). Dieses eindrucksvolle Beispiel einer Spiralgalaxie ist rund 10,5 Millionen Lichtjahre entfernt und ähnelt unserer Galaxis: Die Zahl der Sterne nimmt zum Zentrum hin stark zu, wie dieses vom Computer aufbereitete Foto zeigt, das mit dem 5-m-Spiegel am Mount Palomar Observatory aufgenommen wurde. Die dichte Zentralregion wurde orange wiedergegeben, während die Spiralarme von Ansammlungen aus heißen, jungen Sternen erfüllt sind.

Vela

↑

Vela, die Segel, gehörten ursprünglich zum Schiff Argo, das in der Mitte des 18. Jahrhunderts von dem französischen Astronomen Nicolas Louis de Lacaille aufgeteilt wurde.

Der Gum-Nebel ist mit einem Durchmesser von 30° der größte Nebel am Himmel. Er trägt den Namen seines Entdeckers, des australischen Astronomen Colin Gum, der ihn fand, als er ein Fotomosaik der Sternbilder Vela und Puppis zusammenfügte. Die Sterne gamma (γ) Velorum und zeta (ζ) Puppis liegen innerhalb des Nebels, sind aber nicht heiß genug, um den Nebel zum Leuchten anzuregen. Eine Hypothese geht davon aus, daß der Nebel noch von der „benachbarten" Vela-Supernova vor rund 12000 Jahren nachglüht. Das Foto wurde auf der Europäischen Südsternwarte in Chile aufgenommen.

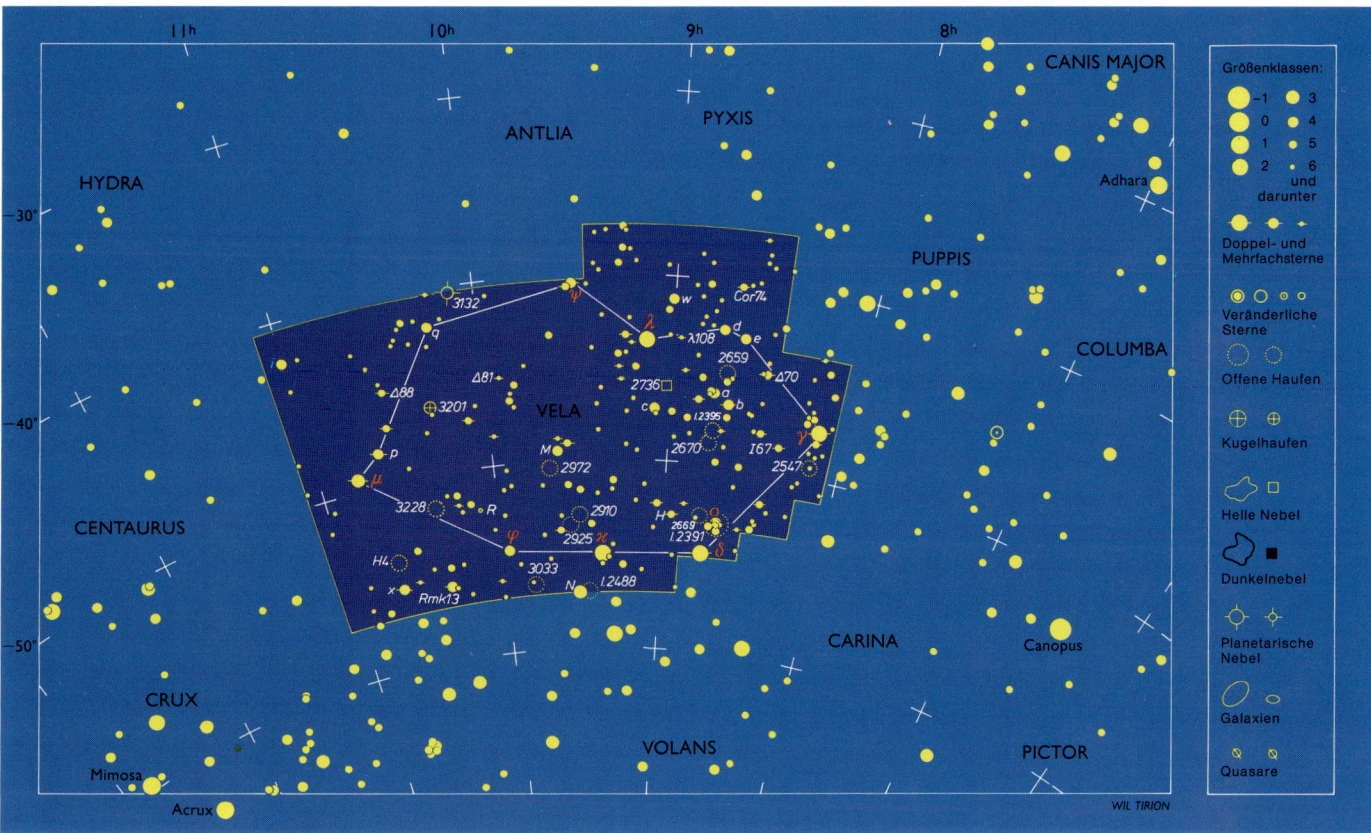

Das Sternbild Segel gehörte früher zum Schiff Argo, einer Figur, die von Lacaille in drei Teile zergliedert wurde: Segel, Achterdeck des Schiffes und Schiffskiel. Das südliche Sternbild grenzt an die Figuren Achterdeck des Schiffes, Centaur, Luftpumpe, Kompaß und Fliegender Fisch. Die vier hellsten Sterne tragen ihre Bezeichnung noch nach der „Rangfolge" innerhalb der gemeinsamen Figur: Gamma (γ), delta (δ), kappa (ϰ) und lambda (λ). Zwei von ihnen (delta und kappa) bilden gemeinsam mit epsilon (ε) und iota (ι) Carinae eine Gruppe, die von Anfängern oft irrtümlich für das Kreuz des Südens gehalten wird und daher den Beinamen „Falsches Kreuz" trägt: Sie ist größer und nicht ganz so symmetrisch wie das richtige Sternbild dieses Namens.

Die Milchstraße verläuft von Nordwesten nach Südosten durch das Segel und wird hier von einer ausgedehnten Dunkelwolke in zwei „Spuren" unterteilt; da die Milchstraße in dieser Gegend nicht sehr hell ist, tritt diese Unterteilung auf langbelichteten Fotografien deutlicher hervor als am Himmel. Man findet eine Reihe ziemlich kleiner Sternhaufen, aber nur zwei Nebel, einen kugelförmigen Sternhaufen und zwei planetarische Nebel, deren einer (NGC 3132) auch mit kleinen Fernrohren gut zu sehen ist; schließlich gibt es noch eine Fülle von schönen Doppel- und Mehfachsternen.

Doppel- und Mehrfachsterne

An erster Stelle muß hier gamma (γ) Velorum genannt werden, dessen 1,9^m und 4,2^m helle Komponenten 41 Bogensekunden auseinander stehen. Im gleichen Gesichtsfeld erkennt man einen zweiten Doppelstern, dessen Partner gravitativ mit gamma Velorum verknüpft sein können. Die hellere Komponente von gamma Velorum ist der Prototyp einer Gruppe von Sternen mit ungewöhnlichem Spektrum, ein Wolf-Rayet-Stern. Ihr kontinuierliches Spektrum ist von hellen, bis zu 100 Angström breiten Emissionslinien (vornehmlich des Heliums)

durchzogen (1 Angström = 10^{-10} Meter), die auf beträchtliche Turbulenzen in den betreffenden Gasen (Helium, Stickstoff, Sauerstoff, Kohlenstoff und Silizium in ionisierter Form) schließen lassen. Wolf-Rayet-Sterne zeigen einen starken stellaren Wind, der größere Mengen an Gas in den umgebenden Weltraum transportiert; wenn sich diese Gasmassen vom Stern entfernen, werden sie ionisiert und leuchten dann in den beobachteten Emissionslinien. Obwohl gamma für Beobachter in Mitteleuropa zu weit südlich steht, lohnt sich seine Beobachtung, wenn sich eine entsprechende Gelegenheit bietet.

Unter den vielen weiteren Doppelsternen seien noch einige besonders erwähnt. Die beiden 4,5 Bogensekunden entfernten Komponenten von Δ 70 werden von Hartung als tief- und blaßgelb beschrieben; bei delta (δ) stehen zwei helle Sterne (2,1^m/5,1^m) rund 2,6 Bogensekunden auseinander; lambda (λ) ist ein Vierfach-Stern mit Komponenten der 7., 9. und 10. Größenklasse. Psi (ψ) besitzt eine Periode von 34 Jahren; seine Komponenten werden bis 1993 auf 0,6 Bogensekunden zusammenrücken. Δ 81 umfaßt zwei Sterne der 6. und 8. Größenklasse (gelb/blau) in 5,4 Bogensekunden Abstand; die beiden annähernd gleichhellen Komponenten von Δ 88 stehen 13,5 Bogensekunden getrennt und werden daher von nahezu jedem Instrument aufgelöst; der Abstand der beiden sonnenähnlichen Sterne von my (μ) Vel vergrößert sich von 2,3 Bogensekunden in 1990 auf 2,5 Bogensekunden im Jahre 2000.

Sternhaufen

Viele schöne offene Haufen erscheinen wie Sprenkel auf dem Segel. Der 20 Bogenminuten große Haufen NGC 2547 erfordert ein Weitwinkelokular geringer Vergrößerung. IC 2391 ist ein spärlich besetzter, aber heller Haufen, der den Stern omicron (o) 4. Größenklasse einschließt – er ist ein phantastisches Objekt für Ferngläser. H 3 (NGC

2669) vereint 35 Sterne auf einem Feld von 7 Bogenminuten Durchmesser, darunter auch den Doppelstern Hu 1590 (8,3^m/8,8^m in 0,3 Bogensekunden Abstand). IC 2488 ist 15 Bogenminuten groß mit Sternen der 11. Größenklasse und darunter. Das Licht des kugelförmigen Haufens NGC 3201 wird durch galaktische Dunkelwolken um mehr als zwei Größenklassen geschwächt. Auf Fotos erkennt man hier einen weniger stark verdichteten Haufen mit einigen interessanten Untergruppen.

Nebel

Das Sternbild Segel enthält zwei Nebel unterschiedlicher Natur. John Herschel entdeckte einen schmalen Nebel, NGC 2736, der bei einer Länge von 20 Bogenminuten nur rund 30 Bogensekunden breit ist. Er gehört zum Gum-Nebel, einem Supernova-Überrest. Rund 45 Bogenminuten westlich dieses Nebels steht der berühmte Vela-Pulsar, der mit dem Gum-Nebel allerdings nichts zu tun hat. Der helle planetarische Nebel NGC 3132 erscheint elliptisch und enthält einen Zentralstern der 9. Größenklasse; die komplexe Struktur des Nebels ist in größeren Fernrohren zu erkennen.

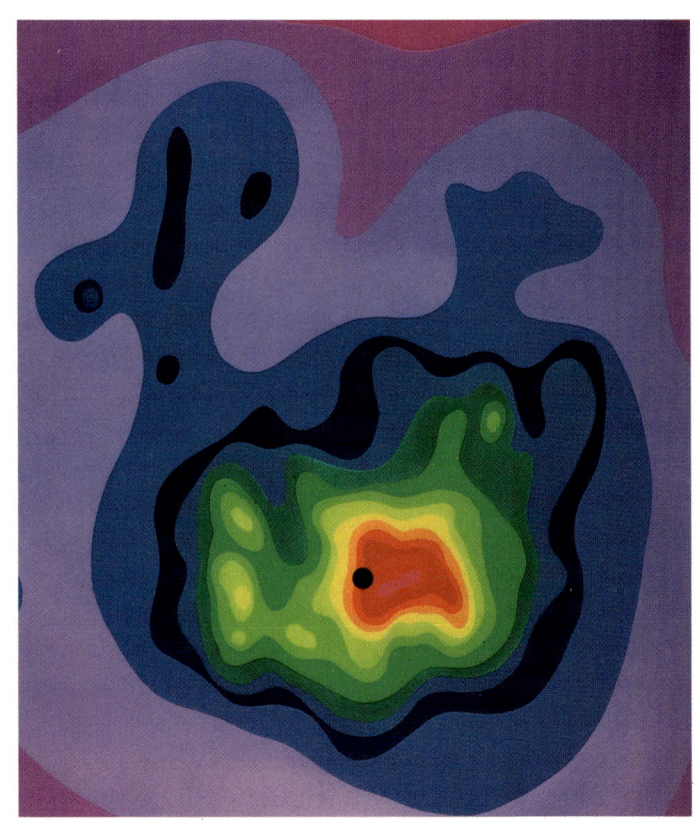

Vela-Supernova-Überrest. Die Daten, die mit dem Parkes-Radioteleskop in Australien aufgenommen wurden, sind entsprechend der gemessenen Intensität farbkodiert wiedergegeben worden. Das Radiostrahlungsgebiet hat einen Durchmesser von rund 4° (entsprechend 100 Lichtjahren); der schwarze Punkt markiert die Position des Vela-Pulsars. Ein optisches Bild des Supernova-Überrestes ist auf der gegenüberliegenden Seite zu sehen.

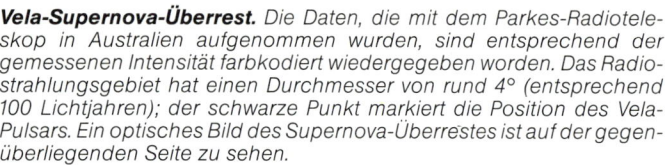

Beobachtungsobjekte im Segel
Doppel- und Mehrfachsterne

Name	RA	Dec.	Distanz (Bogensekunden)		Helligkeiten		Jahr
γ (Gamma)	08h 09.5m	−47° 20′	AB	41.2	1.9	4.2	1951
			AC	62.3	1.9	8.2	1907
			AD	93.5	1.9	9.1	1902
I 67	08h 22.5m	−48° 29′		0.8	5.2	6.2	1946
Δ 70	08h 29.5m	−44° 44′		4.5	5.2	6.8	1951
Cor 74	08h 40.3m	−40° 16′		4.0	5.2	8.5	1935
δ (Delta)	08h 44.7m	−54° 43′	AB	2.6	2.1	5.1	1952
				69.2	2.1	11.0	1913
H	08h 56.3m	−52° 43′		2.7	4.8	7.4	1938
λ 108	08h 57.1m	−43° 15′	AB	3.1	7.6	9.6	1935
			AC	43.1	7.6	10.1	1935
			AD	48.1	7.6	9.2	1935
ψ (Psi)	09h 30.7m	−40° 28′		0.5 (1961)	4.1	4.6	1956
Δ 81	09h 54.3m	−45° 17′		5.4	5.8	7.9	1952
Rmk 13	10h 20.9m	−56° 03′	AB	7.2	4.7	8.4	1952
			AC	36.8	4.7	9.5	1931
Δ 88	10h 31.9m	−45° 04′		13.5	6.2	6.5	1951
μ (Mu)	10h 46.8m	−49° 25′		0.7	2.7	6.4	1942

Nebel und Sternhaufen

Name	RA	Dec.	Typ	Größe	Helligk.
IC 2391	08h 40.2m	−53° 04′	Open Cl.	50′	2.5
NGC 2669 (H3)	08h 44.9m	−52° 58′	Open Cl.	12′	6.1
NGC 2547	08h 10.7m	−49° 16′	Open Cl.	20′	4.7
NGC 2736	09h 00.4m	−45° 54′	SNR	>20′	12.0
IC 2488	09h 27.6m	−56° 59′	Open Cl.	15′	7.4pg
NGC 3132	10h 07.7m	−40° 26′	Plan. Neb.	>47″	8.2pg
NGC 3201	10h 17.6m	−46° 25′	Glob. Cl.	18.2′	6.8

Der Vela-Supernova-Überrest geht auf eine Sternexplosion zurück, die vor rund 12 000 Jahren stattgefunden haben dürfte. Er enthält zahlreiche leuchtende Filamente, die sich über ein Gebiet von rund zehn Vollmonddurchmessern Größe erstrecken. Dieses Bild, das nur etwa ein Viertel der Fläche zeigt, wurde aus drei Filteraufnahmen mit dem 1,2-m-UK-Schmidt-Teleskop in Australien erstellt.

Virgo

Virgo, die Jungfrau, *ist ohne Zweifel eines der ältesten Sternbilder des Tierkreises. Schon in den frühesten Aufzeichnungen erscheint sie als eine göttliche Mutter, mitunter auch als Frau eines Schöpfers oder einer führenden Gottheit: In Indien galt sie als Kanya, die Mutter Krishnas, in Babylonien als Ishtar, in Ägypten als Isis und bei den Sachsen als Eostre, von der sich unser Wort Ostern ableiten läßt. Griechen und Römer sahen sie als Astraea, die Tochter von Zeus und Themis, an. In den meisten Darstellungen trägt sie eine Kornähre als Zeichen der Fruchtbarkeit (das Sternbild taucht zur Erntezeit vor Sonnenaufgang am Morgenhimmel auf). Die Bezeichnung Jungfrau geht möglicherweise auf eine mittelalterliche Identifizierung mit Maria zurück.*

Das Sternbild Jungfrau ist eine große, äquatornahe Figur des Tierkreises. Sie bedeckt 1294 Quadratgrad, enthält aber nicht viele sehr helle Sterne: Spica, der Hauptstern, steht in der Liste der hellsten Sterne an 16. Stelle. Die Jungfrau wurde auf alten Sternkarten meist auf der Seite liegend dargestellt, mit den Füßen nach Osten; in der Hand hielt sie eine Kornähre (Spica). Modernen Astronomen ist sie als „Reich der Galaxien" bekannt, ein Begriff, der von Edwin Hubble geprägt wurde. Im Bereich nördlich von gamma (γ), westlich von eta (η) und östlich von beta (β) Leonis stehen hunderte vergleichsweise heller Galaxien, die zum Coma-Virgo-Galaxienhaufen gehören.

Der Coma-Virgo-Haufen

Dieser Haufen ist einer der nächsten und zugleich massereichsten Galaxienhaufen mit rund 3000 bekannten Mitgliedern. Seine Entfernung ist Gegenstand endloser Kontroversen, seit Edwin Hubble die Galaxien Mitte der 20er Jahre als eigenständige Welteninseln erkannte. Moderne Untersuchungen verlegen das Zentrum des Haufens in eine Entfernung von 40 Millionen Lichtjahren; die Vorderseite ist dann 20 Millionen Lichtjahre entfernt, die Rückseite etwa 70 Millionen Lichtjahre.

Der Virgo-Galaxienhaufen ist aber nur die nächste größere Galaxienansammlung im Kosmos. Daneben gibt es zahllose weitere Haufen bis hin zur 25. Größenklasse, der gegenwärtigen fotografischen Nachweisgrenze. Der Virgohaufen scheint gleichzeitig das Zentrum einer noch größeren Galaxienansammlung zu sein, die als „Virgo-Superhaufen" bezeichnet wird. Viele Besitzer kleiner Teleskope beobachten diese winzigen Nebelfleckchen mit besonderer Aufmerksamkeit, um mögliche Supernova-Explosionen zu entdecken. Weltweit gibt es zahlreiche Gruppen und Vereinigungen von Himmelsbeobachtern (auch viele Amateurastronomen), die nach besonderen Objekten am Himmel Ausschau halten; „ihre" Novae,

Supernovae und Kometen werden dann später von den professionellen Astronomen untersucht. In der typischen Entfernung einer Virgo-Galaxie kann eine Supernova bis zur 14. oder gar 12. Größenklasse anschwellen und damit in einem 25-cm-Teleskop sichtbar werden.

Die Tabelle enthält die meisten der Galaxien, die heller als 12. Größenklasse sind; einige werde ich hier noch etwas ausführlicher beschreiben. NGC 4030 steht etwa auf halbem Weg zwischen eta (η) Virginis und Ypsilon (υ) Leonis; wir blicken nahezu frontal auf diese Spiralgalaxie. NGC 4216 präsentiert sich in Kantenstellung und ähnelt einer Miniaturausgabe von NGC 253 im Bildhauer; man findet sie zusammen mit NGC 4132, indem man zwischen eta (η) und beta (β) ein flaches, gleichschenkliges Dreieck nach Norden errichtet. Am Ostrand steht ein Vordergrundstern der 13. Größenklasse, den man nicht mit einer Supernova verwechseln sollte. M 61 ist mit 10,2^m eine der hellsten Galaxien des Virgo-Haufens; sie besitzt einen sehr auffälligen Arm, der in Teleskopen ab 30 cm Öffnung erahnt werden kann. Wie bei vielen anderen Galaxien, auf die wir nahezu frontal blicken, wurden auch hier bereits mehrere Supernova beobachtet, zuletzt 1964; M 61 steht etwa 1° nördlich des ersten helleren Sterns oberhalb von eta (η) Virginis. M 84 und M 86 sind nahezu identische elliptische Galaxien im Zentrum des Virgo-Haufens. M 84, die westliche von beiden, erscheint als diffuses, rundes Objekt, dessen Helligkeit zur Mitte hin stark zunimmt; hier wurde 1957 eine Supernova registriert – für eine elliptische Galaxie ein durchaus ungewöhnliches Ereignis. Gerade 17 Bogenminuten östlich steht M 86, die nur wenig elliptisch erscheint, aber die für elliptische Galaxien typische Helligkeitszunahme nach innen aufweist. Im Halo dieser Galaxie steht auf der nordöstlichen Seite ein ebenfalls elliptischer Begleiter der vielleicht 15. Größenklasse. NGC 4438/5 sind ein weiteres Galaxienpaar in dieser ungewöhnlichen Kette von Galaxien im Zentrum des Hau-

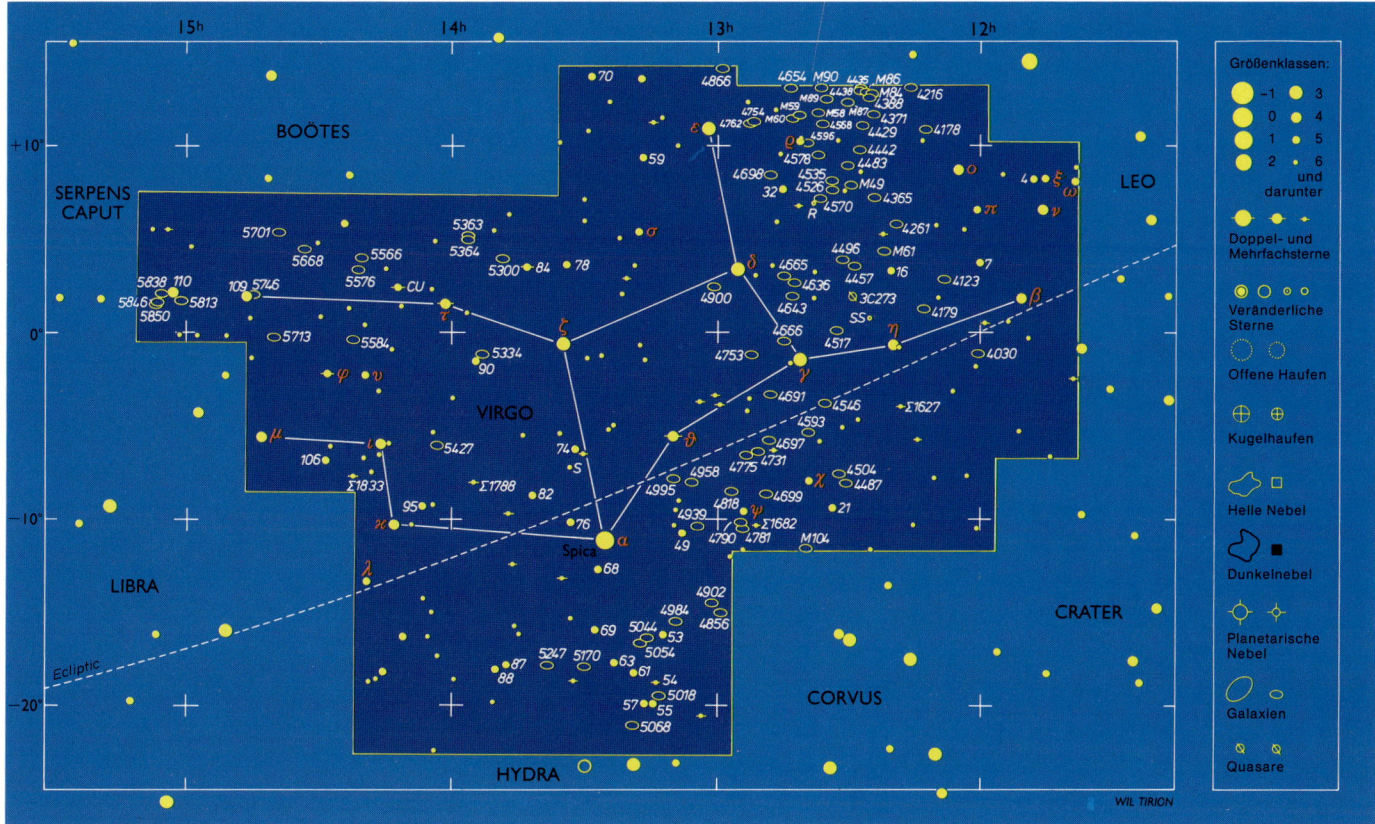

fens; NGC 4438 ist eine ausgefallene Spiralgalaxie in Kantenstellung mit einer Verlängerung nach Süden. Auf langbelichteten Aufnahmen mit großen Teleskopen erkennt man zahlreiche lichtschwache Filamente in Nord-Süd-Richtung; sie stammen vermutlich aus einer Begegnung mit NGC 4435, einer kleineren elliptischen Galaxie unmittelbar nördlich.

M 87

Der riesige Sternenball M 87 enthält nicht nur weit mehr Sterne als die Andromedagalaxie oder unsere Galaxis: Sie ist darüber hinaus von zahllosen kugelförmigen Sternhaufen umgeben (die Gesamtzahl wird auf bis zu 4000 geschätzt!) und zeigt seltsame Aktivitäten im Zentrum; immerhin ist M 87 als stärkste Radioquelle im Sternbild Jungfrau bekannt (Virgo A). Aus dem Zentrum schießt ein extrem blau leuchtender Materiejet hervor, der von den Astronomen in den verschiedensten Wellenlängenbereichen sorgfältig untersucht wurde. Er zeigt einige knotenhafte Verdichtungen und breitet sich mit ziemlich großer Geschwindigkeit aus. Besitzer von Fernrohren ab 40 cm Öffnung können versuchen, diesen etwa 20 Bogensekunden langen und 2 Bogensekunden breiten Jet an der Nordwestseite von M 87 zu beobachten; ein Nebelfilter könnte hilfreich sein, das Licht der Sterne zu unterdrücken. Modellrechnungen legen die Vermutung nahe, daß sich im Zentrum von M 87 ein Schwarzes Loch befindet. Südöstlich von M 87, aber im gleichen Gesichtsfeld, findet man zwei kleine elliptische Galaxien.

Die schöne Spiralgalaxie M 90 steht östlich der Kerngruppe. Hier sehen wir unter steilem Winkel auf die Spiralgalaxie, die auf Fotografien ziemlich glatt umrandet erscheint. Optisch erkennt man dagegen einen ovalen Fleck mit einem hellen, aber winzigen sternähnlichen Kern.

Die Sombrero-Galaxie

Südwärts, nahe der Grenze zum Raben, steht M 104, die Sombrero-Galaxie; sie wurde von Méchain entdeckt, nachdem Messier die Arbeiten an seinem Katalog mit 102 Eintragungen beendet hatte, und so erst 1784 nachgetragen. Im Teleskop erkennt man ein ovales Gebilde mittlerer Intensität, dessen Helligkeit zur Mitte hin anwächst. Fernrohre ab 20 cm Öffnung zeigen eine dunkle Linie vor der südlichen Hälfte, die auch auf Langzeitaufnahmen hervortritt. Solche Fotos lassen auch die zahllosen kugelförmigen Sternhaufen sowie eine Spiralstruktur in der von Gas-, Sternen und Staubwolken erfüllten galaktischen Scheibe erkennen. Die Entfernung der Galaxie wird mit etwa 40 Millionen Kilometer angegeben; dennoch ist sie eine der größten bekannten Galaxien mit einer Masse von 1,3 Billionen Sonnenmassen und einem Durchmesser von mindestens 130 000 Lichtjahren (oder 1,3 Galaxiendurchmesser).

Unmittelbar nördlich von rho (ρ) steht M 60, zusammen mit weiteren Galaxien: ein runder, diffus erscheinender Ball, dessen Helligkeit zur Mitte hin zunimmt. Nordwestlich daneben steht NGC 4647, eine wesentlich lichtschwächere Galaxie, auf die wir zwar frontal blicken, die in den meisten Amateurfernrohren jedoch als strukturloser, runder Nebelfleck erscheint.

NGC 4699 gehört zu den helleren Spiralgalaxien des Virgohaufens; ihre eng gewundenen Spiralarme sind allerdings wesentlich lichtschwächer als die Kernregion, die allein in einem kleineren Teleskop zu sehen sein dürfte; man findet NGC 4699 2° östlich und rund 0,5° südlich von chi (χ) Virginis. NGC 4939 ist eine Spiralgalaxie der 12. Größenklasse rund 1° nordwestlich von 49 im Westen von Spica. Das Aussehen von NGC 5247 erinnert an ein gespiegeltes S; allerdings braucht man ein Fernrohr von mindestens 40 cm Öffnung, um die fahlen Spiralarme überhaupt erkennen zu können; die Galaxie steht

8° südlich und ein wenig östlich von Spica. 4° nördlich von tau (τ) stehen zwei Galaxien im gleichen Gesichtsfeld. Die nördlichere von beiden ist NGC 5363, eine elliptische Galaxie mittlerer Helligkeit; 14,5 Bogenminuten weiter südlich steht NGC 5364, eine 5×4 Bogenminuten große Spiralgalaxie geringer Flächenhelligkeit. Auch NGC 5846 und NGC 5850 bilden ein solches Paar aus elliptischem System und Spiralgalaxie.

Die Suche nach dem Quasar

Besitzer größerer Amateurfernrohre sollten einmal versuchen, den ziemlich weit entfernten Quasar 3C 273 aufzuspüren, eines der leuchtkräftigsten Objekte im Weltall und vermutlich der Kern einer

(damals) noch jungen Galaxie. Das leicht veränderliche Objekt der 13. Größenklasse erscheint sternförmig und bildet mit zwei Sternen ähnlicher Helligkeit ein etwa rechtwinkliges Dreieck. Die Entfernung von 3C 273 wird auf mehr als 3 Milliarden Lichtjahre geschätzt; die hellsten bekannten Galaxien würden über eine solche Distanz als Objekt der 19. Größenklasse erscheinen. Auf weitreichenden Langzeit-Aufnahmen, die Objekte bis zur 25. Größenklasse zeigen, sind große Mengen an Quasaren gefunden worden, und ihre Entfernungen liegen allesamt zwischen 3 und 12 oder 15 Milliarden Lichtjahren. Natürlich sehen wir sie in einem Zustand, den sie vor 3 bis 12 oder gar 15 Milliarden Jahren innehatten, und in dieser Phase müssen die meisten der Galaxien entstanden sein.

Beobachtungsobjekte in der Jungfrau
Doppelsterne

Name	RA	Dec.	Distanz (Bogensekunden)		Helligkeiten		Jahr
Σ 1627	12h 18.2m	−03° 57′	20.1		6.6	6.9	1958
γ (Gamma)	12h 41.7m	−01° 27′	4.7 (1966)		3.6	3.6	1966
Σ 1682	12h 51.4m	−10° 20′	AB	30.2	6.5	9.3	1959
			AC	143.9	6.5	10.9	1911
48	13h 03.9m	−03° 40′	0.8		7.2	7.5	1960
θ (Theta)	13h 09.9m	−05° 32′	AB	7.1	4.4	9.4	1958
			AC	69.6	4.4	10.4	1934
54	13h 13.4m	−18° 50′	5.4		6.8	7.3	1958
84	13h 43.1m	+03° 32′	2.9		5.5	7.9	1958
Σ 1788	13h 55.0m	−08° 04′	3.4		6.5	7.7	1977
Σ 1833	14h 22.6m	−07° 46′	5.7		7.6	7.6	1954
φ (Phi)	14h 28.2m	−02° 14′	4.8		4.8	9.3	1958

Nebel und Sternhaufen

Name	RA	Dec.	Typ	Größe	Helligk.
NGC 4030	12h 00.4m	−01° 06′	Gal. Sc	4.3′ × 3.2′	11.9
NGC 4178	12h 12.8m	+10° 52′	Gal. SBc	5.0′ × 2.0′	11.4
NGC 4216	12h 15.9m	+13° 09′	Gal. Sb	8.3′ × 2.2′	10.0
M61 (NGC 4303)	12h 21.7m	+04° 28′	Gal. Sc	6.0′ × 5.5′	9.8
M84 (NGC 4374)	12h 25.1m	+12° 53′	Gal. E1	5.0′ × 4.4′	9.3
M86 (NGC 4406)	12h 26.2m	+12° 57′	Gal. E3	7.4′ × 5.5′	9.2
NGC 4429	12h 27.4m	+11° 07′	Gal. S0	5.5′ × 2.6′	10.2
NGC 4435 Siamesische	12h 27.7m	+13° 05′	Gal. E4	3.0′ × 1.9′	10.9
NGC 4438 Zwillinge	12h 28.7m	+13° 00′	Gal. Sap	4.0′ × 1.5′	11.0
3C 273	12h 29.1m	+02° 03′	QSO	5″?	13.8 var.
M49 (NGC 4472)	12h 29.8m	+08° 00′	Gal. E4	8.9′ × 7.4′	8.4
M87 (NGC 4486)	12h 30.8m	+12° 24′	Gal. E1	7.2′ × 6.8′	8.6
NGC 4517	12h 32.8m	+00° 07′	Gal. Sc	10.2′ × 1.9′	10.5
NGC 4535	12h 34.3m	+08° 12′	Gal. SBc	6.8′ × 5.0′	9.8
M90 (NGC 4569)	12h 36.8m	+13° 10′	Gal. Sb+	9.5′ × 4.7′	9.5
M58 (NGC 4579)	12h 37.7m	+11° 49′	Gal. Sb	5.4′ × 4.4′	9.8
M104 (NGC 4594)	12h 40.0m	−11° 37′	Gal. Sb−	8.9′ × 4.1′	8.3
NGC 4647	12h 43.5m	+11° 35′	Gal. Sc	3.0′ × 2.5′	11.9pg
M60 (NGC 4649)	12h 43.7m	+11° 33′	Gal. E1	7.2′ × 6.2′	8.8
NGC 4699	12h 49.0m	−08° 40′	Gal. Sa	3.5′ × 2.7′	9.6
NGC 4753	12h 52.4m	−01° 12′	Gal. P	5.4′ × 2.9′	9.9
NGC 4939	13h 04.2m	−10° 20′	Gal. Sb+	5.8′ × 3.2′	11.4
NGC 5247	13h 38.1m	−17° 53′	Gal. Sb	5.4′ × 4.7′	10.5
NGC 5363	13h 56.1m	+05° 15′	Gal. Ep	4.2′ × 2.7′	10.2
NGC 5364	13h 56.2m	+05° 01′	Gal. Sb+p	7.1′ × 5.0′	10.4
NGC 5566	14h 20.3m	+03° 56′	Gal. Sb+	6.5′ × 2.4′	10.5
NGC 5713	14h 40.2m	−00° 17′	Gal. Sc	2.8′ × 2.5′	11.4
NGC 5846	15h 06.48m	+01° 36.3′	Gal. E0	3.4′ × 3.2′	10.2
NGC 5850	15h 07.1m	+01° 33′	Gal. SBb−	4.3′ × 3.9′	11.0

Die elliptische Riesengalaxie M 87 im Zentrum des Virgo-Galaxienhaufens wird von mehr als 400 kugelförmigen Sternhaufen umgeben, die auf diesem Bild als kleine Flecken zu erkennen sind; jeder von ihnen enthält bis zu einer Million Sterne. Die beiden größeren, diffusen Objekte rechts unten sind kleinere Galaxien, die ebenfalls zum Virgohaufen gehören. Diese Aufnahme gelang mit dem 3,9-m-Anglo-Australian-Teleskop.

Glossar

Engl. Abkürzungen in den Tabellen: Cl. (cluster) – Haufen; Neb. (nebula) – Nebel; dust – Staub; Gal. (galaxy) – Galaxie; Open Cl. – Offener Haufen; Glob. Cl. – Kugelhaufen; Ecl. Bin. – Bedeckungsveränderlicher; Diff. Neb. – Diffuser Nebel; Gal. Cl. – offener Sternhaufen; Nova Rec. – Rekurrierende Nova; bip – bipolar. Stars – Sterne; SNRem – Supernova-Überrest; dark – dunkel.

Asteroid – Kleiner Planet im Sonnensystem; gegenwärtig sind die Bahnen von rund 3000 Asteroiden (zumeist zwischen Mars und Jupiter) bekannt; der größte, Ceres, hat einen Durchmesser von rund 1000 km.

Astrometrie – Messung von Sternpositionen.

Astronomische Einheit (AE) – Große Halbachse der Erdbahn; 1 AE = 149 597 870 km.

Balkenspirale – Galaxientyp, dessen Spiralarme an den Enden eines quer durch den Galaxienkern verlaufenden Materiebalkens beginnen.

Blauer Riese – Sehr leuchtstarker, junger Stern, der seinen Wasserstoff-Vorrat außergewöhnlich schnell verbraucht.

Bok-Globule – Nach dem amerikanischen Astronomen niederländischer Abstammung benannte, zumeist kugelförmige Dunkelwolke geringen Ausmaßes, die sich gegen leuchtende Gaswolken abhebt und als Frühstadium der Sternentwicklung gilt.

Cepheid – Typ von veränderlichen Sternen, dessen Lichtwechsel durch regelmäßige Pulsationen entsteht; die absolute Helligkeit steht in direktem Zusammenhang mit der Lichtwechselperiode und ermöglicht so aus dem Vergleich mit der scheinbaren Helligkeit eine Entfernungsbestimmung.

Deklination – Nord-Süd-Abstand eines Himmelskörpers vom Himmelsäquator, gemessen von 0° (am Äquator) bis +/−90° (an den Himmelspolen).

Doppelstern – System aus zwei Sternen, die sich um einen gemeinsamen Schwerpunkt bewegen; der Abstand kann von gegenseitiger Berührung bis hin zu Tausenden von AE reichen.

Dunkelwolke – Interstellarer Staub, der – wie der Pferdekopfnebel im Orion – das Licht weiter entfernter Sterne und Gasnebel verschluckt.

Eigenbewegung – Gemessene Bewegung eines Sterns an der Himmelssphäre (angegeben in Bogensekunden pro Jahr).

Ekliptik – Projektion der Erdbahn um die Sonne an die Himmelssphäre.

Elliptische Galaxie – Galaxientyp ohne erkennbare Strukturen (mit Ausnahme eines Kerns); kann rund oder abgeplattet erscheinen.

Galaktischer Haufen – Sternhaufen innerhalb einer Galaxie (auch als offener Haufen bezeichnet).

Galaxie – Riesiges, rotierendes System aus Sternen, Gas und Staub, das durch die Schwerkraft zusammengehalten wird; man unterscheidet zwischen Spiralgalaxien, elliptischen Galaxien und irregulären Galaxien.

Galaxien-Klassifikation – Von Edwin Hubble eingeführte Einteilung der Galaxien nach ihrem Aussehen: Sa bis Sd beschreiben Spiralgalaxien mit zunehmend weiter geöffneten Spiralarmen; SBa bis SBd sind entsprechend Balkenspiralen mit unterschiedlich eng gewundenen Armen; E0 bis E7 beschreiben elliptische Galaxien (ohne erkennbare Strukturen) mit zunehmender Abplattung; Irr-Galaxien sind irregulär, S0-Galaxien sind linsenförmige Systeme mit Wulst und galaktischer Scheibe, ohne Spiralarme.

Galaxienhaufen – Ansammlung von Galaxien, mit einigen Dutzend bis zu etlichen Tausend Mitgliedern.

Größenklasse – Maß für die scheinbare oder absolute Helligkeit eines Sterns; ein Größenklassenunterschied von 5 entspricht einem Intensitätsverhältnis von 100.

Helligkeit – in Größenklassen angegebener Wert für die Intensität des Sternlichtes; die scheinbare Helligkeit entspricht dem direkten Eindruck, bei der absoluten Helligkeit wurde die unterschiedlichen Entfernungen der Sterne berücksichtigt (absolute Helligkeit = scheinbare Helligkeit eines Sterns in einer einheitlichen Entfernung von 10 parsec).

HII-Region – Wolke aus ionisiertem Wasserstoff.

Himmelsäquator – Projektion des Erdäquators an die Himmelssphäre; unterteilt den Himmel in einen nördlichen und einen südlichen Abschnitt.

Hubble-Konstante – Verhältnis zwischen der scheinbaren, aus der Rotverschiebung im Spektrum abgeleiteten Fluchtgeschwindigkeit einer Galaxie und ihrer Entfernung; gegenwärtig gehen die Astronomen von einer Hubble-Konstante zwischen 50 und 80 Kilometer pro Sekunde und Megaparsec aus (1 Megaparsec = 1 Million parsec).

Infrarot – Spektralbereich mit Wellenlängen größer als beim sichtbaren Licht, von 0,75 bis 1000 Mikrometer reichend (1 Mikrometer = 1 Millionstel Meter).

Interstellare Absorption – Abschwächung des Sternlichtes durch vorgelagerte Dunkelwolken.

Kugelförmiger Haufen – Annähernd sphärische Ansammlung von Sternen ähnlichen Alters; sehr alt und viele zehntausend bis Millionen Sterne enthaltend.

Kulmination – Höchststellung, die ein Himmelskörper während der täglichen (scheinbaren) Himmelsdrehung erreichen kann; fällt mit dem Meridiandurchgang zusammen.

Leuchtkraft – Vom Stern pro Sekunde freigesetzte Energie.

Lichtjahr – Astronomische Entfernungseinheit; gibt die Strecke an, die das Licht in einem Jahr zurücklegt (etwa 9,46 Billionen Kilometer).

Masse – Maß für die Materiemenge eines Himmelskörpers.

Mehrfachstern – System aus mehr als zwei durch gegenseitige Schwerkrafteinflüsse verbundenen Sternen; der Übergang zu einem Sternhaufen ist nicht klar definiert.

Meridian – Großkreis am Himmel, der den Himmelspol mit dem Zenitpunkt des Beobachters verbindet; schneidet den Horizont im Nord- und Südpunkt.

Milchstraße – sichtbarer Teil unserer Galaxis.

Nebel – Wolke aus leuchtendem Gas (Emissionsnebel), reflektierendem Staub (Reflexionsnebel) oder dunkler Materie (Absorptionsnebel); planetarische Nebel gehören zu den Emissionsnebeln.

Nebelfilter – Filter zur visuellen oder fotografischen Beobachtung, der nur spezielle, für Emissionsnebel typische Spektralbereiche hindurchläßt, die übrigen Teile des kontinuierlichen Spektrums sowie künstliche Lichtquellen dagegen abblockt.

Neutronenstern – Kompakter Sternrest, vorwiegend aus Neutronen bestehend, der ein Endstadium massereicher Sterne darstellt.

Nova – Wörtlich: Neuer Stern; Stern, der seine Helligkeit plötzlich und vorübergehend um etliche Größenklassen steigert.

OB-Assoziation – Lockere Gruppierung von jungen, heißen O- und B-Sternen; ausschließlich in den Spiralarmen von Galaxien zu beobachten.

Offener Haufen – Anderer Name für galaktische Sternhaufen mit bis zu einigen hundert Mitgliedern.

Parallaxe – Scheinbare, von der Entfernung des Sterns abhängige Änderung einer Sternposition, gemessen an gegenüberliegenden Punkten der Erdbahn.

Parsec – Kurzwort für Parallaxen-Sekunde; astronomisches Entfernungsmaß (1 parsec = 3,26 Lichtjahre).

Photometrie – Messung von Sternhelligkeiten, zumeist mit einem lichtelektrischen Photometer, das das ankommende Licht in einen meßbaren elektrischen Strom umwandelt.

Planetarischer Nebel – Expandierende Gashülle um einen weit entwickelten Stern; wird als abgestoßene Sternatmosphäre angesehen.

Positionswinkel – Richtung eines Sterns relativ zu einem anderen Stern in der Mitte des Gesichtsfeldes, gemessen von Nord über Ost, Süd und West nach Nord.

Protostern – Extrem junger Stern, der gerade zu leuchten beginnt; gewöhnlich von den Resten jener Wolke umgeben, aus der er entstand.

Pulsar – Rasch rotierender Neutronenstern; vorwiegend im Radiofrequenzbereich beobachtet, vereinzelt auch im sichtbaren Licht im Röntgenbereich.

Quasar – Kurzform für quasistellares Objekt; extrem weit entfernte, sternähnlich aussehende, stark blau erscheinende Strahlungsquelle, die als heller Kern einer aktiven Galaxie gedeutet wird.

Radialgeschwindigkeit – Geschwindigkeit eines Sterns auf den Beobachter zu oder von ihm weg.

Reflexionsnebel – Von einem benachbarten Stern angestrahlte Wolke interstellarer Materie.

Rektaszension (RA) – Am Himmelsäquator in östlicher Richtung gemessener Abstand eines Sterns vom Frühlingspunkt, angegeben in Stunden, Minuten und Sekunden.

Roter Riese – Stern mit geringer Flächenhelligkeit und Dichte, aber vielfachem Sonnendurchmesser und großer Leuchtkraft.

Roter Zwergstern – Kühler, massearmer Stern.

Rotverschiebung – Dehnung der Wellenlängen zum roten Ende des Spektrums als Folge einer vom Beobachter weg gerichteten Relativbewegung der Strahlungsquelle; in einem expandierenden Universum als Entfernungsindikator geeignet.

Schwarzes Loch – Objekt, dessen Schwerefeld so groß ist, daß Licht oder sonstige Strahlung nicht entweichen kann; wird in vielen Fällen von einer Akkretionsscheibe umgeben, in der die hinabstürzende Materie auf Millionen von Grad aufgeheizt werden kann.

Spektraltyp – Die Farbe eines Sternes ist ein Maß für seine Oberflächentemperatur und erlaubt daher eine physikalisch sinnvolle Differenzierung unterschiedlicher Sterntypen: O- und B-Sterne sind weiß und leuchten bläulich, A-Sterne bläulich-weiß, F-Sterne weiß, G-Sterne gelblich-weiß, K-Sterne orange und M-Sterne rot; jeder einzelne Spektraltyp wird noch von 0 bis 9 unterteilt (die Sonne ist ein G2-Stern).

Spektroskopischer Doppelstern – Sternsystem, dessen Doppelnatur nur anhand spektraler Eigenschaften (Linienaufspaltung oder -verschiebung) nachzuweisen ist; die Komponenten stehen zu nahe beieinander, um optisch getrennt werden zu können.

Spektrum – Mit Hilfe eines Prismas oder Gitters nach Farben „sortiertes" Sternlicht.

Spiralgalaxie – Galaxie mit erkennbarer Spiralstruktur.

Sternassoziation – Gruppe von Sternen eines bestimmten Spektraltyps, meist mit gemeinsamer Eigenbewegung und vergleichbarem Alter.

Sternbild – Zu einer Figur mit mehr oder minder klar erkennbaren Umrissen zusammengefaßte Sterngruppe am Himmel.

Sternpopulation – Von Walter Baade entdeckte Differenzierung verschiedener Sterntypen innerhalb der Galaxien; Typ-I-Sterne sind reich an schweren Elementen und konzentrieren sich auf die galaktischen Scheiben, Typ-II-Sterne sind älter, enthalten weniger schwere Elemente und sind vorwiegend im zentralen Wulst und im galaktischen Halo (z. B. in kugelförmigen Sternhaufen) anzutreffen.

Supernova – Katastrophale Explosion eines massereichen Sternes, ausgelöst durch den Kollaps des Sternkerns; hinterläßt eine expandierende Gaswolke (Supernova-Überrest) und mitunter einen Pulsar.

Überriesen – Extrem massereiche Sterne hoher Leuchtkraft (mehr als 100 000fache Sonnenleuchtkraft) in einem späten Entwicklungsstadium.

Veränderlicher Stern – Stern, dessen Helligkeit sich mit der Zeit verändert. Innerhalb eines Sternbildes (zumeist entsprechend ihrer Helligkeit) mit großen lateinischen Buchstaben bezeichnet, beginnend bei R bis Z, dann weiter mit RR, RS, und so weiter bis ZZ, anschließend mit AA, AB, ... AZ, BB, BC, ... (ohne Kombinationen mit J) bis QZ; auf diese Weise können 334 veränderliche Sterne gekennzeichnet werden, ehe man auf eine fortlaufende Numerierung (z. B. V278) zurückgreift.

Wasserstoff-Alpha-Linie – Auffällige Spektrallinie am roten Ende des Spektrums bei 656,3 Nanometer (1 Nanometer = 1 Milliardstel Meter); wird von ionisiertem Wasserstoff abgestrahlt.

Weißer Zwerg – Überrest eines Sternkollapses; der heiße, kleine Sternrest strahlt die beim Kollaps freigesetzte Energie langsam ab.

Wolf-Rayet-Stern – Massereicher, leuchtstarker Stern mit einer ausgedehnten Gashülle, oft Partner eines Doppelsternsystems.

Zenit – Punkt der Himmelssphäre genau über dem Beobachter.

Zwergstern – Entweder massearmer Stern mit gewöhnlichem Aufbau oder massereicher, kollabierter Sternrest.

Index